G. Voigt · S. Cramer

Diskontinuierliche technologische Prozesse

Diskontinuierliche technologische Prozesse

Grundlagen · Analyse · Modellierung · Steuerung

von

Gerhard Voigt und Siegfried Cramer

mit 113 Abbildungen und 39 Tabellen

Akademie-Verlag Berlin 1986

Verfasser: Prof. Dr. rer. nat. et oec. habil. Gerhard Voigt
Ingenieurhochschule Mittweida

Prof. Dr.-Ing. Siegfried Cramer
Ingenieurhochschule Dresden

ISBIV 3-05-500023-4

Erschienen im Akademie-Verlag Berlin, DDR-1086 Berlin, Leipziger Straße 3—4

Lizenznummer: 202 · 100/522/86
Printed in the German Democratic Republic
Gesamtherstellung: VEB Druckerei „Thomas Müntzer", 5820 Bad Langensalza
Lektor: Dipl.-Phys. Gisela Lagowitz
LSV 3045
Bestellnummer: 763 042 1 (6670)
04800

Vorwort

Zur effektiven Durchführung der diskontinuierlichen Fertigung gewinnen integrierte, flexible, weitgehend automatisierte Systeme zunehmend an Bedeutung. Das ist vor allem in Betrieben der Klein- und Mittelserienfertigung der Fall. Zunehmende Sortimentsbreiten, erforderliche schnelle Reaktionen auf Kundenwünsche, die Dynamik der Entwicklung der Erzeugnisse und Technologien und der Zwang zur kostengünstigen Fertigung, zum sparsamen Einsatz von Energie und Rohstoffen begründen diesen Trend. Andererseits wird er durch die Entwicklung der Automatisierungstechnik begünstigt. Hier spielen der Einsatz von Handhabegeräten, Robotern und Rechnersystemen eine besondere Rolle. Umfangreiche wissenschaftliche Erkenntnisse werden gewonnen und Methoden entwickelt, mit denen eine effektive Gestaltung und Beherrschung der diskontinuierlichen Fertigungsprozesse möglich wird.

Trotz der umfangreichen wissenschaftlichen Grundlagen, technischen Hilfsmittel und vorhandener Lösungen für mehr oder weniger komplexe Teilprozesse steht die Entwicklung einer adäquaten Theorie zur rechnergestützten Analyse, Modellierung, Planung, Überwachung und Steuerung diskontinuierlicher technologischer Prozesse noch am Anfang. Es existiert kaum Literatur, die in geschlossener Form die für die Gestaltung und Steuerung integrierter, flexibler, weitgehend automatisierter diskontinuierlicher Fertigungssysteme notwendigen Kenntnisse und Methoden vermittelt. Dieses Buch soll einen Beitrag zur Schließung dieser Lücke leisten.

Es werden Grundlagen zur Gestaltung und Steuerung diskontinuierlicher technologischer Prozesse vermittelt und ihre Anwendung anhand von Beispielen erläutert. Besonderer Wert wird auf die Darstellung der Nutzung und des Zusammenwirkens unterschiedlicher wissenschaftlicher Verfahren der Analyse, der Modellierung und der Simulation beim Entwurf und der Realisierung von Steuerungsprozessen gelegt. Die zu behandelnden Probleme werden aus den spezifischen Eigenschaften der betrachteten Fertigungssysteme abgeleitet.

Die Fertigung geschieht diskontinuierlich in einem im allgemeinen nichtlinearen, nichtzeitinvarianten, stochastischen System mit vektoriellen Eingangs-, Ausgangs- und Steuergrößen, in dem das Verhalten der Menschen eine wesentliche Rolle spielt. Der Steuerungsprozeß wird von Menschen, die sich eines Systems von Automaten bedienen, oder teilweise automatisch durchgeführt. Er ist nur teilweise formalisierbar und wirkt auf technische Einrichtungen und das Verhalten von Menschen. Er wird durch Lern- und Adaptionsvorgänge ständig vervollkommnet und auf sich ändernde Bedingungen eingestellt. Die Fertigung und ihre Steuerung erfolgen arbeitsteilig in relativ selbständig und eigenverantwortlich handelnden Teilsystemen und Hierarchieebenen. Die Teilsysteme und Hierarchieebenen sind flexibel miteinander gekoppelt. Produziert wird an unterschiedlichen Arbeitsplätzen und in autonomen, flexiblen Fertigungszellen. Die Produktionshilfsprozesse sind voll in das System integriert. Ein durchgängiges System der rechnergestützten Konstruktion (CAD — Computer

Aided Design), der rechnergestützten Planung (CAP — Computer Aided Planning) und der rechnergestützten Fertigung (CAM — Computer Aided Manufacturing) und der rechnergestützten Steuerung und Überwachung (CACS — Computer Aided Control and Supervising) sorgt für die Vorbereitung, Steuerung und Überwachung der Produktion.

Anliegen dieses Buches ist es, wissenschaftliche Erkenntnisse und Methoden zur Gestaltung und Beherrschung von Systemen mit den oben beschriebenen Eigenschaften in möglichst geschlossener Form bereitzustellen. Es werden die Steuerung der Teilsysteme und des Zusammenwirkens der Teilsysteme, Hierarchieebenen und die damit zusammenhängenden Probleme der Analyse, Planung, Modellierung usw. behandelt. Auf die Steuerung und Regelung von Parametern an Einzelaggregaten und von Einzelaggregaten wird nicht explizit eingegangen. Der Leser wird auf die umfangreiche Literatur der Regelungs-, Steuerungs- und Automatisierungstechnik verwiesen. Wenn auch vorwiegend auf Probleme der Steuerung im integrierten, flexiblen, weitgehend automatisierten System Bezug genommen wird, so sind die in diesem Buch vermittelten Kenntnisse und Methoden auch bei der Bearbeitung von Rationalisierungsaufgaben geringeren Umfanges anwendbar und nützlich. Diese oben definierte Aufgabe wird mit der folgenden Grundkonzeption erfüllt:

1. Die Systeme werden mit diskontinuierlich-diskreten stochastischen Modellen beschrieben. Das geschieht mit endlichen Folgen von Vektoren und zwischen diesen Folgen bestehenden Relationen oder mit hierzu äquivalenten Darstellungsmitteln wie z. B. abstrakten stochastischen Automaten.
2. Die nur teilweise Formalisierbarkeit der Ziele, der Eigenschaften, des Verhaltens und der Steuerung der Systeme wird durch die Verwendung von klassifikatorischen Merkmalen, von Methoden der Entscheidungstechnik, von unscharfen Mengen und Forderungen sowie von Mensch-Maschine-Dialogsystemen berücksichtigt.
3. Die Systeme sind hierarchisch strukturiert. Die Teilsysteme und Hierarchieebenen sind durch unscharfe Kopplungsbeziehungen miteinander verbunden. Die Teilsysteme und Hierarchieebenen arbeiten im Rahmen vorgegebener Grenzen und Richtlinien selbständig und eigenverantwortlich.
   Dem System ist ein System von im allgemeinen im Verbund arbeitenden Rechnern zugeordnet.
4. Zur Modellierung des Verhaltens und der Steuerung wird vorwiegend die Simulation der Prozesse auf Digitalrechnern verwendet.
5. Ein Stimulierungssystem bewirkt, verbunden mit unscharfen zentralen Weisungen und Richtlinien, ein koordiniertes, auf die Ziele des Gesamtsystems ausgerichtetes Handeln der Teilsysteme und Hierarchieebenen.

Beim Leser werden Kenntnisse auf dem Niveau der heute üblichen Hochschulausbildung für Technologen vorausgesetzt. Insbesondere soll er über ein sicheres theoretisches Grundwissen der mathematischen Statistik und Wahrscheinlichkeitsrechnung verfügen. Wesentliche Definitionen und Rechenoperationen der mathematischen Statistik und Wahrscheinlichkeitsrechnung, die im Text als bekannt vorausgesetzt werden, sind im Anhang 1 zusammengestellt worden. Für eine eventuelle Einarbeitung in die mathematische Statistik und Wahrscheinlichkeitsrechnung und ihre Anwendung in der Technologie wird der Leser auf die im Anhang 1 zitierte Literatur verwiesen. Besonders wird das dort zitierte, auf die Bedürfnisse des Technologen zugeschnittene Buch „Prozeßanalyse" von DREYER und SAUER empfohlen.

Im Kapitel 7. wird an einem komplexen Beispiel gezeigt, wie die in den vorangegangenen Kapiteln vermittelten Grundlagen koordiniert zur Steuerung eines Industriebetriebes eingesetzt werden können. Um die Anwendung der dargestellten Grundlagen in unterschiedlichen Industriezweigen zu begünstigen, haben wir uns bei den einzelnen Beispielen und dem im 7. Kapitel dargestellten komplexen Beispiel auf das Wesentliche beschränkt.

In den Anhängen A 2 bis A 4 werden Beispiele zur Simulation stochastischer Fertigungsprozesse behandelt. Sie demonstrieren das Vorgehen bei der Durchführung von Simulationsexperimenten, den Aufbau und die Wirkungsweise von Simulationsprogrammen und die Auswertung von Simulationsergebnissen.

Für wertvolle Hinweise zur inhaltlichen Gestaltung des Manuskriptes möchten die Verfasser den Herren Prof. Dr. oec. habil. H.-J. LAUENROTH, Prof. Dr.-Ing. A. SCHREIBER, Prof. Dr.-Ing. habil. W. SAUER und Dipl.-Ing. Ök. K. ECK herzlich danken. Herrn Dr.-Ing. R. KOCH danken wir für die Bereitstellung des Beispieles der Simulation eines Bedienungs-Prozesses, den Herren Dipl.-Ing. P. KRÄUSLEIM und Dipl.-Ing. F. BERGMANN für die Bearbeitung der in den Anlagen A 2 und A 4 enthaltenen Simulationsbeispiele. Besonderer Dank für die sorgfältige Durchsicht des Manuskriptes und für viele wertvolle Hinweise und Anregungen gebührt den Herren Dr.-Ing. J. LIPPOLD und Dr.-Ing. G. ZIEGER. Frau Dipl.-Phys. G. LAGOWITZ danken wir herzlich für eine Reihe nützlicher Hinweise zur inhaltlichen und technischen Gestaltung des Manuskriptes und für die verständnisvolle und konstruktive Zusammenarbeit.

Mittweida, Dresden, Juli 1984

G. VOIGT
S. CRAMER

Inhaltsverzeichnis

1. Analyse und Modellierung diskontinuierlicher Fertigungsprozesse

1.1. Eigenschaften von Systemen der diskontinuierlichen Fertigung

In Betrieben und Betriebsabteilungen sehr vieler Industriezweige werden gleichzeitig beziehungsweise räumlich und zeitlich gestaffelt unterschiedliche *Erzeugnisse* (Materialien, Halbfabrikate, Finalerzeugnisse) in Losen unterschiedlicher Größe gefertigt. Die Bearbeitung der Erzeugnisse erfolgt arbeitsteilig auf einer großen Anzahl unterschiedlicher *Arbeitsplätze*, *Automaten* und in *autonomen flexiblen Fertigungszellen*. Die Arbeitsgänge laufen in relativ kurzen Zeitabschnitten ab, d. h., die Produktion erfolgt *diskontinuierlich*. Die Eigenschaften der Produkte und der Produktionsprozesse werden in jedem Zeitpunkt oder in diskreten Zeitintervallen durch eine Anzahl von technischen und technologischen Parametern beschrieben. Auf den Fertigungsprozeß wirken *spontane* und bewußt herbeigeführte *steuernde Einflüsse*. Unvermeidbare, unvollständig kompensierbare Störungen, menschliche Leistungsschwankungen usw. führen zu zufälligen Schwankungen der Erzeugnis- und Prozeßeigenschaften, d. h., sie sind *stochastisch*. Sich ändernde Aufträge, technische und technologische Innovationen, zunehmende Erfahrung und Qualifikation der Beschäftigten führen zu Entwicklungen im Fertigungsprozeß, die seine Reaktionen auf spontane und steuernde Einwirkungen beeinflussen. Der Prozeß ist *nichtzeitinvariant*. Die Fertigung ist *hierarchisch* gegliedert. Die Arbeit erfolgt arbeitsteilig in Teilsystemen (Arbeitsplätze, Fertigungszellen, Betriebsabteilungen usw.) und Hierarchieebenen (Arbeitsplätze, Meisterbereiche, Betriebsabteilungen, Hauptabteilungen usw.).

Die Teilsysteme und Hierarchieebenen sind flexibel miteinander gekoppelt und handeln in vorgegebenen Grenzen nach vorgegebenen Richtlinien selbständig und eigenverantwortlich. Die Arbeit der Teilsysteme und Hierarchieebenen wird entscheidend durch das Verhalten der in ihnen tätigen Menschen bestimmt.

Der Fertigungsprozeß wird gesteuert. Das *Steuerungssystem* ist Bestandteil des *Fertigungssystems*. Es plant die Ziele und Aufgaben des Fertigungssystems und seiner Teilsysteme und überwacht und steuert die Teilprozesse und ihr koordiniertes Zusammenwirken. Im Steuerungssystem wirken Menschen und technische Einrichtungen zusammen. Die Steuerung erfolgt ebenso wie die Fertigung arbeitsteilig in einem hierarchischen System, in das eine im Verbund arbeitende Rechnerhierarchie integriert ist. Die Steuerungsvorgänge beeinflussen das Verhalten von Menschen und technischen Einrichtungen.

Das Fertigungssystem muß flexibel sein. Es muß sehr schnell auf Bedarfsänderungen, Kundenwünsche, technische und technologische Entwicklungen usw. reagieren können. Es muß eine hohe Produktivität besitzen und kostengünstig arbeiten. Durch die hohe Reaktionsgeschwindigkeit wird es möglich, sehr kurzfristig Bestellungen zu realisieren, bedarfsgerecht zu produzieren und damit personelle, finanzielle und materielle Ressourcen mit hohem Effekt einzusetzen. Diese Forderungen werden auf folgende Weise erfüllt:

1. Die Fertigungsvorbereitung und -durchführung erfolgt rechnergestützt mit Hilfe eines *durchgängigen Informationssystems* (*CAD — Computer Aided Design, CAP — Computer Aided Planning, CAM — Computer Aided Manufactoring*).
2. Die Erzeugnisse werden so strukturiert, daß eine große Anzahl unterschiedlicher Erzeugnistypen und Typenvarianten aus Standardteilen und einem möglichst geringen Anteil an erzeugnisspezifischen Teilen kombiniert werden kann.
3. Die Arbeitsplätze, Maschinen, Einrichtungen und Fertigungszellen können unterschiedliche Fertigungsvorgänge durchführen. Sie sind leicht umstell- und umrüstbar. Die Arbeits-, Umstell- und Umrüstungsvorgänge erfolgen automatisch oder rechnergestützt mit Hilfe von Mikroprozessoren und Prozeßrechnern. Die Arbeitsplätze, Maschinen und Fertigungszellen sind flexibel im allgemeinen über Pufferspeicher gekoppelt. Die Kopplung erfolgt mit Hilfe von Transporteinrichtungen, Handhabeeinrichtungen und Robotern. Die Kopplungsvorgänge werden mit Hilfe von Rechnern gesteuert.
4. Im Fertigungssystem sind nahezu vollständig integriert
   - das Be- und Verarbeitungssystem,
   - das Transport- und Lagersystem,
   - das Übergabe- und Handhabesystem,
   - das Informations- und Steuerungssystem,
   - das Ver- und Entsorgungssystem (für Medien, Prozeßhilfsstoffe und Abprodukte)
   - das Qualitätsüberwachungs- und Meßsystem und
   - das System der rechnergestützten Fertigungsvorbereitung.

Theoretische Grundlagen und Beispiele zu diskontinuierlichen, integrierten, flexiblen Fertigungssystemen sind u. a. in [1.1-VO], [1.1-WI], [1.1-AU], [1.1-JU], [1.1-LA], [1.1-BA] enthalten.

1.2. Grundmodell eines Fertigungssystems; Ziel und Grundstrategien der Steuerung

Die Grundlage für den Entwurf und die Steuerung zu schaffender Systeme beziehungsweise für die wissenschaftliche Beschreibung und Steuerung von existierenden Systemen ist ihre *Modellierung*.

Das zu modellierende *System* (*Original*) ist ein relativ abgegrenzter Teilbereich der Realität, der eine bestimmte Funktion erfüllt und aus Teilsystemen zusammengesetzt ist, die untereinander und mit der Umwelt des Systems in Wechselwirkung stehen. Die Gesamtheit der zwischen den Teilsystemen bestehenden Wechselwirkungen, das Kopplungsnetz, ist die Struktur des Systems. Werden die Teilsysteme wiederum in Teilsysteme gegliedert, heißt das System hierarchisch strukturiert.

Ein *Modell* eines Systems (Originals) ist ein materielles oder ideelles System, das die für den jeweiligen Untersuchungszweck wesentlichen Eigenschaften des Originals mit auf den jeweiligen Untersuchungszweck bezogener hinreichender Genauigkeit wiedergibt.

Es ist eine Gesamtheit von Aussagen, die die für den jeweiligen Untersuchungszweck wesentlichen Eigenschaften des Originals hinreichend genau wiedergeben.

Zu den wesentlichen Eigenschaften gehören die Struktur und das Verhalten des Systems, seine Wirkung auf die Umwelt und seine Reaktion auf äußere Einflüsse. Der Modellierende nimmt die Abgrenzung des Systems zu seiner Umwelt vor. Er untersucht, welche Eigenschaften mit welchen Mitteln und mit welcher Genauigkeit abgebildet werden können, und entscheidet, mit welchen Mitteln und mit welcher Genauigkeit sie abgebildet werden sollen. Es ist nicht Ziel der Modellierung, ein Modell eines Fertigungssystems zu erhalten, das möglichst viele Eigenschaften des Originals möglichst genau wiedergibt.

Die Modelle sind so aufzustellen, daß sie die und nur die für den jeweiligen Untersuchungszweck wichtigen Eigenschaften mit hinreichender Genauigkeit wiedergeben.

Bei der Modellierung eines Fertigungssystems müssen die in 1.1. skizzierten Eigenschaften berücksichtigt werden. Sie können zusammenfassend charakterisiert werden durch

- den diskontinuierlichen Charakter der Fertigung,
- die gleichzeitige und raum-zeitlich geschachtelte Fertigung unterschiedlicher Erzeugnisse in Losen unterschiedlicher Größe,
- das gleichzeitige Wirken einer Vielzahl von Eingangs-, Ausgangs- und Steuergrößen,
- den dynamischen, nichtzeitinvarianten, stochastischen Charakter des Systems, seiner Teilsysteme und seiner Struktur,
- die nur teilweise Formalisierbarkeit und Algorithmierbarkeit der im System ablaufenden Prozesse,
- die hierarchische Gliederung, in der die Teilsysteme und Hierarchieebenen nicht starr gekoppelt sind und im Rahmen vorgegebener Grenzen und Richtlinien selbständig und eigenverantwortlich handeln können.

Wird ein Fertigungssystem S beobachtet, so kann sein Verhalten durch endliche Folgen von Eingangsgrößen-, Ausgangsgrößen- und Steuergrößenvektoren

$$\tilde{\mathbf{x}} = \mathbf{x}(t_1), \mathbf{x}(t_2), \mathbf{x}(t_3), \ldots, \mathbf{x}(t_N) , \tag{1.2-1}$$

$$\tilde{\mathbf{y}} = \mathbf{y}(t_1), \mathbf{y}(t_2), \mathbf{y}(t_3), \ldots, \mathbf{y}(t_N) , \tag{1.2-2}$$

$$\tilde{\mathbf{w}} = \mathbf{w}(t_1), \mathbf{w}(t_2), \mathbf{w}(t_3), \ldots, \mathbf{w}(t_N) \tag{1.2-3}$$

beschrieben werden. Die Vektoren $\mathbf{x}(t_i)$, $\mathbf{y}(t_i)$ und $\mathbf{w}(t_i)$ stellen die Eingangs-, Ausgangs- und Steuergrößen zum Zeitpunkt t_i dar. S kann das Gesamtsystem oder ein beliebiges Teilsystem einer beliebigen Hierarchieebene sein. Die Vektoren **x**, **y** und **w** werden nur zu diskreten Zeitpunkten t_i beobachtet. Durch geeignete Wahl der Zeitabstände $t_{i+1} - t_i$, $\forall i = 1, \ldots, N$, läßt sich das Verhalten eines Fertigungssystems S theoretisch mit jeder gewünschten Genauigkeit beschreiben. Praktisch werden die $t_{i+1} - t_i$ durch den Zeitaufwand und die Kosten für eine Beobachtung nach unten begrenzt. Da jede Beobachtung nur mit einer endlichen Genauigkeit erfolgen kann, wird angenommen,

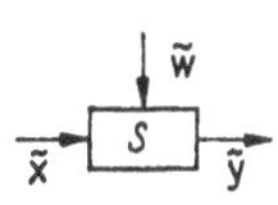

Abb. 1.2-1
Schematische Darstellung des beobachteten Verhaltens eines Systems

daß die Vektoren **x**, **y** und **w** nur endlich viele Größen annehmen können, d. h., daß

$$\mathbf{x}(t_i) \in \{\xi^1, \xi^2, \dots, \xi^X\} = \mathcal{X}\,, \tag{1.2-4}$$

$$\mathbf{y}(t_i) \in \{\boldsymbol{v}^1, \boldsymbol{v}^2, \dots, \boldsymbol{v}^Y\} = \mathcal{Y}\,, \tag{1.2-5}$$

$$\mathbf{w}(t_i) \in \{\boldsymbol{\omega}^1, \boldsymbol{\omega}^2, \dots, \boldsymbol{\omega}^W\} = \mathcal{W} \tag{1.2-6}$$

gilt, wobei die hochgestellten Indizes die Elemente der Menge numerieren. Die endlichen Mengen $\mathcal{X}$, $\mathcal{Y}$, $\mathcal{W}$ sind *abstrakte Alphabete.* Ihre Elemente sind die Buchstaben der abstrakten Alphabete. Endliche Folgen, wie z. B.

$$\tilde{\mathbf{x}} = \mathbf{x}(t_1), \mathbf{x}(t_2), \mathbf{x}(t_3), \dots, \mathbf{x}(t_N) = \xi^6, \xi^6, \xi^4, \dots, \xi^1 \tag{1.2-7}$$

sind *Wörter* aus Buchstaben abstrakter Alphabete. Die beobachteten Folgen (1.2-1) bis (1.2-3) können als Realisierungen von Folgen zufälliger Vektoren

$$\tilde{\boldsymbol{X}} = \boldsymbol{X}(t_1), \boldsymbol{X}(t_2), \boldsymbol{X}(t_3), \dots, \boldsymbol{X}(t_N)\,, \tag{1.2-8}$$

$$\tilde{\boldsymbol{Y}} = \boldsymbol{Y}(t_1), \boldsymbol{Y}(t_2), \boldsymbol{Y}(t_3), \dots, \boldsymbol{Y}(t_N)\,, \tag{1.2-9}$$

$$\tilde{\boldsymbol{W}} = \boldsymbol{W}(t_1), \boldsymbol{W}(t_2), \boldsymbol{W}(t_3), \dots, \boldsymbol{W}(t_N) \tag{1.2-10}$$

gedeutet werden; z. B. kann $\boldsymbol{X}$ zu jedem Zeitpunkt einen der Buchstaben $\xi^j \in \mathcal{X}$ mit der Wahrscheinlichkeit $\mathsf{P}(\boldsymbol{X}(t_i) = \xi^j) = p_j$ annehmen (Anhang 1).

Entsprechendes gilt für $\boldsymbol{Y}$ und $\boldsymbol{W}$.

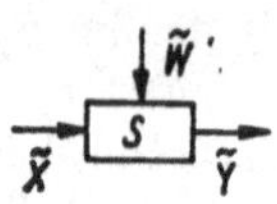

Abb. 1.2-2
Modell des Verhaltens eines stochastischen Systems (Eingangsgrößen-Ausgangsgrößen-Modell)

(1.2-8) bis (1.2-10) stellen mit (1.2-4) bis (1.2-6) ein *stochastisches, diskontinuierlich-diskretes Eingangsgrößen-Ausgangsgrößen-Modell* des Verhaltens eines Fertigungssystems S dar. Aus (1.2-8) bis (1.2-10) lassen sich Relationen und Kenngrößen ableiten, mit denen das Modell und somit auch das Original charakterisiert werden können.

Oftmals ist es zweckmäßig, die spontanen und steuernden Einflußgrößen zu einem Vektor

$$\mathbf{u}(t_i) = \begin{pmatrix} \mathbf{x}(t_i) \\ \mathbf{w}(t_i) \end{pmatrix} \tag{1.2-11}$$

bzw.

$$\boldsymbol{U}(t_i) = \begin{pmatrix} \boldsymbol{X}(t_i) \\ \boldsymbol{W}(t_i) \end{pmatrix} \tag{1.2-12}$$

mit

$$\mathbf{u}(t_i) \in \{\boldsymbol{\varphi}^1, \boldsymbol{\varphi}^2, \dots, \boldsymbol{\varphi}^U\} = \mathcal{U} = \mathcal{X} \times \mathcal{W} \tag{1.2-13}$$

zusammenzufassen.

Da in (1.2-8) bis (1.2-10) bzw. in entsprechenden mit $\boldsymbol{U}(t_i)$ und $\boldsymbol{Y}(t_i)$ gebildeten Folgen nur Eingangs- und Ausgangsgrößen verwendet werden, stellen die Folgen $\tilde{\boldsymbol{X}}$, $\tilde{\boldsymbol{Y}}$, $\tilde{\boldsymbol{W}}$ bzw. $\tilde{\boldsymbol{U}}$, $\boldsymbol{Y}$ sogenannte Eingangsgrößen-Ausgangsgrößen-Modelle dar [ST-1.2].

Ein Fertigungssystem kann auch durch Folgen

$$\tilde{\mathbf{u}} = \mathbf{u}(t_1), \mathbf{u}(t_2), \mathbf{u}(t_3), \dots, \mathbf{u}(t_N), \qquad (1.2\text{-}14)$$

$$\tilde{\mathbf{z}} = \mathbf{z}(t_1), \mathbf{z}(t_2), \mathbf{z}(t_3), \dots, \mathbf{z}(t_N), \qquad (1.2\text{-}15)$$

$$\tilde{\mathbf{y}} = \mathbf{y}(t_1), \mathbf{y}(t_2), \mathbf{y}(t_3), \dots, \mathbf{y}(t_N) \qquad (1.2\text{-}16)$$

mit

$$\mathbf{u}(t_i) \in \{\boldsymbol{\varphi}^1, \boldsymbol{\varphi}^2, \dots, \boldsymbol{\varphi}^U\} = \mathcal{U}, \qquad (1.2\text{-}17)$$

$$\mathbf{z}(t_i) \in \{\boldsymbol{\zeta}^1, \boldsymbol{\zeta}^2, \dots, \boldsymbol{\zeta}^Z\} = \mathcal{Z}, \qquad (1.2\text{-}18)$$

$$\mathbf{y}(t_i) \in \{\boldsymbol{\upsilon}^1, \boldsymbol{\upsilon}^2, \dots, \boldsymbol{\upsilon}^Y\} = \mathcal{Y} \qquad (1.2\text{-}19)$$

beschrieben werden. Dabei sind die $\mathbf{u}(t_i)$ Eingangsgrößen, die $\mathbf{z}(t_i)$ Zustandsgrößen und die $\mathbf{y}(t_i)$ Ausgangsgrößen des Systems. (1.2-14) bis (1.2-16) sind Realisierungen von

$$\tilde{\boldsymbol{U}} = \boldsymbol{U}(t_1), \boldsymbol{U}(t_2), \boldsymbol{U}(t_3), \dots, \boldsymbol{U}(t_N), \qquad (1.2\text{-}20)$$

$$\tilde{\boldsymbol{Z}} = \boldsymbol{Z}(t_1), \boldsymbol{Z}(t_2), \boldsymbol{Z}(t_3), \dots, \boldsymbol{Z}(t_N), \qquad (1.2\text{-}21)$$

$$\tilde{\boldsymbol{Y}} = \boldsymbol{Y}(t_1), \boldsymbol{Y}(t_2), \boldsymbol{Y}(t_3), \dots, \boldsymbol{Y}(t_N). \qquad (1.2\text{-}22)$$

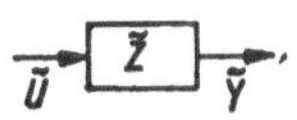

Abb. 1.2-3
Zustandsmodell für das Verhalten eines stochastischen Systems

(1.2-20) bis (1.2-22) mit (1.2-17) bis (1.2-19) stellen ein *stochastisches, diskontinuierlich-diskretes Zustandsmodell* dar.

Die oben definierten Eingangsgrößen-Ausgangsgrößen-Modelle und die Zustandsmodelle sind einander gleichwertig und lassen sich ineinander umwandeln. Beachtet werden muß, daß dann $\mathcal{U}$ in (1.2-13) und $\mathcal{U}$ in (1.2-17) und ebenso $\mathcal{Y}$ in (1.2-5) und $\mathcal{Y}$ in (1.2-19) nicht miteinander übereinstimmen.

Die dynamischen auf ein System wirkenden Einflüsse und die im System ablaufenden Vorgänge sind *Prozesse.* Sie werden beschrieben durch die Folgen $\tilde{\boldsymbol{X}}$, $\tilde{\boldsymbol{W}}$, $\tilde{\boldsymbol{Y}}$ bzw. $\tilde{\boldsymbol{U}}$, $\tilde{\boldsymbol{Z}}$, $\tilde{\boldsymbol{Y}}$ und zwischen ihnen bestehende Relationen. Die Gesamtheit der auf das System wirkenden und im System ablaufenden Prozesse bestimmen sein Verhalten.

Diskontinuierlich-diskrete Modelle sind zur Beschreibung des Verhaltens von Fertigungssystemen besonders geeignet. Sie sind dem diskontinuierlichen Charakter der Fertigung angepaßt, berücksichtigen, daß Beobachtungen und Steuerungseinwirkungen nur mit endlicher Genauigkeit und in endlichen Zeitabständen ausgeführt werden können, und sind zur Modellierung besonders komplizierter, wie z. B. nichtlinearer, nichtzeitinvarianter, stochastischer und hierarchisch strukturierter Systeme gut geeignet. Mit ihrer Hilfe lassen sich, ohne wesentlichen zusätzlichen Aufwand, das Systemverhalten und die Steuerung auf Digitalrechnern simulieren und die Steuerungsvorgänge durch Menschen und Rechner ausführen.

Zu der Modellierung von Fertigungssystemen sind zwei grundlegende Aufgaben zu bearbeiten.

1. Aus durch Vektorfolgen gegebenen Modellen sind Relationen, Parameter und eventuell äquivalente Modelle abzuleiten, die eine einfache und übersichtliche Darstellung

der für die jeweilige Untersuchung wesentlichen Eigenschaften des Originals mit ausreichender Genauigkeit wiedergeben. Dieses Problem wird im 2. Kapitel behandelt.

2. Aus bekannten Gesetzen und Eigenschaften des Originals sind, durch theoretische Überlegungen, Modelle abzuleiten oder es sind mit Hilfe von Experimenten am Original Modelle oder zumindest Parameter bzw. Relationen zu gewinnen, mit denen die für die jeweilige Untersuchung wichtigen Eigenschaften des Originals mit hinreichender Genauigkeit dargestellt werden können. Methoden zur Lösung dieser Aufgabe werden im 3. Kapitel dargestellt.

Wird ein Fertigungssystem S in das gesteuerte System GS und das Steuerungssystem SS gegliedert, dann kann es durch das in Abb. 1.2-4 dargestellte *Grundmodell* beschrieben werden [12-VO1], [1.2-VO2].

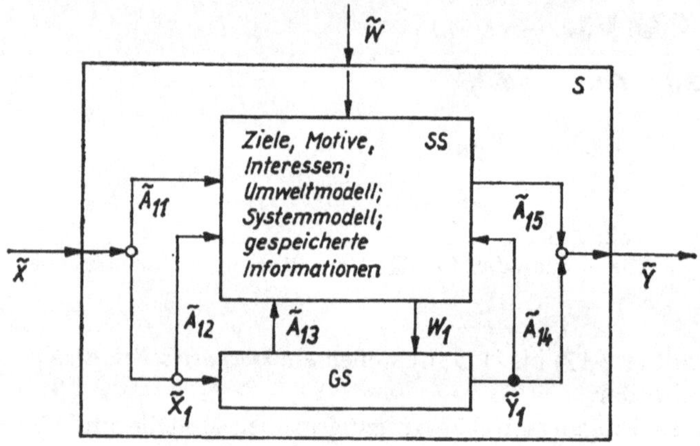

Abb. 1.2-4
Grundmodell für das Verhalten eines stochastischen Systems

Durch das Steuerungssystem SS wird der Steuervektor $\boldsymbol{W}_1$ erzeugt, der die steuernden Einwirkungen auf S beschreibt. Grundlagen für die Bestimmung des Steuervektors sind

— die *Ziele* des Systems S,
— die *Motive* und *Interessen* der an der Steuerung beteiligten Menschen,
— Kenntnisse über die für die Steuerung von S wesentlichen geplanten oder zu erwartenden Umweltereignisse, d. h. ein *Umweltmodell*,
— ein, die Reaktionen von S auf äußere Einwirkungen $\tilde{\boldsymbol{X}}_1$ und steuernde Einwirkungen $\tilde{\boldsymbol{W}}_1$ beschreibendes, *Systemmodell*,
— *gespeicherte Informationen*,
— Steuereinwirkungen $\tilde{\boldsymbol{W}}$ übergeordneter Systeme,
— aktuelle Informationen $\tilde{\boldsymbol{A}}_{11}$ aus der Umwelt,
  $\tilde{\boldsymbol{A}}_{12}$ über die Eingangsgrößen von GS,
  $\tilde{\boldsymbol{A}}_{13}$ über den Zustand von GS und
  $\tilde{\boldsymbol{A}}_{14}$ über die Ausgangsgrößen von GS.

SS gibt Informationen $\tilde{\boldsymbol{A}}_{15}$ an übergeordnete und gleichgeordnete Systeme ab.

Die Modelle dienen vor allem dazu, in der Umwelt geplante oder zu erwartende Ereignisse berücksichtigen zu können und mit hinreichender Sicherheit die zu erwartende Reaktion von GS auf $\boldsymbol{X}_1$ und $\boldsymbol{W}_1$ und damit das zu erwartende Systemverhalten vorhersagen zu können. Die Ziele, Motive, Interessen, Modelle und gespeicherten Informationen werden durch Lernprozesse ständig verbessert bzw. vervollkommnet und durch Adaption an sich änderde System- und Umwelteigenschaften angepaßt.

Die *Steuerung* ist eine Verknüpfung von Steuereinwirkungen übergeordneter Systeme mit Zielen, Motiven, Interessen, dem System- und dem Umweltmodell, gespeicherten und aktuellen Informationen zu Steuereinwirkungen. Die Steuereinwirkungen werden so festgelegt, daß von übergeordneten Systemen vorgegebene und systeminterne Ziele erreicht werden. Eine ausführliche Behandlung der Steuerung und gleichzeitig eine Präzisierung der oben getroffenen Aussagen erfolgt im 4. Kapitel.

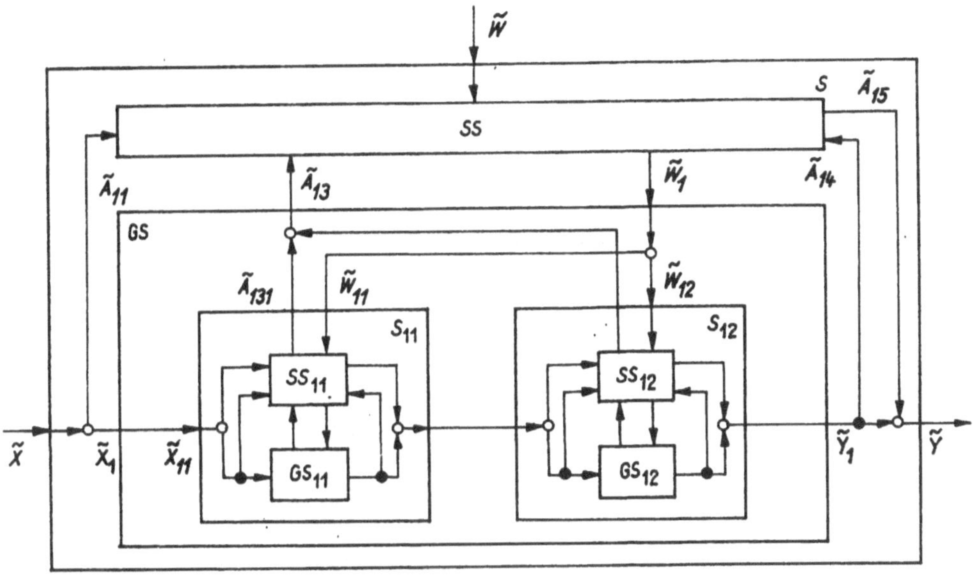

Abb. 1.2-5
Modell eines hierarchisch strukturierten stochastischen Systems

Wird die hierarchische Struktur des Fertigungssystems berücksichtigt, dann wird ein Modell der in Abb. 1.2-5 dargestellten Form erhalten. In den Systemen oder zwischen den Systemen auftretende Rückkopplungen wurden in Abb. 1.2-4 und Abb. 1.2-5 nicht eingetragen. Die Kopplung zwischen Teilsystemen und Hierarchieebenen wird im 2. Kapitel behandelt. Eigenschaften, Verhalten und Steuerung hierarchischer Systeme werden im 5. Kapitel ausführlicher beschrieben.

Das Ziel der Steuerung eines Fertigungssystems wird anhand von Abb. 1.2-6 präzisiert. Es sind

$\mathcal{Y}$ die Menge möglicher Ausgangsgrößen,
$\mathcal{Y}^* \subseteq \mathcal{Y}$ die Menge zulässiger bzw. angestrebter Ausgangsgrößen (das Zielgebiet),

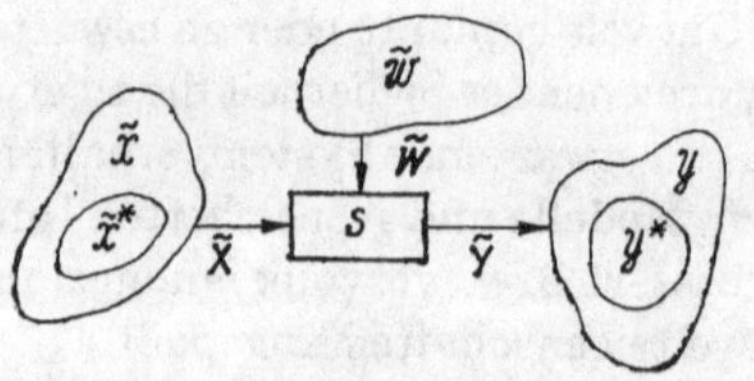

Abb. 1.2-6
Mengentheoretische Darstellung des Verhaltens eines stochastischen Systems

$\tilde{\mathcal{X}}$ die Menge möglicher Folgen von Eingangsgrößenvektoren,
$\tilde{\mathcal{X}}^* \subseteq \tilde{\mathcal{X}}$ die Menge von Folgen von Eingangsgrößenvektoren, für die die Steuerungsaufgabe lösbar ist,
$\tilde{\mathcal{W}}$ die Menge möglicher Strategien (Folgen von Steuergrößen).

Das *Ziel der Steuerung* besteht darin, $\boldsymbol{Y} \in \mathcal{Y}^*$ bei gegebenen $\tilde{\boldsymbol{X}} \in \tilde{\mathcal{X}}^*$ zu sichern. Dazu werden Strategien $\tilde{\boldsymbol{W}} \in \tilde{\mathcal{W}}$ so ermittelt und realisiert, daß $\boldsymbol{Y} \in \mathcal{Y}^*$ zu jedem Zeitpunkt t_i gilt. Das Zielgebiet kann eine Funktion der Zeit $\mathcal{Y}^*(t_i)$, $\forall i = 1, \ldots, N$, sein.

Bei stochastischen Systemen ist die Forderung $\boldsymbol{Y}(t_i) \in \mathcal{Y}^*$ oft nicht sicher zu verwirklichen. Es wird die abgeschwächte Forderung

$$\mathsf{P}(\boldsymbol{Y} \in \mathcal{Y}^*) = 1 - \varepsilon\,, \qquad 0 \leqq \varepsilon \leqq 1\,, \tag{1.2-23}$$

gestellt. Es wird also nur verlangt, daß die Wahrscheinlichkeit dafür, daß $\boldsymbol{Y}$ das Zielgebiet überschreitet, hinreichend klein ist.

Beispiel 1.1-1: Ein Lager soll so gesteuert werden, daß zu jedem Zeitpunkt t_j der zufällige Lagerbestand $\boldsymbol{Y}(t_i) \in \mathcal{Y}^*$ ist. Das Zielgebiet $\mathcal{Y}^*$ definiert den Maximal- und Mindestbestand für jede im Lager zu führende Position. Bei stark schwankenden Zuführungen und Entnahmen kann die Bedingung, daß der Maximalbestand nie überschritten und der Minimalbestand nie unterschritten werden darf, nur mit sehr hohem Aufwand erzielt werden. Es wird dann nur gefordert, daß das Zielgebiet mit hoher Wahrscheinlichkeit $\mathsf{P}(\boldsymbol{Y} \in \mathcal{Y}^*) = 1 - \varepsilon$ eingehalten wird. Wird der reale Bestand $\mathbf{y}(t_i)$ täglich ermittelt und für $\varepsilon = 0{,}01$ festgelegt, dann darf das Zielgebiet im Mittel nur einmal in hundert Tagen überschritten werden.

Die Steuerung läßt sich durch *unmittelbare Steuereinwirkungen* oder durch *mittelbare Steuereinwirkungen* realisieren.

Unmittelbare Steuereinwirkungen beeinflussen durch Weisungen und direkte Steuereingriffe das Verhalten des gesteuerten Systems.

Mittelbare Steuereinwirkungen sind Beeinflussung der Ziele, Motive und Interessen der im gesteuerten System beschäftigten Menschen und Vorgaben von Zielgrößen, Zielfunktionen oder Suchstrategien für die im gesteuerten System installierten Rechner und generelle Regelungen.

Die Beeinflussung der Ziele, Motive und Interessen ist eine Grundlage für ein aktives, auf die Ziele des Systems ausgerichtetes Verhalten des gesteuerten Systems. Sie ist an ein Stimulierungssystem gebunden, das Eigeninitiative und eigenverantwortliches Handeln fördert. Die generellen Regelungen etwa in Form von Arbeitsanweisungen, technologischen Vorschriften, Organisationsanweisungen usw. legen für Klassen von Situationen Verhaltensnormative für die Menschen und Algorithmen für die Rechner fest. Durch mittelbare Steuereinwirkungen wird ermöglicht, daß die

Ziele des Systems ohne häufige und starke Eingriffe durch das Steuerungssystem erreicht werden. Dadurch können der Informationsaustausch und die Interventionen und damit der Steuerungsaufwand minimiert werden [1.2-VO3], [1.2-VO4].

1.3. Analyse von Fertigungssystemen

1.3.1. Aufgabe und Verfahren der Analyse

Die Aufgabe der *Analyse von Fertigungssystemen* besteht darin, wesentliche Eigenschaften und Relationen zu erforschen, die das Wesen dieser Systeme und die ihm zugrunde liegenden Gesetzmäßigkeiten bestimmen. Dazu ist es notwendig, die analysierten Eigenschaften und Relationen nicht losgelöst voneinander zu betrachten, sondern ihre Zusammenhänge aufzuzeigen. Die Analyse ist mit der Synthese zu verbinden [1.3-KL]. Die Analyse von Fertigungssystemen umfaßt die Analyse der in diesen Systemen ablaufenden Fertigungsprozesse. Sie ist Grundlage für ihre Gestaltung und Beherrschung.

An einem Beispiel sollen die Aufgaben der Analyse eines Fertigungssystems und das Vorgehen bei ihrer Durchführung erläutert werden. Dabei werden die im Abschnitt 1.2 eingeführten Begriffe und Modelle verwendet.

Ein Betrieb hat die Aufgabe, in einem vorgegebenen Zeitraum ein Sortiment von unterschiedlichen Finalerzeugnissen herzustellen. Die Bearbeitung und das Zusammenfügen (die Montage) der Teilerzeugnisse erfolgt parallel und seriell an einer größeren Anzahl unterschiedlicher *Arbeitsplätze*. Die Arbeitsplätze können *Handarbeitsplätze, Maschinenarbeitsplätze, Automaten* oder *autonome Fertigungszellen* sein. Die Fertigung und ihre Steuerung sind hierarchisch gegliedert.

Auf Grund der Planauflage eines übergeordneten Systems oder vorliegender Aufträge, von im Umweltmodell gespeicherten Erfahrungen und der Kapazitätseinschätzung des Betriebes wird eine Folge von Sortimentsvektoren $\tilde{\mathbf{S}}$ festgelegt. Die $\mathbf{S}(t_i)$ geben für die Zeiträume $t_{i-1} - t_i$, $\forall i = 1, \dots, N$, den planmäßigen Anstoß von Finalerzeugnissen an. $\mathbf{S}(t_i)$ sind Zufallsgrößen, da zufällige Schwankungen des Ausstoßes unvermeidbar sind und bereits bei der Planung berücksichtigt werden müssen.

In Systemmodellen des Systems der Teilsysteme und der Hierarchieebenen sind für alle Finalerzeugnisse erforderliche technischen Parameter, Stücklisten, losgrößenabhängige Bearbeitungszeiten, technologische Vorschriften, Steuerprogramme für Automaten usw. gespeichert. Weiterhin enthalten sie Zeitfonds der Arbeitsplätze, Verfahren zur Lösgrößenbildung, zur Arbeitsplatzbelegung, zur Auslösung von Materialbestellungen, zur Kostenberechnung usw. In ihnen werden zu erwartende stochastische Einflüsse durch Krankenstand, Maschinenausfälle, Leistungsschwankungen, Schwankungen technologischer Parameter usw. berücksichtigt.

Aus dem Sortimentsvektor, dem Steuervektor des übergeordneten Systems und den systeminternen Zielen, Motiven und Interessen werden in SS mit Hilfe des Systemmodells, des Umweltmodells und gespeicherter und aktueller Informationen Steuerungsmaßnahmen für den Planungszeitraum $t_1 \dots t_N$ festgelegt. Die Steuerungsmaßnahmen werden auf die Systeme $S_{11}, S_{12}, \dots$ der Hierarchieebene 1 aufgeschlüsselt. In $S_{11}, S_{12}, \dots$ werden in ähnlicher Weise Steuervektoren festgelegt und auf die nächste Ebene aufgeschlüsselt usw.

In der Realisierungsphase werden auf Grund von Auftragsänderungen, von Informationen der Produktionsfortschrittskontrolle etc. für den verbleibenden Planungszeitraum die Sortiments- und Steuervektoren aktualisiert.

Eine so komplizierte Aufgabe wird in einem hierarchisch strukturiertem System arbeitsteilig gelöst. Die Modelle werden in eine Anzahl miteinander in Wechselwirkung stehender Teilmodelle zerlegt. Die Zerlegung wird soweit getrieben, bis einfache, überschaubare, mathematisch beherrschbare Teilmodelle erhalten werden. In den Teilsystemen werden dabei die Modelle in Teilmodelle zerlegt, die nur bestimmte Funktionen des Teilsystems beschreiben. Es muß die Wechselwirkung der Teilsysteme in jeder Hierarchieebene und der Hierarchieebenen untereinander untersucht werden. Dazu gehört die Analyse der Aufteilung der Aufgaben und Befugnisse, der bestehenden Spielräume für eigenverantwortliches Handeln, des Informationsaustausches und der Organisation des Zusammenwirkens der Teilsysteme und Hierarchieebenen.

Das Prinzip der Zerlegung eines Systems (Prozesses) in überschaubare Teilsysteme (Teilprozesse), der getrennten Untersuchung der Teilsysteme und der gesonderten Analyse und Steuerung des koordinierten Zusammenwirkens der Teilsysteme wird als *Dekompositionsprinzip* bezeichnet.

Durch Anwendung des Dekompositionsprinzips wird es trotz des großen Umfangs und der scheinbar verwirrenden Vielfalt von Problemen möglich, die wissenschaftliche Behandlung der Steuerung technologischer Prozesse mit Hilfe von relativ wenigen Methoden, Verfahren und Beschreibungs- bzw. Modellierungsmitteln vorzunehmen und auf die Nutzung einer geringen Anzahl von Gesetzen zurückzuführen.

Um einen einfachen Überblick über den Systemaufbau zu erhalten, kann die in Abb. 1.2-5 dargestellte Struktur formal durch die in Abb. 1.3-1 angegebene ersetzt werden.

Die Systemanalyse läßt sich mit der in Abb. 1.3-2 skizzierten Vorgehensweise durchführen. Das in Form eines Programmablaufplanes angegebene Schema wird von Menschen rechnergestützt abgearbeitet. Es ist als Orientierung und nicht als starres

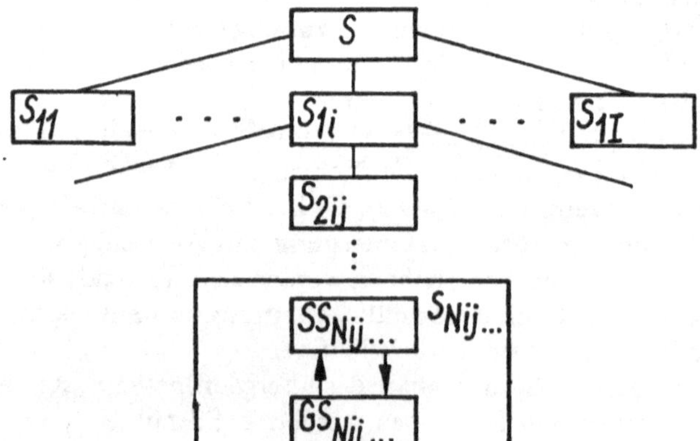

Abb. 1.3-1
Schematische Darstellung eines hierarchisch strukturierten Systems.
S_{hij}: h Nummer der Hierarchieebene, ij Teilsystem j des Teilsystems i der jeweils übergeordneten Ebene

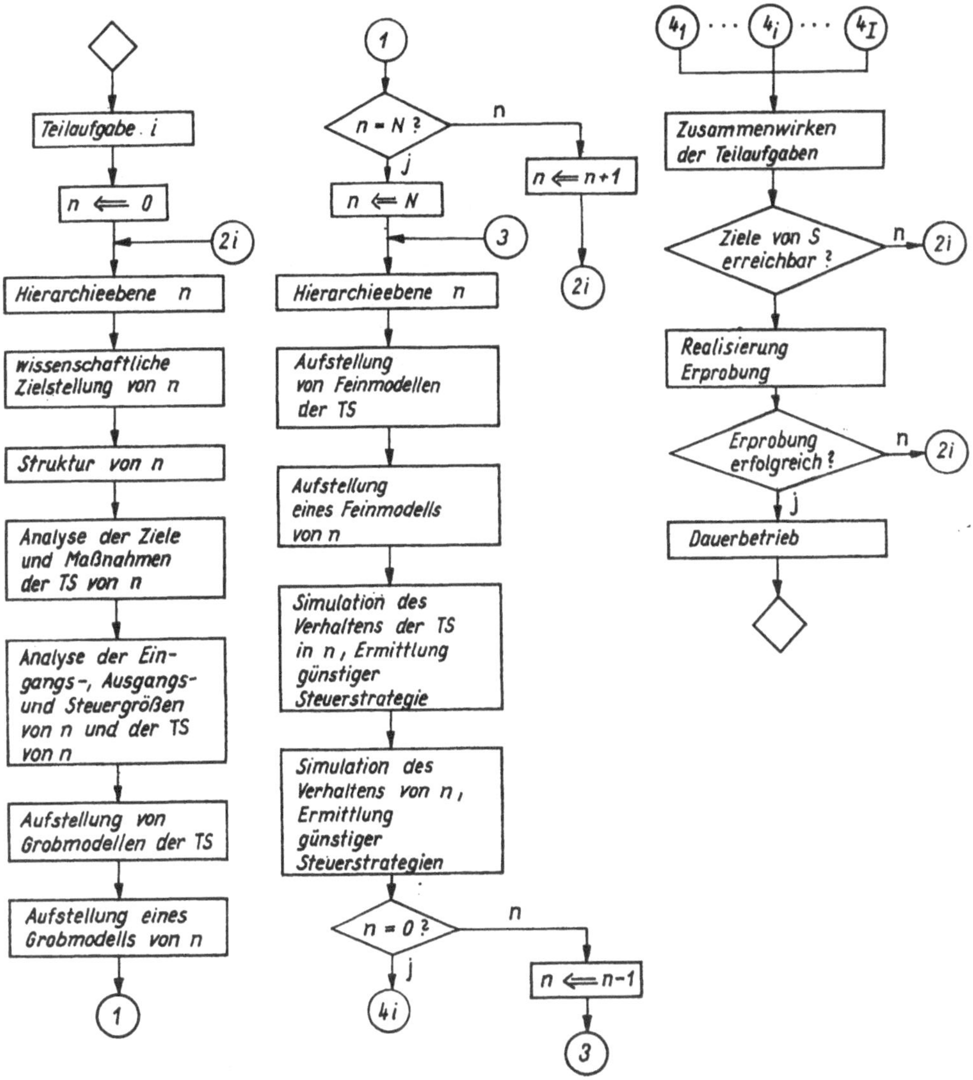

Abb. 1.3-2
Schematische Darstellung der Vorgehensweise bei der Systemanalyse

Dogma zu verstehen. Insbesondere werden bei notwendigen Überarbeitungen (Wiederholungen von Zyklen) nicht alle Arbeitsgänge erneut in allen Details durchgeführt. In allen Hierarchieebenen ist das Dekompositionsprinzip anzuwenden. Dadurch werden für einzelne Funktionen, wie z. B. lang-, mittel- und kurzfristige Planung, getrennte Modellsysteme erhalten, deren Wechselwirkung durch ein gesondertes Modell beschrieben wird. Die in Abb. 1.3-2 enthaltenen Aufgaben werden in den Abschnitten 1.3.2 und 1.3.3 ausführlicher beschrieben.

Beispiele für die Lösung von Steuerungsaufgaben in Systemen der diskontinuierlichen Fertigung werden u. a. in [1.3-KN], [1.3-KÜ], [1.3-ZE], [1.3-BO], [1.3-GO],

[1.3-LA], [1.3-LI], [1.3-HE], [1.3-OE], [1.3-GT] und in der im Abschnitt 1.1. zitierten Literatur gegeben.

1.3.2. Analyse der Ziele und Maßnahmen; Entscheidungstechnik

Entscheidend für die Effektivität der Lösung einer Aufgabe, d. h. für die Qualität der erzielten Ergebnisse, für die Bearbeitungsdauer und den personellen, materiellen und finanziellen Aufwand, ist eine möglichst präzise Formulierung des Zieles, seiner Gliederung in Teilziele und der zur Erreichung der Ziele notwendigen Maßnahmen.

Bei komplexen, langfristigen Aufgaben ist es einem Fachmann oder einer kleineren Gruppe von Fachleuten kaum möglich, Ziele, Teilziele und Maßnahmen so präzis zu formulieren, daß eine arbeitsteilige Lösung der Aufgabe möglich und ein hoher gesellschaftlicher Nutzen erreicht wird. Es wird erforderlich, *Entscheidungstechniken* einzusetzen, die eine hinreichende Objektivierung der Entscheidungsfindung ermöglichen. Es sind gesellschaftlich günstige Entscheidungen zu ermitteln, und wo erforderlich, ein größeres Kollektiv von Sachkundigen in die Entscheidungsvorbereitung einzubeziehen.

Eine Gruppe dieser Entscheidungstechniken beruht auf dem Prinzip der *Expertenbefragung*. Ihre Ursprünge liegen in dem zunächst für den Bereich des Militärwesens entwickelten „operations research". Sie wurden zur Waffensystemanalyse erweitert und bezogen später Kosten-Nutzen-Untersuchungen ein [1.3-HI], [1.3-KA], [1.3-BÖ]. Sie wurden seitdem zur Bearbeitung sehr unterschiedlicher wissenschaftlicher Probleme, wie Ausarbeitung von Prognosen [1.3-AM], [1.3-HA], [1.3-GL], [1.3-BE], [1.3-WI], [1.3-BE], Zielplanung in Forschung und Entwicklung [1.3-AU] und Lösung von Leitungs- und Organisationsproblemen [1.3-GV] eingesetzt. Es erfolgte eine Weiterentwicklung und Anwendung auf Probleme der Entwicklung und Einführung neuer elektronischer Geräte [1.3-IR].

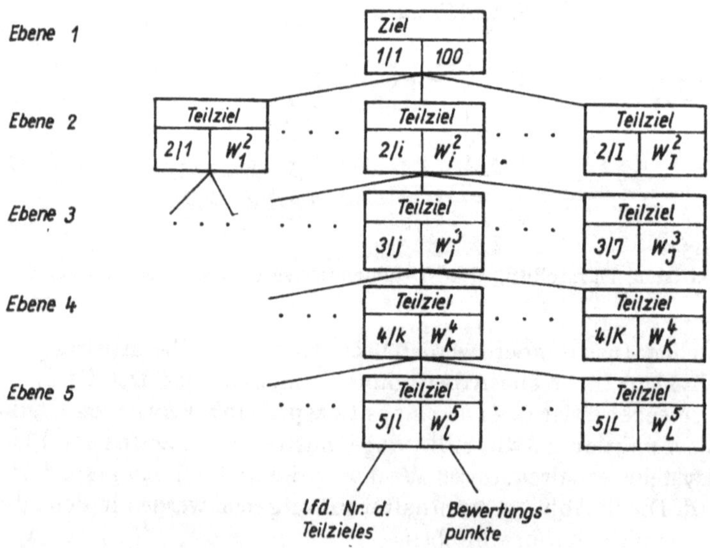

Abb. 1.3-3
Arbeitszielbaum (in Anlehnung an Irmer [1.3-IR])

Das als Methode der zielbezogenen Maßnahmebewertung bezeichnete Verfahren beginnt mit der Formulierung, Systematisierung und Bewertung des Zieles und der Teilziele. Durch ein Expertenkollektiv wird das Ziel möglichst präzise formuliert und in Teilziele mehrerer Ebenen gegliedert. Es entsteht ein Arbeitszielbaum.

Der *Zielbaum* ist ein zyklenfreier, zusammenhängender gerichteter Graph mit genau einer Quelle und endlich vielen Senken. Er stellt eine Zielhierarchie einschließlich der erforderlichen textlichen Erläuterung der Elemente dieser Hierarchie (*Zielbaumliste*) dar. Der Arbeitszielbaum enthält nur konjunktive Elemente, d. h. keine Alternativen zu Teilzielen.

Tab. 1.3-1
Bewertungsskala für die relative Wichtigkeit eines Teilzieles (Beispiel)

Relative Wichtigkeit	Bewertungskennziffer
unwichtig	0
geringe Wichtigkeit	1
mittlere Wichtigkeit	2
besonders wichtig	3
außerordentlich wichtig	4

Durch dasselbe oder ein anderes Expertenkollektiv wird die relative Wichtigkeit jedes Teilzieles i für die Erreichung des Gesamtzieles bewertet. Dazu wird eine *Bewertungsskala* für die relative Wichtigkeit eines Teilzieles festgelegt. Von jedem Bewerter j wird für das Teilziel i der durch den hochgestellten Index K gekennzeichneten Ebene eine *Bewertungskennziffer* n_{ij}^K vergeben. Aus den n_{ij} wird eine *Bewertung*

$$W_i^K = \frac{\sum\limits_{\forall j} n_{ij}^K}{\sum\limits_{\forall i} \sum\limits_{\forall j} n_{ij}^K} \cdot 100\% \tag{1.3-1}$$

des Teilzieles i erhalten. Durch (1.3-1) sind die W_i^K so normiert worden, daß in jeder Ebene gilt

$$\sum_{\forall i} W_i^K = 100\% .$$

Die Summe der Bewertungen aller zum Teilziel i der Ebene K gehörenden Teilziele der Ebene $K + 1$ wird W_i^K %. Abb. 1.3-4 veranschaulicht an einem Beispiel diese Zusammenhänge.

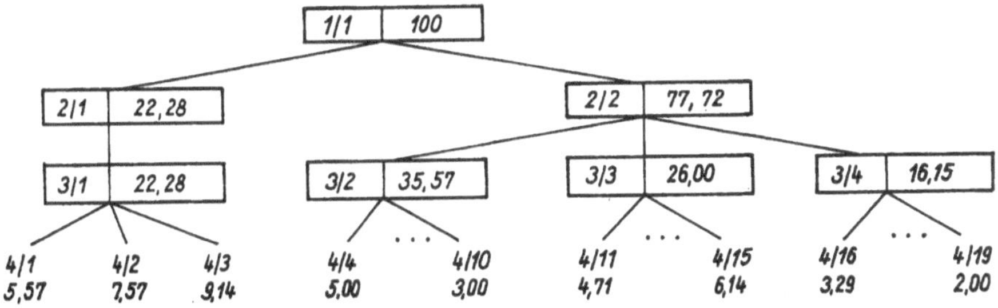

Abb. 1.3-4
Beispiel eines Arbeitszielbaumes (in Anlehnung an IRMER [1.3-IR])

Beispiel 1.3-1: Für die Entwicklung eines peripheren Gerätes der mittleren Datentechnik wird von IRMER [1.3-IR] eine hier auszugsweise angegebene, bewertete Zielbaumliste benutzt (s. Abb. 1.3-4).

1/1 $W_1^1 = 100$	Entwicklung und Einführung des neuen Erzeugnisses ... mit hoher Effektivität zur Deckung des volkswirtschaftlich begründeten Bedarfs
2/1 $W_1^2 = 22,28$	Erfüllung der quantitativen Seite der Entwicklung und Einführung
2/2 $W_2^2 = 77,72$	Erfüllung der qualitativen Seite der Entwicklung und Einführung
3/1 $W_1^3 = 22,28$	Deckung des Bedarfs nach Menge, Wert und Zeitpunkt
3/2 $W_2^3 = 35,57$	Erfüllung der ökonomischen Forderungen
3/3 $W_3^3 = 26$	Erfüllung der technischen und anwendungstechnischen Forderungen
3/4 $W_4^3 = 16,15$	Erfüllung der Forderungen an die Erzeugnisgestaltung
4/1 $W_1^4 = 5,57$	
...	
4/5 W_5^4	Erzielung einer hohen Arbeitsproduktivität
...	

Durch ein Kollektiv wird, bezogen auf eine Ebene K, eine möglichst vollständige Liste von Maßnahmen aufgestellt, die zur Realisierung des Zieles i dienen. Es können hier auch alternative Maßnahmen aufgenommen werden. Diese Maßnahmen werden durch Einflußkoeffizienten K_{ij}^K bewertet. Der hochgestellte Index K kennzeichnet die Ebene, i numeriert das Teilziel und j die jeweilige Maßnahme. Es wird eine Bewertungsskala für den relativen Einfluß einer Maßnahme auf die Realisierung eines Teilzieles festgelegt. Jeder Bewerter ordnet einer Maßnahme j, bezogen auf das Teilziel i in der Ebene K, eine Bewertungskennziffer n_{ijl}^K aus Tab. 1.3-2 zu. Sind an der Bewer-

Tab. 1.3-2
Bewertungsskala für den relativen Einfluß einer Maßnahme auf die Realisierung eines Teilzieles (Beispiel)

Relativer Einfluß	Bewertungskennziffer
kein Einfluß	0
geringer Einfluß	+(−) 1
mittlerer Einfluß	+(−) 2
bedeutender Einfluß	+(−) 3
großer Einfluß	+(−) 4
sehr großer Einfluß	+(−) 5

Das Vorzeichen − wird verwendet, wenn die Maßnahme die Erreichung des Zieles behindert.

tung der j-ten Maßnahme Z_j Bewerter beteiligt, dann wird

$$K_{ij}^K = \frac{1}{Z_j} \sum_{\forall l} n_{ijl}^K \,. \tag{1.3-2}$$

Durch Multiplikation von K_{ij}^K mit W_j^K wird ein Maß M_{ij}^K für den relativen Nutzen der Maßnahme j, bezogen auf das Teilziel i der Ebene K, festgelegt. Es ist

$$M_{ij}^K = W_i^K K_{ij}^K \,. \tag{1.3-3}$$

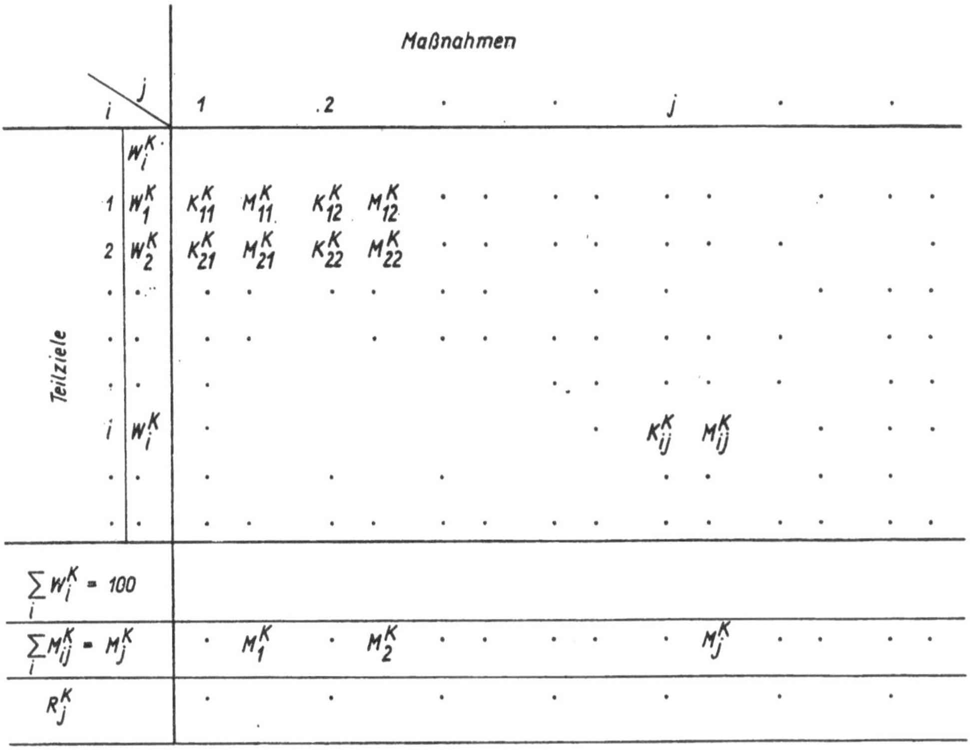

Abb. 1.3-5
Entscheidungsmatrix

Aus K_{ij}^K und M_{ij}^K wird die Entscheidungsmatrix Abb. 1.3-5 aufgestellt. Werden in der Spalte j der Entscheidungsmatrix die M_{ij}^K über alle Teilziele i summiert, wird der relative Nutzen

$$M_j^K = \sum_{\forall i} M_{ij}^K$$

der Maßnahme j, bezogen auf das Gesamtziel, erhalten.

Beispiel 1.3-1 (Fortsetzung): IRMER gliedert

110 Maßnahmen in sechs Gruppen, wie

1:1 Sicherung der personellen, materiellen und arbeitsorganisatorischen Voraussetzungen

1:3 Sicherung eines hohen technologischen Niveaus

...

In der Gruppe 1:3 sind z. B. enthalten

...

Anwendung rationeller Kontrolltechnologien

61 Stichprobenkontrolle

62 100% Kontrolle

...

Einsatz von Sonder- und Spezialmaschinen

69 in der Vorfertigung (Lasertrennschneiden)

70 in der Montage

...

Durch die Gruppierung der Ziele und Maßnahmen werden Gebiete in der Entscheidungsmatrix erhalten, deren Elemente Null gesetzt werden können (kein Einfluß, vernachlässigbar geringer Einfluß). Es verbleiben Haupteinflußfelder.

Der Aufwand für die Auswertung der Matrix kann dadurch wesentlich verringert werden. Gleichzeitig entsteht in der Regel eine Ordnung der Ziele und Maßnahmen nach für ihre Festlegung und Realisierung verantwortlichen Struktureinheiten.

Werden der größten der Zahlen M_j^K der Rang $R_j^K = 1$, der nächstfolgenden der Rang $R_j^K = 2$ usw. zugeordnet, entsteht eine Rangfolge der Maßnahmen. Diese Rangfolge legt die Wichtigkeit jeder Maßnahme fest. Sie kann zur Entscheidung darüber herangezogen werden, welche Maßnahmen realisiert werden sollen.

Bei vielen Entscheidungen über technische bzw. technologische Maßnahmen macht es sich notwendig, weitere Argumente zur Entscheidungsvorbereitung heranzuziehen [1.3-BÖ]. So können die Kosten jeder Maßnahme eingeschätzt und M_j^K durch die Kosten der Maßnahme j dividiert werden. Für die so erhaltenen Nutzen/Kosten-Verhältnisse wird eine von R_j^K, $\forall j$, abweichende Rangfolge gefunden. Werden weitere Argumente, wie etwa der Zeitraum bis zu Beginn der Serienproduktion usw., genutzt, dann werden weitere Rangfolgen erhalten. Aus diesen kann durch Linearkombination eine neue Rangfolge ermittelt werden, die dann als Grundlage für die Entscheidungsfindung dient.

Nachdem die zielbezogene Maßnahmebewertung für die Hierarchieebene 0 der Abb. 1.3-1 durchgeführt wurde, muß sie in den nachgeordneten Hierarchieebenen erfolgen. Die Hierarchieebenen 0, ..., N dürfen nicht mit den Ebenen K der zielbezogenen Maßnahmebewertung verwechselt werden. Den Teilsystemen der Hierarchieebene 1 werden Ziele und Maßnahmen vorgegeben, die aus den Teilzielen und Maßnahmen der Ebene 0 abgeleitet sind, aber nicht notwendig mit diesen übereinstimmen. Die Vorgabe soll so präzise wie notwendig, aber so erfolgen, daß in den Teilsystemen eigenverantwortlich eine weitere Präzisierung vorgenommen werden kann. Nach Abschluß der zielbezogenen Maßnahmebewertung in der Hierarchieebene 1 werden Ziele und Maßnahmen für die Hierarchieebene 2 vorgegeben usw.

Können in den nachgeordneten Ebenen die Vorgaben nicht eingehalten werden, dann erfolgt eine Information an die übergeordnete Ebene. Sie überarbeitet die Vorgaben und legt sie neu fest. Dieser iterative Vorgang wird solange fortgesetzt, bis in allen Hierarchieebenen und Teilsystemen eine effektive Aufgabenerfüllung gesichert ist.

Mit der auf Hierarchieebenen und Teilsysteme aufgeschlüsselten zielbezogenen Maßnahmebewertung können recht präzise Festlegungen und Charakterisierungen

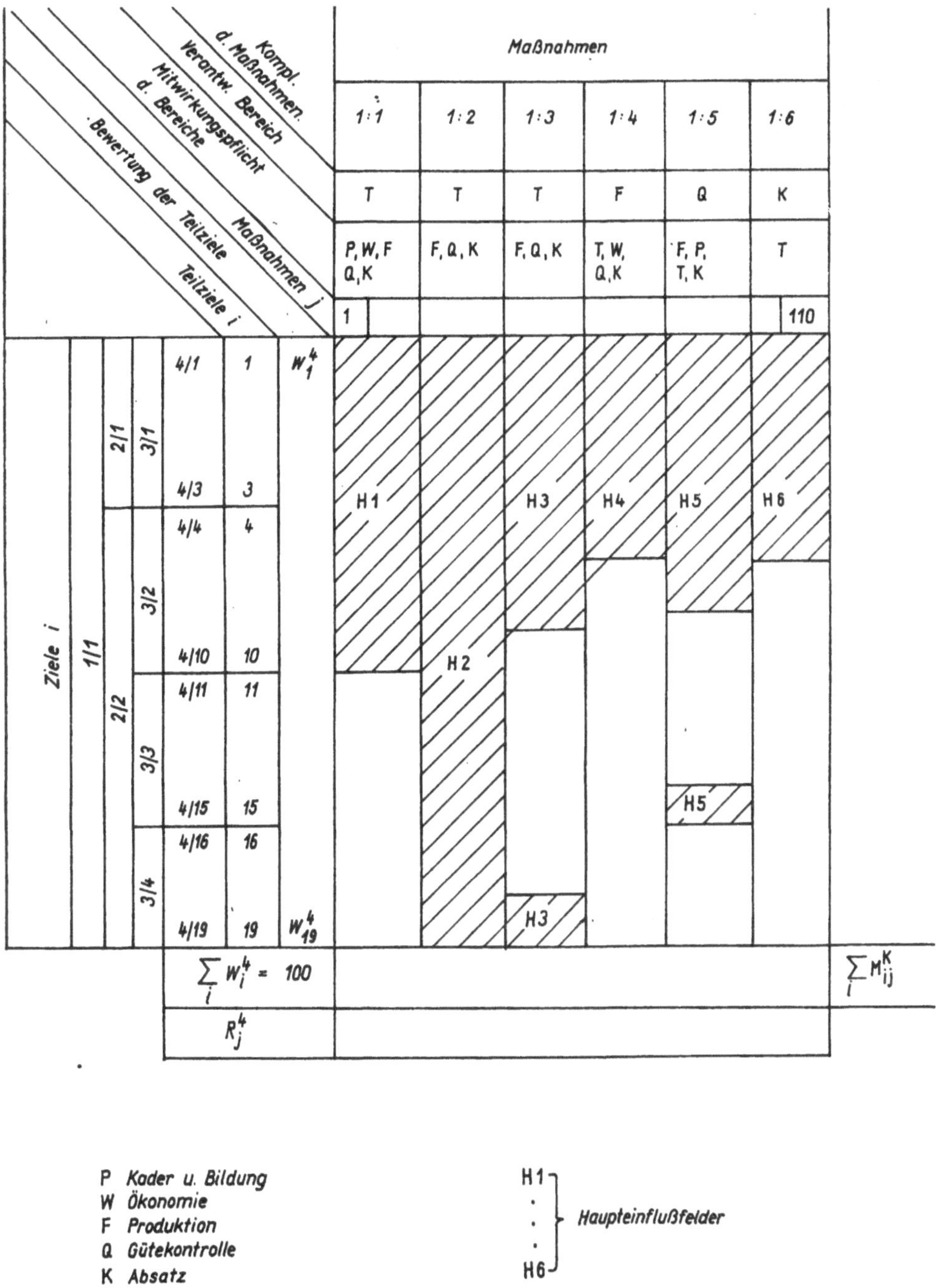

Abb. 1.3-6
Beispiel für die Struktur einer Entscheidungsmatrix (nach IRMER [1.3-IR])

der Ziele und Maßnahmen erhalten werden. Der Wert der Untersuchungen besteht nicht nur in der Ermittlung von Rangfolgen sondern darüber hinaus darin, daß bei der Formulierung und Bewertung der Ziele und Maßnahmen und bei der Auswertung der Ergebnisse eine gründliche inhaltliche Durchdringung der Probleme durch Kollektive von Sachkundigen vorgenommen werden muß. Die zielbezogene Maßnahmebewertung ist eine Vorstufe zur Modellierung und Simulation von Fertigungssystemen.

Bewertungsmethoden besitzen für die Technologie eine sehr große Bedeutung. Sie bieten die Möglichkeit, nicht im engeren Sinne meßbare Eigenschaften zur Analyse, Modellierung, Steuerung und Optimierung technologischer Prozesse effektiv zu nutzen. Dazu ist es für viele Anwendungsfälle nötig, eine Präzisierung der Methoden und Bewertungsskalen vorzunehmen.

Eigenschaften (Form, Struktur, Verhalten usw.) von Produkten, technologischen Verfahren, Ausrüstungen und Prozessen und von Steuerungen werden durch Gesamtheiten von *Aussagen* beschrieben.

Aussagen sind Angaben von *Merkmalen* (Produktionsanstieg, Länge, Breite, Temperatur, farblicher Eindruck, Form, Qualifikation, Einstellung zur Arbeit usw.) und von zu Vektoren zusammengefaßten *Merkmalsgruppen* und von zwischen den *Merkmalen* und *Merkmalsvektoren* bestehenden *Relationen* (s. Anlage 1). Die Relationen werden durch mathematische Beziehungen und/oder durch in natürlichen oder künstlichen Sprachen formulierte Sätze ausgedrückt.

Die Merkmale und Merkmalsvektoren können endlich viele Werte (rot, grün, 10 m, 20 m; $\begin{pmatrix} 1000\ \text{K} \\ \text{rot} \end{pmatrix}$, $\begin{pmatrix} 400\ \text{K} \\ \text{blau} \end{pmatrix}$ usw. annehmen. Diese Werte definieren den Wertevorrat der Merkmale und Merkmalsvektoren. Sie werden als *Buchstaben abstrakter Alphabete* dargestellt.

Beispiel 1.3-2: Zwei Erzeugnisse werden durch ihren Durchmesser, ihre Farbe und das Qualitätsniveau ihrer Oberfläche charakterisiert. Der „*Merkmalsvektor*" $\mathbf{x}$ ist dann für beide Erzeugnisse

$$\mathbf{x} = \begin{pmatrix} \text{Durchmesser} \\ \text{Farbe} \\ \text{Oberflächenqualität} \end{pmatrix}.$$

Er nimmt z. B. für die Erzeugnisse 1 und 2 die Größen (Buchstaben)

$$\xi^1 = \begin{pmatrix} 0{,}1\ \text{m} \\ \text{grün} \\ \text{gut} \end{pmatrix}, \qquad \xi^2 = \begin{pmatrix} 0{,}3\ \text{m} \\ \text{blau} \\ \text{besser (als} \\ \text{bei Erzeugn. 1)} \end{pmatrix}$$

an.

In Tab. 1.3-3 sind Aussagen über die Abbildung von Merkmalen zusammengestellt [1.3-GR].

Klassifikatorische Merkmale werden verbal angegeben. So kann der farbliche Eindruck eines Gerätes (abhängig von der zur Lackierung verwendeten Farbe, der Helligkeit und spektralen Zusammensetzung der Beleuchtung) die Merkmalswerte rot, orange, gelb usw. besitzen. Die Skala wird durch eine Menge von Begriffen definiert.

Mit *komparativen Merkmalen* lassen sich Rangordnungen angeben. Die Merkmalswerte wie heller als, verantwortungsbewußter als, größer als, gehören Ordinalskalen an.

Tab. 1.3-3
Abbildung von Merkmalen (in Anlehnung an GROCHLA u. a. [1.3-GR]

Abbildbare Merkmale	Abbildungs-techniken	Abbildungs-relationen	Skalen	Invariante Transform.
1. klassifikatorische M.	Klassifizieren	Unterschied: $A \neq B$	Nominalskala	eineindeutige Transformationen
2. komparative M.	Ordnen	Rang: $W(A) < W(B)$	Ordinalskala	isotone Transformationen
3. metrische Merkmale	Messen	Abstand $\frac{W(A) - W(B)}{W(C) - W(D)} = W(AB)$	Kardinalskala	affine Transformationen $W^* = a + bW$; $b \neq 0$

W monotone Bewertungsfunktion
$W(A)$ Meßwert des Merkmalswertes A
$W(C)$ } Meßwerte der Basismerkmalswerte C, D
$W(D)$ } $W(C) - W(D)$ definiert die Maßeinheit
$W(AB)$ Meßwert des Abstandes zwischen den Merkmalswerten A und B

Rangordnungen sind gegenüber allen Transformationen invariant, die die Ordnungsrelationen nicht verändern (isotone Transformationen).

Das *Messen im engeren Sinne* (i. e. S.) ist an ein Vergleichen mit einer Skala, eine Definition eines Abstands und eine Definition der Maßeinheit dieses Abstandes gebunden. Die verwendeten Merkmale sind *metrische Merkmale* und gehören einer Kardinalskala an. Meßwertangaben sind gegenüber affinen Abbildungen invariant.

Es seien $\xi^j \in \{A, B, C, D\}$ Merkmalswerte. $W(\xi^j)$, $\forall j \in \{1, 2, 3, 4\}$ seien diesen Merkmalswerten zugeordnete Meßwerte.

Der Abstand $W(AB)$ zwischen A und B wird für beliebige A und B definiert durch

$$W(AB) = \frac{W(A) - W(B)}{W(C) - W(D)}.$$

$W(C) - W(D)$ ist die festgelegte Maßeinheit des Abstandes. Durch eine affine Transformation

$$W^* = a + bW$$

wird der Abstand $W(AB)$ nicht geändert, da

$$W^*(AB) = \frac{W^*(A) - W^*(B)}{W^*(C) - W^*(D)} = \frac{a + bW(A) - a - bW(B)}{a + bW(C) - a - bW(D)}$$

$$= \frac{W(A) - W(B)}{W(C) - W(D)} = W(AB)$$

ist.

Klassifizieren, Ordnen und *Messen im engeren Sinne* werden zum *Messen im weiteren Sinne* (i. w. S.) zusammengefaßt [1.3-ZB]. Vektoren, die klassifikatorische, komparative und metrische Komponenten enthalten, sind *Vektoren im weiteren Sinne*.

Die wissenschaftliche Vorbereitung und Realisierung technologischer Maßnahmen kann oftmals nur mit der erforderlichen Qualität erfolgen, wenn klassifikatorische, komparative und metrische Merkmale berücksichtigt werden. Optimierungsrechnungen, Variantenvergleiche usw. gehen jedoch häufig von metrischen Merkmalen aus. Es muß versucht werden, durch geeignete Bewertungsverfahren aus klassifikatorischen und komparativen Merkmalen metrische Merkmale abzuleiten.

Klassifikatorische Merkmale lassen sich nicht ohne weiteres in objektive, allgemein verbindliche metrische Merkmale überführen. Die bisher beschriebenen Methoden erlauben nur die Ermittlung einer Rangordnung, aber keine Messung im engeren Sinne. Es fehlen die Vereinbarungen von Maßeinheiten und Abstandsmaßen.

Die Ableitung komparativer und metrischer Merkmale durch Bewertung klassifikatorischer Merkmale kann nur bezogen auf wohldefinierte Ziele vorgenommen werden. Eigenschaften wie z. B. Zuverlässigkeit, Exaktheit, Reaktionsgeschwindigkeit lassen sich bezüglich bestimmter Einsatzgebiete bewerten. Sie erhalten z. B. für Anlagenfahrer andere Bewertungen als für Konstrukteure. Bewertungen menschlicher Eigenschaften wurden im Zusammenhang mit der Entwicklung von rechnergestützten Kaderauswahlprogrammen z. B. durch Noack [1.3-NO] und Bernstein [1.3-BS] untersucht. Je eindeutiger und präziser die Ziele definiert sind, um so leichter ist es, aus nicht im engeren Sinne meßbaren Merkmalen durch Bewertungen hinreichend objektive metrische Merkmale zu erhalten. Werden ein Basiswert (Maßeinheit) und ein Abstandsmaß festgelegt, dann lassen sich auf den Basiswert bezogene relative metrische Merkmalswerte gewinnen.

Beispiel 1.3-3: Es ist die Aufgabe gestellt, ein Rundfunkgerät zu entwickeln, das ein bisher produziertes Gerät ablösen soll. Aus einer Anzahl möglicher Varianten soll die „günstigste" ausgewählt werden.

Es liegt nahe, als Maß für das „Günstigste" den Gebrauchswert des Gerätes zu verwenden. Der *Gebrauchswert* – die Nützlichkeit eines Dinges, seine Eigenschaften, die es zur Befriedigung menschlicher Bedürfnisse geeignet machen – kann nicht objektiv und absolut gemessen werden. Die Definition läßt weder die verbindliche, allgemeingültige Festlegung einer Meßvorschrift für den Abstand noch einer Maßeinheit zu. Es wird eine Methode zur auf einen Basiswert und ein Ziel bezogenen relativen Messung durch Bewertung vorgestellt [1.3-VO].

Das Basiserzeugnis besitzt den Gebrauchswert G_0, G_0 wird durch die mittlere Nutzungsdauer τ_0 Jahre und die mittleren dem Nutzer in τ_0 entstehenden Kosten K_0 bestimmt. Es wird definiert

$$G_0 = K_0 . \tag{1.3-4}$$

Die mittleren Kosten und die mittlere Nutzungsdauer sind auf mittlere Eigenschaften der Erzeugnisse und auf die gemittelten Gewohnheiten (tägliche Betriebszeit, Aussonderungsgewohnheit usw.) eines „repräsentativen" Nutzers bezogene Größen. Die Kosten setzen sich aus Anschaffungskosten, Betriebskosten und Instandhaltungskosten zusammen. Werden der Gebrauchswert und die Kosten auf ein Jahr bezogen, dann gilt

$$\dot{G}_0 = \frac{G_0}{\tau_0} = \dot{K}_0 = \frac{K_0}{\tau_0}. \tag{1.3-5}$$

$\dot{G}_0$ ist ein Maß für den Grad der jährlichen Bedürfnisbefriedigung. $\dot{K}_0$ sind die jährlichen dem „repräsentativen" Nutzer entstehenden Kosten.

Für die Variante j des neu zu entwickelnden Erzeugnisses sollen die entsprechenden Größen τ_j, G_j, $\dot{G}_j$, K_j, $\dot{K}_j$ sein. Für τ_j, K_j und $\dot{K}_j$ sind von vornherein Maßeinheiten definiert. Sie werden aus den vorgesehenen Eigenschaften des Gerätes, den vorgesehenen Fertigungsmethoden und zu erwartenden Gewohnheiten des Nutzers geschätzt. Für $\dot{G}_j$ bzw. $\dot{G}_j$ müssen Maßeinheiten und Maßvorschrift für die Abstandsmessung in geeigneter Weise definiert werden.

$\dot{G}_j$ wird durch die Merkmale Anzahl der Kanäle, Trennschärfe, Qualität der Klangwiedergabe, Bedienkomfort, und Formgestaltung des Gehäuses beschrieben. Jedes dieser Merkmale ist bezogen auf das entsprechende Merkmal des Basisgerätes zu bewerten. Die Bewertung erfolgt so, daß für jedes Merkmal angegeben wird, um wieviel besser mit der Variante j das Bedürfnis nach hochwertigem Rundfunkempfang mit einem äußerlich ansprechenden Gerät befriedigt wird als mit dem Basisgerät (Meßvorschrift). Es wird für jedes Merkmal ein Faktor angegeben, der zum Ausdruck bringt, welches Vielfache der jährlichen Kosten der Nutzer als Äquivalent für die Veränderung des Merkmals akzeptiert (Skala bzw. Maßeinheit des Abstandes). Hat das Basisgerät „normale" Wiedergabequalität und die Variante j Hi-Fi-Qualität, wird z. B. für das Merkmal i „Klangwiedergabe" der Faktor $\alpha_{ij} = 1{,}2$ angegeben. Das heißt, dem Nutzer ist die Verbesserung der Klangwiedergabe soviel wert, daß er dafür bereit ist, das 1,2fache der jährlichen Kosten in Kauf zu nehmen.

Wird ein solcher Bewertungsfaktor α_{ij} für alle in Betracht gezogenen Merkmale $i = 1 \ldots I$ ermittelt, erhält $\dot{G}_j$ den Wert

$$\dot{G}_j = \dot{G}_0 \alpha_{1j} \alpha_{2j} \ldots \alpha_{Ij} = \dot{G}_0 \alpha_j \,. \tag{1.3-6}$$

Mit $\alpha_{ij} = 1 + \varDelta_{ij}$ ergibt sich in für die meisten praktischen Fälle ausreichender Näherung

$$\dot{G}_j = \dot{G}_0 (1 + \varDelta\alpha_{1j} + \varDelta\alpha_{2j} + \ldots + \varDelta\alpha_{ij}) = \dot{G}_0 \alpha_j \,. \tag{1.3-7}$$

Der Gebrauchswert der Variante j wird

$$G_j = \frac{\dot{G}_j \tau_j}{\dot{G}_0 \tau_0} = \alpha_j \frac{\tau_j}{\tau_0} \,. \tag{1.3-8}$$

Für das Basiserzeugnis war per definitionem $K_0 = G_0$. Sind für die Variante j die Kosten K_j, dann wird

$$\gamma_j = \frac{G_j}{K_j} \bigg/ \frac{G_0}{K_0} = \frac{G_j}{K_j} \tag{1.3-9}$$

ein Maß für die relative Erhöhung der Effektivität der Bedürfnisbefriedigung.

Entsprechend der Aufgabenstellung, soll aus J Varianten $j \in \{1 \ldots J\}$ die „günstigste" j^* ausgewählt werden. Werden als „günstigste" Varianten die angesehen, für die $\gamma_j^* = \max.$ und gleichzeitig $\gamma_j^* \geqq 1$ ist, dann sind alle Varianten „günstigste", für die $\gamma_{j_1^*} = \gamma_{j_2^*} = \ldots = \max. \geqq 1$ gilt. Sollen bei $\gamma_{j^*} \geqq 1$ unabhängig voneinander γ_{j^*} und G_{j^*} möglichst groß werden, liegt ein Problem der *Polyoptimierung* [1.3-PE 1] [1.39-PE 2] vor.

In Abb. 1.3-7 sind für 12 Varianten $j = 1 \ldots 12$ die γ_j und G_j eingetragen. Die Varianten 1 und 5 kommen wegen $\gamma_j \leqq 1$ nicht als günstigste in Frage.

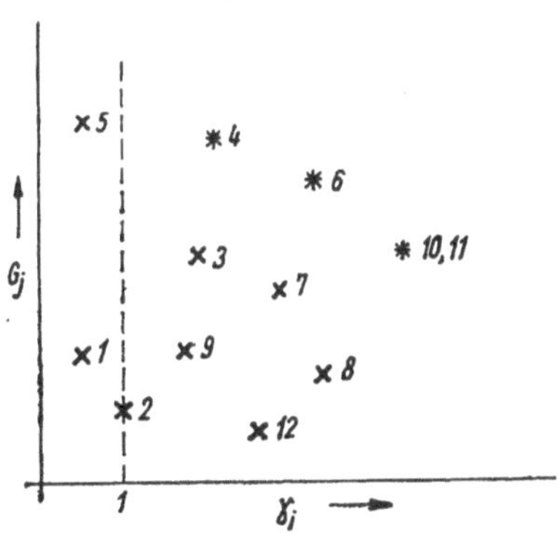

Abb. 1.3-7
Optimierung des Gebrauchswertes und des Gebrauchswert-Kosten-Verhältnisses

Die Varianten 4, 6, 10 und 11 erfüllen die Forderung, daß γ_j und G_j gleichzeitig möglichst groß und $\gamma_j \geqq 1$ sind. Diese Varianten sind im Sinne der Polyoptimierung gleichberechtigt und stellen eine Kompromißmenge dar. Um entscheiden zu können, welche der Varianten aus der *Kompromißmenge* verwirklicht werden soll, sind zusätzliche Argumente erforderlich.

In analoger Weise ist vorzugehen, wenn die Eignung von technologischen Ausrüstungen, Verfahren oder Prozessen für die Erreichung bestimmter Ziele beurteilt werden soll. Es wird hier in der Regel erforderlich, das Dekompositionsprinzip mit zu nutzen.

Zu den entscheidenden Fragen, die bei der Analyse der Ziele und Maßnahmen geklärt werden müssen, gehören:

1. Was soll mit welchem Ziel automatisiert werden?
2. Wie und in welchem Umfang soll automatisiert werden?
3. Wie wird das Zusammenwirken von Menschen und Automaten im System gestaltet?

Grundlage für die Beantwortung dieser Fragen ist eine Analyse der *Automatisierungsfähigkeit* und *Automatisierungswürdigkeit* von Prozessen in den Teilsystemen, den Hierarchieebenen und der Steuerung ihres koordinierten Zusammenwirkens im Gesamtsystem.

Die *Automatisierungsfähigkeit* wird allein durch die Algorithmierbarkeit der Prozesse und technische Argumente bestimmt. Automatisierungsfähig sind alle Prozesse, deren wesentliche Eigenschaften mit technischen Mitteln gemessen werden können und für deren Steuerung ein Algorithmus angegeben und mit technischen Mitteln (Rechner, Regler) realisiert werden kann. Die ermittelten Steueranweisungen werden unmittelbar durch Stelleinrichtungen ausgeführt oder dienen zur Beeinflussung menschlicher Handlungen.

Die *Automatisierungswürdigkeit* wird durch sozial-ökonomische Argumente bestimmt. Prozesse sind automatisierungswürdig, wenn durch die Automatisierung

— der Gesamtaufwand an lebendiger und vergegenständlichter Arbeit, d. h. an Lohn, Materialkosten, Abschreibungen usw. für die Herstellung eines Erzeugnissortimentes verringert wird und/oder
— die Qualität der Erzeugnisse erhöht wird und/oder
— die Arbeitsbedingungen der Werktätigen verbessert werden.

Bei der Festlegung der Automatisierungsstrategie sollte stets davon ausgegangen werden, daß durch die Automatisierung eine völlig neue Qualität der Fertigung erreicht werden muß. Die Erfahrung hat gezeigt, daß i. allg. kein ausreichender Effekt erzielt werden kann, wenn nur solche Vorgänge automatisiert werden, die auch ohne Automaten realisiert werden können, d. h., wenn die Automaten nur als eine Art von Verstärkern menschlicher Organe eingesetzt werden (Steinzeittechnologie). Es ist erforderlich, neue Technologien zu entwickeln und Aufgaben zu stellen, die erst durch Einsatz von Automaten verwirklicht werden können. Mit Hilfe von Automaten lassen sich z. B. sehr schnell ablaufende Prozesse beherrschen, umfangreiche Optimierungsprobleme lösen, eine sehr hohe Flexibilität der Fertigung bei geringem Aufwand an Umlaufmitteln erreichen usw.

Automaten sind nicht vorrangig mit dem Ziel einzusetzen, menschliche Arbeitskraft zu ersetzen. Es kommt darauf an, die Automatisierung so vorzunehmen, daß sich die Eigenschaften der Menschen, ihre Intuition, ihre Erfahrung, ihre Initiative, ihr Verantwortungsbewußtsein usw. und die Eigenschaften der Automaten, ihre Schnelligkeit, ihre Exaktheit, ihre Fähigkeit, große Datenmengen sicher zu speichern, gegenseitig ergänzen. Das Zusammenwirken von Menschen und Automaten ist so zu organisieren, daß die Menschen die Aufgaben erfüllen, die Menschen besser können, und die Automaten die Aufgaben bearbeiten, die Automaten besser können. Dabei sollen Menschen und Automaten sich so ergänzen, daß grundsätzlich neue Aufgaben gelöst werden können. Ein Weg dazu ist der Aufbau von *Dialogsystemen* zwischen Menschen und *hierarchisch strukturierten Rechnernetzen* (*Rechnerverbundsystemen*).

1.3.3. Analyse der Eingangs-, Ausgangs- und Steuergrößen, der Struktur und des Verhaltens

Die Analyse der Ziele des Fertigungssystems, der zu ihrer Erreichung notwendigen Maßnahmen und die Modellierung des Systems ist mit der Analyse seiner Eingangs-, Ausgangs- und Steuergrößen, seiner Struktur und seines Verhaltens zu verbinden. Für diese Analyse wird die durch Abb. 1.3-2 veranschaulichte Vorgehensweise empfohlen.

Vor ihrem Beginn ist es notwendig, mit Hilfe der in 1.3.2 beschriebenen Methoden die Ziele der wissenschaftlichen Untersuchungen am Gesamtsystem möglichst präzis zu formulieren und seine Struktur festzulegen. Das Ziel der Analyse ist, ein Modellsystem zu schaffen, mit dessen Hilfe die wissenschaftlichen Untersuchungen durchgeführt werden können, die notwendig sind, um die definierten Ziele zu erreichen. In jeder Hierarchieebene, auch in der Ebene des Gesamtsystems, werden für unterschiedliche Untersuchungsziele unterschiedliche Modelle verwendet. Dadurch entstehen für die einzelnen Untersuchungsziele Modellsysteme. Wenn erforderlich, wird ein gesondertes Modell (oder Modellsystem) entwickelt, das das Zusammenwirken der Modellsysteme beschreibt (s. 1.3.1).

Sind ein Untersuchungsziel i und die Struktur festgelegt, werden die auf das Gesamtsystem wirkenden Einflußgrößen aufgelistet. Zu ihnen gehören eingehende Bestellungen, Material- und Energiezuführungen, Umwelteinflüsse usw. Aus dieser Liste werden die Größen herausgezogen, die für die Realisierung des Untersuchungszieles i wesentlich sind. Es sind die Eigenschaften dieser Größen, wie Änderungsbereich, Dynamik, Streuung usw., zu ermitteln und in einem *Signalmodell* zu erfassen. Ein solches Signalmodell kann allgemein durch eine Folge zufälliger Vektoren beschrieben werden.

Anschließend sind die Ausgangsgrößen aufzulisten. Sie beschreiben die Wirkung des Systems auf seine Umwelt und enthalten Angaben über Liefermengen, Qualitätsparameter der produzierten Erzeugnisse, Informationen an Vertragspartner usw. Aus der erhaltenen Liste werden wieder die Größen herausgezogen, die für die Realisierung des Untersuchungszieles wesentlich sind. Ihre Eigenschaften werden ermittelt und evtl. in einem Signalmodell zusammengefaßt. Für die Ausgangsgrößen ist ein zulässiges oder angestrebtes Gebiet (Zielgebiet) zu definieren, in das sie fallen sollen.

Relativ problematisch, aber sehr wichtig, ist die Analyse der Steuergrößen. Es ist prinzipiell so vorzugehen wie bei den Eingangs- und Ausgangsgrößen. Dabei sind aber gleichzeitig die Fragen zu klären:

1. Welche Größen sind steuerbar und nicht bereits durch Systemeigenschaften festgelegt?
2. In welchen Bereichen können die Steuergrößen geändert werden?
3. Welche Größen sollten unter welchen Bedingungen von außen beeinflußt werden und welche sollten durch systeminterne Steuerungsvorgänge bestimmt werden?

Es sind bei der Analyse im weiteren Sinne meßbare Merkmale zu berücksichtigen. Wenn nötig, sind aus den klassifikatorischen komparative oder metrische Merkmale abzuleiten.

Nach Abschluß der Analyse der Eingangs-, Ausgangs- und Steuergrößen des Gesamtsystems sind gesetzmäßige Zusammenhänge, d. h. Relationen zwischen den Folgen von Eingangsgrößen-, Ausgangsgrößen- und Steuergrößenvektoren, zu ermitteln. Die Gesamtheit dieser Vektorfolgen und der zwischen ihnen bestehenden Relationen ist ein Grobmodell des Systems.

Es wird dann zur Hierarchieebene $n = 1$ übergegangen. Da alle Hierarchieebenen ab $n = 1$ in Teilsysteme TS gegliedert sind, muß die Analyse der Eingangs-, Ausgangs- und Steuergrößen und die Modellierung für jedes Teilsystem und für die gesamte Ebene durchgeführt werden.

Der Analyse- und Modellierungsvorgang wird bis zur Ebene $n = N$ fortgesetzt. Anschließend werden, mit der untersten Ebene $n = N$ beginnend, Feinmodelle der Teilsysteme entwickelt. Diese werden durch Aufbau eines Kopplungsnetzes (einer Struktur) zu einem Feinmodell der Ebene zusammengefaßt. Das Verhalten der TS und der Ebene wird an den Modellen mit Hilfe von Digitalrechnern simuliert. Die Simulation erfolgt für eine endliche Menge von Steuerstrategien. Sie dient der Ermittlung des Verhaltens der Systeme, günstiger Steuerstrategien und der Prüfung, ob die vorgegebenen Ziele mit den gegebenen Systemelementen und der gewählten Struktur erreichbar sind.

Ist $n = 0$ erreicht, wird das Zusammenwirken der für die Teilaufgaben $i = 1, \dots, I$ aufgestellten Modellsysteme modelliert und geprüft, ob die Ziele von S erreichbar sind. Ist dies nicht der Fall, müssen die Zielstellungen, die Systemelemente und die Struktur verändert und der Zyklus erneut durchlaufen werden. Die Prüfung, ob die Ziele des Systems erfüllt werden können, geschieht nicht an einem einzigen „Supermodell", sondern erfolgt unter konsequenter Anwendung des Dekompositionsprinzips stufenweise. Zuerst wird geprüft, ob die Teilsysteme der untersten Hierarchieebene die ihnen vorgegebenen Aufgaben erfüllen können. Anschließend wird an dem durch Kopplung der TS entstandenen Modell der untersten Hierarchieebene geprüft, ob diese ihre Aufgaben erfüllen kann. Dabei erfolgt gleichzeitig eine Aggregation von Größen aus den Teilsystemen, die bewirkt, daß nicht mehr alle Einzelheiten aus den Teilsystemen im Modell der Hierarchieebene erfaßt werden. Dieses Verfahren wird für jede Aufgabe i bis zur Ebene 0 fortschreitend durchgeführt. In der Ebene 0 wird dann das Zusammenwirken der einzelnen Aufgaben i überprüft. Ergeben die Untersuchungen an den Modellen, daß die Ziele von S mit hinreichender Sicherheit erreicht werden können, erfolgt die Realisierung des Systems und/oder der Steuerstrategien und eine Erprobung am Original. Treten bei der Erprobung Unzulänglichkeiten auf, müssen Teile der Analyse und Modellierung überarbeitet und Änderungen am Original und an den Steuerstrategien vorgenommen werden.

In den folgenden Kapiteln werden die bisher skizzierten Probleme und Lösungswege schrittweise präzisiert. Es werden für die Untersuchung von Fertigungsprozessen geeignete Modelltypen und ihre Eigenschaften beschrieben. Verfahren zur Modellierung und zur Simulation des Verhaltens von Fertigungssystemen und zur Ermittlung von Steuerstrategien werden angegeben.

2. Theoretische Grundlagen der Modellierung von Fertigungsprozessen und Fertigungssystemen

2.1. Problemstellung

Im ersten Kapitel wurde gezeigt, daß Fertigungseinheiten, insbesondere der Klein- und Mittelserienfertigung, i. allg. sehr komplexe, dynamische, nicht zeitinvariante, stochastische, hierarchisch strukturierte Systeme sind. Sie bestehen aus Teilsystemen, Hierarchieebenen und einem Kopplungsnetz. Die Teilsysteme und Hierarchieebenen sind *Systemelemente des hierarchischen Systems*. Die Eigenschaften der Systemelemente werden in jedem Zeitpunkt t_k durch Vektoren beschrieben. Die Komponenten dieser Vektoren können klassifikatorische, komparative oder metrische Größen sein. Das Systemverhalten wird wesentlich durch menschliches Verhalten bestimmt. Wegen der Komplexität des Systems, der Rolle menschlichen Verhaltens und der Forderung, eigenverantwortliches menschliches Entscheiden und Handeln zu ermöglichen, können oft die Systemeigenschaften, das Systemverhalten, die Steuerungsziele und die Steuerungsanweisungen nur mit einer gewissen Unbestimmtheit, d. h. Unschärfe, beschrieben werden.

In den Modellen sind die genannten Eigenschaften der Originale zu berücksichtigen. Um dieser Forderung gerecht werden zu können, müssen zur Modellierung unterschiedliche mathematische Disziplinen und in natürlichen oder künstlichen Sprachen formulierte Sätze herangezogen werden.

Das beobachtete *Verhalten* eines Fertigungssystems läßt sich immer durch Folgen von Vektoren (s. Abb. 1.2-1)

$$\tilde{\mathbf{x}} = \mathbf{x}(t_1), \mathbf{x}(t_2), \dots, \mathbf{x}(t_N), \tag{2.1-1}$$

$$\tilde{\mathbf{y}} = \mathbf{y}(t_1), \mathbf{y}(t_2), \dots, \mathbf{y}(t_N), \tag{2.1-2}$$

$$\tilde{\mathbf{w}} = \mathbf{w}(t_1), \mathbf{w}(t_2), \dots, \mathbf{w}(t_N) \tag{2.1-3}$$

oder mit

$$\mathbf{u}(t_k) = \begin{pmatrix} \mathbf{x}(t_k) \\ \mathbf{w}(t_k) \end{pmatrix} \tag{2.1-4}$$

durch

$$\tilde{\mathbf{u}} = \mathbf{u}(t_1), \mathbf{u}(t_2), \dots, \mathbf{u}(t_N), \tag{2.1-5}$$

$$\tilde{\mathbf{y}} = \mathbf{y}(t_1), \mathbf{y}(t_2), \dots, \mathbf{y}(t_N) \tag{2.1-6}$$

hinreichend genau beschreiben. (2.1-1) bis (2.1-6) stellen zu den *Taktzeiten* t_k „Momentaufnahmen" des Systems dar. Häufig wird es sich als zweckmäßig erweisen, Vektorfolgen

$$\tilde{\mathbf{u}} = \mathbf{u}(t_1), \mathbf{u}(t_2), \dots, \mathbf{u}(t_N), \tag{2.1-7}$$

$$\tilde{\mathbf{z}} = \mathbf{z}(t_1), \mathbf{z}(t_2), \dots, \mathbf{z}(t_N), \tag{2.1-8}$$

$$\tilde{\mathbf{y}} = \mathbf{y}(t_1), \mathbf{y}(t_2), \dots, \mathbf{y}(t_N) \tag{2.1-9}$$

zur Darstellung der Beobachtungen zu verwenden.

Die Vektoren $\mathbf{x}, \mathbf{y}, \mathbf{w}, \mathbf{u}, \mathbf{z}$ können jeweils endlich viele *Merkmalswerte* annehmen. Die Werte der Merkmalsvektoren sind Buchstaben abstrakter Alphabete. Es ist

$$\mathbf{x}(t_k) \in \mathcal{X} = \{\boldsymbol{\xi}^1, \boldsymbol{\xi}^2, \dots, \boldsymbol{\xi}^X\}\,, \tag{2.1-10}$$

$$\mathbf{y}(t_k) \in \mathcal{Y} = \{\boldsymbol{v}^1, \boldsymbol{v}^2, \dots, \boldsymbol{v}^Y\}\,, \tag{2.1-11}$$

$$\mathbf{w}(t_k) \in \mathcal{W} = \{\boldsymbol{\omega}^1, \boldsymbol{\omega}^2, \dots, \boldsymbol{\omega}^W\}\,, \tag{2.1-12}$$

$$\mathbf{u}(t_k) \in \mathcal{U} = \{\boldsymbol{\varphi}^1, \boldsymbol{\varphi}^2, \dots, \boldsymbol{\varphi}^U\}\,, \tag{2.1-13}$$

$$\mathbf{z}(t_k) \in \mathcal{Z} = \{\boldsymbol{\zeta}^1, \boldsymbol{\zeta}^2, \dots, \boldsymbol{\zeta}^Z\}\,. \tag{2.1-14}$$

$\mathbf{x}$, $\mathbf{u}$ sind *Eingangsgrößenvektoren*, $\mathbf{y}$ ist der *Ausgangsgrößen-*, $\mathbf{w}$ der *Steuergrößen-* und $\mathbf{z}$ der *Zustandsgrößenvektor*. $\mathcal{X}$, $\mathcal{U}$, $\mathcal{Y}$, $\mathcal{W}$ und $\mathcal{Z}$ sind die *Eingangsgrößen-*, *Ausgangsgrößen-*, *Steuergrößen-* und *Zustandsgrößenalphabete*. Weiterhin gelten

$$\mathbf{x}(t_k) = \begin{pmatrix} x_1(t_k) \\ x_2(t_k) \\ \vdots \\ x_J(t_k) \end{pmatrix}, \quad \boldsymbol{\xi}^i = \begin{pmatrix} \xi_1^i \\ \xi_2^i \\ \vdots \\ \xi_J^i \end{pmatrix} \tag{2.1-15}$$

und entsprechende Beziehungen für $\mathbf{y}$, $\boldsymbol{v}^j$ usw. $x_i(t_k)$ sind die Komponenten des Merkmalsvektors zum Zeitpunkt t_k. Die Gruppe von Merkmalswerten $\xi_1^i, \dots, \xi_J^i$ stellt die Komponenten des *Vektors der Merkmalswerte* $\boldsymbol{\xi}^i$ dar. Die Vektorfolgen $\tilde{\mathbf{x}}$, $\tilde{\mathbf{y}}$, $\tilde{\mathbf{w}}$ bzw. $\tilde{\mathbf{u}}$, $\tilde{\mathbf{y}}$ bzw. $\tilde{\mathbf{u}}$, $\tilde{\mathbf{z}}$, $\tilde{\mathbf{y}}$ beschreiben Abläufe, d. h. *Prozesse*.

Beispiel 2.1-1: In einer Anlage werden Gehäuseteile eines Gerätes lackiert und anschließend getrocknet. Es werden die Farben Weiß und Grau verwendet und die Solltemperaturen 270 K und 300 K eingestellt. Am Ausgang der Anlage werden die Farben und die Oberflächenqualitäten gut und mangelhaft und die Ist-Temperaturen registriert. Der Prozeß wird durch

$$\tilde{\mathbf{u}} = \begin{pmatrix}\text{grau}\\270\end{pmatrix}\begin{pmatrix}\text{grau}\\270\end{pmatrix}\begin{pmatrix}\text{grau}\\270\end{pmatrix}\begin{pmatrix}\text{weiß}\\270\end{pmatrix}\begin{pmatrix}\text{weiß}\\300\end{pmatrix}\begin{pmatrix}\text{weiß}\\300\end{pmatrix}\begin{pmatrix}\text{weiß}\\300\end{pmatrix}\dots,$$

$$\tilde{\mathbf{y}} = \begin{pmatrix}\text{grau}\\\text{gut}\\270\end{pmatrix}\begin{pmatrix}\text{grau}\\\text{gut}\\270\end{pmatrix}\begin{pmatrix}\text{grau}\\\text{gut}\\270\end{pmatrix}\begin{pmatrix}\text{weiß}\\\text{mglh.}\\300\end{pmatrix}\begin{pmatrix}\text{weiß}\\\text{mglh.}\\285\end{pmatrix}\begin{pmatrix}\text{weiß}\\\text{mglh.}\\298\end{pmatrix}\begin{pmatrix}\text{weiß}\\\text{mglh.}\\300\end{pmatrix}\dots$$

beschrieben.

Beispiel 2.1-2: Auf einem Rechner wird die Bedienung von zwei Forderungsarten a und b simuliert. Je Zeiteinheit $t_k - t_{k-1}$ treten $x_a(k)$ und $x_b(k)$ Forderungen in den Warteraum ein. Im Warteraum entstehen Warteschlangen der Längen $y_a(k)$ und $y_b(k)$.
Der Prozeß wird durch

$$\tilde{\mathbf{x}} = \begin{pmatrix}\tilde{x}_a\\\tilde{x}_b\end{pmatrix} = \begin{pmatrix}5\\10\end{pmatrix}\begin{pmatrix}3\\8\end{pmatrix}\begin{pmatrix}6\\4\end{pmatrix}\begin{pmatrix}9\\11\end{pmatrix}\begin{pmatrix}4\\5\end{pmatrix}\dots,$$

$$\tilde{\mathbf{y}} = \begin{pmatrix}\tilde{y}_a\\\tilde{y}_b\end{pmatrix} = \begin{pmatrix}20\\10\end{pmatrix}\begin{pmatrix}25\\14\end{pmatrix}\begin{pmatrix}28\\13\end{pmatrix}\begin{pmatrix}26\\17\end{pmatrix}\begin{pmatrix}30\\28\end{pmatrix}\dots$$

dargestellt. Die Anzahlen der pro Zeiteinheit ankommenden Forderungen und die Abfertigungsraten werden als Folgen von Zufallszahlen vom Rechner erzeugt.

Es soll festgelegt werden, daß die Taktzeitabstände

$$t_k - t_{k-1} = T_0 \tag{2.1-16}$$

konstant sind. Dadurch erfolgt keine wesentliche Einschränkung der Allgemeinheit. Anstelle von t_k soll k gesetzt werden, d. h., es gilt

$$kT_0 = t_k \to k\,, \tag{2.1-17}$$

$$k \in \{1, 2, \dots, N\}\,. \tag{2.1-18}$$

Aus der *Taktnummer* k wird durch Multiplikation mit dem *Taktzeitabstand* T_0 die *Taktzeit* t_k erhalten.

Unter Berücksichtigung dieser Vereinbarungen wird aus dem Prozeß (2.1-5), (2.1-6)

$$\tilde{\mathbf{u}} = \mathbf{u}(1), \mathbf{u}(2), \dots, \mathbf{u}(k), \dots, \mathbf{u}(N)\,, \tag{2.1-19}$$

$$\tilde{\mathbf{y}} = \mathbf{y}(1), \mathbf{y}(2), \dots, \mathbf{y}(k), \dots, \mathbf{y}(N)\,. \tag{2.1-20}$$

Entsprechende Darstellungen werden für $\tilde{\mathbf{x}}$, $\tilde{\mathbf{w}}$ und $\tilde{\mathbf{z}}$ erhalten.

Da die Systeme i. allg. stochastisches Verhalten zeigen, sind die Vektorfolgen (2.1-19) und (2.1-20) Realisierungen von *Folgen zufälliger Vektoren* (*Zufallsfolgen*), d. h., $\tilde{\mathbf{u}}$ und $\tilde{\mathbf{y}}$ sind Realisierungen von

$$\tilde{\boldsymbol{U}} = \boldsymbol{U}(1), \boldsymbol{U}(2), \dots, \boldsymbol{U}(k), \dots, \boldsymbol{U}(N)\,, \tag{2.1-21}$$

$$\tilde{\boldsymbol{Y}} = \boldsymbol{Y}(1), \boldsymbol{Y}(2), \dots, \boldsymbol{Y}(k), \dots, \boldsymbol{Y}(N)\,. \tag{2.1-22}$$

Entsprechendes gilt für $\mathbf{x}$, $\boldsymbol{X}$; $\mathbf{w}$, $\boldsymbol{W}$; $\mathbf{z}$, $\boldsymbol{Z}$.

Um eine unnötige Breite der Darstellung zu vermeiden, werden in den weiteren Betrachtungen Beschreibungen mit $\tilde{\mathbf{u}}$, $\tilde{\boldsymbol{U}}$; $\tilde{\mathbf{y}}$, $\tilde{\boldsymbol{Y}}$ zugrunde gelegt. Eine Übertragung auf Darstellungen mit $\tilde{\mathbf{x}}$, $\tilde{\boldsymbol{X}}$; $\tilde{\mathbf{y}}$, $\tilde{\boldsymbol{Y}}$; $\mathbf{w}$, $\tilde{\boldsymbol{W}}$ bzw. $\mathbf{u}$, $\boldsymbol{U}$; $\mathbf{z}$, $\boldsymbol{Z}$; $\mathbf{y}$, $\boldsymbol{Y}$ ist i. allg. ohne Schwierigkeiten möglich. Von dieser Vereinbarung wird nur dann abgewichen, wenn Probleme behandelt werden, die für Eingangsgrößen-, Ausgangsgrößen-, Steuergrößen-Modelle ($\mathbf{x}$, $\boldsymbol{X}$; $\mathbf{y}$, $\boldsymbol{Y}$; $\mathbf{w}$, $\boldsymbol{W}$-Darstellung) oder Zustandsmodelle ($\mathbf{u}$, $\boldsymbol{U}$; $\mathbf{z}$, $\boldsymbol{Z}$; $\mathbf{y}$, $\boldsymbol{Y}$-Darstellung) spezifisch sind.

n an einem Original O (z. B. an einem Fertigungssystem) nacheinander durchgeführte zufällige Experimente lassen sich durch die (beobachteten) Prozesse

$$\tilde{\mathbf{u}}^0 = \mathbf{u}_\nu^0(1), \mathbf{u}_\nu^0(2), \dots, \mathbf{u}_\nu^0(N)\,, \tag{2.1-23}$$

$$\tilde{\mathbf{y}}^0 = \mathbf{y}_\nu^0(1), \mathbf{y}_\nu^0(2), \dots, \mathbf{y}_\nu^0(N)\,, \tag{2.1-24}$$

$$\nu \in \{1, \dots, n\}\,, \tag{2.1-25}$$

beschreiben. Ein analoges Ergebnis wird erhalten, wenn n zufällige Experimente gleichzeitig an n gleichen Originalen durchgeführt werden. Der Begriff „gleich" muß für stochastische Systeme später bezüglich seines technologischen und mathematischen Inhalts noch präzisiert werden. Vorerst sollen unter gleichen Systemen z. B. Automaten des gleichen Typs verstanden werden, auf denen die gleichen Arbeitsgänge an gleichen Erzeugnissen durchgeführt werden.

Aus den Vektorfolgen (2.1-23), (2.1-24) werden empirische statistische Eigenschaften und Relationen abgeleitet.

Die Zufallsfolgen

$$\tilde{\boldsymbol{U}} = \boldsymbol{U}(1), \dots, \boldsymbol{U}(N)\,, \tag{2.1-26}$$

$$\tilde{\boldsymbol{Y}} = \boldsymbol{Y}(1), \dots, \boldsymbol{Y}(N) \tag{2.1-27}$$

sind ein *Modell* des Verhaltens von 0, wenn die auf ein vorgegebenes Untersuchungsziel bezogenen, wesentlichen Eigenschaften und Relationen von $\tilde{U}$ und $\tilde{Y}$ mit hinreichender Genauigkeit mit den entsprechenden aus $\tilde{\mathbf{u}}_\nu^0$, $\tilde{\mathbf{y}}_\nu^0$, $\nu \in \{1, \dots, n\}$, abgeleiteten empirischen statistischen Eigenschaften und Relationen übereinstimmen.

Wesentliche Eigenschaften sind unter anderem Verteilung von Häufigkeiten, Verteilung von Wahrscheinlichkeiten, Mittelwert, Erwartungswert, empirische Streuung, Streuung usw. als Funktionen von k. Wesentliche Relationen können z. B. Beziehungen zwischen $\mathbf{u}_\nu(k)$ und $\mathbf{y}_\nu(k+1)$, $\forall \nu = 1, \dots, n$ bzw. zwischen $U(k) = \varphi^i$ und $Y(k+1) = v^j$, $\forall \varphi^i \in \mathcal{U}$, $\forall v^j \in \mathcal{Y}$ sein.

Werden Systeme in Hierarchieebenen und Teilsystemen gegliedert, dann werden sie durch miteinander gekoppelte Modelle der Teilsysteme und Hierarchieebenen beschrieben.

Das Verhalten eines Fertigungssystems wird durch Vektorfolgen

$$\tilde{\mathbf{u}}_\nu = \mathbf{u}_\nu(1), \mathbf{u}_\nu(2), \dots, \mathbf{u}_\nu(N)\,, \qquad (2.1\text{-}28)$$

$$\tilde{\mathbf{y}}_\nu = \mathbf{y}_\nu(1), \mathbf{y}_\nu(2), \dots, \mathbf{y}_\nu(N)\,, \qquad (2.1\text{-}29)$$

$$\nu \in \{1, \dots, n\} \qquad (2.1\text{-}30)$$

oder *Folgen zufälliger Vektoren*

$$\tilde{U} = U(1), U(2), \dots, U(N)\,, \qquad (2.1\text{-}31)$$

$$\tilde{Y} = Y(1), Y(2), \dots, Y(N) \qquad (2.1\text{-}32)$$

beschrieben.

(2.1-28) bis (2.2-32) sind allgemeingültige Darstellungen des Verhaltens von Fertigungssystemen. Sie oder entsprechende Darstellungen mit $\tilde{\mathbf{x}}_\nu$, $\tilde{\mathbf{y}}_\nu$, $\tilde{\mathbf{w}}_\nu$; $\tilde{X}$, $\tilde{Y}$, $\tilde{W}$ bzw. $\tilde{\mathbf{u}}_\nu$, $\tilde{\mathbf{z}}_\nu$, $\tilde{\mathbf{y}}_\nu$; $\tilde{U}$, $\tilde{Z}$, $\tilde{Y}$ dienen als Grundlagen für alle weiteren Betrachtungen in diesem Buche. Sie werden auch genutzt, um Struktur und Verhalten von durch Kopplung von Elementen entstandenen Systemen zu beschreiben.

Ausgehend von den Darstellungen (2.1-28) bis (2.2-32) sind zu einer ausreichend präzisen und übersichtlichen Darstellung des Verhaltens von Fertigungseinheiten die folgenden Aufgaben zu lösen:

1) Es sind Eigenschaften und Relationen zu definieren, die das Verhalten von Fertigungssystemen (und damit die Folgen (2.1-28) bis (2.1-32)) charakterisieren. Im Falle der Folgen $\tilde{\mathbf{u}}_\nu$, $\tilde{\mathbf{y}}_\nu$ sind das *empirische Eigenschaften* und *Relationen* der beschreibenden Statistik. Im Falle der Folgen $\tilde{X}$, $\tilde{Y}$ sind das in der Regel *Aussagen über das mit Wahrscheinlichkeit eintretende Verhalten*. Ist nur eine unscharfe Prozeßbeschreibung möglich, dann treten anstelle von Aussagen über Wahrscheinlichkeiten von Ereignissen *Aussagen über Zugehörigkeiten zu Mengen*.

Für Systemklassen, die zur Beschreibung des Verhaltens von Fertigungssystemen besonders wichtig sind, sind den Vektorfolgen gleichwertige, aber für die Bearbeitung der jeweiligen Aufgabe geeignetere Modelle zu entwickeln.

Die oben genannten Probleme werden an Folgen der Form

$$\tilde{\mathbf{x}}_\nu = \mathbf{x}_\nu(1), \dots, \mathbf{x}_\nu(N)\,, \qquad (2.1\text{-}33)$$

$$\nu = \{1, \dots, n\}$$

bzw.

$$\tilde{X} = X(1), \dots, X(N) \qquad (2.1\text{-}34)$$

untersucht. Darauf aufbauend werden Prozesse behandelt, die durch mehrere miteinander in Beziehung stehende Folgen, wie z. B. $\tilde{\mathbf{u}}$, $\tilde{\boldsymbol{U}}$; $\tilde{\mathbf{y}}$, $\tilde{\boldsymbol{Y}}$ bzw. $\tilde{\mathbf{u}}$, $\tilde{\boldsymbol{U}}$; $\tilde{\mathbf{z}}$, $\tilde{\boldsymbol{Z}}$; $\tilde{\mathbf{y}}$, $\tilde{\boldsymbol{Y}}$, beschrieben werden.

2) Es sind Methoden und Darstellungsmittel zu behandeln, mit denen das Zusammenwirken von Teilsystemen in einer Hierarchieebene und von Hierarchieebenen untereinander modelliert und simuliert werden kann.

3) Es sind Methoden anzugeben, die es ermöglichen, aus theoretischen Überlegungen und/oder aus den Beobachtungen $\tilde{\mathbf{x}}_\nu$, $\nu = \{1, \dots, n\}$ (2.1-33) Modelle von Fertigungssystemen aufzubauen. Das ist Gegenstand der theoretischen und experimentellen Systemanalyse. Ein Grundproblem der Systemanalyse ist, aus den $\tilde{\mathbf{x}}_\nu$ (2.1-33) die Folge $\tilde{\boldsymbol{X}}$ (2.1-34) oder zumindest einige wichtige Eigenschaften dieser Folge zu schätzen und die Genauigkeit und statistische Sicherheit dieser Schätzungen zu ermitteln. Die Problematik ist Gegenstand der *Schätztheorie* bzw. der *Statistik stochastischer Prozesse* [2.1-MÜ].

4) Es ist die zu 3) diametrale Aufgabe zu bearbeiten, aus gegebenen Modellen Realisierungen $\tilde{\mathbf{x}}_\nu$, $\forall \nu = 1, \dots, n$ zu gewinnen und aus diesen wichtige Eigenschaften des Originals zu ermitteln. Hierzu wird in diesem Buch die Simulation des Verhaltens von Systemen auf Digitalrechnern verwendet. Das ist Gegenstand der *Prozeßsimulation.*

2.2. Diskontinuierlich-diskrete Prozesse

Das Verhalten von Fertigungssystemen läßt sich mit Hilfe von i. w. S. gemessenen Meßreihen

$$\tilde{\mathbf{x}}_\nu = \mathbf{x}_\nu(1) \dots \mathbf{x}_\nu(N)\,, \qquad \nu = 1, \dots, n \tag{2.2-1}$$

oder von Folgen zufälliger Vektoren

$$\tilde{\boldsymbol{X}} = \boldsymbol{X}(1) \dots \boldsymbol{X}(k) \dots \boldsymbol{X}(N) \tag{2.2-2}$$

beschreiben. (2.2-1) und (2.2-2) sind Darstellungen *diskontinuierlich-diskreter Prozesse.* Alle Realisierungen $\mathbf{x}(k)$ von $\boldsymbol{X}(k)$ können die Buchstaben (Werte eines Merkmalsvektors)

$$\mathbf{x}(k) = \xi^i \in \mathcal{X} = \{\xi^1, \xi^2, \dots, \xi^X\} \tag{2.2-3}$$

des abstrakten Alphabetes $\mathcal{X}$ annehmen. Der zufällige Vektor $\boldsymbol{X}(k)$ wird in der Regel $\forall k \in \{1, \dots, N\}$ durch das Alphabet $\mathcal{X}$ und die Gesamtheit

$$\mathsf{P}\big(\boldsymbol{X}(k) = \mathbf{x}(k) = \xi^i\big) = \mathsf{P}\big(\boldsymbol{X}(k) = \xi^i\big) = p_i(k)\,, \qquad \forall \xi^i \in \mathcal{X} \tag{2.2-4}$$

definiert. Die Gesamtheit der *Einzelwahrscheinlichkeiten* $p_i(k)$ ist die über $\boldsymbol{X}(k)$ erklärte *Wahrscheinlichkeitsverteilung.* In Anlehnung an BEYER und andere [2.2-BE] wird die diskrete Verteilung (2.2-4) *Wahrscheinlichkeitsfunktion* genannt.

In der Technologie kann es vorkommen, daß für Zufallsgrößen $\boldsymbol{X}(k)$ keine Wahrscheinlichkeitsverteilungen angegeben werden können. In diesen Fällen ist nur eine unscharfe Prozeßbeschreibung möglich. Auf einige für die Steuerung diskontinuierlich-diskreter Prozesse, wesentliche Probleme der unscharfen Prozeßbeschreibung, wird an späterer Stelle kurz eingegangen.

2.2.1. Determinierte Prozesse

In bestimmten Fällen kann bei der Untersuchung technologischer Prozesse von deren stochastischen Eigenschaften abgesehen werden. Das kann z. B. dann geschehen, wenn Prozeßeigenschaften nur geringfügig um Sollwerte schwanken. So läßt sich z. B. das Verhalten einer nach einem Zeitplan gesteuerten Verarbeitungsmaschine mit Hilfe von nichtzufälligen Vektorfolgen mit einer für bestimmte Zwecke hinreichenden Genaugikeit beschreiben.

Für determinierte Prozesse nehmen die $\boldsymbol{X}(k)$ in (2.2-2) für jedes k nur eine Größe $\mathbf{x}(k)$ an. Damit wird aus (2.2-2)

$$\tilde{\mathbf{x}} = \mathbf{x}(1), \dots, \mathbf{x}(k), \dots, \mathbf{x}(N)\,. \qquad (2.2.1\text{-}1)$$

Für die *determinierten, diskontinuierlich-diskreten Prozesse* (2.2.1-1) gilt weiterhin (2.2-3). Aus (2.2-4) wird

$$\mathsf{P}(\boldsymbol{X}(k) = \mathbf{x}(k) = \xi^i) = \begin{cases} 1 & \text{für} \quad i = i_k\,, \\ 0 & \text{für} \quad i \neq i_k\,. \end{cases} \qquad (2.2.1\text{-}2)$$

ξ^{i_k} ist der Vektor der Merkmalswerte, den $\mathbf{x}(k)$ zum Takt k annimmt. Ein determinierter Prozeß ist ein Spezialfall eines stochastischen Prozesses. Bei determinierten Prozessen wird nicht mehr zwischen $\boldsymbol{X}(k)$ und seiner Realisierung $\mathbf{x}(k)$ unterschieden.

Beispiel 2.2.1-1: Abb. 2.2.1-1 a zeigt in starker Vergrößerung einen Abschnitt der Bahnkurve des Zeichenstiftes auf einem rechnergesteuerten Zeichentisch in (y_1, y_2)-Koordinaten mit zusätzlichen Zeitmarken k. In Abb. 2.2.1-1 b und Abb. 2.2.1-1c sind die Geschwindigkeiten

$$x_1(k) = \frac{y_1(k+1) - y_1(k)}{T_0}\,, \qquad x_2 = \frac{y_2(k+1) - y_2(k)}{T_0}$$

eingetragen.

Der Prozeß des Zeichnens kann beschrieben werden durch

$$\tilde{x} = \begin{pmatrix} \tilde{x}_1 \\ \tilde{x}_2 \end{pmatrix} = \begin{pmatrix} 1 \\ 0{,}5 \end{pmatrix} \begin{pmatrix} 1 \\ 0{,}3 \end{pmatrix} \begin{pmatrix} 1 \\ 0{,}3 \end{pmatrix} \begin{pmatrix} 1{,}5 \\ 0{,}3 \end{pmatrix} \begin{pmatrix} 1{,}5 \\ 0 \end{pmatrix}.$$

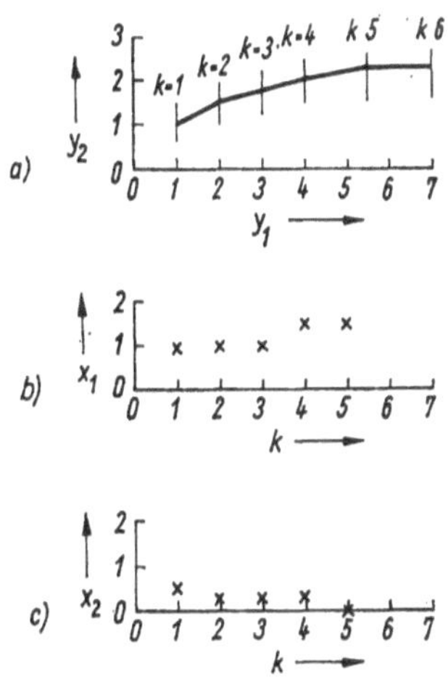

Abb. 2.2.1-1
a) Bahnkurve des Zeichenstiftes auf einem rechnergesteuerten Zeichentisch
b) Geschwindigkeiten in y_1-Richtung
c) Geschwindigkeit in y_2-Richtung

Beispiel 2.2.1-2: Zu Beispiel 2.2.1-1 völlig analoge Beziehungen werden erhalten, wenn die Bahnkurve eines Werkzeuges einer numerisch gesteuerten Bearbeitungsmaschine betrachtet wird. Das ist einer der Gründe dafür, daß in CAD-CAM-Systemen oft auf Zeichnungssätze für die Fertigung und auf die Herstellung von gesonderten Programmen für die Steuerung verzichtet wird. Ein bei der Konstruktion im Rechner entstehendes und gespeichertes Programm wird unmittelbar zur Steuerung der Maschine eingesetzt.

Für sehr viele Untersuchungen des Verhaltens determinierter, diskontinuierlich-diskreter Prozesse ist die allgemein gültige und allgemein verwendbare Darstellung (2.2.1-1) sehr unzweckmäßig. Das liegt daran, daß in (2.2.1-1) die Vektoren $\mathbf{x}(k)$ für alle Takte der gesamten Prozeßdauer angegeben werden müssen. Dieser Aufwand wird verringert, wenn innere Gesetzmäßigkeiten des Prozesses bekannt sind und aus diesen Algorithmen abgeleitet werden, mit denen der Prozeß beschrieben wird.

Hängt $\mathbf{x}(k+1)$ nur von $\mathbf{x}(k), \dots, \mathbf{x}(k-\varkappa)$ ab, dann ist

$$\mathbf{x}(k+1) = \mathbf{f}^*\big(\mathbf{x}(k), \dots, \mathbf{x}(k-\varkappa)\big) \tag{2.2.1-3}$$

eine (2.2.1-1) gleichwertige Prozeßbeschreibung. $\mathbf{f}^*$ ist eine Vorschrift, die festlegt, wie aus den nicht notwendig metrischen Größen $\mathbf{x}(k), \dots, \mathbf{x}(k-\varkappa)$ die Größe $\mathbf{x}(k+1)$ erzeugt wird. In (2.2.1-3) ist $\mathbf{x}(k) \in \mathcal{X}$, $\forall k \in \{1, \dots, N\}$. Im Falle metrischer Größen wird $\mathbf{f}^*$ eine für alle Takte k und $\mathbf{x}(k) \in \mathcal{X}$ erklärte Funktion. Die in $\mathbf{f}^*$ berücksichtigte Taktanzahl $\varkappa + 1$ ist ein Maß für das *Erinnerungsvermögen* oder *Speicherungsvermögen* des Prozesses. Sind Anfangswerte $\mathbf{x}(1) \dots \mathbf{x}(\varkappa+1)$ bekannt, dann können die $\mathbf{x}(k)$ für $k = \varkappa + 2, \dots, N$ rekursiv berechnet werden.

Mit

$$\begin{pmatrix} \mathbf{x}(k) \\ \vdots \\ \mathbf{x}(k-\varkappa) \end{pmatrix} = \mathbf{z}(k)\,, \qquad \begin{pmatrix} \mathbf{x}(k+1) \\ \vdots \\ \mathbf{x}(k-\varkappa+1) \end{pmatrix} = \mathbf{z}(k+1) \tag{2.2.1-4}$$

und

$$\mathbf{f}\big(\mathbf{z}(k)\big) = \begin{pmatrix} \mathbf{f}^*\big(\mathbf{x}(k)\big), \dots, \mathbf{x}(k-\varkappa) \\ \mathbf{x}(k) \\ \vdots \\ \mathbf{x}(k-\varkappa+1) \end{pmatrix} \tag{2.2.1-5}$$

läßt sich (2.2.1-3) in die Form

$$\mathbf{z}(k+1) = \mathbf{f}\big(\mathbf{z}(k)\big) \tag{2.2.1-6}$$

bringen. In (2.2.1-6) sind die Eigenschaften, die das System in den weiter zurückliegenden Takten $k-1, \dots, k-\varkappa$ besaß, im Vektor $\mathbf{z}(k)$ berücksichtigt worden. Das Alphabet $\mathcal{X}$ geht beim Übergang von (2.2.1-3) in (2.2.1-6) in ein Alphabet $\mathcal{Z}$ über. Enthält $\mathcal{X}$ die Anzahl ϱ von Buchstaben, dann besteht $\mathcal{Z}$ aus bis zu $\varrho^{\varkappa+1}$ Buchstaben.

(2.2.1-3) und (2.2.1-6) können in Form von *Transformationsschemata* (Tabellen) dargestellt werden.

Ein Prozeß wird durch Vektoren

$$\mathbf{x}(k) \in \mathcal{X} = \{\xi^1, \xi^2, \xi^3\} = \{\mathbf{a}, \mathbf{b}, \mathbf{c}\}$$

beschrieben. $\mathbf{x}(k+1)$ ist von $\mathbf{x}(k)$ und $\mathbf{x}(k-1)$ abhängig. Eine Folge $\mathbf{x}(k-1)\,\mathbf{x}(k)\,\mathbf{x}(k+1) = \mathfrak{x}^h\mathfrak{x}^i\mathfrak{x}^j$ wird durch die Transformation

$$T^* : \downarrow \begin{matrix} \mathfrak{x}^h\mathfrak{x}^i \\ \mathfrak{x}^i\mathfrak{x}^j \end{matrix} \tag{2.2.1-7}$$

dargestellt. Der gesamte Prozeß wird durch das Transformationsschema

$$T : \downarrow \begin{matrix} \mathbf{aa\ ab\ ac\ ba\ bb\ bc\ ca\ cb\ cc} \\ \mathbf{ac\ ba\ cb\ aa\ bc\ cc\ ac\ bb\ ca} \end{matrix} \tag{2.2.1-8}$$

beschrieben. Mit

$$\begin{aligned} \begin{pmatrix}\mathbf{a}\\ \mathbf{a}\end{pmatrix} &= \boldsymbol{\alpha} \begin{pmatrix}\mathbf{a}\\ \mathbf{b}\end{pmatrix} = \boldsymbol{\beta} \begin{pmatrix}\mathbf{a}\\ \mathbf{c}\end{pmatrix} = \boldsymbol{\gamma}\,, \\ \begin{pmatrix}\mathbf{b}\\ \mathbf{a}\end{pmatrix} &= \boldsymbol{\delta} \begin{pmatrix}\mathbf{b}\\ \mathbf{b}\end{pmatrix} = \boldsymbol{\varepsilon} \begin{pmatrix}\mathbf{b}\\ \mathbf{c}\end{pmatrix} = \boldsymbol{\zeta}\,, \\ \begin{pmatrix}\mathbf{c}\\ \mathbf{a}\end{pmatrix} &= \boldsymbol{\eta} \begin{pmatrix}\mathbf{c}\\ \mathbf{b}\end{pmatrix} = \boldsymbol{\vartheta} \begin{pmatrix}\mathbf{c}\\ \mathbf{c}\end{pmatrix} = \boldsymbol{\iota} \end{aligned} \tag{2.2.1-9}$$

wird aus (2.2.1-8)

$$T : \downarrow \begin{matrix} \boldsymbol{\alpha\beta\gamma\delta\varepsilon\zeta\eta\vartheta\iota} \\ \boldsymbol{\gamma\delta\vartheta\alpha\zeta\iota\gamma\varepsilon\eta} \end{matrix}\,. \tag{2.2.1-10}$$

Dieses Transformationsschema ist eine tabellarische Darstellung von (2.2.1-6). Das Alphabet $\mathcal{X}$ geht über in

$$\mathcal{X} = \{\boldsymbol{\alpha}, \boldsymbol{\beta}, \boldsymbol{\gamma}, \boldsymbol{\vartheta}, \boldsymbol{\varepsilon}, \boldsymbol{\zeta}, \boldsymbol{\eta}, \boldsymbol{\vartheta}, \boldsymbol{\iota}\}\,.$$

Mit (2.2.1-10) wird z. B. mit dem Startvektor $\boldsymbol{\delta}$ die Folge

$$\boldsymbol{\delta\alpha\gamma\vartheta\varepsilon\zeta\iota\eta\gamma\vartheta} \ldots \tag{2.2.1-11}$$

erzeugt.

Werden die Vektoren $\boldsymbol{\alpha}, \ldots, \boldsymbol{\iota}$ als Knoten eines Graphen betrachtet und mit Pfeilen (Bögen) verbunden, dann entsteht der *kinematischer Graph* der Abb. 2.2.1-1. Er stellt einen gerichteten Graphen dar. Transformationsschemata und kinematische Graphen gehen auf Ashby zurück.

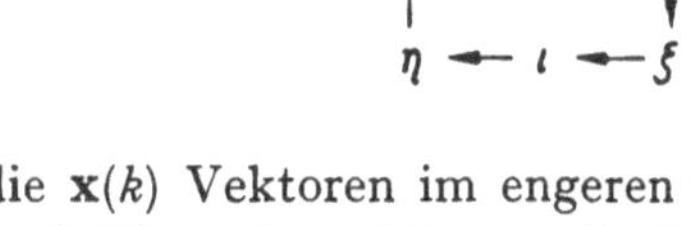

Abb. 2.2.1-2
Kinematischer Graph

Sind die $\mathbf{x}(k)$ Vektoren im engeren Sinne, d. h. ihre Komponenten ausnahmslos metrische Größen, dann können die Prozesse $\mathbf{x}$ als Lösungen von *Vektordifferenzengleichungen* dargestellt werden. Mit

$$\Delta\mathbf{x}(k) = \mathbf{x}(k+1) - \mathbf{x}(k)\,, \tag{2.2.1-12$_1$}$$

$$\Delta^2\mathbf{x}(k) = \Delta\mathbf{x}(k+1) - \Delta\mathbf{x}(k)\,, \tag{2.2.1-12$_2$}$$

$$\vdots \qquad \vdots \qquad \vdots \qquad\qquad \vdots$$

$$\Delta^m\mathbf{x}(k) = \Delta^{m-1}\mathbf{x}(k+1) - \Delta^{m-1}\mathbf{x}(k) \tag{2.2.1-12$_m$}$$

lassen sich zur Beschreibung diskontinuierlicher Prozesse *Vektordifferenzengleichungen in der Differenzenform*, wie

$$b_m \Delta^m \mathbf{x}(k) + \dots + b_2 \Delta^2 \mathbf{x}(k) + b_1 \Delta \mathbf{x}(k) + b_0 \mathbf{x}(k) = 0 \tag{2.2.1-13}$$

aufstellen. Wird (2.2.1-12$_1$) in (2.2.1-12$_2$) und das erhaltene Ergebnis in (2.2.1-12$_3$) eingesetzt usw., so ergibt sich

$$\Delta \mathbf{x}(k) = \mathbf{x}(k+1) - \mathbf{x}(k), \tag{2.2.1-14$_1$}$$

$$\Delta^2 \mathbf{x}(k) = \mathbf{x}(k+2) - 2\mathbf{x}(k+1) + \mathbf{x}(k), \tag{2.2.1-14$_2$}$$

$$\vdots \qquad \vdots \qquad \vdots \qquad \vdots \qquad \vdots$$

$$\Delta^m \mathbf{x}(k) = \sum_{i=0}^{m} (-1)^i \binom{m}{i} \mathbf{x}(k+m-i). \tag{2.2.1-14$_m$}$$

Mit (2.2.1-14$_1$) bis (2.2.1-14$_m$) kann (2.2.1-13) in die *Ordinatenform*

$$c_m \mathbf{x}(k+m) + c_{m-1} \mathbf{x}(k+m-1) \dots + c_0 \mathbf{x}(k) = 0 \tag{2.2.1-15}$$

umgerechnet werden. Sind Anfangswerte $\mathbf{x}(1), \dots, \mathbf{x}(m)$ festgelegt, dann lassen sich die $\mathbf{x}(k+m)$ für $k = 1, \dots, N$ und damit die Lösung von (2.2.1-15) rekursiv berechnen. Beachtet werden muß, daß die diskreten Komponenten $x_i(k)$ von $\mathbf{x}(k)$ eng gequantelt werden müssen, um durch die Diskretisierung keinen zu großen Fehler bei der Lösung der Differenzengleichung zu machen. Ausführlicher werden Vektordifferenzengleichungen z. B. in [2.2-SW] und Differenzengleichungen mit skalaren Veränderlichen u. a. in [2.2-GÖ] und [2.2-DO] behandelt.

2.2.2. Probabilistische Prozesse

Diskontinuierlich-diskrete, stochastische Prozesse werden durch konkrete (beobachtete) Prozesse (s. (2.2-1))

$$\tilde{x}_\nu = x_\nu(1), \dots, x_\nu(N), \qquad \nu = 1, \dots, n \tag{2.2.2-1}$$

oder durch Zufallsfolgen (s. (2.2-2))

$$\tilde{\boldsymbol{X}} = \boldsymbol{X}(1), \dots, \boldsymbol{X}(N) \tag{2.2.2-2}$$

beschrieben. Alle Realisierungen $\mathbf{x}(k)$ von $\boldsymbol{X}(k)$, $k \in \{1, \dots, N\}$ können die vektorwertigen Größen oder Buchstaben $\xi^i \in \mathcal{X}$ annehmen. $\tilde{\mathbf{x}}_\nu$ für beliebiges aber festes ν oder eine Realisierung $\tilde{\mathbf{x}}$ von $\tilde{\boldsymbol{X}}$ heißen *Trajektorien des stochastischen Prozesses*. Lassen sich für die Realisierungen $\mathbf{x}(k)$ von $\boldsymbol{X}(k)$ Wahrscheinlichkeiten

$$\mathsf{P}(\boldsymbol{X}(k) = \mathbf{x}(k) = \xi^i) = p_i(k), \qquad \forall k \in \{1, \dots, N\}, \qquad \forall \xi^i \in \mathcal{X} \tag{2.2.2-3}$$

ermitteln oder schätzen, dann ist $\tilde{\boldsymbol{X}}$ ein *probabilistischer Prozeß*. $\tilde{\boldsymbol{X}}$ repräsentiert den jeweiligen Verlauf von (zumindest vorstellungsweise) unendlich vielen an einem System nacheinander durchgeführten zufälligen Experimenten oder von an (vorstellungsweise) unendlich vielen gleichen Systemen gleichzeitig durchgeführten zufälligen Experimenten. Die (vorstellungsweise unendlich große) Gesamtheit der Verläufe der zufälligen Experimente, d. h. der zufälligen Prozesse, wird Grundgesamtheit der zufälligen Prozesse genannt. Die Größe $\boldsymbol{X}$ wird ebenfalls *Grundgesamtheit* genannt. Der Begriff „jeweiliger Verlauf von zufälligen Experimenten“ soll auch für unabhängig voneinander an einem System oder an einer Gesamtheit von Systemen spontan ablaufende zufällige Prozesse benutzt werden.

Die $\tilde{x}_\nu$, $\nu = 1, \dots, n$ stellen eine *konkrete Zufallsstichprobe* vom Umfang n aus $\tilde{\mathbf{X}}$ dar, wenn die Experimente zufällig aus einer Grundgesamtheit von Experimenten ausgewählt wurden und voneinander unabhängig verlaufen. In den weiteren Betrachtungen soll die Gesamtheit $\tilde{\mathbf{x}}_\nu$, $\nu = 1, \dots, n$, stets eine konkrete Zufallsstichprobe oder *konkrete Stichprobe* von $\tilde{\mathbf{X}}$ sein.

In der Literatur wird häufig nicht zwischen probabilistischen und stochastischen Prozessen unterschieden. In diesem Buch sollen die probabilistischen und die unscharfen Prozesse zu den stochastischen Prozessen gezählt werden.

Beispiel 2.2.2-1 a: In einer Fertigungszelle Abb. 2.2.2-1 werden von drei Automaten A_1, A_2, A_3 die Arbeitsgänge a_1, a_2, a_3 an gleichen Erzeugnissen durchgeführt. Es sind die Reihenfolgen $a_1a_2a_3$, oder $a_2a_1a_3$ der Arbeitsgänge möglich.

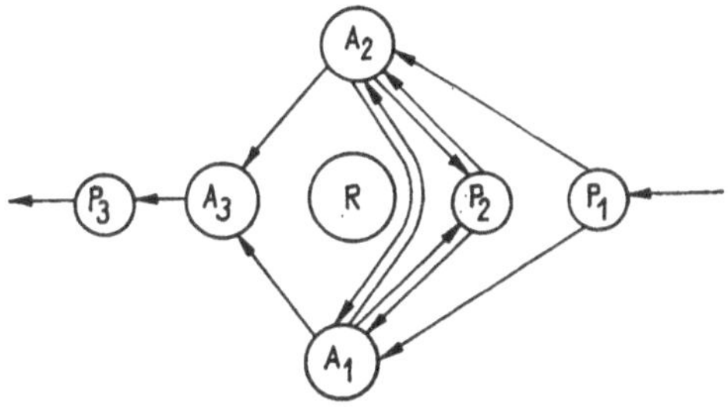

Abb. 2.2.2-1
Beispiel einer Fertigungszelle

Zwischen A_1 und A_2 befindet sich eine Zwischenlagerungsmöglichkeit P_2 für ein Erzeugnis. Die Zuführung in die Zelle und die Abgabe aus der Zelle geschehen über den Eingangspuffer P_1 und den Ausgangspuffer P_3. Ein Roboter R übergibt jeweils ein Erzeugnis von einem Puffer oder Automaten zu einem anderen Automaten oder Puffer. Der Eingangspuffer ist zu jedem Taktzeitpunkt $t_k = T_0 k$ gefüllt. Der Ausgangspuffer ist zu jedem Zeitpunkt aufnahmebereit. Die Automaten und P_2 können sich in den Zuständen

b_1 := der Automat bearbeitet ein Erzeugnis,
b_2 := der Automat oder P_2 hat die Entnahme eines Erzeugnisses angefordert,
b_3 := der Automat oder P_2 ist frei

befinden. Die Bearbeitungszeiten für a_1, a_2, a_3 sind zufällige Größen. Am Anfang jeder Taktperiode prüft der Roboter, in welchem Zustand sich jeder Automat und P_2 befindet. Bei Abgabe- und Aufnahmebereitschaft führt der Roboter Übergaben zwischen Automaten oder zwischen Automaten und Puffern aus. Die Reihenfolgen der Arbeitsgänge des Roboters sind für die Fälle, in denen gleichzeitig mehrere Übergaben möglich sind, durch eine im Roboter programmierte Strategie festgelegt.

Der beobachtete Zustand der Zelle soll im Takt k durch den Vektor

$$\mathbf{x}(k) = \begin{pmatrix} x_1(k) \\ x_2(k) \\ x_3(k) \\ x_4(k) \\ x_5(k) \end{pmatrix} = \begin{pmatrix} \text{Zustand von } A_1 \\ \text{Zustand von } A_2 \\ \text{Zustand von } A_3 \\ \text{Zustand von } P_2 \\ \text{Arbeitszustand von R} \end{pmatrix}$$

beschrieben werden.

Die Komponenten $x_i(k)$ haben die folgenden möglichen Werte

$$x_1 \in \{b_1, b_20, b_2L, b_3\},$$
$$x_2 \in \{b_1, b_20, b_2L, b_3\},$$
$$x_3 \in \{b_1, b_2, b_3\},$$
$$x_4 \in \{b_20, b_2L, b_3\},$$
$$x_5 \in \{P_1A_1, P_1A_2, A_1P_2, A_2P_2, P_2A_1, P_2A_2, A_1A_2, A_2A_1, A_1A_3, A_2A_3, A_3P_3, 0\},$$

Dabei bedeuten

b_1, b_2, b_3 := bereits oben definierte Zustände,

$x_1 = b_20$:= Übergabeanforderung von A_1 nach P_2 oder A_2,

$x_1 = b_2L$:= Übergabeanforderung von A_1 nach A_3,

$x_2 = b_20$:= Übergabeanforderung von A_2 nach P_2 oder A_1,

$x_2 = b_2L$:= Übergabeanforderung von A_2 nach A_3,

$x_4 = b_20$:= Übergabeanforderung von P_2 an A_1,

$x_4 = b_2L$:= Übergabeanforderung von P_2 an A_2,

$x_5 = P_1A_1, \ldots$:= ein Erzeugnis wird von P_1 an A_1 übergeben,

$x_5 = 0$:= der Roboter wartet auf einen Auftrag.

Der μ-te an der Fertigungszelle beobachtete Prozeß ist z. B.

$$\tilde{\mathbf{x}}_\mu = \begin{pmatrix} \tilde{x}_{1\mu} \\ \tilde{x}_{2\mu} \\ \tilde{x}_{3\mu} \\ \tilde{x}_{4\mu} \\ \tilde{x}_{5\mu} \end{pmatrix} = \begin{pmatrix} b_3 \\ b_3 \\ b_3 \\ b_3 \\ P_1A_1 \end{pmatrix} \begin{pmatrix} b_1 \\ b_3 \\ b_3 \\ b_3 \\ P_1A_2 \end{pmatrix} \begin{pmatrix} b_1 \\ b_1 \\ b_3 \\ b_3 \\ 0 \end{pmatrix} \begin{pmatrix} b_1 \\ b_1 \\ b_3 \\ b_3 \\ 0 \end{pmatrix} \begin{pmatrix} b_1 \\ b_2 \\ b_3 \\ b_3 \\ A_2P_2 \end{pmatrix} \begin{pmatrix} b_1 \\ b_3 \\ b_3 \\ b_2 \\ 0 \end{pmatrix} \begin{pmatrix} b_2 \\ b_3 \\ b_3 \\ b_2 \\ A_1A_2 \end{pmatrix} \begin{pmatrix} b_3 \\ b_1 \\ b_3 \\ b_2 \\ P_2A_1 \end{pmatrix} \ldots$$

Um das stochastische Verhalten der Zelle beurteilen zu können, werden $\nu = 1, \ldots, n$ Prozesse $\tilde{\mathbf{x}}_\nu$ beobachtet. Jeder der n Prozesse beginnt damit, daß A_1, A_2, A_3, P_2 frei sind und R die Operation P_1A_1 oder P_1A_2 durchführt. Diese Prozesse sollen voneinander unabhängig sein. Es dürfen also z. B. keine Verschleißerscheinungen an der Zelle auftreten, die die Verteilungen der Bearbeitungszeiten verändern. Sie sollen zufällig aus einer Gesamtheit möglicher Prozesse ausgewählt sein. Im vorliegenden Falle tritt das ein, wenn angenommen werden kann, daß als erste Operationen P_1A_1 bzw. P_1A_2 zufällig mit einer Wahrscheinlichkeit $p_{P_1A_1}$ bzw. $p_{P_1A_2}$ ausgeführt werden. Aus den Beobachtungen lassen sich für jeden Takt empirische Kenngrößen ableiten; z. B. können die relativen Häufigkeiten von $x_5 \neq 0$ oder von $x_1 = b_1$, $x_2 = b_1$, $x_3 = b_1$ ermittelt werden. Sie sind Maße für die mittlere Auslastung von R bzw. A_1 bzw. A_2 bzw. A_3.

Werden die $\tilde{\mathbf{x}}_\nu$ als Realisierungen von $\tilde{\boldsymbol{X}}$ betrachtet, dann lassen sich aus den $\tilde{\mathbf{x}}_\nu$ der zufällige Prozeß $\tilde{\boldsymbol{X}}$ oder Parameter von $\tilde{\boldsymbol{X}}$, wie z. B. die Erwartungswertfunktion

$$\mathsf{E}\big(\boldsymbol{X}(k) = \boldsymbol{x}(k) = \boldsymbol{\xi}^i\big), \qquad \forall k = 1, \ldots, N; \qquad \forall \boldsymbol{\xi}^i \in \mathcal{X}$$

schätzen.

Beispiel 2.2.2-1 b: Für die im Beispiel 2.2.1-1 a beschriebene Fertigungszelle sind die Wahrscheinlichkeitsverteilungen der Bearbeitungszeiten für jeden der Arbeitsgänge a_1, a_2, a_3 bekannt. Jeder Roboterarbeitsgang soll in vernachlässigbar kleinen Bruchteilen einer Taktperiode durchgeführt werden. Die Wahrscheinlichkeitsverteilungen der Bearbeitungszeiten sind entweder aus Messungen am Original geschätzt oder aus einer technologischen

Analyse der Bearbeitungsvorgänge abgeleitet worden. Sie können auch aus Annahmen über die voraussichtliche Arbeitsweise der Automaten in einer projektierten Fertigungszelle gewonnen sein.

Sind die Wahrscheinlichkeitsverteilungen der Bearbeitungszeiten und die Reihenfolge der Arbeitsgänge des Roboters bekannt, dann lassen sich im Prinzip die $\boldsymbol{X}(k)$, d. h. $\mathcal{X}$ und $\mathsf{P}(\boldsymbol{X}(k) = \xi^i)$, $\forall \xi^i \in \mathcal{X}$, $\forall k \in \{1, \ldots, N\}$ und somit $\widetilde{\boldsymbol{X}}$ rekursiv berechnen. Diese Berechnung ist aber bereits bei diesem relativ einfachen Beispiel nicht mehr mit vertretbarem Aufwand zu bewältigen.

Eine effektive und auch für komplizierte Fälle beherrschbare Methode besteht in der Simulation des Verhaltens der Zelle auf einem Digitalrechner und einer anschließenden Schätzung des mit Wahrscheinlichkeit eintretenden Verhaltens, d. h. von $\widetilde{\boldsymbol{X}}$.

Es werden die Arbeitsvorgänge (Bearbeitungszeiten, Transportvorgänge usw.) auf einem Digitalrechner nachgebildet. Die zufälligen Größen werden mit Hilfe von Zufallszahlengeneratoren erzeugt. Mit Hilfe des so im Rechner erhaltenen Modells der Zelle werden n Realisierungen $\tilde{\mathbf{x}}_\nu$, $\nu = 1, \ldots, n$ erzeugt. Aus diesen $\tilde{\mathbf{x}}_\nu$ werden $\widetilde{\boldsymbol{X}}$ oder charakteristische Parameter von $\widetilde{\boldsymbol{X}}$ geschätzt.

Das Beispiel 2.2.2-1 wird fortgesetzt. Im Anhang werden Varianten des Beispiels behandelt und Simulationsergebnisse angegeben.

Ein *probabilistischer Prozeß* wird *zu jedem Takt k* beschrieben durch die Folge (das Wort)

$$\tilde{\mathbf{x}}(k) = \mathbf{x}_1(k), \ldots, \mathbf{x}_\nu(k), \ldots, \mathbf{x}_n(k) \tag{2.2.2-4}$$

oder durch die Zufallsgröße

$$\boldsymbol{X}(k)\,. \tag{2.2.2-5}$$

$\tilde{\mathbf{x}}(k)$ ist gleichbedeutend mit der Gesamtheit (s. (2.2.2-1))

$$\mathbf{x}_\nu(k), \forall \nu = 1, \ldots, n; \qquad k \in \{1, \ldots, N\}\,. \tag{2.2.2-6}$$

$\tilde{\mathbf{x}}(k)$ ist eine konkrete Zufallsstichprobe aus $\boldsymbol{X}(k)$. $\tilde{\mathbf{x}}(k)$ in (2.2.2-4) darf nicht mit $\tilde{\mathbf{x}}_\nu = \mathbf{x}_\nu(1), \ldots, \mathbf{x}_\nu(N)$ in (2.2-1) verwechselt werden. ν numeriert die Elemente einer Stichprobe zum Takt k. k in $\mathbf{x}_\nu(k)$ numeriert die Takte. Für jede Realisierung $\mathbf{x}(k)$ von $\boldsymbol{X}(k)$ gilt

$$\mathbf{x}(k) \in \mathcal{X} \tag{2.2.2-7}$$

mit

$$\mathcal{X} = \{\xi^1, \ldots, \xi^X\}\,. \tag{2.2.2-8}$$

$\tilde{\mathbf{x}}(k)$ wird durch die Verteilung der Häufigkeiten

$$h(\xi^i, k) = h_i(k)\,, \qquad \forall \xi^i \in \mathcal{X}; \qquad k \in \{1, \ldots, N\} \tag{2.2.2-9}$$

eindeutig und vollständig beschrieben. Sind alle Komponenten der ξ^i metrische Größen, dann sind charakteristische Kenngrößen für $\tilde{\mathbf{x}}(k)$ der *empirische Mittelwertvektor*

$$\mathbf{m}_\mathbf{x}(k) = \bar{\mathbf{x}}(k) = \frac{1}{n} \sum_{i=1}^{X} h_i(k)\, \xi^i \tag{2.2.2-10}$$

die *empirische Kovarianzmatrix* (Streuungsmatrix)

$$\mathbf{K}_\mathbf{x}(k) = \frac{1}{n-1} \sum_{i=1}^{X} h_i(k)\, (\xi^i - \bar{\mathbf{x}}(k))\, (\xi^i - \bar{\mathbf{x}}(k))^\mathrm{T} \tag{2.2.2-11}$$

oder höhere Momente von $\tilde{\mathbf{x}}(k)$ (s. Anhang 1 und [2.2-MÜ], [2.2-By 1], [2.2-WU]).

Die Zufallsgröße $\boldsymbol{X}(k)$ wird für jedes k durch die *Wahrscheinlichkeitsfunktion* (s. 2.2-4))

$$\mathsf{P}(\boldsymbol{X}(k) = \xi^i) = p_i(k)\,, \qquad \forall \xi^i \in \mathcal{X} \tag{2.2.2-12}$$

charakterisiert. Für viele Untersuchungen an stochastischen Prozessen ist es zweckmäßig, einen *Vektor der Wahrscheinlichkeitsverteilung*

$$\mathbf{P}(\boldsymbol{X}(k) = \xi) = \begin{pmatrix} \mathsf{P}(\boldsymbol{X}(k) = \xi^1) = p_1(k) \\ \vdots \\ \mathsf{P}(\boldsymbol{X}(k) = \xi^X) = p_X(k) \end{pmatrix} = \mathbf{p}(k) \tag{2.2.2-13}$$

einzuführen. Sind die Komponenten von ξ^i, $\forall i = \{1, \dots, X\}$ ausnahmslos metrische Größen, dann sind charakteristische Kenngrößen für $\boldsymbol{X}(k)$ der Erwartungswertvektor

$$\mathsf{E}(\boldsymbol{X}(k)) = \sum_{i=1}^{X} p_i(k)\, \xi^i = \boldsymbol{\mu}(k) \tag{2.2.2-14}$$

die Kovarianzmatrix

$$\begin{aligned} \mathbf{S}_{\boldsymbol{X}}(k) &= \mathsf{E}\{(\boldsymbol{X} - \mathsf{E}(\boldsymbol{X}))\,(\boldsymbol{X} - \mathsf{E}(\boldsymbol{X}))^{\mathsf{T}} \\ &= \sum_{i=1}^{X} p_i(k)\, (\xi^i - \boldsymbol{\mu}(k))\, (\xi^i - \boldsymbol{\mu}(k))^{\mathsf{T}} \end{aligned} \tag{2.2.2-15}$$

oder höhere Momente von $\boldsymbol{X}(k)$.

Da nach Definition die Gesamtheit $\mathbf{x}_\nu(k)$, $\forall \nu \in \{1, \dots, n\}$ und für $k \in \{1, \dots, N\}$ eine Stichprobe vom Umfang n aus $\widetilde{\boldsymbol{X}}$ ist, können die relativen Häufigkeiten $\frac{h_i(k)}{n}$ als *Schätzungen* $\hat{p}_i(k)$ von $p_i(k)$ verwendet werden, d. h.,

$$\hat{p}_i(k) = \frac{h_i(k)}{n}\,, \qquad i \in \{1, \dots, n\}\,, \qquad k \in \{1, \dots, N\} \tag{2.2.2-16}$$

ist eine Schätzung von $p_i(k)$. Entsprechend sind

$$\hat{\boldsymbol{\mu}}(k) = \overline{\mathbf{x}}(k)\,, \qquad k \in \{1, \dots, N\} \tag{2.2.2-17}$$

und

$$\hat{\mathbf{S}}_{\boldsymbol{X}}(k) = \mathbf{K}_{\boldsymbol{X}}(k)\,, \qquad k \in \{1, \dots, N\} \tag{2.2.2-18}$$

Schätzungen von $\boldsymbol{\mu}(k)$ und $\mathbf{S}_{\boldsymbol{X}}(k)$. Diese Behauptungen lassen sich durch sinngemäße Anwendung des Hauptsatzes der mathematischen Statistik (Satz von GLIWENKO) auf diskret verteilte Größen beweisen.

Zur Beurteilung probabilistischer Systeme ist es notwendig, Wahrscheinlichkeitsverteilungen, Mittelwerte usw. zu schätzen und abzuschätzen, wie genau und sicher diese Schätzungen sind. Dieser Problemkreis ist Gegenstand der *Schätztheorie*.

Die Schätztheorie wird für normalverteilte stetige Zufallsgrößen in der Literatur zur Wahrscheinlichkeitsrechnung und mathematischen Statistik ausführlich behandelt (s. die im Anhang 1 zitierte Literatur). Bei diskret verteilten Zufallsgrößen treten einige Besonderheiten auf. Es soll deshalb hier kurz auf die Schätzung von Eigenschaften diskret verteilter Zufallsgrößen eingegangen werden.

Zur Beurteilung der Genauigkeit und Sicherheit von Schätzungen wird eine Gesamtheit von konkreten Stichproben

$$\tilde{\mathbf{x}}^{(\mu)}(k) = \mathbf{x}_1^{(\mu)}(k), \dots, \mathbf{x}_n^{(\mu)}(k)\,, \qquad \forall \mu \in \{1, \dots, m\}\,, \tag{2.2.2-19}$$

betrachtet. Diese Gesamtheit ist eine Stichprobe aus einer Grundgesamtheit

$$\tilde{\boldsymbol{X}}(k) = \boldsymbol{X}_1(k), \dots, \boldsymbol{X}_n(k) \tag{2.2.2-20}$$

von Stichproben vom Umfang n.

Die Grundgesamtheit $\tilde{\boldsymbol{X}}(k)$ heißt *mathematische Stichprobe*. $\tilde{\boldsymbol{X}}(k)$ ist eine Zufallsgröße. Die Elemente $\boldsymbol{X}_i(k)$ von $\tilde{\boldsymbol{X}}(k)$ sind voneinander unabhängige, identisch entsprechend der Grundgesamtheit $\boldsymbol{X}$ verteilter Zufallsgrößen. Es gilt entsprechend (2.2-4)

$$\mathsf{P}(\boldsymbol{X}_1(k) = \xi^i) = \dots = \mathsf{P}(\boldsymbol{X}_n(k) = \xi^i) = \mathsf{P}(\boldsymbol{X}(k) = \xi^i), \quad \forall \xi^i \in \mathcal{X} \tag{2.2.2-21}$$

oder mit (2.2.2-13)

$$\mathbf{P}(\boldsymbol{X}_1(k) = \xi) = \dots \mathbf{P}(\boldsymbol{X}_n(k) = \xi) = \mathbf{P}(\boldsymbol{X}(k) = \xi). \tag{2.2.2-22}$$

Aus jeder Stichprobe $\tilde{\mathbf{x}}^{(\mu)}(k)$ lassen sich Schätzungen

$$\hat{p}_i^{(\mu)}(k) = \frac{h_i^{(\mu)}(k)}{n}, \quad \forall \xi^i \in \mathcal{X}, \quad \mu \in \{1, \dots, m\} \tag{2.2.2-23}$$

von $\mathsf{P}(\boldsymbol{X}(k) = \xi^i)$ erhalten. Die $\hat{p}_i^{(\mu)}(k)$ können die Werte

$$\hat{p}^{(\mu)}(\xi^i, k) = \hat{p}_i^{(\mu)}(k) = \pi^j(k) \in \left\{0, \frac{1}{n}, \frac{2}{n}, \dots, 1\right\},$$
$$\xi^i \in \mathcal{X}, \quad \mu \in \{1, \dots, m\} \tag{2.2.2-24}$$

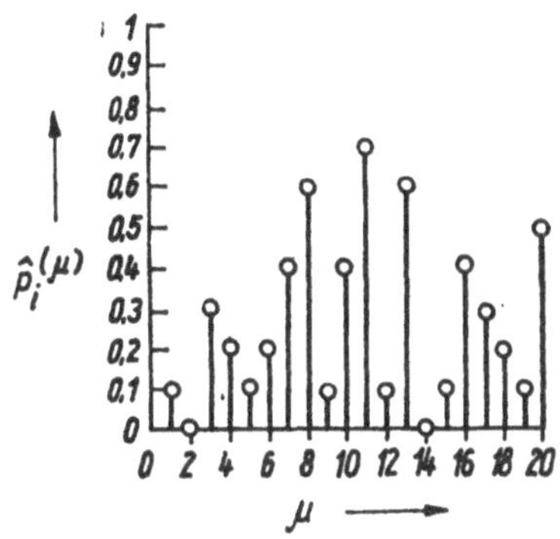

Abb. 2.2.2-2
Schätzwerte $\hat{p}^{(\mu)}(\xi^i, k) = \hat{p}_i^{(\mu)} = \pi^j$ für die Wahrscheinlichkeiten $\mathsf{P}(\boldsymbol{X}(k) = \xi^i)$ aus m Stichproben, $\mu \in \{1, \dots, m\}$ ist die Nummer der Stichprobe

annehmen. In der Gesamtheit $\tilde{\mathbf{x}}^{(\mu)}(k), \forall \mu \in \{1, \dots, m\}$, tritt $\hat{p}_i^{(\mu)}(k)$, mit der relativen Häufigkeit

$$\frac{h(\hat{p}_i^{(\mu)}(k) = \pi^j(k))}{m} = \frac{h_i^j(k)}{m} \tag{2.2.2-25}$$

auf. $\frac{h_i^j(k)}{m}$ ist eine Schätzung

$$\hat{p}_i^j(k) = \frac{h_i^j(k)}{m} \tag{2.2.2-26}$$

für $p_i^j(k)$. $p_i^j(k), \xi^i \in \mathcal{X}, \forall \pi^j(k) \in \left\{0, \frac{1}{n}, \dots, 1\right\}$ ist für festes i die Wahrscheinlichkeitsverteilung der Schätzwerte $\pi^j(k)$. Aus einer konkreten Stichprobe und der Verteilung

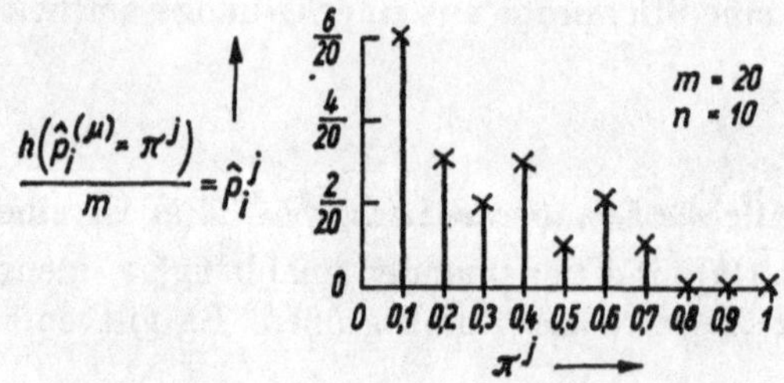

Abb. 2.2.2-3
Verteilung der relativen Häufigkeiten der $\hat{p}_i^{(\mu)} = \pi^j$

$p_i^j(k)$, $\xi^i \in \mathscr{X}$ läßt sich ermitteln, mit welcher Wahrscheinlichkeit $(1 - \alpha)$ die Größe $p_i(k) = p(\xi^i, k)$ in einem vorgegebenen Intervall

$$p_{i,\min}(k) \leqq p_i(k) \leqq p_{i,\max}(k) \tag{2.2.2-27}$$

liegt.

Die Wahrscheinlichkeit $1 - \alpha$ dafür, daß $p^i(k)$ in (2.2.2-27) fällt, ist die *statistische Sicherheit der Schätzung* (*Konfidenzniveau*). Das Intervall (2.2.2-27) ist das *Konfidenzintervall*.

Zur Abschätzung des Konfidenzintervalls gibt es zwei Möglichkeiten.

Der Verteilungstyp $p_i(k) = \mathsf{P}(\boldsymbol{X}(k) = \xi^i)$, $\forall \xi^i \in \mathscr{X}$ ist bekannt. Die Parameter $p_i(k)$ sind unbekannt. Aus einer konkreten Stichprobe werden $\hat{p}_i(k)$, $\forall \xi^i \in \mathscr{X}$ geschätzt. Für die Verteilungen mit $\hat{p}_{i,\min}(k)$ und $\hat{p}_{i,\max}(k)$ wird die Wahrscheinlichkeit α dafür berechnet, daß $p_i^j(k)$ Werte vorkommen, die

— in der Verteilung mit $p_{i,\min}(k)$ größer als $\hat{p}_i(k)$ sind bzw.
— in der Verteilung mit $p_{i,\max}(k)$ kleiner als $\hat{p}_i(k)$ sind.

$(1 - \alpha)$ ist dann die statistische Sicherheit dafür, daß (2.2.2-27) gilt. Dieses Vorgehen führt für $i \geqq 2$ zu erheblichen mathematischen Schwierigkeiten.

Ein zweites der i. allg. verfügbaren Rechentechnik und Technikern gemäßes Verfahren besteht im folgenden. Es wird eine Verteilung $\hat{p}_i(k) = \hat{\mathsf{P}}(\boldsymbol{X}(k) = \xi^i)$, $\forall \xi^i \in \mathscr{X}$ aus einer Stichprobe vom Umfang n geschätzt. Mit einem Rechner werden m Folgen

$$\tilde{\mathbf{x}}^{(\mu)}(k) = \mathbf{x}_1^{(\mu)}(k) \dots \mathbf{x}_n^{(\mu)}(k)\,, \qquad \mu = 1, \dots, m \tag{2.2.2-28}$$

erzeugt, die Realisierungen der Verteilung

$$\tilde{\boldsymbol{X}}(k) = \boldsymbol{X}_1(k) \dots \boldsymbol{X}_n(k) \tag{2.2.2-29}$$

mit

$$\hat{\mathsf{P}}(\boldsymbol{X}_1(k) = \xi^i) = \dots = \hat{\mathsf{P}}(\boldsymbol{X}_n(k) = \xi^i) = \hat{\mathsf{P}}(\boldsymbol{X}(k) = \xi^i) = \hat{p}_i(k) \tag{2.2.2-30}$$

sind.

Aus den $\tilde{\mathbf{x}}^{(\mu)}(k)$ werden $\hat{p}_i^{(\mu)}(k)$ geschätzt. Liegen $100(1 - \alpha)\%$ der $\hat{p}_i^{(\mu)}(k)$, $\forall \xi^i \in \mathscr{X}$ in einem vorgegebenen Bereich, dann kann dieser als Schätzung eines Konfidenzbereiches benutzt werden.

Beispiel 2.2.2-2a: Eine Grundgesamtheit X enthält Erzeugnisse $\xi^1 = a$ und $\xi^2 = b$. Es ist die unbekannte Wahrscheinlichkeit $\mathsf{P}(X = a) = p$ durch Entnahme einer Stichprobe vom Umfang $n = 10$ zu schätzen. Es soll angegeben werden, mit welcher statistischen Sicherheit $1-\alpha$ die Wahrscheinlichkeit p in einem Konfidenzintervall

$$p_{\min}(k) \leqq p(k) \leqq p_{\max}(k)$$

liegt.

Die Entnahme erfolgt so, daß jedes Element nach seiner Entnahme und Registrierung in die Grundgesamtheit zurückgelegt wird (s. Anhang 1). Die Zufallsgröße

$$H(k) := \text{zufällige Anzahl der Elemente } a \text{ in der Stichprobe}$$

unterliegt der Binomialverteilung. Es gilt

$$\mathsf{P}(H=i) = \binom{n}{i} p^i (1-p)^{n-i} = \frac{n!}{i!(n-i)!} p^i (1-p)^{n-i}.$$

Es wird eine Stichprobe mit $H = i = 8$ entnommen. Aus dieser Stichprobe wird mit (2.2.2-23) $\hat{p}(k) = 0{,}8$ geschätzt. Für $p(k) = \hat{p}(k) = 0{,}8$ wird $\mathsf{P}(H = 8) = 0{,}302$ erhalten. Wird angenommen, daß die Stichprobe einer Grundgesamtheit mit $p(k) = p_{\min}(k) = 0{,}5$ entstammt, dann ist die Wahrscheinlichkeit dafür, in irgend einer konkreten Stichprobe $H(k) = i$ zu finden

$$\mathsf{P}(H=i) = \binom{n}{i} (p_{\min})^i (1-p_{\min})^{n-i}.$$

Die Wahrscheinlichkeit dafür, ein $H(k) \geqq i$ zu finden, ist

$$\sum_{j=i}^{n} \binom{n}{j} (p_{\min})^j (1-p_{\min})^{n-j}.$$

Für $p_{\min} = 0{,}5$, $i = 8$, $n = 10$ ergibt sich

$$\sum_{j=8}^{10} \binom{10}{j} 0{,}5^{10} = 0{,}0546.$$

Wird angenommen, daß die Stichprobe einer Grundgesamtheit mit $p(k) = p_{\max}(k)$ entstammt, dann gilt mit $p(k) = p_{\max}(k) = 1$ für die Wahrscheinlichkeit, ein $H \leqq 8$ zu finden,

$$\sum_{j=0}^{8} \binom{10}{j} 1^j 0^{10-j} = 0.$$

Die Wahrscheinlichkeit für

$$0{,}5 \leqq p(k) \leqq 1$$

ist

$$1 - 0{,}0546 > 1 - 0{,}06 = 1 - \alpha.$$

Mit einer statistischen Sicherheit von $1 - \alpha = 0{,}94$ kann auf Grund einer Stichprobe mit $H = 8$ angenommen werden, daß in der Grundgesamtheit $0{,}5 \leqq p(k) \leqq 1$ ist.

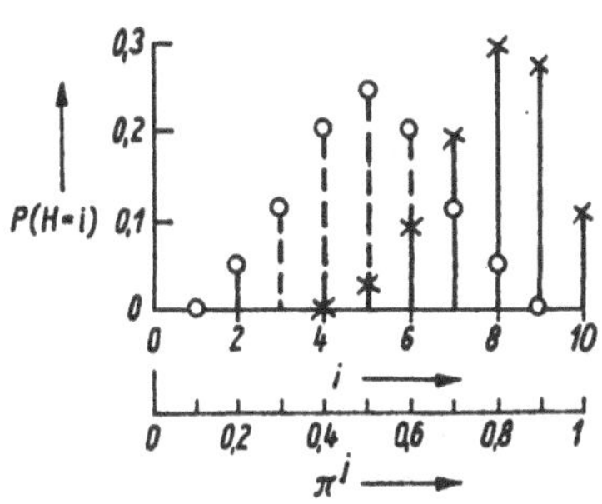

Abb. 2.2.2-4
Binomialverteilungen $\mathsf{P}(H = i)$ für
O $-\ p = p_{\min} = 0{,}5$ und × $-\ p = \hat{p} = 0{,}8$

Beispiel 2.2.2-2b: Aus der Grundgesamtheit X des Beispieles 2.2.2-2a wird eine Stichprobe mit Zurücklegen vom Umfang $n = 10$ entnommen. Es wird $H = i = 8$ gefunden. Mit einem Digitalrechner werden m Folgen

$$\tilde{\mathbf{x}}^{(\mu)}(k) = x_1^{(\mu)}(k) \ldots x_n^{(\mu)}(k)\,, \qquad \mu = 1, \ldots, m\,,$$

wie z. B.

$$\begin{aligned} \tilde{\mathbf{x}}^{(1)}(k) &= aababaaaba \\ &\vdots \\ \tilde{\mathbf{x}}^{(m)}(k) &= baaaabaaaa \end{aligned}$$

hergestellt. Die Elemente der $\tilde{\mathbf{x}}^{(\mu)}(k)$ werden unabhängig voneinander mit den Wahrscheinlichkeiten $p(a) = 0{,}8$ und $p(b) = 1 - p(a) = 0{,}2$ erzeugt. Das kann wie folgt geschehen. Vom Rechner werden 0, 1, ..., 999 diskret gleichmäßig verteilte Zufallszahlen ν^i ermittelt. Zahlen $0 \leqq \nu^i \leqq 799$ wird jeweils ein Element a und Zahlen $800 \leqq \nu^i \leqq 999$ jeweils ein Element b zugeordnet. In jeder Folge $\tilde{\mathbf{x}}^{(\mu)}(k)$ wird die Häufigkeit $h^{(\mu)}(a)$ ausgezählt. Für hinreichend große m ($m \gg 100$) haben

10,7% der $h^{(\mu)}(a)$ den Wert 10,
26,8% der $h^{(\mu)}(a)$ den Wert 9,
30,2% der $h^{(\mu)}(a)$ den Wert 8,
20,1% der $h^{(\mu)}(a)$ den Wert 7,
8,8% der $h^{(\mu)}(a)$ den Wert 6,
2,6% der $h^{(\mu)}(a)$ den Wert 5,
0,6% der $h^{(\mu)}(a)$ den Wert 4,
0,2% der $h^{(\mu)}(a)$ einen Wert <4.

Dieses Ergebnis resultiert daraus, daß H eine binomialverteilte Zufallsgröße ist. 96,8% der $\hat{p}^{(\mu)}(k) = \dfrac{h^{(\mu)}(a)}{m}$ liegen in einem Intervall $0{,}5 \leqq \hat{p}^{(\mu)}(k) \leqq 1$. Das Intervall $0{,}5 \leqq p(k) \leqq 1$ kann als grobe Schätzung des Konfidenzintervalls für den Parameter $p(k)$ der Grundgesamtheit dienen. Das Konfidenzniveau liegt bei 0,95.

Ist $\mathsf{P}(\boldsymbol{X}(k) = \xi^i)$, $\forall \xi^i \in X$ bekannt, dann lassen sich der Erwartungswert, die Kovarianzmatrix usw. von $\boldsymbol{X}(k)$ berechnen (s. Anhang 1). In vielen praktischen Fällen ist es zweckmäßiger, den Erwartungswert, die Kovarianzmatrix usw. direkt aus den entsprechenden empirischen Größen zu schätzen. Die empirischen Größen werden am Original gemessen oder durch Simulation erhalten.

Der *Verlauf eines probabilistischen Prozesses* wird durch die konkreten Prozesse

$$\tilde{\mathbf{x}}_\nu = \mathbf{x}_\nu(1) \ldots \mathbf{x}_\nu(N)\,, \qquad \nu = 1, \ldots, n\,, \tag{2.2.2-1}$$

bzw. durch eine Zufallsfolge

$$\tilde{\boldsymbol{X}} = \boldsymbol{X}(1) \ldots \boldsymbol{X}(N) \tag{2.2.2-2}$$

beschrieben. Zu seiner Charakterisierung dienen die oben beschriebenen für einen festen Takt k (d. h. für eine Momentaufnahme) geltenden Kenngrößen, wie $\mathsf{E}(\boldsymbol{X}(k) = \xi^i)$, Kennfunktionen und Relationen, die Eigenschaften der Trajektorien (2.2.2-1) und Zusammenhänge zwischen den $\boldsymbol{X}(k)$ und $\boldsymbol{X}(k^*)$ für $k \neq k^*$ erfassen. In Tab. 2.2.2-1 sind die wichtigsten Kennfunktionen zur Charakterisierung von probabilistischen Prozessen zusammengestellt [2.2-BY 2].

Eine spezielle, bei der Untersuchung von Steuerungsvorgängen in der Technologie recht oft auftretende, Klasse von Prozessen sind die *stationären Prozesse*.

Ein diskontinuierlich-diskreter, stochastischer Prozeß heißt *stationärer diskontinuierlich-diskreter Prozeß* oder *stationäre Kette*, wenn sich die dem Prozeß $\tilde{X}$ zugeordnete Verteilung (3*) aus Tab. 2.2.2-1 bei Verschiebung der k_i um einen beliebigen ganzzahligen Betrag $\varkappa$ nicht ändert, d. h., wenn

$$p_{i_1 \dots i_l}(k_1, \dots, k_l) = p_{i_1 \dots i_l}(k_1 + \varkappa, \dots, k_l + \varkappa) \tag{2.2.2-31}$$

gilt. Für eine stationäre Kette ist die Funktion der Erwartungswerte

$$\mathbf{E}(\boldsymbol{X}(k)) = \mathbf{E}(\boldsymbol{X}(k + \varkappa)) \tag{2.2.2-32}$$

konstant und die Kovarianzmatrizen als Funktion von k

$$\mathbf{S}_{\boldsymbol{X}}(k, k + l) = \mathbf{S}_{\boldsymbol{X}}(k + \varkappa, k + l + \varkappa) \tag{2.2.2-33}$$

sind nur von der Differenz l, aber nicht von k abhängig. Eine Kette für die nur die Bedingungen (2.2.2-32), (2.2.2-33) gelten, aber (2.2.2-31) nicht gilt, heißt im engeren Sinne (oder schwach) stationär. Für stationäre Ketten gilt

$$\mathbf{S}_{\boldsymbol{x}}(k, k + l) = \mathbf{S}_{\boldsymbol{x}}(k, k - l) , \tag{2.2.2-34}$$

und für jede Komponente X_q von $\boldsymbol{X}$

$$\mathbf{S}_{X_q X_q}|(k, k)| \geqq |\mathbf{S}_{X_q X_q}(k, k + l)| . \tag{2.2.2-35}$$

Soll ein probabilistischer Prozeß $\tilde{\boldsymbol{X}}$ durch seine Realisierungen charakterisiert werden, dann ist dazu eine Gesamtheit $\tilde{\mathbf{x}}_\nu$, $\forall \nu = 1, \dots, m$ von Realisierungen nötig. Das ist der Fall, wenn Prozeßeigenschaften aus $\tilde{\mathbf{x}}_\nu$, $\forall \nu = 1, \dots, m$ geschätzt werden sollen, oder wenn zur Charakterisierung des Prozesses $\tilde{\boldsymbol{X}}$ m Realisierungen $\mathbf{x}_\nu$ auf einem Digitalrechner simuliert werden. Ist der Prozeß stationär, dann kann eine seiner Realisierungen in m gleichlange Abschnitte getrennt werden. Diese m Abschnitte sind Realisierungen desselben Prozesses

$$\tilde{\boldsymbol{X}} = X(1), \dots, X\left(\frac{N}{m}\right). \tag{2.2.2-36}$$

Aus den Abschnitten läßt sich eine Gesamtheit $\tilde{\mathbf{x}}_\nu$, $\nu = 1, \dots, m$, bilden. Dies wird durch das Schema

$$\begin{aligned}
\tilde{\mathbf{x}} &= \mathbf{x}(1), \dots, \mathbf{x}\left(\frac{N}{m}\right), \dots, \mathbf{x}\left(\frac{2N}{m}\right), \dots, \dots, \mathbf{x}(N) \\
&\Downarrow \\
\tilde{\mathbf{x}}_1 &= \mathbf{x}_1(1), \dots, \mathbf{x}_1\left(\frac{N}{m}\right), \\
\tilde{\mathbf{x}}_2 &= \mathbf{x}_2(1), \dots, \mathbf{x}_2\left(\frac{N}{m}\right), \\
&\vdots \\
\tilde{\mathbf{x}}_m &= \mathbf{x}_m(1), \dots, \mathbf{x}_m\left(\frac{N}{m}\right)
\end{aligned} \tag{2.2.2-37}$$

veranschaulicht.

Die Eigenschaften eines stationären Prozesses können aus einer einzigen Realisierung ermittelt werden.

Tab. 2.2.2-1
Kennfunktionen zur Charakterisierung von

einer Gesamtheit von konkreten Prozessen	einer Grundgesamtheit von Prozessen
1) $h(\xi^i, k) = h_i(k), \forall \xi^i \in \mathcal{X}, k \in \{1, \dots, N\}$:= Verteilung der Häufigkeiten der ξ^i als Funktion von k in der Folge (empirische Stichprobe) $\mathbf{x}_\nu, \nu = 1, \dots, n$ (2.2.2-1)	1*) $\mathsf{P}(\boldsymbol{X}(k) = \xi^i) = p_i(k), \forall \xi^i \in \mathcal{X}, \forall k \in \{1, \dots, N\}$ oder $\mathsf{P}(\boldsymbol{X}(k) = \xi) = \begin{pmatrix} \mathsf{P}(\boldsymbol{X}(k) = \xi^1) = p_1(k) \\ \vdots \\ \mathsf{P}(\boldsymbol{X}(k) = \xi^\varkappa) = p_\varkappa(k) \end{pmatrix}, \quad \forall k \in \{1, \dots, N\}$:= Wahrscheinlichkeitsverteilung von $\boldsymbol{X}(k)$
2) $k_1 \neq k_2$ a) $h^*_{ij}(k_1, k_2)$:= Häufigkeit des gleichzeitigen Auftretens von ξ^i in $\tilde{\mathbf{x}}(k_1)$ und ξ^j in $\tilde{\mathbf{x}}(k_2)$ (2.2.2-4) b) $h^*_{ij}(k_1, k_2), \forall \xi^i, \xi^j \in \mathcal{X}, k_1, k_2 \in \{1, \dots, N\}$:= Verteilung der $h^*_{ij}(k_1, k_2)$ bei festen k_1 und k_2 c) $h^*_{ij}(k_1, k_2), \forall \xi^i, \xi^j \in \mathcal{X}, k_1, k_2 \in \{1, \dots, N\}$:= Gesamtheit der Verteilung b) $\forall k_1, k_2 \in \{1, \dots, N\}$	2*) $k_1 \neq k_2$ a) $p^*_{ij}(k_1, k_2) = P(\boldsymbol{X}(k_1) = \xi^i \cap \boldsymbol{X}(k_2) = \xi^j)$ b) $p^*_{ij}(k_1, k_2), \forall \xi^i, \xi^j \in \mathcal{X}, k_1, k_2 \in \{1, \dots, N\}$:= Wahrscheinlichkeitsverteilung der $p^*_{ij}(k_1, k_2)$ bei festen k_1 und k_2 c) $p^*_{ij}(k_1, k_2), \forall \xi^i, \xi^j \in \mathcal{X}, \forall k_1, k_2 \in \{1, \dots, N\}$:= Gesamtheit der Wahrscheinlichkeitsverteilungen b) für alle $k_1, k_2 \in \{1, \dots, N\}$
3) $k_1 \neq k_2 \neq k_3 \dots \neq k_l$ $h^*_{i_1 \dots i_l}(k_1, \dots, k_l), \forall \xi^{i_1}, \dots, \xi^{i_l} \in \mathcal{X}$, $\forall k_1, \dots, k_l \in \{1, \dots, N\}$	3*) $k_1 \neq k_2 \neq k_3 \dots \neq k_l$ $p^*_{i_1 \dots i_l}(k_1, \dots, k_l), \forall \xi^{i_1}, \dots, \xi^{i_l} \in \mathcal{X}$, $\forall k_1, \dots, k_l \in \{1, \dots, N\}$:= den Prozeß $\tilde{\boldsymbol{X}}$ *zugeordnete Verteilung*
4) $h_{ij}(k, k+1)$:= Häufigkeit des Überganges $\xi^i \to \xi^j$ in der Gesamtheit $\mathbf{x}_\nu, \nu = 1, \dots, n$ (2.2.2-1) von konkreten Prozessen	4*) $p_{ij}(k, k+1) = \mathsf{P}(\tilde{\boldsymbol{X}}(k+1) = \xi^j \mid \boldsymbol{X}(k) = \xi^i)$:= Übergangswahrscheinlichkeit für $\xi^i \to \xi^j$ in $\tilde{\boldsymbol{X}}$ (2.2.2-2)
5) $h_{i_1 i_2 \dots i_{k+1}}(k - \varkappa, \dots, k, k+1)$:= Häufigkeit der Übergänge $\xi^{i_1} \to \xi^{i_2} \dots \to \xi^{i_{k+1}}$ in der Gesamtheit $\tilde{\mathbf{x}}_\nu$, $\nu = 1, \dots, n$	5*) $p_{i_1 i_2 \dots i_{k+1}}(k - \varkappa, \dots, k, k+1) = \mathsf{P}(\boldsymbol{X}(k+1)$ $= \xi^{i_{k+1}} \mid \boldsymbol{X}(k) = \xi^{i_k} \cap \boldsymbol{X}(k-1)$ $= \xi^{i_{k-1}} \dots \cap \boldsymbol{X}(k - \varkappa) = \xi^{i_1})$:= Übergangswahrscheinlichkeit für $\xi^{i_1} \to \xi^{i_2} \dots \to \xi^{i_{k+1}}$ in $\tilde{\boldsymbol{X}}$

6) $\mathbf{m_X}(k) = \frac{1}{n} \sum_{\forall \xi^i \in \mathcal{X}} \xi^i h_i(k), \forall k \in \{1, \dots, N\}$:= empirische Mittelwertfunktion	6*) $\mathbf{E}(\boldsymbol{X}(k)) = \sum_{\forall \xi^i \in \mathcal{X}} \xi^i p_i(k) = \boldsymbol{\mu}(k), \forall k \in \{1, \dots, N\}$:= Funktion der Erwartungswerte
7) $\mathbf{K_X}(k, k+l) = \frac{1}{n-1} \sum_{\forall \xi^i \in \mathcal{X}} \sum_{\xi^j \in \mathcal{X}} (\xi^i - \mathbf{m_X}(k))$ $(\xi^j - \mathbf{m_X}(k-l))^\mathsf{T} h_{ij}^*(k, k+l)$ $l \in \{1, \dots, N-1\}, \forall k \in \{1, \dots, N-l\}$:= empirische Kovarianzmatrizen als Funktion von k := empirische Kovarianzfunktion	7*) $\mathbf{S_X}(k, k+l) = \mathbf{E}[(\boldsymbol{X}(k) - \mathbf{E}\boldsymbol{X}(k))(\boldsymbol{X}(k+l) - \mathbf{E}\boldsymbol{X}(k+l))^\mathsf{T}$ $= \sum_{\forall \xi^i \in \mathcal{X}} \sum_{\xi^j \in \mathcal{X}} (\xi^i - \boldsymbol{\mu}(k))(\xi^j - \boldsymbol{\mu}(k+l)^\mathsf{T} p_{ij}^*(k, k+l)$ $l \in \{1, \dots, N-1\}, \forall k \in \{1, \dots, N-l\}$, $p_{ij}^*(k, k+l) = p_{ij}(k, k+l)\, p_i(k)$:= Kovarianzmatrizen als Funktion von k := Kovarianzfunktion. Sind $\boldsymbol{X}(k)$ und $\boldsymbol{X}(k+l)$ voneinander unabhängig, gilt $p_{ij}^* = p_i(k)\, p_j(k+l)$, daraus folgt $\mathbf{S_X}(k, k+l) = ((0))$. Aus der Unabhängigkeit von $\boldsymbol{X}(k)$ und $\boldsymbol{X}(k+l)$ folgt notwendig $\mathbf{S_X}(k, k+l) = ((0))$. Aus $\mathbf{S_X}(k, k+l) = ((0))$ folgt nicht notwendig die Unabhängigkeit von $\boldsymbol{X}(k)$ und und $\boldsymbol{X}(k+l)$. Gilt $\mathbf{S_X}(k, k+1) = ((0))$, dann heißen $\boldsymbol{X}(k)$ und $\boldsymbol{X}(k+1)$ unkorreliert.

• Stochastische technologische Vorgänge lassen sich unter sehr allgemeinen Bedingungen durch Prozesse beschreiben, bei denen $\boldsymbol{X}(k+1)$ nur von $\boldsymbol{X}(k-\varkappa) \ldots \boldsymbol{X}(k)$ abhängt. Prozeßeigenschaften wirken in diesen Prozessen nur eine endliche Zeitspanne nach. Diese Prozesse haben die Verteilung

$$\begin{aligned} \mathsf{P}(\boldsymbol{X}(k+1)) = \xi^{j^*} \mid \boldsymbol{X}(k) = \xi^{j^*_\varkappa}, \ldots, \boldsymbol{X}(k-\varkappa) = \xi^{j^*_0} \\ = p_{j^*_0 \ldots j^*_\varkappa j^*}(k-\varkappa, \ldots, k+1) \\ \forall \xi^{j^*_0}, \xi^{j^*_1}, \ldots, \xi^{j^*_\varkappa}, \xi^{j^*} \in \mathcal{X} = \{\xi^1, \ldots, \xi^{X^*}\}, \\ \forall k \in \{\varkappa+1, \ldots, N-1\}. \end{aligned} \quad (2.2.2\text{-}38)$$

Der Prozeß (2.2.2-38) heißt *Markowscher Prozeß* oder *Markowsche Kette* $(\varkappa + 1)$ter Ordnung.

Mit

$$\begin{pmatrix} \boldsymbol{X}(k) \\ \vdots \\ \boldsymbol{X}(k-\varkappa) \end{pmatrix} = \boldsymbol{Z}(k), \qquad \begin{pmatrix} \boldsymbol{X}(k+1) \\ \vdots \\ \boldsymbol{X}(k+1-\varkappa) \end{pmatrix} = \boldsymbol{Z}(k+1) \qquad (2.2.2\text{-}39)$$

wird aus (2.2.2-38)

$$\begin{aligned} &\mathsf{P}(\boldsymbol{Z}(k+1) = \zeta^j \mid \boldsymbol{Z}(k) = \zeta^i) = p_{ij}(k, k+1), \\ &\forall \zeta^i, \zeta^j \in \mathcal{Z} = \{\zeta^1, \ldots, \zeta^Z\}, \qquad \forall k \in \{1, \ldots, N-1\}. \end{aligned} \qquad (2.2.2\text{-}40)$$

Jeder Markowsche Prozeß $(\varkappa + 1)$ter Ordnung läßt sich mit (2.2.2-39) (s. (2.2.1-4) und (2.2.1-5)) in einen Markowschen Prozeß erster Ordnung umrechnen. Der Prozeß (2.2.2-40) kann durch ein Matrixschema der Übergangswahrscheinlichkeiten

↓	ζ^1	ζ^2		ζ^Z
ζ^1	$p_{11}(k, k+1)$	$p_{21}(k, k+1)$	…	$p_{Z1}(k, k+1)$
ζ^2	$p_{12}(k, k+1)$	$p_{22}(k, k+1)$	…	$p_{Z2}(k, k+1)$
	$\vdots$	$\vdots$		
ζ^Z	$p_{1Z}(k, k+1)$	$p_{2Z}(k, k+1)$	…	$p_{ZZ}(k, k+1)$

(2.2.2-41)

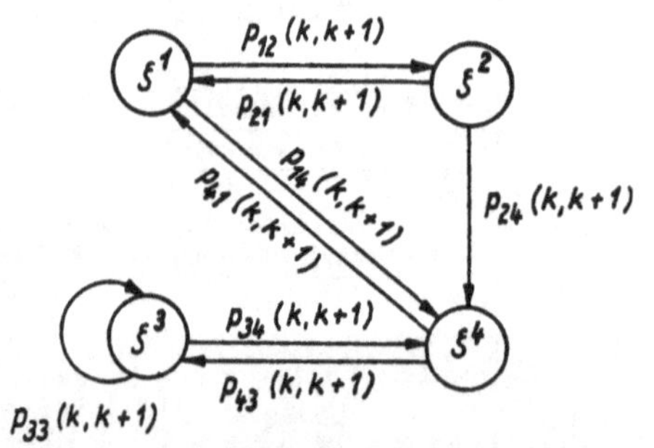

Abb. 2.2.2-5
Kinematischer Graph eines Markowschen Prozesses erster Ordnung

oder einen kinematischen Graphen, wie z. B. in Abb. 2.2.2.5 beschrieben werden. Sind die $p_{ij}(k, k+1)$ von k unabhängige konstante Größen p_{ij}, dann heißt der Prozeß

$$\mathsf{P}(\boldsymbol{Z}(k+1) = \zeta^j \mid Z(k) = \zeta^i) = p_{ij} \qquad (2.2.2\text{-}42)$$

homogener Markowscher Prozeß.

Beispiel 2.2.2-3: Es wird eine Folge

$$b,a,b,b,a,b,b,a,a,b,b,a,b,b,a,a,b,b,a,b,b,a,a,b,b,a,a,a,a,b,b,a,a,a,a,b,b,a,a,a,b,b,a,b,b,a,b \tag{1}$$

i.w.S. gemessen. Es wird unterstellt, daß (1) eine Realisierung eines homogenen Markowschen Prozesses ist. Durch Abzählen werden die Häufigkeiten

$$h_a = h(\zeta^1 = a) = 23\,, \qquad h_b = h(\zeta^2 = b) = 24$$

und die Häufigkeiten der Übergänge $\zeta^i \to \zeta^j$, $i, j \in \{1, 2\}$

$$h_{aa} = 11\,, \qquad h_{ab} = 12\,, \qquad h_{ba} = 12\,, \qquad h_{bb} = 11$$

erhalten. Es werden die Häufigkeiten der Übergänge $\zeta^i\zeta^j\zeta^l$, die durch $\zeta^i\zeta^j \to \zeta^j\zeta^l$ dargestellt werden, gezählt. Das ergibt

$$h_{aaa} = 5\,, \qquad h_{aab} = 6\,, \qquad h_{aba} = 0\,, \qquad h_{abb} = 11$$

$$h_{baa} = 6\,, \qquad h_{bab} = 6\,, \qquad h_{bba} = 11\,, \qquad h_{bbb} = 0\,.$$

Das Ergebnis läßt sich in dem Schema

↓	*aa*	*ab*	*ba*	*bb*
aa	5	0	6	0
ab	6	0	6	0
ba	0	0	0	11
bb	0	11	0	0

(2)

zusammenfassen. Da $h_{aaa} = 5$ und $h_{baa} = 6$ ist, hängt die Häufigkeit des Überganges $a \to a$ davon ab, ob aa ein a oder ein b vorangegangen ist. Mit

$$aa = A\,, \qquad ab = B\,, \qquad ba = C\,, \qquad bb = D$$

wird aus (1)

↓	*A*	*B*	*C*	*D*
A	5	0	6	0
B	6	0	6	0
C	0	0	0	11
D	0	11	0	0 .

(3)

Werden die Elemente dieses Schemas durch die Anzahl aller Übergänge $\zeta^i\zeta^j \to \zeta^j\zeta^l$ in jeder Spalte dividiert, ergibt sich

↓	*A*	*B*	*C*	*D*
A	$\frac{5}{11}$	0	$\frac{1}{2}$	0
B	$\frac{6}{11}$	0	$\frac{1}{2}$	0
C	0	0	0	1
D	0	1	0	0 .

(4)

Die Elemente von (4) können als Schätzungen für die Übergangswahrscheinlichkeiten dienen.

Mit $\mathbf{p}(k)$ (2.2.2-13) und der Matrix

$$\mathbf{P} = \begin{pmatrix} p_{11} & p_{12} & \cdots & p_{1Z} \\ p_{21} & p_{22} & \cdots & p_{2Z} \\ \vdots & \vdots & \cdots & \\ p_{Z1} & p_{Z2} & \cdots & p_{ZZ} \end{pmatrix} \tag{2.2.2-43}$$

wird

$$\mathbf{p}(k+1) = \mathbf{P}^{\mathsf{T}}\mathbf{p}(k) \tag{2.2.2-44}$$

und

$$\mathbf{p}(k+l) = (\mathbf{P}^{\mathsf{T}})^l\,\mathbf{p}(k)\,. \tag{2.2.2-45}$$

Für stationäre Prozesse gilt

$$\mathbf{p}(k+1) = \mathbf{p}(k) = \mathbf{P}^{\mathsf{T}}\mathbf{p}(k)\,. \tag{2.2.2-46}$$

Ist für große l

$$\lim_{l\to\infty} (\mathbf{P}^{\mathsf{T}})^l\,\mathbf{P}^{\mathsf{T}} = (\mathbf{P}^{\mathsf{T}})^l \tag{2.2.2-47}$$

dann geht der i. allg. nicht stationäre Prozeß (2.2.2-45) in einen stationären Zustand über. Solche Prozesse heißen *ergodische Prozesse.*

Beispiel 2.2.2-4: Der Zustand einer Fertigungszelle (s. Beispiel 2.2.2-1) wird durch die Zufallsgröße $\boldsymbol{X}(k)$ mit

$$\mathsf{P}\big(\boldsymbol{X}(k) = \xi\big) = \begin{pmatrix} \mathsf{P}(X = \xi^1) \\ \vdots \\ \mathsf{P}(X = \xi^X) \end{pmatrix} = \mathbf{p}(k)$$

und die Matrix der Übergangswahrscheinlichkeiten $\mathbf{P}$ beschrieben. Aus dem Anfangszustand $\boldsymbol{X}(1)$ lassen sich die $\boldsymbol{X}(2), \ldots, \boldsymbol{X}(N)$ mit

$$\mathbf{p}(k+1) = \mathbf{P}^{\mathsf{T}}\mathbf{p}(k)$$

rekursiv oder mit

$$\mathbf{p}(k+1) = (\mathbf{P}^{\mathsf{T}})^k\,\mathbf{p}(1)$$

direkt berechnen. Gilt für $k = 50$

$$(\mathbf{P}^{\mathsf{T}})^k\,\mathbf{P}^{\mathsf{T}} \approx \mathbf{P}^{\mathsf{T}}\,,$$

dann hat die Zelle nach 50 Takten genähert einen stationären Zustand erreicht. Abb. 2.2.2-6-veranschaulicht den mit Wahrscheinlichkeit eintretenden Prozeßverlauf. Gleichzeitig sind

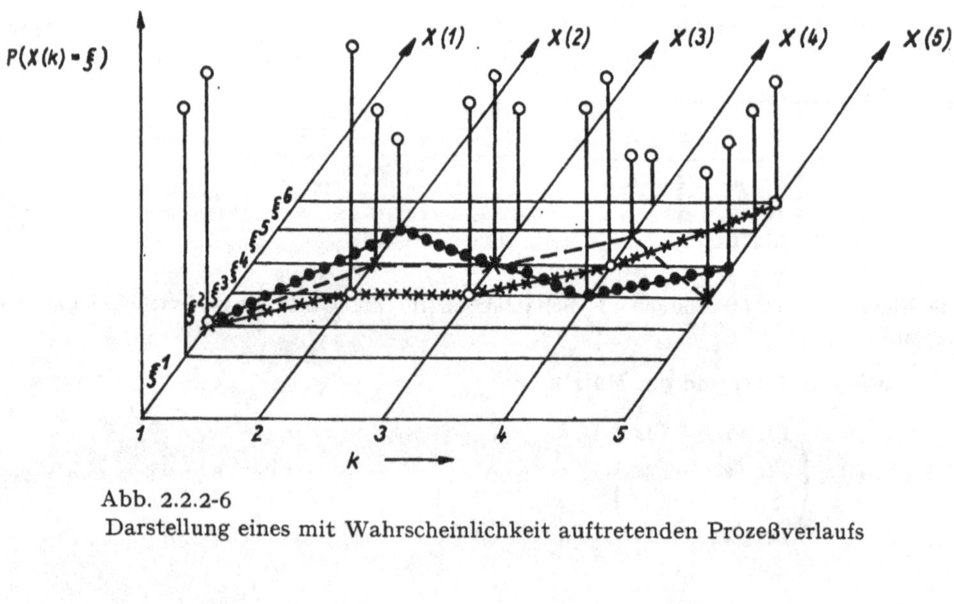

Abb. 2.2.2-6
Darstellung eines mit Wahrscheinlichkeit auftretenden Prozeßverlaufs

drei mit demselben Anfangspunkt beginnende Trajektorien in der $\boldsymbol{X}(k)$, k-Ebene eingezeichnet.

Ausführliche Darstellungen zur Theorie stochastischer Prozesse werden u. a. in [2.2-BY 2], [2.2-LA], [2.2-MY], [2.2-RO] gegeben.

2.2.3. Unscharf beschreibbare Prozesse

In den vorangegangenen Abschnitten dieses Kapitels wurde stets davon ausgegangen, daß angegeben werden kann, welches Ereignis eintreten wird, oder mit welcher Wahrscheinlichkeit jedes beliebige Ereignis aus einer Menge von möglichen Ereignissen eintreten wird. Zumindest konnte mit einer vorgegebenen statistischen Sicherheit geschätzt werden, in welchem Konfidenzintervall diese Wahrscheinlichkeit liegt.

In vielen praktischen Fällen ist es weder möglich noch zweckmäßig, Wahrscheinlichkeiten für zu erwartende oder durch eine Steuerung zu erreichende Ereignisse anzugeben. Das ist z. B. der Fall, wenn ein sehr komplexer Prozeß nur einmalig abläuft, und nicht zeitinvariant ist.

Häufig kann dann wenigstens eingeschätzt werden, welche Prozeßeigenschaften überhaupt vorkommen können. Es kann auch möglich sein, daß eine obere Grenze der Wahrscheinlichkeit dafür geschätzt werden kann, daß bestimmte, für das System ungünstige Ereignisse eintreten.

Beispiel 2.2.3-1: Ein System besitzt eine Menge $\mathcal{X} = \{\xi^1, \dots, \xi^X\}$ möglicher Zustände. Eine Teilmenge $\mathcal{X}^* = \{\xi^{\mu_1}, \dots, \xi^{\mu_\lambda}\} \subset \mathcal{X}$ von Zuständen führt zur Zerstörung des Systems. Die kollektiv geschätzte Wahrscheinlichkeit dafür, daß einmal pro Jahr einer dieser Zustände eintritt ist

$$\mathsf{P}(\boldsymbol{X} = \xi^{\mu_1} \cup \boldsymbol{X} = \xi^{\mu_2} \cup \dots \cup \boldsymbol{X} = \xi^{\mu_\lambda}) = \varepsilon\,.$$

Tritt bei der Zerstörung ein Schaden von x Mark ein, dann ist der mit Wahrscheinlichkeit eintretende jährliche Schaden εx Mark/Jahr. ε wird zweckmäßig so festgelegt, daß für den zusätzlichen sicherheitstechnischen Aufwand Δy zur Verringerung von ε stets $\Delta y \leqq x\, \Delta\varepsilon$ Mark/Jahr gilt.

Häufig sind jedoch nur subjektive Einschätzungen darüber möglich, was voraussichtlich eintreten wird. Steuerungsstrategien können oder sollen — um ihre Erfahrung, ihre Intuition, ihr Verantwortungsbewußtsein und ihre Initiative voll zu nutzen — den im Steuerungssystem tätigen Menschen nicht detailliert vorgeschrieben werden. Wird z. B. eine Steuerungsaufgabe unter Anwendung des Mensch-Maschine Dialoges rechnergestützt durchgeführt, dann wäre es sinnlos, den Menschen die Steuerstrategie detailliert vorzuschreiben. Eine detaillierte Steuerstrategie kann algorithmiert werden und kann dann vom Rechner ohne menschliche Einwirkung realisiert werden.

Man wird zu erwartende Ereignisse oder durchzusetzende Strategien mit einer gewissen Unbestimmtheit oder *Unschärfe* angeben. Unscharfe Angaben werden im täglichen Leben, in der Kunst, in der Wissenschaft und der Technik im großen Umfang verwendet. Alle verbalen Beschreibungen von Situationen, Vorgängen, technischen Einrichtungen und Prozessen und alle verbal gegebenen Richtlinien und Anweisungen sind unscharfe Angaben. Nach ZADEH [2.2-ZA 1] gehört zu den wichtigsten Eigenschaften menschlichen Denkens, die Fähigkeit Informationen zu verallgemeinern „auf Ebenen von unscharfen Mengen, die eine genäherte Relation zu den Primärdaten besitzen."

Die Wahrscheinlichkeitsrechnung und mathematische Statistik und die Theorie probabilistischer Prozesse sind nicht gut geeignet, unscharfe Eigenschaften, Prozesse und Strategien mathematisch zu formulieren. Vor allem auf Arbeiten von ZADEH aufbauend wurde nach 1964 eine Theorie unscharfer Mengen und Systeme entwickelt. Diese Theorie ist ein Werkzeug zur Modellierung von Systemen, die entscheidend durch menschliches Verhalten bestimmt werden [2.2-ZA 1].

Die „Unschärfe" scheint die meisten menschlichen Perzeptions- und Denkprozesse zu durchdringen [2.2-PA].

Die Theorie unscharfer Mengen und Systeme wird sich voraussichtlich in den nächsten Jahren zur adäquaten Grundlage für die Behandlung der Steuerung komplexer technologischer Systeme entwickeln. Weder der Umfang der bisherigen Anwendung der Theorie auf reale Prozesse noch der diesem Buch gegebene Rahmen lassen eine ausführlichere Behandlung zu. Um zu Forschungsarbeiten zur Anwendung unscharfer Betrachtungsweisen auf reale technologische Prozesse anzuregen, sollen einige Grundgedanken dargestellt und auf die einschlägige Fachliteratur, wie z. B. [2.2-ZA 1], [2.2-ZA 2], [2.2-ZA 3], [2.2-KA], [2.2-DU], [2.2-MA], [2.2-FR], [2.2-YA], [2.2-PE], [2.2-FU], [2.2-NE] verwiesen werden.

Die Grundlage aller unscharfen Betrachtungsweisen ist die unscharfe Menge. $\mathcal{S}$ sei eine klassische (d. h. scharf begrenzte) Menge unterschiedlicher diskreter Elemente (ein abstraktes Alphabet) mit

$$\mathcal{S} = \{y^1, \dots, y^\lambda\} . \tag{2.2.3-1}$$

Als *Zugehörigkeit* von y^i zu einer klassischen Teilmenge $\mathcal{A}^* \subset \mathcal{S}$ kann definiert werden

$$\mu^*_{\mathcal{A}^*}(y^i) = \begin{cases} 1 & \text{dann und nur dann, wenn } y^i \in \mathcal{A}^* \\ 0 & \text{dann und nur dann, wenn } y^i \notin \mathcal{A}^* . \end{cases} \tag{2.2.3-2}$$

Wird ein *Grad der Zugehörigkeit*

$$\mu_{\mathcal{A}}(y^i)\,, \qquad 0 \leqq \mu_{\mathcal{A}}(y^i) \leqq 1 \tag{2.2.3-3}$$

so definiert, daß mit wachsendem (subjektiv oder kollektiv eingeschätzten) Grad der Zugehörigkeit von y^i zu einer Menge $\mathcal{A}$ $\mu^{\mathcal{A}}(y^i)$ monoton wächst, dann wird die unscharfe Menge $\mathcal{A}$ durch die Gesamtheit

$$\mathcal{A} = \{y^i, \mu_{\mathcal{A}}(y^i), \forall y^i \in \mathcal{S}\} \tag{2.2.3-4}$$

vollständig charakterisiert. ZADEH verwendet auch die Darstellung

$$\mathcal{A} = \mu_{\mathcal{A}}(y^1)\,|y^1 + \dots + \mu_{\mathcal{A}}(y^\lambda)|\,y^\lambda \tag{2.2.3-4a}$$

$\mu_{\mathcal{A}}(y^i) \mid y^i$ ist der zu y^i gehörende Wert von $\mu_{\mathcal{A}}$.

Beispiel 2.2.3-2 [2.2-DU]:

$$\mathcal{A} = 0{,}1 \mid 7 + 0{,}5 \mid 8 + 0{,}8 \mid 9 + 1{,}0 \mid 10 + 0{,}8 \mid 11 + 0{,}5 \mid 12 + 0{,}1 \mid 13 .$$

ist eine unscharfe Menge ganzer Zahlen, die genähert gleich 10 sind.

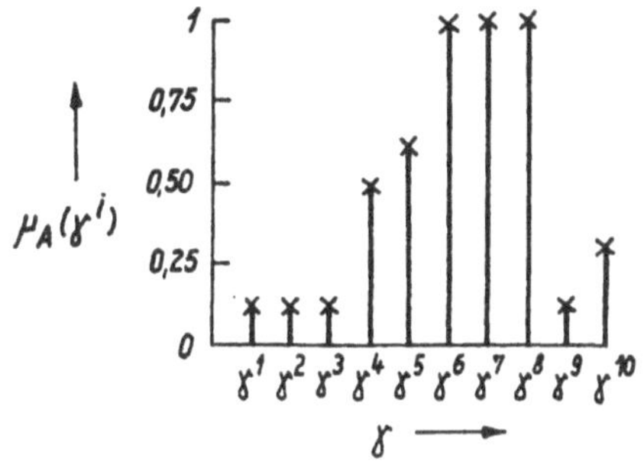

Abb. 2.2.3-1
Unscharfe Menge von Elementen γ^i, $i \in \{1, \ldots, 10\}$

Für die Vereinigung und den Durchschnitt unscharfer Mengen gilt

$$\forall \gamma^i \in \mathcal{G}, \qquad \mu_{\mathcal{A} \cup \mathcal{B}}(\gamma^i) = \max\left(\mu_{\mathcal{A}}(\gamma^i), \mu_{\mathcal{B}}(\gamma^i)\right), \tag{2.2.3-5}$$

$$\forall \gamma^i \in \mathcal{G}, \qquad \mu_{\mathcal{A} \cap \mathcal{B}}(\gamma^i) = \min\left(\mu_{\mathcal{A}}(\gamma^i), \mu_{\mathcal{B}}(\gamma^i)\right). \tag{2.2.3-6}$$

(2.2.3-5), (2.2.3-6) unterscheiden sich wesentlich von den entsprechenden Beziehungen der Wahrscheinlichkeitsalgebra (s. Anhang 1). Weiterhin gilt

$$\forall \gamma^i \in \mathcal{G}, \qquad \mu_{\bar{\mathcal{A}}}(\gamma^i) = 1 - \mu_{\mathcal{A}}(\gamma^i). \tag{2.2.3-7}$$

Es ist i. allg.

$$\sum_{\forall \gamma^i \in \mathcal{G}} \mu_{\mathcal{A}}(\gamma^i) \neq 1. \tag{2.2.3-8}$$

Für unscharfe Mengen gelten die Rechenregeln der Ereignisalgebra. Eine Ausnahme bilden die Beziehungen für $\mathcal{A} \cup \bar{\mathcal{A}}$ und $\mathcal{A} \cap \bar{\mathcal{A}}$. Für unscharfe Mengen gilt

$$\mathcal{A} \cap \bar{\mathcal{A}} \neq 0, \qquad \mathcal{A} \cup \bar{\mathcal{A}} \neq \mathcal{G} \tag{2.2.3-9}$$

da sich wegen der unscharfen Grenzen $\mathcal{A}$ und $\bar{\mathcal{A}}$ überlappen.

Für bestimmte Untersuchungen ist es zweckmäßig, die Elemente $\gamma^i \in \mathcal{G}$ in solche einzuteilen, die ziemlich sicher nicht zu $\mathcal{A}$ gehören, in solche die ziemlich sicher zu $\mathcal{A}$ gehören und in solche, bei denen die Zugehörigkeit zu $\mathcal{A}$ relativ unbestimmt ist [2.2-FU]. Dazu werden eine untere Grenze α und eine obere Grenze β eingeführt. Es wird festgelegt

γ^i gehört ziemlich sicher nicht zu $\mathcal{A}$, falls $\mu_{\mathcal{A}} \leqq \alpha$,
γ^i gehört ziemlich sicher zu $\mathcal{A}$ falls, $\mu_{\mathcal{A}} \geqq \beta$,
es ist relativ unbestimmt, ob γ^i zu $\mathcal{A}$ gehört,
falls $\alpha < \mu_{\mathcal{A}} < \beta$ ist. (2.2.3-10)

Durch (2.2.3-10) wird die unscharfe Menge in scharf begrenzte Gebiete eingeteilt.

Beispiel 2.2.3-3: Ein stochastischer Prozeß wird durch

$$\tilde{\boldsymbol{X}} = \boldsymbol{X}(1), \ldots, \boldsymbol{X}(N), \qquad \mathbf{x}(k) \in \mathcal{X}$$

beschrieben. Die möglichen Werte $\mathbf{x}(k) = \xi^j \in \mathcal{X}$, von $\boldsymbol{X}(k)$ werden subjektiv oder kollektiv danach bewertet, wieviel dafür spricht, daß sie zu einer Teilmenge $\mathcal{X}^* \subset \mathcal{X}$ von Werten gehören, die voraussichtlich eintreten werden. Durch diese Bewertung entsteht eine unscharfe Menge

$$\mathcal{X}^* = \{\xi^i, \mu_{\mathcal{X}^*}(\xi^i, k), \forall \xi^i \in \mathcal{X}\}.$$

Anstelle von

$$\mathsf{P}\big(\boldsymbol{X}(k) = \xi^i\big) = p_i(k)\,, \qquad \forall \xi^i \in \mathcal{X}$$

kann

$$\Pi\,\big(\boldsymbol{X}(k) = \xi^i \in \mathcal{X}^*\big) = \mu_{\mathcal{X}^*}(\xi^i, k)\,, \qquad \forall \xi^i \in \mathcal{X}$$

geschrieben werden. Π bringt den Grad der Zugehörigkeit von ξ^i zu der unscharfen Menge $\mathcal{X}$ zum Ausdruck.

Beispiel 2.2.3-4: Ein stochastischer Prozeß wird durch die Relation $\mathcal{Z}\mathbf{R}\mathcal{Z}$, d. h. durch die Teilmenge $\mathbf{R} \subset \mathcal{Z} \times \mathcal{Z}$ der geordneten Paare $\zeta^i\zeta^j$, $\forall \zeta^i, \zeta^j \in \mathcal{Z}$ beschrieben. Durch

$$\Pi\,\big(\boldsymbol{Z}(k+1) = \zeta^j \in \mathbf{R} \mid \boldsymbol{Z}(k) = \zeta^i \in \mathbf{R}\big) = \mu_{\mathbf{R}}(\zeta^i, \zeta^j_i)$$

wird zum Ausdruck gebracht, welchen Grad der Zugehörigkeit ein Übergang $\zeta^i \to \zeta^j$ zur unscharfen Menge $\mathbf{R}$ der möglichen Übergänge besitzt. $\mathbf{R}$ ist eine *unscharfe Relation.*

Beispiel 2.2.3-5: Die im Abschnitt 1.3.2. behandelte zielbezogene Bewertung von Maßnahmen stellt eine Anwendung unscharfer Mengen dar. Jedem Element der Menge von Maßnahmen wird aus der Skala Tab. 1.3-2 subjektiv oder kollektiv ein Wert zugeordnet, der als Grad der Zugehörigkeit zu der Menge $\mathcal{A}$ der effektiven Maßnahmen gedeutet werden kann. Wird die Bewertungsskala Tab. 1.3-2 transformiert in die in Tab. 2.2.3-1 angegebene Skala, dann werden $\mu_{\mathcal{A}}$-Werte erhalten, die zwischen 0 und 1 liegen. Der nicht wesentliche Unterschied zu den in diesem Abschnitt eingeführten Bewertungen besteht darin, daß diese $\mu_{\mathcal{A}}$ nur endlich viele Werte $0, \frac{1}{5}, \frac{2}{5}, \frac{3}{5}, \frac{4}{5}, 1$ annehmen können.

Tab. 2.2.3-1
Normierte Bewertungsskala für den relativen Einfluß einer Maßnahme auf die Realisierung eines Teilzieles (Beispiel)

Relativer Einfluß	Normierte Bewertungskennziffer
kein Einfluß	0
geringer Einfluß	$\frac{1}{5}$
mittlerer Einfluß	$\frac{2}{5}$
bedeutender Einfluß	$\frac{3}{5}$
großer Einfluß	$\frac{4}{5}$
sehr großer Einfluß	1

Im Zusammenhang mit der Behandlung von Steuerungsvorgängen im 4. Kapitel wird nochmals auf unscharfe Betrachtungsweisen eingegangen.

2.3. Prozesse mit Eingangs- und Ausgangsgrößen

Das Verhalten eines Fertigungssystems kann durch seine Reaktion $\tilde{\boldsymbol{Y}}$ auf spontane und/oder bewußt herbeigeführte Einwirkungen $\tilde{\boldsymbol{U}}$ beschrieben werden. Das geschieht durch die Ketten (s. (2.1-26), (2.1-27))

$$\tilde{\boldsymbol{U}} = \boldsymbol{U}(1), \dots, \boldsymbol{U}(N) \tag{2.3-1}$$

und

$$\tilde{\boldsymbol{Y}} = \boldsymbol{Y}(1), \dots, \boldsymbol{Y}(N)\,. \tag{2.3-2}$$

(2.3-1) und (2.3-2) stehen für die Gesamtheiten von Realisierungen (Trajektorien) von Prozessen. Das Dupel $\tilde{\boldsymbol{U}}$, $\tilde{\boldsymbol{Y}}$ von Prozessen, einschließlich der zwischen $\tilde{\boldsymbol{U}}$ und $\tilde{\boldsymbol{Y}}$ bestehenden Relationen, heißt *Prozeß mit Eingangs- und Ausgangsgrößen.*

$\tilde{\boldsymbol{U}}$ und $\tilde{\boldsymbol{Y}}$, einschließlich der sie charakterisierenden Kennwerte und Kennfunktionen, können aus einer Gesamtheit von beobachteten Folgen

$$\begin{aligned} \tilde{\mathbf{u}}_\nu &= \mathbf{u}_\nu(1) \ldots \mathbf{u}_\nu(N) , \\ \tilde{\mathbf{y}}_\nu &= \mathbf{y}_\nu(1) \ldots \mathbf{y}_\nu(N) , \\ &\forall \nu \in \{1, \ldots , n\} \end{aligned} \tag{2.3-3}$$

geschätzt werden. Andererseits können, falls ein Systemmodell bekannt ist, die $\mathbf{u}_\nu$ und $\mathbf{y}_\nu$ auf einem Rechner simuliert und zur Charakterisierung des Systemverhaltens genutzt werden. Die $\tilde{\mathbf{u}}_\nu$, $\tilde{\mathbf{y}}_\nu$ sind Realisierungen von $\tilde{\boldsymbol{U}}$ und $\tilde{\boldsymbol{Y}}$. Für jede beliebige Realisierung $\mathbf{u}(k)$, $\mathbf{y}(k)$ von $\boldsymbol{U}(k)$, $\boldsymbol{Y}(k)$ gilt s. (1.2-17), (1.2-19)

$$\left.\begin{aligned} \mathbf{u}(k) &\in \mathcal{U} = \{\boldsymbol{\varphi}^1, \ldots , \boldsymbol{\varphi}^U\} , \\ \mathbf{y}(k) &\in \mathcal{Y} = \{\boldsymbol{v}^1, \ldots , \boldsymbol{v}^Y\} . \end{aligned}\right\} \tag{2.3-4}$$

In bestimmten Anwendungsfällen empfiehlt es sich, das Systemverhalten durch Folgen

$$\tilde{\boldsymbol{U}} = \boldsymbol{U}(1) \ldots \boldsymbol{U}(N) , \tag{2.3-5}$$

$$\tilde{\boldsymbol{Z}} = \boldsymbol{Z}(1) \ldots \boldsymbol{Z}(N) , \tag{2.3-6}$$

$$\tilde{\boldsymbol{Y}} = \boldsymbol{Y}(1) \ldots \boldsymbol{Y}(N) \tag{2.3-7}$$

zu beschreiben.

Für $\tilde{\boldsymbol{U}}, \tilde{\boldsymbol{Z}}, \tilde{\boldsymbol{Y}}$ gelten (2.3-3) und (2.3-4) analoge Beziehungen. Die Realisierungen der Zustandsgrößen $\mathbf{z}(k)$ werden entweder unmittelbar gemessen und zur Darstellung des Systemverhaltens genutzt oder entstehen, wie noch gezeigt wird, aus Folgen $\tilde{\mathbf{u}}^*$, $\tilde{\mathbf{y}}^*$ durch Umformung.

2.3.1. Determinierte Prozesse mit Eingangs- und Ausgangsgrößen

Kann von den stochastischen Eigenschaften von $\tilde{\boldsymbol{U}}$ und $\tilde{\boldsymbol{Y}}$ abgesehen werden, wird aus (2.3-1) und (2.3-2)

$$\tilde{\mathbf{u}} = \mathbf{u}(1), \ldots , \mathbf{u}(N) \tag{2.3.1-1}$$

und

$$\tilde{\mathbf{y}} = \mathbf{y}(1), \ldots , \mathbf{y}(N) . \tag{2.3.1-2}$$

Unter der sehr allgemeinen Bedingung, daß das betrachtete System eine endliche Speicher- oder Erinnerungszeit besitzt, kann sein Verhalten durch

$$\mathbf{y}^*(k^* + 1) = \mathbf{f}^*(\mathbf{y}^*(k^*), \mathbf{y}^*(k^* - 1), \ldots , \mathbf{y}^*(k^* - \varkappa) ; \mathbf{u}^*(k^*), \ldots , \mathbf{u}^*(k^* - \lambda) \tag{2.3.1-3}$$

beschrieben werden. Mit

$$\mathbf{z}(k^*+1) = \begin{pmatrix} \mathbf{f}^*(\mathbf{y}^*(k^*), \mathbf{y}^*(k^*-1), \ldots, y^*(k^*-\varkappa); \mathbf{u}^*(k^*), \ldots, \mathbf{u}^*(k^*-\lambda)) \\ \mathbf{y}^*(k^*) \\ \vdots \\ \mathbf{y}^*(k^*-\varkappa+1) \end{pmatrix} \tag{2.3.1-3a}$$

$$\mathbf{u}(k^*) = \begin{pmatrix} \mathbf{u}^*(k^*) \\ \vdots \\ \mathbf{u}^*(k^*-\lambda) \end{pmatrix} \tag{2.3.1-4}$$

$$\mathbf{z}(k^*) = \mathbf{y}(k^*) = \begin{pmatrix} \mathbf{y}^*(k^*) \\ \vdots \\ \mathbf{y}^*(k^*-\varkappa) \end{pmatrix} \tag{2.3.1-5}$$

wird aus (2.3.1-2)

$$\mathbf{z}(k^*+1) = \mathbf{f}(\mathbf{z}(k^*), \mathbf{u}(k^*)) , \tag{2.3.1-6a}$$

$$\mathbf{y}(k^*) = \mathbf{z}(k^*) \tag{2.3.1-6b}$$

$\mathbf{u}(k^*)$ und $\mathbf{y}(k^*)$ stellen „*verallgemeinerte Eingangs- und Ausgangsgrößen*" dar, die durch (2.3.1-4) und (2.3.1-5) aus den gemessenen Größen $\mathbf{u}^*(k^*)$ und $\mathbf{y}^*(k^*)$ berechnet werden. Sind die $\mathbf{u}^*(k^*)$ und $\mathbf{y}^*(k^*)$ für $k^* = 1, \ldots, N^*$ gemessen worden, dann können $\mathbf{u}(k^*)$, $\mathbf{y}(k^*)$ und $\mathbf{z}(k^*)$ für $k^* = \varkappa + 1, \ldots, N^*$ gebildet werden. Es wird $\lambda \leqq \varkappa$ vorausgesetzt.

(2.3.1-1) und (2.3.1-2) werden dann durch

$$\tilde{\mathbf{u}} = \mathbf{u}(\varkappa+1), \ldots, \mathbf{u}(N^*) , \tag{2.3.1-1a}$$

$$\tilde{\mathbf{y}} = \mathbf{y}(\varkappa+1), \ldots, \mathbf{y}(N^*) \tag{2.3.1-2a}$$

ersetzt. Durch Umnumerieren mit $k^* - \varkappa = k$, $N = N^* - \varkappa$ wird daraus

$$\tilde{\mathbf{u}} = \mathbf{u}(1), \ldots, \mathbf{u}(N) , \tag{2.3.1-1b}$$

$$\tilde{\mathbf{y}} = \mathbf{y}(1), \ldots, \mathbf{y}(N) . \tag{2.3.1-2b}$$

Entsprechende Beziehungen gelten für (2.3-1), (2.3-2), (2.3-3), (2.3-5), (2.3-6), (2.3-7) und (2.3.1-6).

Sind $\mathbf{z}(\varkappa+1) = \mathbf{z}^0$ und $\mathbf{u}(k)$, $\forall k \in \{\lambda+1, \ldots, N-1\}$ bekannt, dann lassen sich alle $\mathbf{z}(k)$ und $\mathbf{y}(k)$ für $k \geqq \varkappa + 1$ rekursiv berechnen.

Beispiel 2.3.1-1: Es werden zum Takt k $u^*(k)$ Teile in eine Fertigungszelle eingesteuert. Der Ausstoß an bearbeiteten Teilen ist $y^*(k)$. Wegen auftretender Zeitverzögerungen zwischen Einsteuerung und Ausstoß gilt

$$y^*(k+1) = y^*(k) - a^*y^*(k-1) + a^*u^*(k) ,$$
$$y^*(k) = y^*(k) .$$

Mit

$$\mathbf{z}(k) = \begin{pmatrix} y^*(k) \\ y^*(k-1) \end{pmatrix} = \mathbf{y}(k)$$

wird

$$\mathbf{z}(k+1) = \begin{pmatrix} 1 & -a^* \\ 1 & 0 \end{pmatrix} \begin{pmatrix} y^*(k) \\ y^*(k-1) \end{pmatrix} + \begin{pmatrix} a^* & 0 \\ 0 & 0 \end{pmatrix} \begin{pmatrix} u^*(k) \\ u^*(k-1) \end{pmatrix}$$
$$= \mathbf{A}\mathbf{z}(k) + \mathbf{B}\mathbf{u}(k) .$$

Mit

$$\mathbf{u}(2) = \begin{pmatrix}\varphi^1\\0\end{pmatrix}, \qquad \mathbf{u}(3) = \ldots = \mathbf{u}(6) = \begin{pmatrix}\varphi^1\\\varphi^1\end{pmatrix}, \qquad \mathbf{u}(7) = \begin{pmatrix}\frac{\varphi^1}{2}\\\varphi^1\end{pmatrix},$$

$$\mathbf{u}(8) = \ldots \mathbf{u}(10) = \begin{pmatrix}\frac{\varphi^1}{2}\\\frac{\varphi^1}{2}\end{pmatrix}$$

$a^* = 0{,}3$, $\mathbf{z}(2) = \begin{pmatrix}0\\0\end{pmatrix}$ wird

$$\mathbf{z}(3) = \begin{pmatrix}1 & -0{,}3\\1 & 0\end{pmatrix}\begin{pmatrix}0\\0\end{pmatrix} + \begin{pmatrix}0{,}3 & 0\\0 & 0\end{pmatrix}\begin{pmatrix}\varphi^1\\0\end{pmatrix} = \begin{pmatrix}0{,}3 & \varphi^1\\ & 0\end{pmatrix}$$

$$\mathbf{z}(4) = \begin{pmatrix}1 & -0{,}3\\1 & 0\end{pmatrix}\begin{pmatrix}0{,}3 & \varphi^1\\ & 0\end{pmatrix} + \begin{pmatrix}0{,}3 & 0\\0 & 0\end{pmatrix}\begin{pmatrix}\varphi^1\\\varphi^1\end{pmatrix} = \begin{pmatrix}0{,}6 & \varphi^1\\0{,}3 & \varphi^1\end{pmatrix}$$

usw. erhalten.

Tab. 2.3.1-1
Zeitliche Entwicklung des Produktionsausstoßes

k	2	3	4	5	6
$\mathbf{u}(k)$	$\begin{pmatrix}\varphi^1\\0\end{pmatrix}$	$\begin{pmatrix}\varphi^1\\\varphi^1\end{pmatrix}$	$\begin{pmatrix}\varphi^1\\\varphi^1\end{pmatrix}$	$\begin{pmatrix}\varphi^1\\\varphi^1\end{pmatrix}$	$\begin{pmatrix}\varphi^1\\\varphi^1\end{pmatrix}$
$\frac{\mathbf{z}(k)}{\varphi^1} = \frac{\mathbf{y}(k)}{\varphi^1} = \frac{1}{\varphi^1}\begin{pmatrix}y^*(k)\\y^*(k-1)\end{pmatrix}$	$\begin{pmatrix}0\\0\end{pmatrix}$	$\begin{pmatrix}0{,}3\\0\end{pmatrix}$	$\begin{pmatrix}0{,}6\\0{,}3\end{pmatrix}$	$\begin{pmatrix}0{,}81\\0{,}6\end{pmatrix}$	$\begin{pmatrix}0{,}93\\0{,}81\end{pmatrix}$

k	7	8	9	10
$\mathbf{u}(k)$	$\begin{pmatrix}\frac{\varphi^1}{2}\\\varphi^1\end{pmatrix}$	$\begin{pmatrix}\frac{\varphi^1}{2}\\\frac{\varphi^1}{2}\end{pmatrix}$	$\begin{pmatrix}\frac{\varphi^1}{2}\\\frac{\varphi^1}{2}\end{pmatrix}$	$\begin{pmatrix}\frac{\varphi^1}{2}\\\frac{\varphi^1}{2}\end{pmatrix}$
$\frac{\mathbf{z}(k)}{\varphi^1} = \frac{\mathbf{y}(k)}{\varphi^1} = \frac{1}{\varphi^1}\begin{pmatrix}y^*(k)\\y^*(k-1)\end{pmatrix}$	$\begin{pmatrix}0{,}837\\0{,}93\end{pmatrix}$	$\begin{pmatrix}0{,}708\\0{,}837\end{pmatrix}$	$\begin{pmatrix}0{,}607\\0{,}708\end{pmatrix}$	$\begin{pmatrix}0{,}545\\0{,}607\end{pmatrix}$

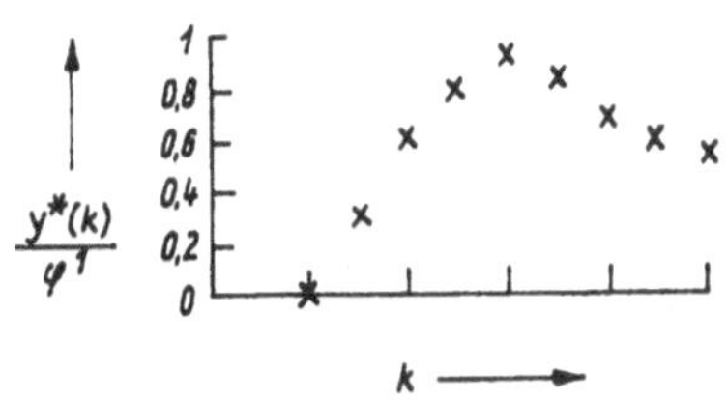

Abb. 2.3.1-1
Zeitliche Entwicklung des Produktionsausstoßes in einem Fertigungssystem mit Zeitverzögerung. Die Einsteuerung erfolgt entsprechend Tab. 2.3.1-1

Beispiel 2.3.1-2 (aufbauend auf Beispiel 2.3.1-1): Es werden zum Takt k

$\mathbf{u}^*(k) = \begin{pmatrix} u_a^*(k) \\ u_b^*(k) \end{pmatrix}$ Teile der Arten a und b eingesteuert. Der Ausstoß an bearbeiteten Teilen ist $\mathbf{y}^*(k) = \begin{pmatrix} y_a^*(k) \\ y_b^*(k) \end{pmatrix}$. Es gilt

$$\begin{pmatrix} y_a^*(k+1) \\ y_b^*(k+1) \end{pmatrix} = \begin{pmatrix} y_a^*(k) \\ y_b^*(k) \end{pmatrix} + \begin{pmatrix} a_{11}^* & a_{12}^* \\ a_{21}^* & a_{22}^* \end{pmatrix} \begin{pmatrix} y_a^*(k-1) \\ y_b^*(k-1) \end{pmatrix} + \begin{pmatrix} a_{11}^* & a_{12}^* \\ a_{21}^* & a_{22}^* \end{pmatrix} \begin{pmatrix} u_a^*(k) \\ u_b^*(k) \end{pmatrix}.$$

Mit

$$\mathbf{z}(k) = \begin{pmatrix} y_a^*(k) \\ y_b^*(k) \\ y_a^*(k-1) \\ y_b^*(k-1) \end{pmatrix} = \mathbf{y}(k)$$

gilt

$$\mathbf{z}(k+1) = \begin{pmatrix} 1 & 0 & a_{11}^* & a_{12}^* \\ 0 & 1 & a_{12}^* & a_{22}^* \\ 1 & 0 & 0 & 0 \\ 0 & 1 & 0 & 0 \end{pmatrix} \begin{pmatrix} y_a^*(k) \\ y_b^*(k) \\ y_a^*(k-1) \\ y_b^*(k-1) \end{pmatrix} + \begin{pmatrix} a_{11}^* & a_{21}^* & 0 & 0 \\ a_{12}^* & a_{22}^* & 0 & 0 \\ 0 & 0 & 0 & 0 \\ 0 & 0 & 0 & 0 \end{pmatrix} \begin{pmatrix} u_a^*(k) \\ u_b^*(k) \\ u_a^*(k-1) \\ u_b^*(k-1) \end{pmatrix},$$

d. h.

$$\mathbf{z}(k+1) = \mathbf{A}\mathbf{z}(k) + \mathbf{B}\mathbf{u}(k)\,. \qquad (*)$$

(2.3.1-6) ist eine Vektordifferenzengleichung in Ordinatenform; z. B. ist die Gleichung (*) aus Beispiel 2.3.1-2 eine lineare Vektordifferenzengleichung.

(2.3.1-6) ist ein Spezialfall von

$$\mathbf{z}(k+1) = \mathbf{f}(\mathbf{z}(k), \mathbf{u}(k))\,, \qquad (2.3.1\text{-}7\text{a})$$

$$\mathbf{y}(k) = \mathbf{g}(\mathbf{z}(k), \mathbf{u}(k))\,. \qquad (2.3.1\text{-}7\text{b})$$

(2.3.1-7) modelliert das Verhalten eines *endlichen determinierten abstrakten Automaten.* Ist der Anfangswert

$$\mathbf{z}(\varkappa + 1) = \mathbf{z}^0 \qquad (2.3.1\text{-}7\text{c})$$

bekannt, dann wird durch (2.3.1-7) ein *initialer endlicher determinierter abstrakter Automat* beschrieben. Der Automat heißt endlich, weil das Alphabet $\mathcal{Z}$ mit $\mathbf{z}(k) \in \mathcal{Z}$ endlich viele Buchstaben besitzt. (2.3.1-7) wird durch das 6-Tupel

$$\mathcal{A} : (\mathcal{U}, \mathcal{Y}, \mathcal{Z}, \mathbf{f}, \mathbf{g}, \mathbf{z}^0) \qquad (2.3.1\text{-}8)$$

vollständig und eindeutig charakterisiert.

Der abstrakte Automat spielt als Modell eines Fertigungsprozesses besonders dann eine Rolle, wenn die internen Eigenschaften des Systems bekannt sind und aus ihnen bei gegebenen Eingangsgrößen die Ausgangsgrößen berechnet werden können.

Tab. 2.3.1-2
Beispiele für eine Überführungstabelle und eine Ergebnistabelle eines determinierten abstrakten Automaten

Überführungstabelle

$\mathbf{u}(k)$	$\mathbf{z}(k)$			
	a	b	c	d
α	b	a	d	c
β	a	c	c	a
γ	c	d	a	b

⇑
$\mathbf{z}(k+1)$

Ergebnistabelle

$\mathbf{u}(k)$	$\mathbf{z}(k)$			
	a	b	c	d
α	A	B	A	C
β	B	A	A	C
γ	B	A	C	A

⇑
$\mathbf{y}(k)$

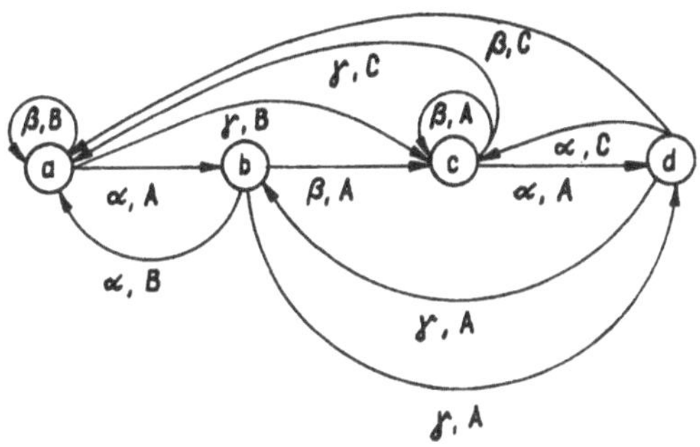

Abb. 2.3.1-2
Beispiel eines Automatengraphen

Ein Automat $\mathcal{A}$ kann durch die Überführungsfunktion $\mathbf{f}$ und die Ergebnisfunktion $\mathbf{g}$ dargestellt werden. In bestimmten Fällen ist es zweckmäßig, die Tabellen oder den Automatengraphen zu benutzen. In Abb. 2.3.1-2 sind die Zustandsgrößen als Knoten und die Übergänge als Bögen dargestellt. An die Bögen werden die zugehörige Ausgangsgröße $\mathbf{y}(k)$ und Eingangsgröße $\mathbf{u}(k)$ geschrieben.

2.3.2. Probabilistische Prozesse mit Eingangs- und Ausgangsgrößen

Für die Modellierung und Steuerung von Fertigungsprozessen spielen die probabilistischen Prozesse mit Eingangs- und Ausgangsgrößen eine wesentliche Rolle. Sie werden (s. (2.3-1), (2.3-2)) durch

$$\tilde{\boldsymbol{U}} = \boldsymbol{U}(1) \dots \boldsymbol{U}(N) , \tag{2.3.2-1}$$

$$\tilde{\boldsymbol{Y}} = \boldsymbol{Y}(1) \dots \boldsymbol{Y}(N) \tag{2.3.2-2}$$

beschrieben. Sie werden charakterisiert durch

$$\mathsf{P}(\boldsymbol{U}(k) = \boldsymbol{\varphi}^i) , \qquad \forall \boldsymbol{\varphi}^i \in \mathcal{U} = \{\boldsymbol{\varphi}^1, \dots, \boldsymbol{\varphi}^U\} \tag{2.3.2-3}$$

und

$$\mathsf{P}(\boldsymbol{Y}(k) = \boldsymbol{v}^j) , \qquad \forall \boldsymbol{v}^j \in \mathcal{Y} = \{\boldsymbol{v}^1, \dots, \boldsymbol{v}^Y\} \tag{2.3.2-4}$$

und die in Tab. 2.3.2-2 enthaltenen Kennfunktionen.

Anstelle von (2.3.2-3) und (2.3.2-4) können die Vektoren

$$\mathsf{P}(\boldsymbol{U}(k) = \boldsymbol{\varphi}) = \begin{pmatrix} \mathsf{P}(\boldsymbol{U}(k) = \boldsymbol{\varphi}^1) \\ \vdots \\ \mathsf{P}(\boldsymbol{U}(k) = \boldsymbol{\varphi}^U) \end{pmatrix} \tag{2.3.2-5}$$

und

$$\mathsf{P}(\boldsymbol{Y}(k) = \boldsymbol{v}) = \begin{pmatrix} \mathsf{P}(\boldsymbol{Y}(k) = \boldsymbol{v}^1) \\ \vdots \\ \mathsf{P}(\boldsymbol{Y}(k) = \boldsymbol{v}^Y) \end{pmatrix} \tag{2.3.2-6}$$

verwendet werden.

Ein zumindest in Näherung vorkommender Fall ist dadurch charakterisiert, daß zwischen den Eingangsgrößen und den Ausgangsgrößen eindeutige Beziehungen vorliegen, d. h., daß die Stochastizität des Prozesses nur durch die Stochastizität der Eingangsgrößen hervorgerufen wird. Es liegt dann ein determiniertes System mit stochastischen Eingangsgrößen vor.

Beispiel 2.3.2-1: Gleiche Erzeugnisse werden nacheinander einer Wärmebehandlung unterzogen. Die Heizleistung $U(k)$ der Anlage schwankt zufällig. Für die Temperatur $Z(k)$ in der Anlage gilt

$$Z(k+1) = f(Z(k), U(k)) \,.$$

Zwischen der Temperatur in der Anlage und einem Parameter $Y(k)$, der ein Merkmal der Produktqualität beschreibt, besteht der Zusammenhang

$$Y(k) = g(Z(U(k))) = g(Z(k), U(k)) \,.$$

Das Verhalten eines determinierten Systems mit endlicher Speicherzeit und mit stochastischen Eingangsgrößen kann beschrieben werden durch

$$\boldsymbol{Y}^*(k+1) = \mathbf{f}^*(\boldsymbol{Y}^*(k), \dots, \boldsymbol{Y}^*(k-\varkappa); \boldsymbol{U}^*(k), \dots, \boldsymbol{U}^*(k-\lambda)) \,. \tag{2.3.2-7}$$

Analog wie (2.3.1-3) kann (2.3.2-7) in

$$\boldsymbol{Z}(k+1) = \mathbf{f}(\boldsymbol{Z}(k), \boldsymbol{U}(k)) \,, \tag{2.3.2-8a}$$

$$\boldsymbol{Y} = \boldsymbol{Z} \tag{2.3.2-8b}$$

umgeformt werden. (2.3.2-8) gilt für jede Realisierung mit $\mathbf{z}(k+1), \mathbf{z}(k) \in \mathcal{Z}$, $k = \lambda + 1 \dots N - 1$ und $\mathbf{u}(k) \in \mathcal{U}$, $k = \varkappa + 1, \dots, N-1$.

Für (2.3.1-1), (2.3.1-2) und (2.3.2-8) gelten sinngemäß die auf Seite 54 hervorgehobenen Beziehungen.

Der allgemeine Fall eines probabilistischen Prozesses mit Eingangs- und Ausgangsgrößen liegt dann vor, wenn zwischen den Eingangsgrößen und den Ausgangsgrößen keine eindeutigen Beziehungen bestehen. Der Prozeß kann beschrieben werden durch (2.3-1), (2.3-2) und für Systeme mit endlicher Speicherzeit durch

$$\begin{aligned} &\mathsf{P}(\boldsymbol{Y}^*(k^*+1) = \boldsymbol{v}^{*i} \mid \boldsymbol{Y}^*(k^*) = \boldsymbol{v}^{*i_\varkappa}, \dots, \boldsymbol{Y}^*(k^*-\varkappa) = \boldsymbol{v}^{*i_0}, \boldsymbol{U}^*(k^*) = \boldsymbol{\varphi}^{*j_\lambda}, \dots, \\ &\boldsymbol{U}^*(k^*-\lambda) = \boldsymbol{\varphi}^{*j_0}) \\ &= p_{j_0,\dots,j_\lambda; i_0,\dots,i_\varkappa; i}(k^*-\varkappa, \dots, k^*+1) \,, \\ &\forall \boldsymbol{v}^{*i_0}, \dots, \boldsymbol{v}^{*i} \in \mathcal{Y}^* \,, \quad \forall \boldsymbol{\varphi}^{*j_0}, \dots, \boldsymbol{\varphi}^{*j_\lambda} \in \mathcal{U} \,, \quad k = \varkappa + 1, \dots, N-1 \,. \end{aligned} \tag{2.3.2-9}$$

Es wird $\lambda \leqq \varkappa$ angenommen. Nach entsprechender Umformung (s. (2.3.1-3) ff) gilt

$$\mathsf{P}(\boldsymbol{Z}(k+1) = \zeta^l \mid \boldsymbol{Z}(k) = \zeta^j, \boldsymbol{U}(k) = \boldsymbol{\varphi}^i) = p^f_{ijl}(k, k+1)\,, \tag{2.3.2-10a}$$

$$\boldsymbol{Z}(k) = \boldsymbol{Y}(k)\,. \tag{2.3.2-10b}$$

Dabei bedeutet

$$\boldsymbol{Z}(k) = \zeta^j, \boldsymbol{U}(k) = \boldsymbol{\varphi}^i \mathrel{\hat{=}} \boldsymbol{Z}(k) = \zeta^j \cap \boldsymbol{U}(k) = \boldsymbol{\varphi}^i\,. \tag{2.3.2-11}$$

(2.3.2-10) ist ein Spezialfall des endlichen abstrakten Wahrscheinlichkeitsautomaten

$$\mathsf{P}(\boldsymbol{Z}(k+1) = \zeta^l \mid \boldsymbol{Z}(k) = \zeta^j, \boldsymbol{U}(k) = \boldsymbol{\varphi}^i) = p^f_{ijl}(k, k+1)\,, \tag{2.3.2-12a}$$

$$\mathsf{P}(\boldsymbol{Y}(k) = \boldsymbol{v}^m \mid \boldsymbol{Z}(k) = \zeta^j, \boldsymbol{U}(k) = \boldsymbol{\varphi}^i) = p^g_{ijm}(k)\,, \tag{2.3.2-12b}$$

$$\forall \zeta^l, \zeta^j \in \mathcal{Z} = \{\zeta^1, \dots, \zeta^Z\}\,, \qquad \forall \boldsymbol{\varphi}^i \in \mathcal{U} = \{\boldsymbol{\varphi}^1, \dots, \boldsymbol{\varphi}^U\}\,,$$

$$\forall \boldsymbol{v}^m \in \mathcal{Y} = \{\boldsymbol{v}^1, \dots, \boldsymbol{v}^Y\}\,, \qquad k^* = \varkappa + 1, \dots, N^* - 1\,;$$

$$k^* - \varkappa = k = 1, \dots, N - 1\,. \tag{2.3.2-12c}$$

Mit der Formel für die totale Wahrscheinlichkeit

$$\mathsf{P}(B) = \sum_{q=1}^{Q} \mathsf{P}(B \mid A_q)\, \mathsf{P}(A_q) \tag{2.3.2-13}$$

und

$$\mathsf{P}(\boldsymbol{Z}(k+1) = \zeta^l \mid \boldsymbol{U}(k) = \boldsymbol{\varphi}^i) = p^{fu}_{il}(k, k+1) \tag{2.3.2-14a}$$

$$\mathsf{P}(\boldsymbol{Z}(k) = \zeta^j) = p^f_j(k)\,, \tag{2.3.2-14b}$$

$$\mathsf{P}(\boldsymbol{Y}(k) = \boldsymbol{v}^m \mid \boldsymbol{U}(k) = \boldsymbol{\varphi}^i) = p^{gu}_{im}(k) \tag{2.3.2-14c}$$

wird aus (2.3.2-12)

$$p^{fu}_{il}(k, k+1) = \sum_{j=1}^{Z} p^f_{ijl}(k, k+1)\, p^f_j(k) \tag{2.3.2-15a}$$

und

$$p^{gu}_{im}(k) = \sum_{j=1}^{Z} p^g_{ijm}(k)\, p^f_j(k)\,. \tag{2.3.2-15b}$$

Die totalen Wahrscheinlichkeiten $p^f_l(k+1)$, $p^g_m(k)$ für das Auftreten von $\mathbf{z}(k+1) = \zeta^l$ und $\mathbf{y}(k) = \boldsymbol{v}^m$ sind

$$p^f_l(k+1) = \sum_{i=1}^{U} \Big(\sum_{j=1}^{Z} p^f_{ijl}(k, k+1)\, p^f_j(k)\Big)\, p^u_i(k) \tag{2.3.2-16a}$$

und

$$p^g_m(k) = \sum_{i=1}^{U} \Big(\sum_{j=1}^{Z} p^g_{ijl}(k)\, p^f_j(k)\Big)\, p^u_i(k)\,. \tag{2.3.2-16b}$$

In (2.3.2-16) ist

$$\mathsf{P}(\boldsymbol{U}(k) = \boldsymbol{\varphi}^i) = p^u_i(k)\,. \tag{2.3.2-17}$$

Mit

$$\mathsf{P}(\boldsymbol{Z}(k+1) = \zeta^l \mid \boldsymbol{Z}(k) = \zeta^j) = p^f_{jl}(k, k+1) \tag{2.3.2-18}$$

gilt

$$p^f_{jl}(k, k+1) = \sum_{i=1}^{U} p^f_{ijl}(k, k+1)\, p^u_i(k)\,. \tag{2.3.2-19}$$

(2.3.2-19) kann zur rekursiven Berechnung von $p^f_{jl}(k, k + r)$, $r \in \{1, 2, \dots, N - k\}$ genutzt werden. Wie in Abschnitt 2.2.2. ((2.2.2-43) bis (2.2.2-45)) können für die Gleichungen (2.3.2-15), (2.3.2-16) und (2.3.2-19) vektorielle Darstellungen verwendet werden.

Werden für die Gesamtheiten

$$p^f_j(k), p^g_m(k), \qquad \forall \zeta^j \in \mathcal{Z}, \forall \mathbf{v}^m \in \mathcal{Y}, \qquad k = \varkappa + 1, \dots, N - 1$$

die Bezeichnungen p^f, p^g verwendet, dann kann der Automat (2.3.2-12) durch das 5-Tupel

$$\mathcal{A}^* : (\mathcal{U}, \mathcal{Y}, \mathcal{Z}, p^f, p^g) \tag{2.3.2-20}$$

charakterisiert werden. (2.3.2-12a) und (2.3.2-12b) sind gleichbedeutend mit Relationen

$$\mathbf{R}^{(f)} : \mathcal{U} \times \mathcal{Z} \times \mathcal{Z},$$
$$\mathbf{R}^{(g)} : \mathcal{U} \times \mathcal{Z} \times \mathcal{Y}.$$

(2.3.2-12) kann durch Automatentabellen für jedes $\mathbf{u}(k) = \varphi^i$ und $k \in \{\varkappa + 1, \dots, N - 1\}$ beschrieben werden (Tab. 2.3.2-1).

Tab. 2.3.2-1
Automatentabellen eines Wahrscheinlichkeitsautomaten für $\mathbf{u}(k) = \varphi^i$

$\mathbf{Z}(k+1)$	$\mathbf{Z}(k)$			
	ζ^1	ζ^2		ζ^Z
ζ^1	$p^f_{i11}(k, k+1)$	$p^f_{i21}(k, k+1)$	...	$p^f_{iZ1}(k, k+1)$
ζ^2	$p^f_{i12}(k, k+1)$	$p^f_{i22}(k, k+1)$	...	$p^f_{iZ2}(k, k+1)$
$\vdots$	$\vdots$	$\vdots$	$\vdots$	$\vdots$
ζ^Z	$p^f_{i1Z}(k, k+1)$	$p^f_{i2Z}(k, k+1)$	...	$p^f_{iZZ}(k, k+1)$

$\mathbf{Y}(k)$	$\mathbf{Z}(k)$			
	ζ^1	ζ^2		ζ^Z
$\mathbf{v}^1$	$p^g_{i11}(k)$	$p^g_{i21}(k)$	...	$p^g_{iZ1}(k)$
$\mathbf{v}^2$	$p^g_{i12}(k)$	$p^g_{i22}(k)$	...	$p^g_{iZ2}(k)$
$\vdots$	$\vdots$	$\vdots$	$\vdots$	$\vdots$
$\mathbf{v}^Y$	$p^g_{i1Y}(k)$	$p^g_{i2Y}(k)$	...	$p^g_{iZY}(k)$

Zur Charakterisierung probabilistischer Prozesse mit Eingangs- und Ausgangsgrößen können Kennfunktionen für $\tilde{\mathbf{u}}$, $\widetilde{\boldsymbol{U}}$, $\tilde{\mathbf{z}}$, $\widetilde{\boldsymbol{Z}}$, $\tilde{\mathbf{y}}$, $\widetilde{\boldsymbol{Y}}$ angegeben werden. Sie entsprechen den für $\tilde{\mathbf{x}}$, $\widetilde{\boldsymbol{X}}$ in Tab. 2.2.2-1 zusammengestellten. Weitere Kennfunktionen für die Beurteilung der probabilistischen Prozesse mit Eingangs- und Ausgangsgrößen sind in Tab. 2.3.2-2 enthalten.

Beispiel 2.3.2-2: In einer Fertigungszelle wird pro Zeiteinheit ein Erzeugnis bearbeitet. Jedes Erzeugnis kann die Eigenschaften

$Y(k) = Z(k) = \zeta^1 = 1$:= die Qualitätsparameter liegen im Toleranzbereich,
$Y(k) = Z(k) = \zeta^2 = 0$:= die Qualitätsparameter liegen nicht im Toleranzbereich

Tab. 2.3.2-2
Kennfunktionen zur Charakterisierung

einer Gesamtheit von konkreten Prozessen mit Eingangsgrößen	einer Grundgesamtheit von Prozessen mit Eingangsgrößen
1) $\mathbf{K}_{\mathbf{uz}}(k, k + l) = \frac{1}{n - 1} \sum_{\forall \zeta^j \in \mathcal{Z}} \sum_{\forall \varphi^i \in \mathcal{U}} \left(\zeta^j - \mathbf{m_z}(k_\mathbf{z} + l)\right) \left(\varphi^i - \mathbf{m_u}(k)\right)^\mathsf{T} h_{ij}^*(k, k + l)$ $\forall l \in \{1, \dots, N - 1\}, \forall k \in \{1, \dots, N - l\}$	1*) $\mathbf{S}_{UZ} = \sum_{\forall \zeta^j \in \mathcal{Z}} \sum_{\forall \varphi^i \in \mathcal{U}} \left(\zeta^j - \boldsymbol{\mu}_Z(k + l)\right) \left(\varphi^i - \boldsymbol{\mu}_U(k)\right)^\mathsf{T} p_{ij}^*(k, k + l)$ $= \mathbf{E}\{\left(Z - \mathbf{E}(Z)\right) \left(U - \mathbf{E}(U)\right)^\mathsf{T}\},$ $\forall l \in \{1, \dots, N - 1\}, \forall k \in \{1, \dots, N - 1\}$
2) $\mathbf{K}_{\mathbf{uy}}(k, k + l)$	2*) $\mathbf{S}_{UY}$
3) $\mathbf{K}_{\mathbf{yz}}(k, k + l)$	3*) $\mathbf{S}_{YZ}$

Tab. 2.3.2-3
Wahrscheinlichkeiten für das Auftreten von $Z(k + 1) = \zeta^1$ und $Z(k + 1) = \zeta^2$ in der Fertigungszelle
$p_1^f(k) = 1, p_1^u(k) = p_1^u = 0{,}8$

k	1	2	3	4	...	∞
$p_1^f(k)$	1	0,982	0,969	0,959	...	0,933
$p_2^f(k)$	0	0,018	0,031	0,041	...	0,067

mit den Wahrscheinlichkeiten $\mathsf{P}(Z(k) = 1) = p_1^f(k)$ und $\mathsf{P}(Z(k) = 0) = p_2^f(k) = 1 - p_1^f(k)$ annehmen. Die Zelle wird durch eine Eingangsgröße $U(k)$ beeinflußt. $U(k)$ nimmt die Werte 1 und 0 mit den Wahrscheinlichkeiten $\mathsf{P}(U(k) = \varphi^1 = 1) = p_1^u(k)$ und $\mathsf{P}(U(k) = \varphi^2 = 0) = 1 - p_1^u(k)$ an. Mit $p_{111}^f(k, k+1) = p_{111}^f = 0{,}99$, $p_{121}^f = 0{,}2$, $p_{112}^f = 0{,}01$,

$$p_{122}^f = 0{,}8; \quad p_{211}^f = 0{,}95\,, \quad p_{221}^f = 0{,}45\,, \quad p_{212}^f = 0{,}05\,, \quad p_{222}^f = 0{,}55 \tag{1}$$

und (2.3.2-15a) gilt

$$p_{11}^{fu}(k, k+1) = 0{,}99 p_1^f(k) + 0{,}2 p_2^f(k)\,, \tag{2a}$$

$$p_{12}^{fu}(k, k+1) = 0{,}01 p_1^f(k) + 0{,}8 p_2^f(k) \tag{2b}$$

und

$$p_{21}^{fu}(k, k+1) = 0{,}95 p_1^f(k) + 0{,}45 p_2^f(k)\,, \tag{3a}$$

$$p_{22}^{fu}(k, k+1) = 0{,}05 p_1^f(k) + 0{,}55 p_2^f(k)\,. \tag{3b}$$

Wegen $p_{11}^{fu}(k, k+1) + p_{12}^{fu}(k, k+1) = p_{21}^{fu}(k, k+1) + p_{22}^{fu}(k, k+1) = 1$ und $p_1^f(k) + p_2^f(k) = 1$ sind jeweils (2a) von (2b) und (3a) von (3b) linear abhängig. Die Gleichungen (2b) und (3b) können gestrichen werden. Aus (2a) und (3a) wird

$$p_{11}^{fu}(k, k+1) = 0{,}79 p_1^f(k) + 0{,}2 \tag{4}$$

$$p_{21}^{fu}(k, k+1) = 0{,}5 p_1^f(k) + 0{,}45\,. \tag{5}$$

Für $p_1^f(k+1)$ wird mit (2.3.2-16a) und $p_1^u(k) = 0{,}8$, $p_2^u(k) = 1 - p_1^u(k) = 0{,}2$

$$p_1^f(k+1) = 0{,}8(0{,}79 p_1^f(k) + 0{,}2) + 0{,}2(0{,}5 p_1^f(k) + 0{,}45) = 0{,}732 p_1^f(k) + 0{,}25\,. \tag{6}$$

Für $p_1^f(1) = 1$ sind in Tab. 2.3.2-3 $p_1^f(k)$-Werte angegeben. Für die Erwartungswerte $\mu(k)$ gilt wegen $\zeta^2 = 0$

$$\mu(k) = \sum_{l=1}^{2} p_l^f(k)\, \zeta^l = p_1^f(k)\,. \tag{7}$$

Die Kovarianzfunktion ist (Tab. 2.2.2-1)

$$\begin{aligned} \mathsf{E}[(Z(k+1) - \mathsf{E}(Z(k+1)))\,(Z(k) - \mathsf{E}(Z(k)))] &= \mathsf{S}_Z(k, k+1) \\ = \sum_{j=1}^{Z} \sum_{l=1}^{Z} (\zeta^j - \mu(k))\,(\zeta^l - \mu(k+1))\, p_{jl}^f(k, k+1)\, p_j^f(k) \\ = \sum_{l=1}^{2} \sum_{j=1}^{2} (\zeta^j - \mu(k))\,(\zeta^l - \mu(k+1))\, p_{jl}^f(k, k+1)\, p_j^f(k)\,. \end{aligned} \tag{8}$$

Dabei ist (s. (2.3.2-19))

$$p_{jl}^f(k, k+1) = \sum_{i=1}^{2} p_{ijl}^f(k, k+1)\, p_i^u(k)\,. \tag{9}$$

Mit $p_1^u(k) = 0{,}8$, $p_2^u(k) = 0{,}2$ ergibt sich aus (9)

$$\begin{aligned} p_{11}^f(k, k+1) &= 0{,}982\,, \quad & p_{12}^f(k, k+1) &= 0{,}018\,, \\ p_{21}^f(k, k+1) &= 0{,}25\,, \quad & p_{22}^f(k, k+1) &= 0{,}75\,. \end{aligned} \tag{10}$$

Wegen

$$\begin{aligned} p_{ij}^*(k, k) &= \mathsf{P}(Z(k) = \zeta^j \cap Z(k) = \zeta^i) = \begin{cases} \mathsf{P}(Z(k) = \zeta^i) & \text{für } i = j \\ 0 & \text{für } i \neq j \end{cases} \\ &= \mathsf{P}(Z(k) = \zeta^j \mid Z(k) = \zeta^i)\, \mathsf{P}(Z(k) = \zeta^i) = p_{ij}(k, k)\, p_i(k) \end{aligned}$$

Tab. 2.3.2-4
Kennfunktionen der Fertigungszelle

k	1	2	3	4	...	∞
$\mu(k) = \bar{z}(k)$	1	0,982	0,969	0,959	...	0,933
$\sigma^2(k) = S_Z(k, k)$	0	0,018	0,03	0,039	...	0,125
$S_Z(k, k+1)$	0,0132	0,0127	0,022	...	0,065	
$S_{UZ}(k, k+1)$	0,006	0,005	0,006	...	0,003	
$\dfrac{S_{UZ}(k, k+1)}{\sigma_u \sigma}$	0,111	0,072	0,075	...	0,02	

gilt

$$p_{11}^{j}(k, k) = p_{22}^{j}(k, k) = 1\,, \qquad p_{12}^{j}(k, k) = p_{21}^{j}(k, k) = 0\,. \tag{11}$$

Aus (1), (7), (8), (10) und (11) werden die in Tab. 2.3.2-4 eingetragenen $\mu(k)$, $\sigma^2(k) = S_Z(k, k)$ und $S_Z(k, k+1)$ erhalten.

Für die Kreuzkovarianzfunktion gilt

$$S_{UZ}(k, k+1) = \sum_{i=1}^{2} \sum_{l=1}^{2} \left(\zeta^l - \mu(k+1)\right) \left(\varphi^i - \bar{u}(k)\right) p_{il}^{ju}(k, k+1)\, p_i^u(k)\,. \tag{12}$$

Weiterhin ist

$$\begin{aligned} \bar{u}(k) &= p_1^{u}\zeta^1 = p_1^u = 0{,}8\,, \\ \sigma_u^2 &= (1 - 0{,}8)^2 \cdot 0{,}8 = 0{,}16\,. \end{aligned} \tag{13}$$

Mit (12) und (13) werden die $S_{UZ}(k, k+1)$ und $S_{UZ}(k, k+1)/\sigma_u\sigma$ in Tab. 2.3.2-4 erhalten.

2.3.3. Simulation probabilistischer Prozesse mit Eingangs- und Ausgangsgrößen

Jeder probabilistische Prozeß mit Eingangs- und Ausgangsgrößen läßt sich durch eine Gesamtheit von n Trajektorien (s. (2.3-3)

$$\begin{aligned} \tilde{\mathbf{u}}_\nu &= \mathbf{u}_\nu(1) \ldots \mathbf{u}_\nu(N)\,, \\ \tilde{\mathbf{y}}_\nu &= \mathbf{y}_\nu(1) \ldots \mathbf{y}_\nu(N)\,, \\ &\forall \nu \in \{1, \ldots, n\} \end{aligned} \tag{2.3.3-1}$$

modellieren. Aus dieser Gesamtheit lassen sich empirische Kennfunktionen (s. Tab. 2.2.2-1, Tab. 2.3.2-2) für $\tilde{\mathbf{u}}$, $\tilde{\mathbf{y}}$ und $\tilde{\mathbf{z}}$ berechnen. Aus ihnen werden die Kennfunktionen der Grundgesamtheit von Prozessen geschätzt.

Die Trajektorien (2.3.3-1) werden mit Hilfe eines Rechners aus einem Prozeßmodell gewonnen. Wie das Beispiel 2.2.2-1a zeigte, lassen sich in vielen Fällen die Kennfunktionen des Prozesses nicht oder nur mit extrem hohem Aufwand analytisch aus dem Prozeßmodell berechnen. Das wird bei der Behandlung von Bedienungsprozessen im nächsten Abschnitt besonders deutlich werden. Die Simulation des Prozesses auf einem Digitalrechner ist dann eine sehr wirkungsvolle Möglichkeit, wichtige Prozeßeigenschaften zu ermitteln.

Die Simulation eines Prozesses kann grundsätzlich jeweils nur für ein konkretes Problem erfolgen. Die zur Simulation verwendete Methode ist für probabilistische

Prozesse allgemein anwendbar. An einem Beispiel (s. Beispiel (2.3.2-2)) wird das bei der Simulation eines probabilistischen Prozesses verwendete Prinzip erläutert.

Der zu simulierende Prozeß wird mit $\varkappa = 0$ durch (s. S. 58)

$$\mathsf{P}(\boldsymbol{Z}(k+1) = \zeta^l \mid \boldsymbol{Z}(k) = \zeta^j, \boldsymbol{U}(k) = \boldsymbol{\varphi}^i) = p^f_{ijl}, \tag{2.3.3-2a}$$

$$\boldsymbol{Z}(k) = \boldsymbol{Y}(k), \tag{2.3.3-2b}$$

$$\forall \zeta^l, \zeta^j \in \mathcal{Z}, \forall \boldsymbol{\varphi}^i \in \mathcal{U}, k = 1, \dots, N-1, \tag{2.3.3-2c}$$

beschrieben. (2.3.3-2a) bringt zum Ausdruck, daß, wenn in einer von einem Rechner erzeugten Trajektorie $\mathbf{z}_\nu(k) = \zeta^j$ gegeben ist, von ihm eine Eingangsgröße $\mathbf{u}_\nu(k) = \boldsymbol{\varphi}^i$ und mit der Wahrscheinlichkeit p^f_{ijl} eine Zustandsgröße $\mathbf{z}_\nu(k+1) = \zeta^l$ zu erzeugen sind. Für die Verteilung

$$\mathsf{P}(\boldsymbol{U}(k) = \varphi^i) = p^u_i(k), \qquad \forall i \in \{1, \dots, U\} \tag{2.3.3-3}$$

soll

$$p^u_i(1) = p^u_i(2) = \dots p^u_i \tag{2.3.3-4}$$

gelten. Die $\boldsymbol{U}(k)$ sollen voneinander unabhängig sein.

Die Ermittlung von $\mathbf{u}_\nu(k)$ und $\mathbf{z}_\nu(k+1)$ kann wie folgt geschehen.

In jedem Takt k werden vom Rechner zwei Zahlen $r^1(k), r^2(k) \in \{0, 1, \dots, 999\}$ erzeugt. $r^1(k)$ und $r^2(k)$ werden mit Hilfe eines Programmes so berechnet, daß $r^1(k), r^2(k)$ jede der Zahlen $0, 1, \dots, 999$ mit der Wahrscheinlichkeit $\frac{1}{1000}$ einnehmen können. Das Programm heißt *Pseudozufallszahlengenerator*. Die $r^1(k)$, $r^2(k)$ sind *Zufallszahlen* (random numbers). Den Zufallszahlen $r^1(k)$ werden $\mathbf{u}_\nu(k) = \boldsymbol{\varphi}^i$ wie folgt zugeordnet:

$$\begin{aligned}
&\text{Ist} \quad 0 \leqq \frac{r^1(k)}{1000} < p^u_1 \quad &&\text{wird} \quad \mathbf{u}_\nu(k) = \boldsymbol{\varphi}^1,\\
&\text{ist} \quad p^u_1 \leqq \frac{r^1(k)}{1000} < p^u_2 \quad &&\text{wird} \quad \mathbf{u}_\nu(k) = \boldsymbol{\varphi}^2,\\
&\qquad\qquad \vdots\\
&\text{ist} \quad p^u_{U-1} \leqq \frac{r^1(k)}{1000} \leqq 0{,}999 \quad &&\text{wird} \quad \mathbf{u}_\nu(k) = \boldsymbol{\varphi}^U.
\end{aligned} \tag{2.3.3-5}$$

Mit den Zufallszahlen $r^2(k)$ werden bei gegebenen $\mathbf{z}_\nu(k) = \zeta^j$ und gegebenen $u_\nu(k) = \boldsymbol{\varphi}^i$ die $\mathbf{z}_\nu(k+1) = \zeta^l$ berechnet durch:

$$\begin{aligned}
&\text{Ist} \quad 0 \leqq \frac{r^2(k)}{1000} < p^f_{ij1} \quad &&\text{wird} \quad \mathbf{z}_\nu(k+1) = \zeta^1,\\
&\text{ist} \quad p^f_{ij1} \leqq \frac{r^2(k)}{1000} < p^f_{ij2} \quad &&\text{wird} \quad \mathbf{z}_\nu(k+1) = \zeta^2,\\
&\qquad\qquad \vdots\\
&\text{ist} \quad p^f_{ijZ-1} \leqq \frac{r^2(k)}{1000} \leqq 0{,}999 \quad &&\text{wird} \quad \mathbf{z}_\nu(k+1) = \zeta^Z.
\end{aligned} \tag{2.3.3-6}$$

Diese Berechnungen werden für alle Trajektorien mit $\nu = 1, \dots, n$ durchgeführt. Aus der so erhaltenen Gesamtheit werden die empirischen Kennfunktionen berechnet und aus diesen die Kennfunktionen der Grundgesamtheit geschätzt.

Beispiel 2.3.3-1 (in Anlehnung an Beispiel 2.3.2-2): Es ist gegeben:

$$\begin{aligned}
&z_\nu(k) \in \{\zeta^1, \zeta^2\}\,, \qquad u_\nu(k) \in \{\varphi^1, \varphi^2\}\,, \qquad \forall \nu = 1, \dots, n\,,\\
&p^f_{111} = 0{,}6\,, \quad p^f_{112} = 0{,}4\,, \quad p^f_{121} = 0{,}3\,, \quad p^f_{122} = 0{,}7\,,\\
&p^f_{211} = 0{,}4\,, \quad p^f_{212} = 0{,}6\,, \quad p^f_{221} = 0{,}2\,, \quad p^f_{222} = 0{,}8\,,\\
&p^u_1 = 0{,}6\,, \quad p^u_2 = 0{,}4\,.
\end{aligned} \tag{1}$$

Durch Abb. 2.3.3-1 werden die Beziehungen (2.3.3-5) und (2.3.3-6) veranschaulicht. Für $z(1) = \zeta^1$ und die Zufallszahlen $r^1(k)$, $r^2(k)$ der Tab. 2.3.3-1 werden die Trajektorien

$$\tilde{u}_1 = \varphi^1\varphi^2\varphi^2\varphi^1\varphi^2$$

$$z_1 = \zeta^1\zeta^1\zeta^1\zeta^2\zeta^1$$

erhalten.

In vielen praktischen Fällen ist es zu aufwendig oder unmöglich, Prozeßmodelle in geschlossener Form, wie z. B. das Modell (2.3.3-2a), aufzustellen. Es wird dann so vorgegangen, daß die für den Untersuchungszweck wesentlichen Eigenschaften des Systems und der in ihm ablaufenden Prozesse möglichst originalgetreu im Rechner

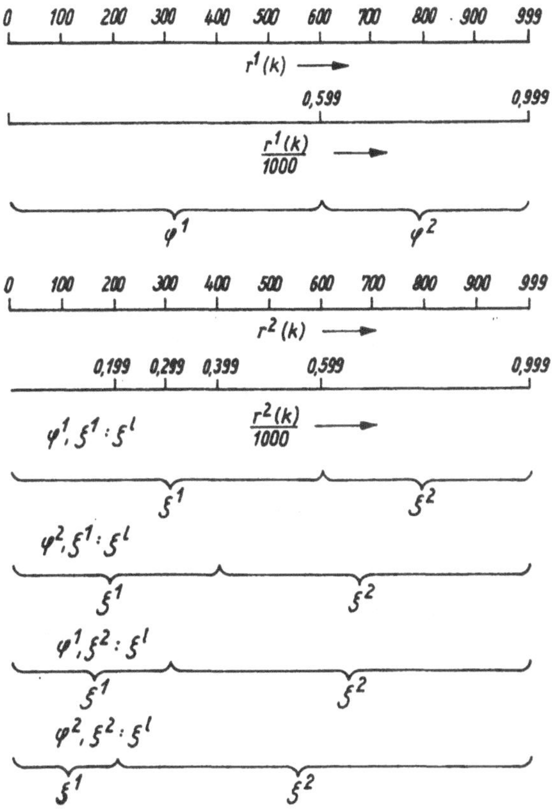

Abb. 2.3.3-1
Erzeugung diskret verteilter zufälliger Größen mit Hilfe gleichverteilter Zufallszahlen

Tab. 2.3.3-1
Simulation von Trajektorien

k	1	2	3	4	5
$r^1(k)$	533	805	953	529	970
$r^2(k)$	876	37	560	165	653
$\mathbf{u}_1(k)$	φ^1	φ^2	φ^2	φ^1	φ^2
$\mathbf{z}_1(k)$	ζ^1	ζ^1	ζ^1	ζ^2	ζ^1

nachgebildet werden. Die im Originalsystem ablaufenden Prozesse werden vom Rechner mit einer i. allg. millionenfachen Geschwindigkeit simuliert (Zeitraffereffekt). So können die in der Fertigungszelle des Beispiels 2.2.2-1 ablaufenden Transportprozesse und die durch die Bearbeitung und das Warten in den Puffern auftretenden zufälligen Zeitverzögerungen im Rechner nachgebildet werden.

Für die Simulation von Fertigungsprozessen ist es notwendig, weitere Vorgänge, wie Verzweigen (Trennung von Losen), Vereinigen (Montage), Bilden von Warteschlangen, Berücksichtigung von Vorrangstufen bei der Bearbeitung usw. zu modellieren.

Zur Modellierung stochastischer Prozesse auf Rechnern sind Programmiersysteme und Programmiersprachen entwickelt worden. In ihnen sind „vorgefertigte" Bausteine für Simulationsprogramme enthalten. Diese Bausteine bilden wichtige Systemelemente und Vorgänge nach.

Am Beispiel der Bearbeitung von unterschiedlichen Gegenständen in einer Fertigungszelle (Bedienungsanlage) werden die Simulation und die Prinzipien der Funktion und der Anwendung einer Simulationssprache skizziert. Dabei wird auf die Simulationssprachen vom GPSS (General Purpose Simulation System)-Typ, wie z. B. SIMDIS oder GPSS/360, Bezug genommen [2.3-IB], [2.3-RB 1], [2.3-RB 2].

Beispiel 2.3.3-2 (Erweiterung des Beispieles 2.2.2-1): Die Fertigungszelle im Beispiel 2.2.2-1 wird so ausgelegt, daß Forderungen mit unterschiedlichen Eigenschaften und unterschiedlichen Dringlichkeiten (Vorrangklassen) über P_1 in die Zelle eintreten. In P_1 bildet sich eine Warteschlange. P_1 kann zeitweise leer sein. P_2 hat $s \geqq 1$ Speicherplätze.

In der Programmiersprache sind zwei Arten von Bausteinen enthalten:

— Bausteine, die die zu bearbeitenden Gegenstände (Forderungen) nachbilden und nach ihrem Durchlauf das System verlassen (temporäre Bausteine), und
— Bausteine, die Bearbeitungs-, Transport-, Verzweigungs- und andere Vorgänge realisieren (permanente Elemente).

Die mathematischen Modelle der zu bearbeitenden Gegenstände (*Flußobjekte*), die TRANSACTIONS, durchlaufen die Modelle der Bestandteile der Bedienungsanlage. Diese Modelle werden durch Operatoren realisiert. Diese werden BLOCKS genannt. BLOCKS können sein:

— Befehle, Unterprogramme
— EQUIPMENTS, wie
  * Modelle von Bedienungskanälen oder Informationskanälen, FACILITIES
  * Speicher, STORAGES
  * logische Schalter, LOGIC SWITCHES.

Beim Durchlauf der TRANSACTIONS werden diese verändert. Gleichzeitig werden statistische Angaben ermittelt. Mit Ausnahme der STORAGES bearbeiten alle EQUIPMENTS nur jeweils eine TRANSACTION. Die TRANSACTIONS ändern die Zustände (z. B. Belegungen) und Parameter der EQUIPMENTS.

Mit Hilfe von Definitionskarten werden Funktionen, wie z. B. Wahrscheinlichkeitsfunktionen für die Zeitabstände zwischen den eintreffenden Forderungen, für die Verzögerungszeiten in den Bedienungskanälen usw. und die Gestaltung von Tabellen für die Ausgabe von Simulationsergebnissen in die Maschine eingegeben. In durch GENERATE-Block-Definitionskarten definierten GENERATE-Blocks werden TRANSACTIONS erzeugt. Jeder TRANSACTION werden bis zu 100 Eigenschaften zugeordnet. Zu diesen Eigenschaften gehören bis zu 128 unterschiedliche Prioritäten. TRANSACTIONS treten in zufälligen Reihenfolgen und Zeitabständen mit durch die Definitionskarten festgelegten Eigenschaften und Prioritäten in eine Warteschlange ein. Ein Teil der Eigenschaften und Prioritäten können durch zufällige Folgen erzeugt und den TRANSACTIONS zugeordnet werden. Jeder einen GENERATE-Block verlassenden TRANSACTION wird durch einen Zufallszahlengenerator ein Austrittszeitpunkt zugeordnet. Dieser Zeitpunkt ist gleich dem Eintrittszeitpunkt in die Warteschlange, den QUEUE-Block. Im QUEUE-Block werden eine Reihe von in der Block-Definitionskarte festgelegten statistischen Daten, wie mittlere Warteschlangenlänge, mittlere Wartezeit usw. ermittelt und gespeichert. In der Reihenfolge ihrer Prioritäten besetzen die TRANSACTIONS über einen Block — der die Besetzung eines Bedienungskanals veranlaßt, wenn dieser frei ist — den SEIZE-Block, einen Bedienungskanal. Ein Ausgangs-, d. h. DEPART-Block, reduziert die Anzahl der besetzten Warteplätze um 1 und berechnet die Zeit, die seit dem letzten Austritt einer TRANSACTION aus der Warteschlange vergangen ist. Er prüft, ob die TRANSACTION sich null Zeiteinheiten in der Warteschlange aufgehalten hat usw. Die TRANSACTION kann nach der Besetzung eines Bedienungskanals (einer FACILITY) eine unbegrenzte Anzahl von Blöcken durchlaufen, bevor sie über einen RELEASE-Block (Austrittsblock) den Bedienungskanal verläßt. Ein sehr einfacher Block in einem Bedienungskanal ist z. B. der ADVANCE-Block, der die statistisch verteilte Bearbeitungszeit bestimmt, diese der TRANSACTION zuordnet und statistische Kennziffern, wie Auslastungsgrad usw. ermittelt und speichert. In der Definitionskarte des ADVANCE-Blocks wird z. B. festgelegt, wie im Bedienungskanal die Bedienungszeiten verteilt sind. Durch andere Blöcke können — als Modelle von Bearbeitungsvorgängen — Parameter der TRANSACTIONS verändert oder unterschiedliche Bearbeitungswege durch an Bedingungen geknüpfte Verzweigungen (GATE-Blöcke) erzeugt werden. Nachdem durch TABULATE- und PRINT-Blöcke die statistischen Kennziffern des Modells ausgegeben wurden, verläßt die TRANSACTION über einen TERMINATE-Block das Modell.

Es ist auch möglich, nicht nur unterschiedliche Eigenschaften der Bedienungskanäle zu berücksichtigen, sondern auch die Bedienung mit „unzuverlässigen" (d. h. mit zufällig verteilten Ausfällen arbeitenden) Bedienungskanälen zu simulieren.

Die Simulation von Bedienungsproblemen mit Hilfe von Simulationssystemen (Simulationssprachen) lehnt sich sehr stark an den Verlauf des realen Prozesses an. Die wesentlichen Eigenschaften der Forderungen und der Bedienungseinrichtungen werden durch die TRANSACTIONS und die EQUIPMENTS und die ihnen zugeordneten Parameter modelliert. Der entscheidende Unterschied besteht darin, daß im

Modell die Warte- und Bedienungszeiten berechnet werden, die TRANSACTIONS aber sofort nach dieser Berechnung im Programm weiterrücken, ohne die Verzögerungszeiten verstreichen zu lassen. Dadurch und durch die hohen Arbeitsgeschwindigkeiten der Rechner werden die Simulationen sehr viel schneller ablaufen als der reale Prozeß. Das ermöglicht, bei stationären Prozessen eine große Anzahl von Ereignissen zu untersuchen und bei nichtstationären Prozessen eine größere Anzahl von Realisierungen (Simulationsabläufen) durchzuführen.

Die digitale Simulation von Vorgängen und die Nutzung von Simulationssprachen ist übrigens nicht nur auf die Bearbeitung von Bedienungsproblemen eingeschränkt.

Ist kein Rechner verfügbar, für den ein Simulationssystem (eine Simulationssprache) existiert, oder sollen spezielle Probleme simuliert werden, die nicht vollständig mit dem vorhandenen System programmiert werden können, dann müssen ein Simulationsprogramm oder Teile eines solchen Programmes in einer problem- oder maschinenorientierten Sprache geschrieben werden.

Diese recht aufwendige Arbeit kann bei der Entwicklung von rechnergestützten Systemen der Planung, Überwachung und Steuerung von Produktionsprozessen mit der ohnehin notwendigen Programmierarbeit verbunden werden. Es sind bei der Programmentwicklung neben den Eingängen für die Planungs-, Überwachungs- und Steuerungsinformationen im Echtzeitbetrieb solche Eingänge vorzusehen, die Eingaben entsprechender Kennziffern durch Zufallszahlengeneratoren ermöglichen. Es läßt sich dann ein Programmablauf realisieren, bei dem die Operationen nicht durch Planungs-, Überwachungs- oder Steuerungsinformationen ausgelöst werden, sondern durch die Zufallszahlen, die den realen Sachverhalt simulieren, aber einen Zeittakt in der Größenordnung von 10^{-6}—10^{-3} s besitzen. Die Simulation ist dann eine Art Zeitraffertest des Planungs-, Überwachungs- und Steuerungsprogrammes.

Bei der Bearbeitung von Planungs-, Überwachungs- und Steuerungsproblemen sind wichtige Entscheidungen zu treffen, nachdem ihre voraussichtlichen Auswirkungen vorher durch Simulation ermittelt wurden. Die Rechnersysteme und die Programme sind dann so zu gestalten, daß die Änderungen der Steuerparameter und die Wiedergabe und Auswertung der Simulationsergebnisse im Mensch-Maschine-Dialog erfolgen kann. Das erfordert die Verbindung von Programmsystemen für Simulation und Dialogarbeit. Ein recht ausführlicher Überblick über Simulationsprozesse und ihre Anwendungsmöglichkeiten wird in [2.3-VA] gegeben. Es werden Entwicklungstendenzen für Simulationssysteme, insbesondere für sachgebietsbezogene Simulationssysteme, behandelt.

Weitere Darstellungen zur Simulation sind z. B. in [2.3-PY], [2.3-BA], [2.3-TE] enthalten. Die Anwendung interaktiver Dialogsysteme wird u. a. in [2.3-BL], [2.3-FA], [2.3-NI], [2.3-SO] beschrieben. Einzelheiten zur Programmierung sind den Programmierhandbüchern der Rechnerfirmen, wie z. B. [2.3-IB], [2.3-RB 1], [2.3-RB 2] zu entnehmen.

2.3.4. Bedienungsprozesse

In der Gesellschaft und der Wirtschaft spielen Bedienungsprozesse eine wesentliche Rolle. Sie treten auf, wo durch eine Einrichtung stochastische Ströme von diskreten Elementen bedient werden müssen. Das ist der Fall bei der Bearbeitung und Prüfung von Erzeugnissen und Informationen, bei der Durchführung von Reparaturen, bei der

Be- und Entladung von Transportmitteln, bei der Planung, Organisation und Durchführung von Forschungs-, Entwicklungs- und Konstruktionsarbeiten usw. Bedienungsprozesse sind i. allg. stochastische und in Ausnahmefällen determinierte Prozesse mit Eingangs- und Ausgangsgrößen.

In diesem Abschnitt werden probabilistische Bedienungsprozesse behandelt. Auf einige Probleme, die bei unscharf beschreibbaren Bedienungsprozessen auftreten, wird im 4. Kapitel eingegangen.

Abb. 2.3.4-1 charakterisiert ein *offenes Bedienungssystem*. Von einer nicht zur Bedienungsanlage gehörenden *Forderungsquelle* wird in jeder Taktperiode eine zufällige Anzahl von *Forderungen* erzeugt.

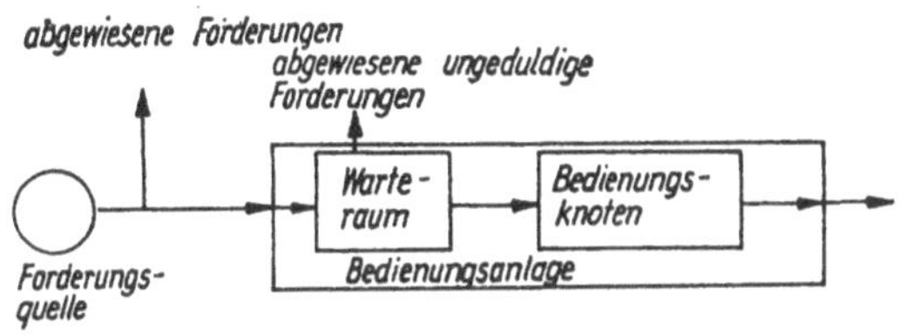

Abb. 2.3.4-1
Schema eines offenen Bedienungssystems

Jede einzelne Forderung wird durch eine Anzahl von Merkmalen (Erzeugnistyp, technische Parameter, Qualitätsmerkmale, Prioritätskennziffern usw.) gekennzeichnet. Die Forderungen werden in einer *Bedienungsanlage* bearbeitet. Die Bedienungsanlage besteht aus einem Warteraum mit m Warteplätzen und s *Bedienungskanälen*. Die s Bedienungskanäle sind ein *Bedienungsknoten*. Ein Teil der Forderungen findet eine besetzte Bedienungsanlage vor und wird abgewiesen. Die übrigen Forderungen treten in den Warteraum ein und bilden eine *Warteschlange*. Einige Forderungen verlassen nach einer gewissen Wartezeit die Bedienungsanlage. Es sind abgewiesene *ungeduldige Forderungen*. Wenn Bedienungskanäle frei sind, werden Forderungen, die gerade in die Bedienungsanlage eintreten oder sich in der Warteschlange befinden, zur Bedienung abgerufen. Die freien Bedienungskanäle werden nach vorgegebenen Regeln besetzt. Solche Regeln sind z. B.:

- Die Kanäle werden in der Reihenfolge ihres Freiwerdens besetzt.
- Die Kanäle werden unter Berücksichtigung ihrer Merkmale, wie z. B. Leistungsfähigkeit, numeriert.
  Sie werden in der Reihenfolge ihrer Nummern besetzt.
- Die freien Kanäle werden in zufälliger Folge besetzt.

Die Bedienung einer Forderung nimmt eine von ihren jeweiligen Eigenschaften und denen des Bedienungskanals abhängige *Bedienungszeit* in Anspruch.

Die Reihenfolge des Bedienungsbeginns wird durch die Wartedisziplin (Schlangendisziplin) bestimmt. Solche Wartedisziplinen sind z. B.:

- FIFO (first in — first out): Die Bedienung der Forderungen geschieht in der Reihenfolge ihres Eintreffens.
- LIFO (last in — first out): Die Bedienung geschieht in umgekehrter Reihenfolge des Eintreffens.

— SIRO (service in random order): Die zu bedienenden Forderungen werden aus der Warteschlange zufällig ausgewählt.
— Wartedisziplin mit Prioritäten: Die Forderungen werden in der Reihenfolge von ihnen zugeordneten Prioritäten bedient (haben mehrere Forderungen die gleiche Priorität, dann können diese etwa nach FIFO abgerufen werden).

Sowohl die pro Taktperiode von der Forderungsquelle erzeugte Anzahl von Forderungen als auch die den einzelnen Forderungen, vor und nach ihrer Bearbeitung, zugeordneten Merkmale werden i. allg. zufällig verteilte Größen sein. Das gleiche gilt für Bearbeitungszeiten in den Bedienungskanälen.

Systeme mit $m = 0$ Warteplätzen werden *Verlustsysteme* genannt, da jede Forderung, die keinen freien Bedienungskanal vorfindet, verloren geht. Systeme mit $m \to \infty$ sind reine Wartesysteme, während Systeme mit endlichem m kombinierte Warte-Verlustsysteme genannt werden. Systeme mit $s = 1$ heißen ein-, mit $s > 1$ mehrkanalig.

Zur Beurteilung des Verhaltens der Bedienungsanlage und der Möglichkeiten ihrer Steuerung interessieren die Anzahlen der pro Zeiteinheit erzeugten, der sofort abgewiesenen Forderungen, der abgewiesenen ungeduldigen Forderungen, der pro Zeiteinheit bedienten Objekte, der besetzten Warteplätze und Bedienungskanäle und die statistischen Eigenschaften (Häufigkeitsverteilungen, Mittelwerte, Streuungen) dieser Größen. Weiter interessieren abgeleitete Größen, wie Wartezeit im Warteraum, Aufenthaltsdauer im Bedienungsknoten, Aufenthaltsdauer in der Bedienungsanlage und deren statistische Eigenschaften.

Sind die Kosten für die Schaffung und Erhaltung der Warteplätze und Bedienungskanäle, für das Warten und für die Bedienung bekannt, dann lassen sich neben den technischen auch die ökonomischen Kenngrößen der Anlage angeben. Durch geeignete Festlegung der bei der Projektierung der Anlage beeinflußbaren bzw. im Betrieb der Anlage steuerbaren Größen läßt sich eine technisch-ökonomisch optimale Gestaltung bzw. Steuerung erreichen.

Die im Beispiel 2.3.3-1 beschriebene Fertigungszelle ist eine typische Bedienungsanlage.

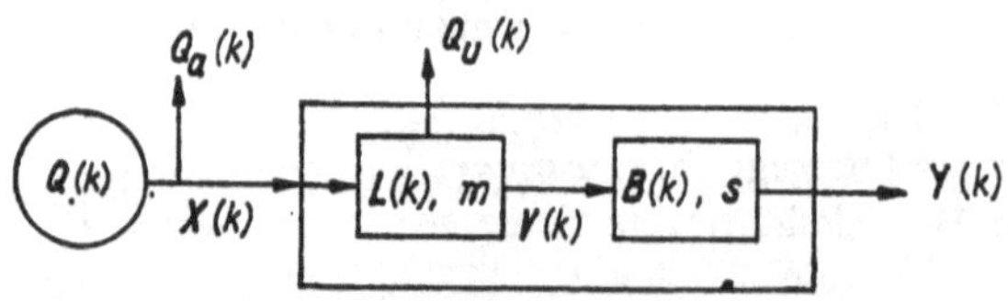

Abb. 2.3.4-2
Modell einer mit einer Forderungsquelle verbundenen Bedienungsanlage

Eine Bedienungsanlage wird durch das in Abb. 2.3.4-2 dargestellte Modell beschrieben. Die in der Abbildung verwendeten Vektoren haben folgende Bedeutungen:

$\boldsymbol{Q}(k)$ zufälliger Vektor der erzeugten Forderungen,
$\boldsymbol{Q}_a(k)$ Vektor der abgewiesenen Forderungen,
$\boldsymbol{Q}_u(k)$ Vektor der abgewiesenen ungeduldigen Forderungen,
$\boldsymbol{X}(k)$ Vektor der in das Bedienungssystem eintretenden Forderungen,
$\boldsymbol{V}(k)$ Vektor der in den Bedienungsknoten eintretenden Forderungen,

$\boldsymbol{Y}(k)$ Vektor der die Bedienungsanlage verlassenden Forderungen,
$\boldsymbol{L}(k)$ Vektor der im Warteraum befindlichen Forderungen,
$\boldsymbol{B}(k)$ Vektor der sich im Bedienungsknoten befindlichen Forderungen,
$\mathbf{s} = (s_1, \ldots, s_I)^T$, s_i Anzahl der Bedienungskanäle des Types i,
m Anzahl der Warteplätze.

In $\boldsymbol{Q}(k)$, $\boldsymbol{Q}_a(k)$, $\boldsymbol{Q}_u(k)$, $\boldsymbol{X}(k)$, $\boldsymbol{Y}(k)$ sind die Forderungen zusammengefaßt, die im Zeitraum $kT_0 \leqq t < (k+1)\,T_0$ in Bestandteile der Bedienungseinrichtungen eintreten oder aus ihnen austreten. In den Vektoren $\boldsymbol{Q}(k) \ldots \boldsymbol{B}(k)$ sind alle bezogen auf das Ziel der Untersuchung wesentlichen zum Zeitpunkt k aktuellen Eigenschaften der Forderungen enthalten. Dazu gehören die Anzahl der Forderungen gleichen Types, Qualitätsparameter, Prioritätskennziffern, bisher angefallene Kosten, Angaben über vorangegangene und folgende Bearbeitungsprozesse usw.

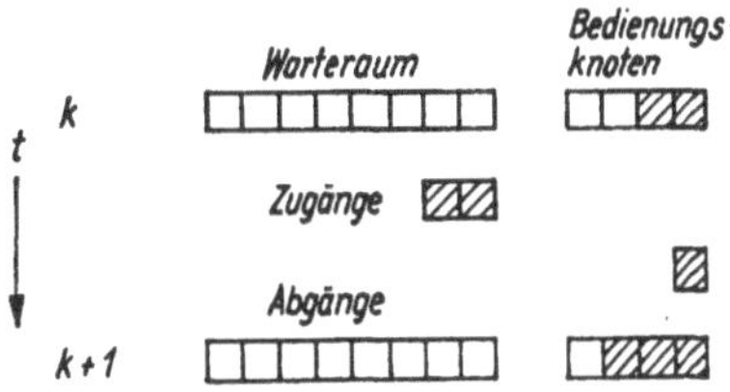

Abb. 2.3.4-3
In $kT_0 \leqq t < (k+1)\,T_0$ in die Bestandteile einer Bedienungsanlage eintretende oder austretende Forderungen (Beispiel)

Für ein so kompliziertes System ist es praktisch weder möglich, ein geschlossenes mathematisches Modell aufzustellen, noch mit mathematisch analytischen Methoden Lösungen zu erhalten. Es sind die im Abschnitt 2.3.3. beschriebenen Simulationsmethoden anzuwenden.

Auf einem Rechner wird das System nachgebildet. Die in einer Forderungsquelle erzeugten Modelle von Forderungen (TRANSACTIONS) durchlaufen das Systemmodell. Die Komponenten der die TRANSACTIONS repräsentierenden Vektoren werden geändert, und die durch Bearbeitung, Lagerung, Transport usw. entstehenden Verzögerungszeiten werden registriert. Die für den jeweiligen Untersuchungszweck wesentlichen Zustände der EQUIPMENTS und der TRANSACTIONS werden in jedem Takt erfaßt und statistisch aufbereitet. Bei nichtstationären Prozessen erfolgt die statistische Aufbereitung für eine Serie von Simulationsläufen. Bei stationären Prozessen wird ein Simulationslauf in Abschnitte zerlegt [s. S. 43]. Für die Gesamtheit der Simulationsabschnitte wird die statistische Aufbereitung vorgenommen (Methode der Simulationsabschnitte) [2.3-KÖ].

Für relativ einfache Fälle ist es möglich, geschlossene mathematische Modelle aufzustellen und mit mathematisch analytischen Methoden Lösungen zu erhalten. Für stationäre Prozesse der Großserienfertigung können sogar recht gute Ergebnisse erzielt werden. Die Methode wird in der Literatur zur Bedienungstheorie ausführlich beschrieben [2.3-KR], [2.3-FI], [2.3-SC], [2.3-KO], [2.3-GN]. Sie soll am Beispiel eines offenen mehrkanaligen Wartesystems erläutert werden.

Beispiel 2.3.4-1: Das System ist durch folgende Angaben charakterisiert:

- Das System ist offen, d. h., es treten zu bedienende Forderungen in das System ein und es treten bediente Forderungen aus.
- Das System ist ein Wartesystem, d. h., es hat beliebig viele Warteplätze m.

- Das System hat s gleichartige Bedienungskanäle.
- Die Größen $Q(k)$, $V(k)$, $Y(k)$, $L(k)$, $B(k)$ sind skalar und enthalten nur Angaben über Stückzahlen.
- $Q_a(k) = Q_u(k) = 0$, $X(k) = Q(k)$.
- Die im System ablaufenden Prozesse sind Markowsche Prozesse erster Ordnung ($\varkappa = 0$).

Unter den genannten Bedingungen gilt (s. Abb. 2.3.4-2) $\forall k \in \{1, \ldots, N-1\}$

$$L(k+1) = L(k) + Q(k) - V(k)\,, \tag{1}$$
$$B(k+1) = B(k) + V(k) - Y(k)\,, \tag{2}$$
$$L(k), B(k), Q(k), Y(k), V(k) \geqq 0\,, \qquad B(k) \leqq s\,. \tag{3}$$

Mit

$$W(k) = L(k) + B(k) \tag{4}$$

folgt durch Addition von (1) und (2)

$$W(k+1) = W(k) + Q(k) - Y(k)\,. \tag{5}$$

$W(k)$ ist die Anzahl der Forderungen, die sich in der Bedienungsanlage befinden. Es ist

$$Y(k) = Y\big(B(k)\big) = Y\big(W(k)\big) \quad \text{für} \quad W(k) \leqq s\,, \tag{6a}$$
$$Y(k) = Y\big(B(k)\big) = Y(s) \quad \text{für} \quad W(k) > s\,. \tag{6b}$$

Aus (5) und (6) folgt, wenn die Bedienung einer Forderung mindest eine Taktperiodendauer T_0 beansprucht

$$\mathsf{P}\big(W(k+1) = l \mid W(k) = j,\ (Y(k) = i \mid W(k) = j),\ Q(k) = h\big) = p^j_{hijl}(k, k+1)\,, \quad W(k) \leqq s\,, \tag{7a}$$
$$\mathsf{P}\big(W(k+1) = l \mid W(k) = j,\ (Y(k) = i \mid B(k) = s),\ Q(k) = h\big) = p^j_{hijl}(k, k+1)\,, \quad W(k) > s\,. \tag{7b}$$

Aus (7) folgt mit den im Abschnitt (2.3.2.) angegebenen Beziehungen

$$\mathsf{P}\big(W(k+1) = l\big) = \sum_{h=0}^{\infty} \sum_{i=0}^{s} \sum_{j=0}^{s} p^j_{hijl}(k, k+1)\, \mathsf{P}\big(W(k) = j\big)\, \mathsf{P}\big(Y(k) = i \mid W(k) = j\big)\, \mathsf{P}\big(Q(k) = h\big)\,, \tag{8a}$$
$$\mathsf{P}\big(W(k+1) = l\big) = \sum_{h=0}^{\infty} \sum_{i=0}^{s} \sum_{j=s+1}^{\infty} p^j_{hijl}(k, k+1)\, \mathsf{P}\big(W(k) = j\big)\, \mathsf{P}\big(Y(k) = i \mid B(k) = s\big)\, \mathsf{P}\big(Q(k) = h\big)\,. \tag{8b}$$

Aus (8) lassen sich die $\mathsf{P}\big(W(k+1) = l\big)$, $\forall l$ rekursiv berechnen, wenn $\mathsf{P}\big(W(1) = j\big)$, $\forall j$, $\mathsf{P}\big(Y(k) = i \mid W(k) = j\big)$, $\forall i, j \in \{0, \ldots, s\}$, $\mathsf{P}\big(Y(k) = i \mid B(k) = s\big)$ bekannt sind und $\mathsf{P}\big(Q(k) = h\big)$, $\forall k$, $\forall h$ vorgegeben ist.

Die Taktperiodendauer T_0 wird so klein gewählt, daß in T_0 höchstens eine Forderung in die Bedienungsanlage eintreten oder diese verlassen kann, d. h., es ist

$$h, i \in \{0, 1\}\,, \qquad j \in \{l-1, l, l+1\}\,. \tag{9}$$

Weiterhin soll gelten

$$P(Q = h) = \frac{\lambda^h\, e^{-\lambda}}{h!}\,, \tag{10}$$

$$P\big(Y(k) = i \mid W(k) = j \leqq s\big) = \frac{(j\mu)^i\, e^{-j\mu}}{i!}\,, \tag{11a}$$

$$P\big(Y(k) = i \mid B(k) = s\big) = \frac{(s\mu)^i\, e^{-s\mu}}{i!}\,. \tag{11b}$$

λ ist die mittlere Anzahl der in T_0 ankommenden Forderungen, die *Ankunftsrate*. μ ist die mittlere Anzahl der pro Bedienungskanal bei voller Auslastung abgefertigten Forderungen, die maximale *Abfertigungsrate*. (10) und (11) bringen zum Ausdruck, daß die Anzahlen der pro Zeiteinheit in die Bedienungsanlage eintretenden Forderungen und der die Bedienungsanlage verlassenden Forderungen poissonverteilt sind.

Bei hinreichend kleinem T_0 wird $\lambda \ll 1$, $s\mu \ll 1$. Es kann dann $e^{-\lambda} = 1 - \lambda$, $e^{-j\mu} = 1 - j\mu$, $j \leqq s$ gesetzt werden. Aus (11) wird dann

$$\begin{aligned} &\mathsf{P}(Q = 0) = 1 - \lambda\,, \\ &\mathsf{P}(Q = 1) = \lambda(1 - \lambda) = \lambda\,, \\ &\mathsf{P}(Y = 0 \mid W = j) = (1 - j\mu)\,, \qquad \mathsf{P}(Y = 0 \mid B = s) = (1 - s\mu)\,, \\ &\mathsf{P}(Y = 1 \mid W = j) = j\mu\,, \qquad \mathsf{P}(Y = 1 \mid B = s) = s\mu\,. \end{aligned} \tag{12}$$

Mit

$$\begin{aligned} &\mathsf{P}\big(W(k) = j\big) = p_j^f(k)\,, \qquad \mathsf{P}\big(Y(k) = i \mid W(k) = j\big) = p_{ji}^{yf}(k)\,, \\ &\mathsf{P}\big(Q(k) = h\big) = \mathsf{P}(Q = h) = p_h^q \end{aligned} \tag{13}$$

folgt aus (8a) mit den Voraussetzungen (9) für $W(k + 1) = 0$

$$\begin{aligned} P\big(W(k + 1) = 0\big) &= \sum_{h=0}^{1} \sum_{i=0}^{1} \sum_{j=0}^{1} p_{hijl}^f p_j^f(k)\, p_{ji}^{yf}(k)\, p_h^q \\ &= p_{0000}^f p_{00}^{yf}(k)\, p_0^q p_0^f(k) + p_{0100}^f p_{01}^{yf}(k)\, p_0^q p_0^f(k) \\ &\quad + p_{1000}^f p_{00}^{yf}(k)\, p_1^q p_0^f(k) + p_{1100}^f p_{01}^{yf}(k)\, p_1^q p_0^f(k) \\ &\quad + p_{0010}^f p_{10}^{yf}(k)\, p_0^q p_1^f(k) + p_{0110}^f p_{11}^{yf}(k)\, p_0^q p_1^f(k) \\ &\quad + p_{1010}^f p_{10}^{yf}(k)\, p_1^0 p_1^f(k) + p_{1110}^f p_{11}^{yf}(k)\, p_1^q p_1^f(k)\,, \end{aligned} \tag{14}$$

$p_{0000}^f p_{00}^{yf}(k)\, p_0^q p_0^f(k)$ ist die Wahrscheinlichkeit dafür, daß sich zum Zeitpunkt $t = k$ keine Forderung in der Bedienungsanlage befand und daß im Zeitraum $kT_0 \leqq t < (k + 1)\,T_0$ keine Forderung in die Bedienungsanlage eingetreten ist und keine bediente Forderung die Anlage verlassen hat. Mit dieser Definition und mit (10) und (11) wird

$$p_{0000}^f p_{00}^{yf}(k)\, p_0^q p_0^f(k) = p_{00}^{yf}(k)\, p_0^q p_0^f(k) = 1(1 - \lambda)\, p_0^f(k)\,, \qquad p_{0000}^f = 1\,. \tag{15a}$$

Weiter gilt

$$p_{0100}^f p_{01}^{yf} p_0^q p_0^f(k) = 0\,, \qquad p_{0100}^f = 0\,, \tag{15b}$$

da kein Element die Bedienungsanlage verlassen kann, wenn sich in ihr keines befindet,

$$p_{1000}^f = 0.\,, \tag{15c}$$

da ohne Zugang keine Erhöhung der Anzahl der sich in der Anlage befindlichen Elemente möglich ist. Durch analoge Überlegungen wird erhalten

$$\begin{aligned} &p_{1100}^f = 0\,, \qquad p_{0010} = 0\,, \\ &p_{0110}^f p_{11}^{yf}(k)\, p_0^q p_1^f(k) = p_{11}^{yf}(k)\, p_0^q p_1^f(k) = \mu(1 - \lambda)\, p_1^f(k) \\ &\qquad = \mu p_1^f(k)\,, \qquad p_{0110} = 1\,, \\ &p_{0110}^f = 1\,, \qquad p_{1010}^f = 0\,, \qquad p_{1110}^f = 0\,. \end{aligned} \tag{15d--15i}$$

Mit (15) wird aus (14)

$$p_0^f(k + 1) = (1 - \lambda)\, p_0^f(k) + \mu p_1^f(k)\,. \tag{16a}$$

Mit analogen Überlegungen erhält man aus (8) für $l > 0$, $j \in \{l - 1, l, l + 1\}$

$$p_l^f(k + 1) = \lambda p_{l-1}^f(k) + (1 - \lambda - l\mu)\, p_l^f(k) + (l + 1)\, \mu p_{l+1}^f(k)\,, \qquad l < s\,, \tag{16b}$$

$$p_l^f(k + 1) = \lambda p_{l-1}^f(k) + (1 - \lambda - s\mu)\, p_l^f(k) + s\mu p_{l+1}^f(k)\,, \qquad l \geqq s\,. \tag{16c}$$

Aus dem System (16) lassen sich die $p_l^f(k+1)$ bei bekannten $p_l^f(1)$ für alle $k > 1$ und alle $l \geqq 0$ rekursiv berechnen. Für den stationären Betrieb $p_l^f(k+1) = p_l^f(k) = p_l^f$ wird (16) gelöst durch

$$p_l^f = \begin{cases} \dfrac{\varrho^l}{l!} p_0 & (1 \leqq i \leqq s), \\ \dfrac{l}{s!s^{l-s}} p_0 & (s < i < \infty). \end{cases} \tag{17}$$

Mit $\sum\limits_{l=0} p_l^f = 1$ ergibt sich

$$p_0^f = \left[\sum_{i=0}^{s-1} \frac{\varrho^n}{n!} + \frac{\varrho^s}{(s-1)!\,(s-\varrho)}\right]^{-1}. \tag{18}$$

$\varrho = \dfrac{\lambda}{\mu}$ ist der Verkehrswert und p_0^f die Leerwahrscheinlichkeit des Bedienungsknotens [2.3-KU].

2.4. Kopplung von Systemen

Wie im Kapitel 1. ausführlich begründet wurde, sind die Leistungs- und Leitungsprozesse der Fertigung arbeitsteilig in Teilsystemen und Hierarchieebenen durchzuführen. Die Teilsysteme und Hierarchieebenen sind miteinander gekoppelt. Die wissenschaftliche Untersuchung, Steuerung und Überwachung eines solchen i. allg. sehr komplexen hierarchisch strukturierten Systems erfordert seine Modellierung durch ein hierarchisch strukturiertes Modellsystem.

Das Modellsystem

- besteht aus Modellen, die das Verhalten der Teilsysteme in jeder Hierarchieebene beschreiben,
- enthält Kopplungsnetze (Strukturen), die die Wechselwirkungen zwischen den Teilsystemen und, verbunden mit den Modellen der Teilsysteme, das Verhalten der einzelnen Hierarchieebenen beschreiben und
- enthält ein Kopplungsnetz, das die Wechselwirkungen zwischen den Hierarchieebenen und, verbunden mit den Modellen der Hierarchieebenen, das Verhalten des Gesamtsystems modelliert.

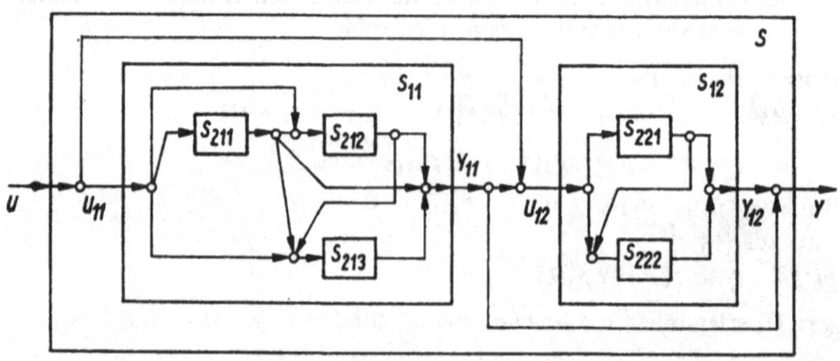

Abb. 2.4-1
Hierarchisch strukturiertes System

Die Steuerung des koordinierten Zusammenwirkens der Teilsysteme wird mit Modellen von Steuerungssystemen und Informationsflüssen und Hierarchieebenen erfaßt. Abb. 2.4-1 zeigt ein einfaches Beispiel eines Modellsystems. Jedes Teilsystem (jede Hierarchieebene) $S_{ij...}$ ist wiederum in ein Steuerungssystem $SS_{ij...}$ und ein gesteuertes System $GS_{ij...}$ (s. z. B. Abb. 1.2-5) gegliedert.

Die in diesem Buch interessierenden Fertigungssysteme lassen sich durch ein hierarchisch strukturiertes Netz von gesteuerten Bedienungssystemen, ein Bedienungsnetz, modellieren. Jedes Bedienungssystem kann als stochastischer abstrakter Automat aufgefaßt werden. Die Bedienungssysteme sind je nach Hierarchieebene Arbeitsplätze (Handarbeitsplätze, Automaten, Fertigungszellen), Arbeitsplatzgruppen, Meisterbereiche oder Fertigungsabteilungen. In ihnen sind Warteplätze enthalten.

Bei der Analyse des Bedienungsnetzes werden zuerst die Wechselwirkungen der Bedienungsanlagen innerhalb der Struktureinheiten einer Hierarchieebene, wie z. B. innerhalb von S_{11} und S_{12} in Abb. 2.4-1 betrachtet. Anschließend wird das Zusammenwirken, z. B. von S_{11} und S_{12}, in der nächsten Hierarchieebene untersucht usw.

Es empfiehlt sich, die Kopplungen innerhalb der Teilsysteme von Hierarchieebenen und zwischen den Hierarchieebenen gesondert zu betrachten.

2.4.1. Kopplung von Teilsystemen innerhalb der Struktureinheiten einer Hierarchieebene

Um die Kopplung der Elemente $S_{ij\sigma}$, $\sigma \in \{1, \ldots, \sum_{ij}\}$ des Teilsystems j der Hierarchieebene i beschreiben zu können, ist es notwendig, die Steuerung der Kopplungsvorgänge zu berücksichtigen. Soll z. B. das Zusammenwirken der von S_{211}, S_{212} und S_{213} in S_{11} der Abb. 2.4-1 modelliert werden, dann ist S_{11} darzustellen durch Abb. 2.4.1-1. In dieser Abbildung sind gestrichelt die Flüsse der Steuereinwirkungen und der aktuellen Informationen von S_{211}, S_{212} und S_{213} nach SS_{11} eingezeichnet. Die Symbole in SS_{11} sollen zum Ausdruck bringen, daß die Steuerung durch Menschen und einen im Mensch-Maschine-Dialog arbeitenden Rechner erfolgt.

Die Realisierungen $\mathbf{x}_{ij...}(k)$ und $\mathbf{y}_{ij...}(k)$ von $\boldsymbol{X}_{ij...}(k)$ und $\boldsymbol{Y}_{ij...}(k)$ sind Vektoren, die die im Abschnitt 2.3.4. aufgeführten wesentlichen Angaben über die das System durchlaufenden Arbeitsgegenstände (Flußobjekte) enthalten. Insbesondere sollen in den Vektoren für jeden Arbeitsgegenstand die möglichen Adressen der nacheinander zu durchlaufenden Teilsysteme eingetragen sein. Das heißt, es sind mögliche Arbeitsgangfolgen anzugeben. Auf Grund von Prüfarbeitsgängen in den Teilsystemen können bei erforderlicher Nacharbeit die Adressen geändert werden.

Die *Kopplungselemente* zwischen den Teilsystemen beschreiben Transportvorgänge, von Steuerungssignalen abhängige *Verzweigungen* und *Vereinigungen* von materiellen Flüssen. Es wird angenommen, daß in jeder Taktperiode $kT_0 \leqq t < (k + 1)\, T_0$ jeweils höchstens eine Einheit (ein Arbeitsgegenstand, ein Los gleicher Arbeitsgegenstände) transportiert wird. Diese Einheiten werden in den Kopplungselementen weder geteilt noch zusammengefaßt. Teilungs- und Zusammenfassungsvorgänge erfolgen nur in den Struktureinheiten $S_{ij...}$. Diese Festlegungen werden getroffen, um die Darstellungen nicht unnötig zu komplizieren. Kopplungsnetze mit anderen Eigenschaften können in praktischen Fällen leicht aufgebaut werden.

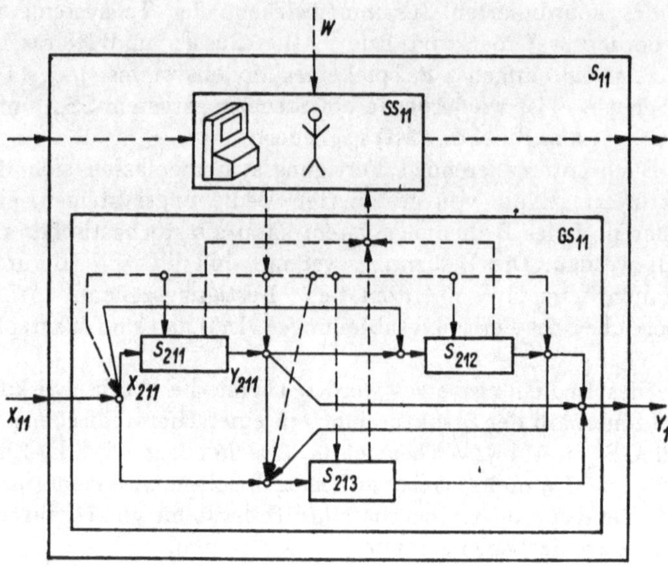

Abb. 2.4.1-1
Ein in Steuerungssystem und gesteuertes System gegliedertes System

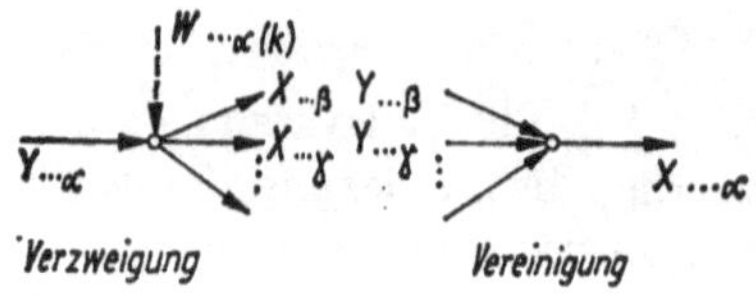

Abb. 2.4.1-2
Kopplungselemente

In einem *Verzweigungselement* werden die möglichen Adressen für die Arbeitsgegenstände erfaßt und Weichen für den Weitertransport gestellt. Bei der Weichenstellung wird eine Strategie verwendet, die Steuerinformationen übergeordneter Ebenen und Informationen über die Zustände der Absender und der Adressaten berücksichtigt. Dazu gehören Angaben darüber, welche Adressaten aufnahmebereit sind bzw. wie groß die Warteschlangen sind.

Die Steuerinformationen werden im Mensch-Maschine-Dialog mit Hilfe von Rechnern ermittelt und zwischen den Rechnern eines dem Fertigungssystem zugeordneten Rechnernetzes ausgetauscht.

Die Verzweigung in zwei Teilströme wird beschrieben durch

$$\boldsymbol{Y}_{\dots\alpha}(\boldsymbol{W}_{\dots\alpha}(k), k) = \boldsymbol{X}_{\dots\beta}(\boldsymbol{W}_{\dots\alpha}(k), k) + \boldsymbol{X}_{\dots\gamma}(\boldsymbol{W}_{\dots\alpha}(k), k) \,, \tag{2.4.1-1 a}$$

$$\mathsf{P}(\boldsymbol{X}_{\dots\beta}(k) = \xi_\beta^l \mid \boldsymbol{Y}_{\dots\alpha}(k) = \boldsymbol{v}_\alpha^j, \boldsymbol{W}_{\dots\alpha}(k) = \boldsymbol{\omega}^i) = p_{ijl}^{W\alpha\beta}(k) \,, \tag{2.4.1-1 b}$$

$$\mathsf{P}(\boldsymbol{X}_{\dots\gamma}(k) = \xi_\gamma^l \mid \boldsymbol{Y}_{\dots\alpha}(k) = \boldsymbol{v}_\alpha^j, \boldsymbol{W}_{\dots\alpha}(k) = \boldsymbol{\omega}^i) = p_{ijl}^{W\alpha\gamma}(k) \,, \tag{2.4.1-1 c}$$

$$\forall \boldsymbol{v}_\alpha^j \in \mathcal{Y}_{\dots\alpha}, \qquad \forall \xi_\beta^l \in \mathcal{U}_{\dots\beta}, \qquad \forall \xi_\gamma^l \in \mathcal{U}_{\dots\gamma}, \qquad \boldsymbol{\omega}^i \in \mathcal{W}_{\dots\alpha} \,. \tag{2.4.1-1 d}$$

$\mathcal{W}_{\dots\alpha}$ ist die Menge möglicher Steuerungsmaßnahmen, die aus den Zuständen der Folgesysteme abgeleitet sind. Solche Zustände sind z. B. „aufnahmebereit", „besetzt", „Warteschlangenlänge beträgt λ-Einheiten". Aus (2.4.1-1b) und (2.4.1-1c) folgen

$$\mathsf{P}(\boldsymbol{X}_{\dots\beta} = \xi_\beta^l) = \sum_{\forall \omega^i \in \mathcal{W}_{\dots\alpha}} \sum_{\forall v_\alpha^j \in \mathcal{Y}_{\dots\alpha}} p_{ijl}^{W\alpha\beta} \,,\ \mathsf{P}(\boldsymbol{Y}_{\alpha\dots} = \boldsymbol{v}_\alpha^j \mid \boldsymbol{W}_{\dots\alpha} = \boldsymbol{\omega}^i)\, \mathsf{P}(\boldsymbol{W}_{\dots\alpha} = \boldsymbol{\omega}^i)\,, \tag{2.4.1-2a}$$

$$\mathsf{P}(\boldsymbol{X}_{\dots\gamma} = \xi_\gamma^l) = \sum_{\forall \omega^j \in \mathcal{W}_{\dots\alpha}} \sum_{\forall v_\alpha^j \in \mathcal{Y}_{\dots\alpha}} p_{ijl}^{W\alpha\beta} \,,\ \mathsf{P}(\boldsymbol{Y}_{\dots\alpha} = \boldsymbol{v}_\alpha^j \mid \boldsymbol{W}_{\dots\alpha} = \boldsymbol{\omega}^i)\, \mathsf{P}(\boldsymbol{W}_{\dots\alpha} = \boldsymbol{\omega}^i)\,. \tag{2.4.1-2b}$$

Beispiel 2.4.1-1: Eine Verzweigung ist charakterisiert durch

$$\mathbf{y}_{\dots\alpha}(k) \in \{\boldsymbol{v}_\alpha^1, \boldsymbol{v}_\alpha^2, \boldsymbol{v}_\alpha^3, \boldsymbol{v}_\alpha^4 = 0\}\,,$$

$$\mathbf{x}_{\dots\beta}(k) \in \{\xi_\beta^1, \xi_\beta^2, \xi_\beta^3 = 0\}\,,$$

$$\mathbf{x}_{\dots\gamma}(k) \in \{\xi_\gamma^1, \xi_\gamma^2, \xi_\gamma^3 = 0\}\,, \qquad \mathbf{w}_{\dots\alpha} \in \{\boldsymbol{\omega}^1, \boldsymbol{\omega}^2\}$$

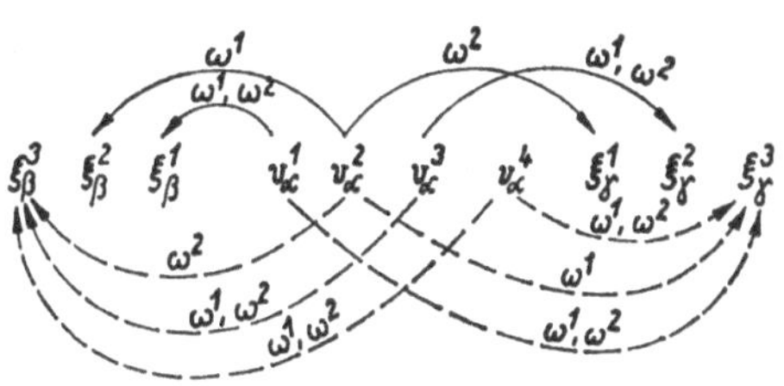

Abb. 2.4.1-3
Beziehungen zwischen Eingangsgrößen und Ausgangsgrößen einer Verzweigung in Abhängigkeit von Steueranweisungen

und die in Abb. 2.4.1-3 dargestellten Beziehungen. In Abb. 2.4.1-3 bedeutet z. B. der Pfeil von $\boldsymbol{v}_\alpha^2$ nach ξ_β^2, daß falls die Steueranweisung $\boldsymbol{W}_{\dots\alpha}(k) = \boldsymbol{\omega}^1$ gegeben wird, $\boldsymbol{Y}_{\dots\alpha}(k) = \boldsymbol{v}_\alpha^2$ in $\boldsymbol{X}_{\dots\beta} = \xi_\beta^2 = \boldsymbol{v}_\alpha^2$ übergeht. Gleichzeitig wird $\boldsymbol{X}_{\dots\gamma} = \xi_\gamma^3 = 0$. Aus Abb. 2.4.1-2 ist leicht zu erkennen, daß gilt

$$\left((p_{ijl}^{W\alpha\beta})\right) = \begin{pmatrix} p_{111}^{W\alpha\beta} & p_{112}^{W\alpha\beta} & p_{113}^{W\alpha\beta} \\ \cdot & \cdot & \cdot \\ \cdot & \cdot & \cdot \\ p_{141}^{W\alpha\beta} & p_{142}^{W\alpha\beta} & p_{143}^{W\alpha\beta} \\ p_{211}^{W\alpha\beta} & p_{212}^{W\alpha\beta} & p_{213}^{W\alpha\beta} \\ \cdot & \cdot & \cdot \\ \cdot & \cdot & \cdot \\ p_{241}^{W\alpha\beta} & p_{242}^{W\alpha\beta} & p_{243}^{W\alpha\beta} \end{pmatrix} = \begin{pmatrix} 1 & 0 & 0 \\ 0 & 1 & 0 \\ 0 & 0 & 1 \\ 0 & 0 & 1 \\ 1 & 0 & 0 \\ 0 & 0 & 1 \\ 0 & 0 & 1 \\ 0 & 0 & 1 \end{pmatrix} \tag{1}$$

und

$$\left((p_{ijl}^{W\alpha\gamma})\right) = \begin{pmatrix} 0 & 0 & 1 \\ 0 & 0 & 1 \\ 0 & 1 & 0 \\ 0 & 0 & 1 \\ 0 & 0 & 1 \\ 1 & 0 & 0 \\ 0 & 1 & 0 \\ 0 & 0 & 1 \end{pmatrix}. \tag{2}$$

Ist $\boldsymbol{Y}_{\dots\alpha}(k)$ unabhängig von $\boldsymbol{W}_{\dots\alpha}(k)$ gilt,

$$\mathsf{P}(\boldsymbol{Y}_{\dots\alpha} = \boldsymbol{v}_\alpha^j \mid \boldsymbol{W}_{\dots\alpha} = \boldsymbol{\omega}^i) = \mathsf{P}(\boldsymbol{Y}_{\dots\alpha} = \boldsymbol{v}_\alpha^j)\,. \tag{3}$$

Die Bedingung (3) ist z. B. dann gegeben, wenn die Produktion in $S_{\dots\alpha}$ nicht vom gegenwärtigen Zustand von $S_{\dots\beta}$ und $S_{\dots\gamma}$ beeinflußt wird. Mit (1), (2), (3)

$$\mathsf{P}(\boldsymbol{W}_{\dots\alpha} = \boldsymbol{\omega}^1) = \tfrac{2}{3}\,, \qquad \mathsf{P}(\boldsymbol{W}_{\dots\alpha} = \boldsymbol{\omega}^2) = \tfrac{1}{3} \tag{4}$$

und (2.4.1-2) wird

$$\begin{pmatrix} \mathsf{P}(\boldsymbol{X}_{\dots\beta} = \boldsymbol{v}_\alpha^1) \\ \mathsf{P}(\boldsymbol{X}_{\dots\beta} = \boldsymbol{v}_\alpha^2) \\ \mathsf{P}(\boldsymbol{X}_{\dots\beta} = \boldsymbol{v}_\alpha^4) \end{pmatrix} = \begin{pmatrix} \mathsf{P}(\boldsymbol{Y}_{\dots\alpha} = \boldsymbol{v}_\alpha^1) \\ \tfrac{2}{3}\,\mathsf{P}(\boldsymbol{Y}_{\dots\alpha} = \boldsymbol{v}_\alpha^2) \\ \tfrac{1}{3}\,\mathsf{P}(\boldsymbol{Y}_{\dots\alpha} = \boldsymbol{v}_\alpha^2) + \mathsf{P}(\boldsymbol{Y}_{\dots\alpha} = \boldsymbol{v}_\alpha^3) \\ + \mathsf{P}(\boldsymbol{Y}_{\dots\alpha} = \boldsymbol{v}_\alpha^4) \end{pmatrix}, \tag{5}$$

$$\begin{pmatrix} \mathsf{P}(\boldsymbol{X}_{\dots\gamma} = \boldsymbol{v}_\alpha^2) \\ \mathsf{P}(\boldsymbol{X}_{\dots\gamma} = \boldsymbol{v}_\alpha^3) \\ \mathsf{P}(\boldsymbol{X}_{\dots\gamma} = \boldsymbol{v}_\alpha^4) \end{pmatrix} = \begin{pmatrix} \tfrac{1}{3}\,\mathsf{P}(\boldsymbol{Y}_{\dots\alpha} = \boldsymbol{v}_\alpha^2) \\ \mathsf{P}(\boldsymbol{Y}_{\dots\alpha} = \boldsymbol{v}_\alpha^3) \\ \mathsf{P}(\boldsymbol{Y}_{\dots\alpha} = \boldsymbol{v}_\alpha^1) + \tfrac{2}{3}\,\mathsf{P}(\boldsymbol{Y}_{\dots\alpha} - \boldsymbol{v}_\alpha^2) \\ + \mathsf{P}(\boldsymbol{Y}_{\dots\alpha} = \boldsymbol{v}_\alpha^4) \end{pmatrix}. \tag{6}$$

Das Beispiel soll die allgemein anwendbare Methode demonstrieren. Im vorliegenden einfachen Fall kann das Ergebnis (5) und (6) auf direktem Weg erhalten werden.

Die *Vereinigung* zweier Teilströme wird beschrieben durch

$$\begin{aligned} \mathsf{P}(\boldsymbol{X}_{\dots\alpha} = \xi_\alpha^l = \boldsymbol{v}_\beta^j) &= \mathsf{P}\big(\boldsymbol{Y}_{\dots\beta} = \boldsymbol{v}_\beta^j \cap (\boldsymbol{Y}_{\dots\gamma} = 0 \mid \boldsymbol{Y}_{\dots\beta} = \boldsymbol{v}_\beta^j)\big) \\ &= \mathsf{P}(\boldsymbol{Y}_{\dots\beta} = \boldsymbol{v}_\beta^j)\,, \qquad \boldsymbol{v}_\beta^j \neq 0\,, \end{aligned} \tag{2.4.1-3 a}$$

$$\begin{aligned} \mathsf{P}(\boldsymbol{X}_{\dots\alpha} = \xi_\alpha^l = \boldsymbol{v}_\gamma^j) &= \mathsf{P}\big(\boldsymbol{Y}_{\dots\gamma} = \boldsymbol{v}_\gamma^j \cap (\boldsymbol{Y}_{\dots\beta} = 0 \mid \boldsymbol{Y}_{\dots\gamma} = \boldsymbol{v}_\gamma^j)\big) \\ &= \mathsf{P}(\boldsymbol{Y}_{\dots\beta} = \boldsymbol{v}_\gamma^j)\,, \qquad \boldsymbol{v}_\gamma^j \neq 0\,, \end{aligned} \tag{2.4.1-3 b}$$

$$\mathsf{P}(\boldsymbol{X}_{\dots\alpha} = 0) = \mathsf{P}(\boldsymbol{Y}_{\dots\beta} = 0 \cap \boldsymbol{Y}_{\dots\gamma} = 0)\,, \tag{2.4.1-3 c}$$

$$\forall \boldsymbol{v}_\beta^j \in \mathcal{Y}_{\dots\beta}\,, \qquad \forall \boldsymbol{v}_\gamma^j \in \mathcal{Y}_{\dots\gamma}\,, \qquad \forall \xi_\alpha^l \in \mathcal{X}_{\dots\alpha} = \mathcal{Y}_{\dots\beta} \cup \mathcal{Y}_{\dots\gamma}\,. \tag{2.4.1-3 d}$$

Beispiel 2.4.1-2:

$$\begin{aligned} \tilde{\mathbf{y}}_{\dots\beta} &: \boldsymbol{v}_\beta^2 \boldsymbol{v}_\beta^2 0\, \boldsymbol{v}_\beta^4\, 0\, 0 \boldsymbol{v}_\beta^2 0\,, \\ \tilde{\mathbf{y}}_{\dots\gamma} &: 0\;\; 0\;\; \boldsymbol{v}_\gamma^1\, 0\, \boldsymbol{v}_\gamma^3 0\, 0\, 0\,, \\ \tilde{\mathbf{x}}_{\dots\alpha} &: \boldsymbol{v}_\beta^2 \boldsymbol{v}_\beta^2 \boldsymbol{v}_\gamma^1 \boldsymbol{v}_\beta^4 \boldsymbol{v}_\gamma^3 0 \boldsymbol{v}_\beta^3 0\,. \end{aligned}$$

Aus den Kopplungsbeziehungen und den Modellen der Bedienungsanlagen wird das Modell der Struktureinheit zusammengesetzt. Die Größen $\boldsymbol{Y}_{\dots\alpha}(k)$ sind Ausgangsgrößen und die Größen $\boldsymbol{X}_{\dots\beta}(k)$ sind Eingangsgrößen der Struktureinheiten $S_{\dots\alpha}$ und $S_{\dots\beta}$. Die zu den Prozessen $\tilde{\boldsymbol{Y}}_{\dots\alpha}$ gehörenden Kennfunktionen können bei bekannten Eingangsgrößen, z. B. mit Hilfe der Simulation des Verhaltens von $S_{\dots\alpha}$ auf einem Rechner geschätzt werden.

Soll z. B. das Verhalten von S_{11} in Abb. 2.4.1-1 berechnet werden, muß $\tilde{\boldsymbol{X}}_{11}$ bekannt sein. Durch Simulation kann dann die Ausgangsgröße $\tilde{\boldsymbol{Y}}_{211}$ von S_{211} ermittelt werden. Daraus läßt sich bei festgelegten Funktionen der Verzweigungs- und Vereinigungselemente $\tilde{\boldsymbol{Y}}_{212}$ berechnen. Mit $\tilde{\boldsymbol{X}}_{11}$, $\tilde{\boldsymbol{Y}}_{211}$ und $\tilde{\boldsymbol{Y}}_{212}$ wird $\tilde{\boldsymbol{X}}_{213}$ ermittelt und anschließend durch Simulation $\tilde{\boldsymbol{Y}}_{213}$ erhalten. Mit $\tilde{\boldsymbol{Y}}_{211}$, $\tilde{\boldsymbol{Y}}_{212}$ und $\tilde{\boldsymbol{Y}}_{213}$ wird $\tilde{\boldsymbol{Y}}_{11}$, d. h. die Ausgangsgröße von S_{11}, bestimmt. Im stationären Betrieb werden die $\boldsymbol{Y}_{\dots\alpha}(k)$ und $\boldsymbol{X}_{\dots\beta}(k)$ von k unabhängig.

Das Systemverhalten kann auch mit Hilfe eines einheitlichen Simulationsprogrammes ermittelt werden, das die Simulation des Verhaltens der Teilsysteme und der Funktion der Kopplungselemente umfaßt.

Im Anhang 3 wird die Simulation des Verhaltens einer Fertigungseinheit dargestellt. In parallel arbeitenden Bedienungsanlagen werden Teilerzeugnisse für unterschiedliche Finalerzeugnisse gefertigt, die in einer folgenden Bedienungsanlage montiert werden.

Die in (2.4.1-2) und (2.4.1-3) vorkommenden Wahrscheinlichkeiten $\mathsf{P}(\boldsymbol{Y}_{\dots\alpha}(k) = \boldsymbol{v}^j_\alpha)$, $\mathsf{P}(\boldsymbol{X}_{\dots\beta}(k) = \xi^l_\beta)$, $\mathsf{P}(\boldsymbol{X}_{\dots\gamma}(k) = \xi^l_\gamma)$, $\mathsf{P}(\boldsymbol{X}_{\dots\alpha}(k) = \xi^l_\alpha)$, $\mathsf{P}(\boldsymbol{Y}_{\dots\beta}(k) = \boldsymbol{v}^j_\gamma)$ und $\mathsf{P}(\boldsymbol{Y}_{\dots\gamma}(k) = \boldsymbol{v}^j_\gamma)$ sind die Wahrscheinlichkeiten (die Erwartungswerte) dafür, daß in der Periode $kT_0 \leqq t < (k+1)\,T_0$ ein Element $\boldsymbol{v}^j_\alpha$ bzw. ξ^l_β usw. das Kopplungselement durchläuft. Sind alle diese Wahrscheinlichkeiten bekannt, dann ist das Verhalten des Systems durch ein nicht zufälliges Modell beschrieben, das die Wahrscheinlichkeiten für das Auftreten der ξ und $\boldsymbol{v}$ für jedes k enthält.

Wird T_0 so festgelegt, daß in $kT_0 \leqq t < (k+1)\,T_0$ nicht nur ein Element, sondern n Elemente das Kopplungselement durchlaufen, dann ist

$$n\mathsf{P}(\boldsymbol{Y}_{\dots\alpha}(k) = \boldsymbol{v}^j_\alpha) = n^j_{Y\alpha}(k)\,,$$

$$n\mathsf{P}(\boldsymbol{X}_{\dots\beta}(k) = \xi^l_\beta) = n^l_{X\beta}(k)\,, \dots\,. \tag{2.4.1-4}$$

$n^j_{Y\alpha}(k)$, $n^l_{X\beta}(k)$ usw. sind die Erwartungswerte der Stückzahlen gleicher Elemente $\boldsymbol{v}^j_\alpha$, ξ^l_β usw., die in $kT_0 \leqq t < (k+1)\,T_0$ das Kopplungselement durchlaufen.

Beispiel 2.4.1-3: Das Verhalten von S Abb. 2.4.1-4 ist zu modellieren. Es werden 3 Teilearten ξ^1, ξ^2, ξ^3 in S eingesteuert. Es gilt

$$\mathbf{n}_{X1}(k) = \begin{pmatrix} n^1_{X1}(k) \\ n^2_{X1}(k) \\ n^3_{X1}(k) \end{pmatrix}, \qquad \mathbf{n}_{Y1}(k) = \begin{pmatrix} n^1_{Y1}(k) \\ n^2_{Y1}(k) \\ n^3_{Y1}(k) \end{pmatrix}, \qquad \mathbf{n}_{X2}(k) = \begin{pmatrix} 1 & 0 & 0 \\ 0 & \frac{2}{3} & 0 \end{pmatrix} \mathbf{n}_{Y1}(k)\,,$$

$$\mathbf{n}_{X3}(k) = \begin{pmatrix} 0 & \frac{1}{3} & 0 \\ 0 & 0 & 1 \end{pmatrix} \mathbf{n}_{Y1}(k)\,, \qquad \mathbf{n}_{Y}(k) = \begin{pmatrix} n^1_{Y2} \\ n^2_{Y2} + n^2_{Y3} \\ n^3_{Y3} \end{pmatrix} \tag{1}$$

$$\mathbf{n}_{Y1}(k+1) = \mathbf{f}_1(\mathbf{n}_{Y1}(k), \mathbf{n}_{X1}(k))\,, \tag{2}$$

$$\mathbf{n}_{Y2}(k+1) = \mathbf{f}_2(\mathbf{n}_{Y2}(k), \mathbf{n}_{X2}(k))\,, \tag{3}$$

$$\mathbf{n}_{Y3}(k+1) = \mathbf{f}_3(\mathbf{n}_{Y3}(k), \mathbf{n}_{X3}(k))\,. \tag{4}$$

Die Beziehungen zwischen $\mathbf{n}_{X1}(k)$, $\mathbf{n}_{X2}(k)$, $\mathbf{n}_{X3}(k)$ und $\mathbf{n}_{Y1}(k)$, $\mathbf{n}_{Y2}(k)$ und $\mathbf{n}_{Y3}(k)$ sollen durch die in Abb. 2.4.1-5 dargestellten Sprungantworten charakterisiert sein. Werden die ξ^1, ξ^2, ξ^3 mit den Stückzahlen $n^1_{X1}(k)$, $n^2_{X1}(k)$, $n^3_{X1}(k)$ wie in Abb. 2.4.1-6a eingesteuert, dann werden für n^1_{Y1}, n^2_{Y1}, n^3_{Y1}, $n^1_{Y2}(k)$, $n^2_{Y2}(k)$ und $n^2_{Y3}(k)$, $n^3_{Y3}(k)$ die in Abb. 2.4.1-6 gezeigten Verläufe (die Linien sind bedeutungslos) erhalten. Es wird durch (1), (2) und (3) festgelegt, daß ξ^1 nur in S_2 und ξ^3 nur in S_3 weiterbearbeitet wird. Von ξ^2 sollen entsprechend einer vorgegebenen Steuerstrategie $\frac{2}{3}$ in S_2 und $\frac{1}{3}$ in S_3 bearbeitet werden.

Die in (1) des Beispieles 2.4.1-3 auftretenden Matrizen $((c_{ij}))$ heißen *Kopplungsmatrizen*. Sie beschreiben die Kopplungen

$$\mathbf{n}_{X\alpha}(k) = ((c^{\alpha\beta}_{ij}))\,\mathbf{n}_{Y\beta}(k)\,.$$

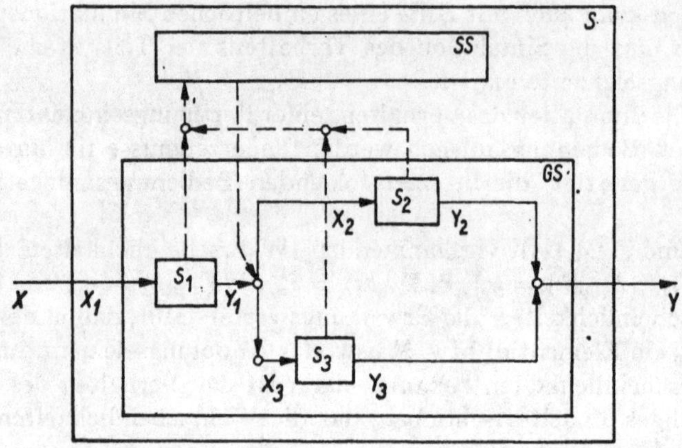

Abb. 2.4.1-4
Beispiel eines Systems

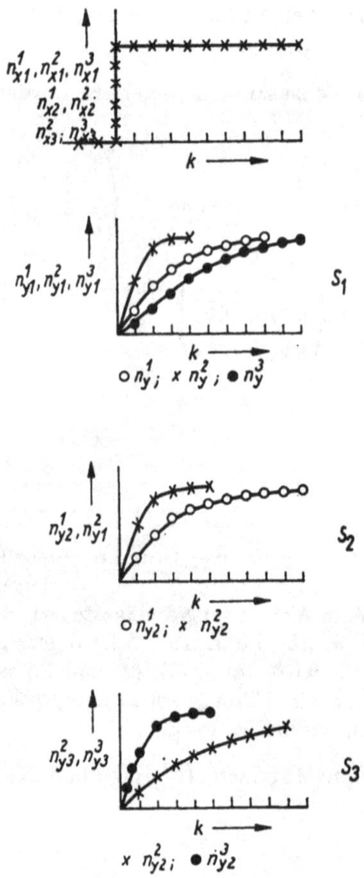

Abb. 2.4.1-5
Sprungantworten der Systeme S_1, S_2 und S_3 aus Abb. 2.4.1-4 (Beispiel)

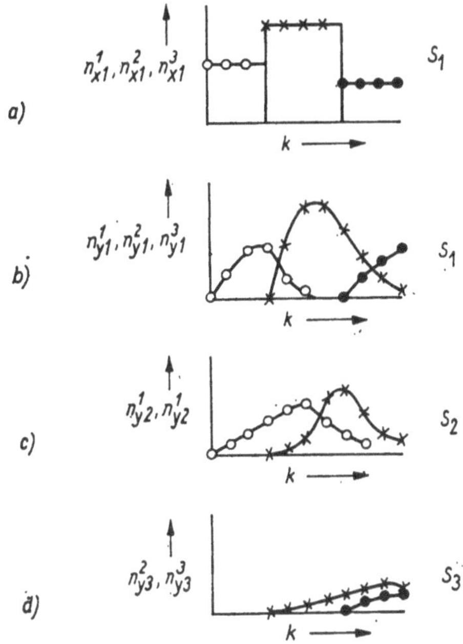

Abb. 2.4.1-6

Ausgangsgrößen der Systeme S_1, S_2 und S_3 als Reaktion auf die Eingangsgrößen n_{X1}^1 ○, n_{X1}^2 × und n_{X1}^3 ● des Systems S_1. Systemstruktur wie in Abb. 2.4.1-1

Die Elemente $c_{ij}^{\alpha\beta}$ sind 0, wenn ξ_α^i nicht aus $\boldsymbol{v}_\beta^j$ hervorgeht. Sie sind 1, wenn ξ_α^i sicher aus $\boldsymbol{v}_\beta^j$ hervorgeht. Geht ein Anteil λ_w der $\boldsymbol{v}_\beta^j$ in ξ_α^i über, hat c_{ij} den Wert λ_w. λ_w ist i. allg. von einer Steuerstrategie abhängig [2.4-LA], [2.4-GO].

Da die auftretenden Wahrscheinlichkeiten aus endlich vielen Realisierungen der Prozesse geschätzt werden, lassen sich für sie Streuungen oder Konfidenzintervalle angeben.

In höheren Leitungsebenen und bei langfristigeren Planungsrechnungen ist es zulässig, die Zeitverzögerungen durch mittlere Durchlaufzeiten durch die Bedienungsanlagen zu ersetzen. Bei der in Abb. 2.4.1-6a dargestellten Einsteuerung würde für die Ausgangsgrößen anstelle von Abb. 2.4.1-6b die Abb. 2.4.1-7 erhalten. Dadurch wird für $S_{\ldots\alpha}$

$$n_{Y\alpha}^1(k + \tau_1) = f_\alpha^1(n_{X\alpha}^1(k)) \qquad (2.4.1\text{-}5\,\mathrm{a})$$

$$n_{Y\alpha}^2(k + \tau_2) = f_\alpha^2(n_{X\alpha}^2(k)) \qquad (2.4.1\text{-}5\,\mathrm{b})$$

$$\vdots \qquad\qquad \vdots$$

$$n_{Y\alpha}^I(k + \tau_I) = f_\alpha^I(n_{X\alpha}^I(k)) \,. \qquad (2.4.1\text{-}5\,\mathrm{I})$$

Anstelle der Zeitverzögerungen treten im Sinne der Regelungs- und Steuerungstheorie Totzeiten.

Durch diese Vereinfachung wird der Rechenaufwand erheblich verringert. Gleichzeitig bewirkt sie den Übergang zu den klassischen Planungsmethoden. Es können zur

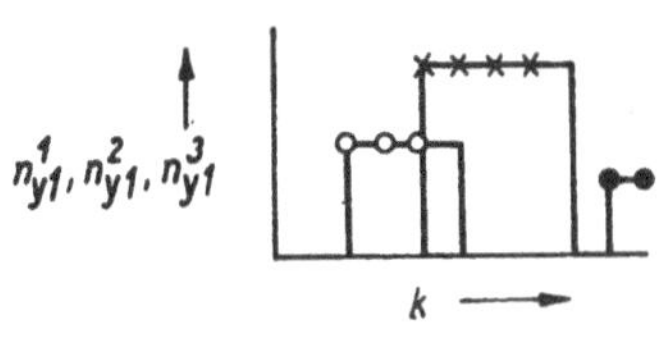

Abb. 2.4.1-7
Sprungantworten des Systems S_1 (Abb. 2.4.1-4) bei Totzeitverhalten von S_1

Durchlaufplanung die Methoden der Netzplantechnik, wie CPM (Critical-Path-Method) [2.4-DÜ] benutzt werden.

Sie sind mit der Kapazitätsplanung zu verbinden, um die Netzpläne für einzelne Erzeugnisse oder Lose miteinander verbinden zu können. Selbstverständlich liegt hier eine Näherungsrechnung vor, die beim Übergang zu niederen Ebenen und bei abnehmendem Abstand zum Realisierungszeitraum präzisiert werden muß. Im Kapitel 7 wird anhand eines komplexen Beispiels etwas eingehender diese Problematik behandelt.

2.4.2. Kopplung von Hierarchieebenen

Die Kopplung zwischen den Hierarchieebenen geschieht über die Eingangs- und Ausgangsgrößen der Teilsysteme der Hierarchieebenen. Diese vermitteln die Zusammenhänge zu den Teilsystemen der nächsten Hierarchieebene. In Abb. 2.4-1 werden z. B. über $\boldsymbol{U}_{11}$, $\boldsymbol{Y}_{11}$, $\boldsymbol{U}_{12}$, $\boldsymbol{Y}_{12}$ die Zusammenhänge zwischen den Teilsystemen S_{211}, S_{212}, S_{213} bzw. S_{221}, S_{222} der Hierarchieebene 2 und den Teilsystemen S_{11} und S_{12} vermittelt.

Wie bereits früher begründet wurde, soll die Steuerung des hierarchisch strukturierten Systems arbeitsteilig so geschehen, daß in jedem Teilsystem jeder Hierarchieebene Spielräume für selbständiges Entscheiden und Handeln existieren und genutzt werden. Das erfordert, die Informationsflüsse, Steuerungsprozesse und Kopplungen zwischen den Hierarchieebenen genauer zu betrachten. Abb. 2.4.2-1 zeigt ein sehr einfaches Beispiel des Zusammenwirkens zweier Hierarchieebenen.

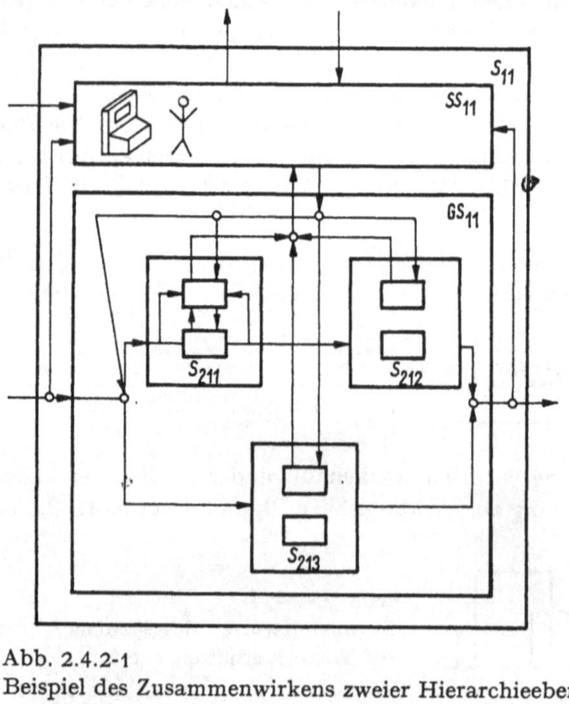

Abb. 2.4.2-1
Beispiel des Zusammenwirkens zweier Hierarchieebenen

Die relative Selbständigkeit der Teilsysteme wird durch folgende Modelleigenschaften hervorgerufen:

1. Der Taktabstand T_i für die Erfassung und den Austausch von Informationen (einschließlich Steuerungsmaßnahmen) ist von der Hierarchieebene abhängig. Auf der Ebene der unmittelbaren Produktion liegt er im Bereich von Millisekunden bis Minuten. Auf der Ebene der Meisterbereiche liegt er in der Größenordnung von Stunden. In den höchsten Hierarchieebenen liegt er aufgabenabhängig zwischen Tagen und Monaten.
2. Die Informationen werden an die jeweils höhere Hierarchieebene in aggregierter Form weitergegeben. Sie enthalten nur Angaben, die für die Lösung der Steuerungsaufgaben der übergeordneten Leitungsebene relevant sind. In den einzelnen Hierarchieebenen werden unterschiedliche natürliche und künstliche (für Rechnerprogrammierung) Fachsprachen mit unterschiedlichen Begriffen verwendet.
3. Die Steueranweisungen an nachgeordnete Teilsysteme werden unscharf vorgegeben. Es werden zeitliche, wertmäßige usw. Toleranzen usw. vorgegeben. Neben quantitativen, mit Toleranzen behafteten Zielstellungen werden der nachgeordneten Ebene Kriterien und Richtlinien für ihre Entscheidungen und Handlungen mitgeteilt.
4. Den Zielvorgaben, Kriterien und Richtlinien wird ein Stimulierungssystem zugeordnet, das geeignet ist, eine hohe Aktivität der nachgeordneten Hierarchieebenen und ihre freiwillige Ausrichtung auf die Ziele des Gesamtsystems herbeizuführen.

Auf ein Beispiel zur Kopplung von Hierarchieebenen wird hier verzichtet, diese Probleme werden in den Kapiteln 5 und 7 ausführlicher behandelt.

3. Modellbildung und Parameterschätzung mit Hilfe der Systemanalyse

Im 2. Kapitel wurden Modelltypen vorgestellt, mit denen Fertigungssysteme und Fertigungsprozesse beschrieben werden können. An Beispielen wurden Modelle für konkrete Prozesse entwickelt. Für die wissenschaftliche Untersuchung und Steuerung von Fertigungsprozessen ist es erforderlich, systematische Verfahren zur Modellbildung und zur Schätzung der in den Modellen enthaltenen Parameter zur Verfügung zu haben.

Entsprechend der auf Seite 29 gegebenen Definition müssen die Modelle in den für die jeweilige Untersuchung wesentlichen Eigenschaften genähert mit denen des Originals übereinstimmen. Um ein Modell zur Steuerung eines Prozesses nutzen zu können, muß es ermöglichen, das mit Wahrscheinlichkeit zu erwartende künftige Verhalten des Originals vorauszusagen. Dieses voraussichtliche Verhalten hängt von der anzuwendenden Steuerstrategie ab und beschreibt die zu erwartende Reaktion des Originals auf ungesteuerte und steuernde äußere Einwirkungen. Diese Anforderungen werden erfüllt, wenn aus den Modellen die zeitliche Entwicklung der Erwartungswerte der relevanten Systemeigenschaften gewonnen werden können. Hierzu gehören die Erwartungswerte der Eingangs-, Ausgangs- und Zustandsgrößen, die Kovarianzmatrizen und evtl. höhere Momente dieser Größen (s. Tab. 2.2.2-1 und Tab. 2.3.2-2).

Wesentlich ist, daß die Modelle Aussagen oder Parameter enthalten, die zeitunabhängig sind oder deren zu erwartender zeitlicher Verlauf vorausgesagt werden kann. So ist es z. B. zweckmäßig, einen homogenen Markowschen Prozeß mit den zeitunabhängigen Übergangswahrscheinlichkeiten und nicht mit den im nichtstationären Betrieb zeitabhängigen Auftretenswahrscheinlichkeiten seiner Eigenschaften zu beschreiben.

Es wurden sehr viele Methoden der Systemanalyse und Modelltypen entwickelt. Es werden einige ausgewählte für die Modellierung von Fertigungssystemen und Fertigungsprozessen besonders geeignete Methoden und Modelltypen behandelt.

Modelle können durch *theoretische Überlegungen*, d. h. mit der *theoretischen Systemanalyse* und durch *Messungen i. w. S. am Original*, d. h. mit der *experimentellen Systemanalyse*, erhalten werden. I. allg. werden theoretische Überlegungen mit experimentellen Untersuchungen gekoppelt. Das geschieht im Prinzip so, daß mit Hilfe theoretischer Überlegungen Modellstrukturen entwickelt werden. Die in diesen Modellen enthaltenen Parameter werden aus am Original erhaltenen Meßreihen geschätzt.

3.1. Theoretische Systemanalyse

Ein Modell eines technologischen Prozesses wird erhalten, wenn es gelingt, die wesentlichen Eingangs- und Ausgangsgrößen bzw. Eingangs-, Ausgangs- und Zustandsgrößen zu ermitteln und aus theoretischen Überlegungen Relationen zwischen diesen Größen abzuleiten, die die interessierenden Eigenschaften des Originals hinreichend genau wiedergeben. Welche Größen und Beziehungen wesentlich sind und wie genau sie ermittelt werden müssen, hängt vom jeweiligen Untersuchungsziel ab. Die Modelle werden aus bekannten, oder vom modellierenden Subjekt angenommenen, physikalischen, technischen und ökonomischen Größen und aus bekannten physikalischen, technischen und ökonomischen Gesetzmäßigkeiten abgeleitet. Vor allem werden Bilanzgleichungen für Stoffe, Energien, Bearbeitungszeiten usw. genutzt.

Die Modellierung setzt i. allg. voraus, daß es gelingt, ein technologisches System und die in ihm ablaufenden Prozesse in Teilsysteme und Teilprozesse zu zerlegen, die mit Hilfe bekannter oder begründet angenommener Beziehungen beschrieben werden. Durch Kopplung der Modelle der Teilsysteme wird ein Modell des Gesamtsystems erhalten. Aus diesem Modell werden analytisch oder durch Simulation Eigenschaften und das Verhalten des Systems ermittelt. Diese Eigenschaften und das Verhalten geben genähert Eigenschaften und Verhalten des Originals wieder.

Ein Modell einer Fertigungseinrichtung kann mit Hilfe theoretischer Überlegungen erhalten werden, wenn die an den Arbeitsgegenständen auszuführenden Arbeitsgänge hinreichend exakt festgelegt werden können und die Bearbeitungszeiten für jeden Arbeitsgang bekannt sind. Mit Hilfe von Bilanzgleichungen können wichtige Eigenschaften, wie Kapazität, Auslastung, Stückzahlen bearbeiteter Gegenstände, angegeben werden. Das gelingt jedoch in der Regel nur, wenn von den stochastischen Eigenschaften der Prozesse abgesehen werden kann.

Das ist z. B. in der Fertigungszelle des Beispieles 2.2.2-1 a (Seite 35) der Fall, wenn die Bearbeitungszeiten der Arbeitsgegenstände determinierte Größen sind. Unter diesen Bedingungen erhält man mit Hilfe der theoretischen Systemanalyse ein determiniertes Modell der Fertigungszelle. Die determinierten Eigenschaften des Modells können dann durch Simulation des (determinierten) Prozesses ermittelt werden.

Die langfristige Fertigungsplanung in höheren Hierarchieebenen geht i. allg. davon aus, daß Bearbeitungszeiten usw. hinreichend genau festliegen und von stochastischen Eigenschaften abgesehen werden kann (s. Abschnitt 2.4.1.).

Ist es nicht möglich, die in den Fertigungseinrichtungen ablaufenden Vorgänge auf Grund theoretischer Überlegungen hinreichend genau zu beschreiben und kann von den stochastischen Eigenschaften nicht abgesehen werden, führt die theoretische Systemanalyse nicht zum Ziel. Das ist der Fall, wenn sehr komplexe und komplizierte Vorgänge in den Fertigungseinrichtungen ablaufen und/oder Eigenschaften der Arbeitsgegenstände und Bearbeitungsprozesse starken Schwankungen unterliegen, deren Erwartungswerte aber aus theoretischen Überlegungen nicht vorausgesagt werden können.

In diesen Fällen werden auf Grund theoretischer Überlegungen Modelle (Modellstrukturen) aufgestellt, die Parameter enthalten, die mit Hilfe der experimentellen Systemanalyse geschätzt werden. Diese Situation wird bei diskontinuierlichen technologischen Prozessen in der Regel vorliegen.

Im Prinzip ist es möglich, Strukturen und Parameter von Modellen allein mit Hilfe der experimentellen Systemanalyse zu erhalten. Dabei wird so vorgegangen, daß für eine endliche Anzahl von Modelltypen die Parameter geschätzt werden. Aus diesen Modellen wird dasjenige ausgewählt, das nach vorzugebenden Kriterien die relevanten Eigenschaften des Originals am besten wiedergibt. Das erfordert jedoch so umfangreiche Meßreihen, daß diese Methode zur Modellierung von Fertigungsprozessen kaum in Frage kommt.

3.2. Experimentelle Systemanalyse

3.2.1. Theoretische Grundlagen, Definitionen

Unter der *experimentellen Systemanalyse* wird die Ermittlung von Modellen aus am Original durchgeführten Experimenten verstanden. Diese Experimente können darin bestehen, daß am durch die Systemanalyse nicht beeinflußten Prozeß Messungen i. w. S. durchgeführt werden (passive Experimente). Die Messungen können auch erfolgen, wenn gleichzeitig der Prozeß nach einer für die Durchführung der Prozeßanalyse besonders geeigneten Strategie gesteuert wird (aktive Experimente). Die experimentelle Systemanalyse schließt die Fälle ein,

- daß ein Modell (eine Modellstruktur) mit einer Anzahl nicht oder ungenau bekannter Parameter vorliegt, die zu schätzen sind, oder
- daß eine endliche Menge von Modellen (Modellstrukturen) vorliegt, deren unbekannte Parameter zu schätzen sind und aus denen das „beste" Modell auszuwählen ist.

Die experimentelle Systemanalyse wird dann angewandt, wenn wegen der Komplexität der Fertigungssysteme, wegen der großen Anzahl gleichzeitig wirkender oft nur ungenau voraussagbarer Einflüsse, wegen der Überlagerung determinierter Vorgänge durch zufällige Ereignisse und Einflüsse allein aus theoretischen Untersuchungen kein Modell erhalten werden kann, das die Eigenschaften und das Verhalten des Originals hinreichend genau wiedergibt.

Die experimentelle Systemanalyse wird grundsätzlich so durchgeführt, daß aus Messungen am Original Modelle abgeleitet werden, deren Verhalten möglichst gut mit dem des Originals übereinstimmt. Dazu werden die Ausgangsgrößen von Modell und Original verglichen.

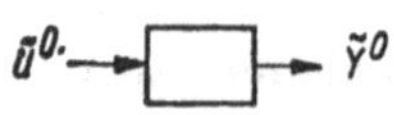

Abb. 3.2.1-1
Verhalten eines stochastischen Systems (Original)

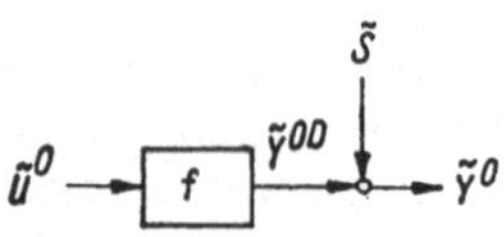

Abb. 3.2.1-2
Zerlegung der Beziehungen zwischen $\tilde{\mathbf{U}}^0$ und $\tilde{\mathbf{Y}}^0$ in einen determinierten und einen stochastischen Anteil

Das Verhalten des Originals wird durch Abb. 3.2.1-1 charakterisiert. Die Beziehungen zwischen $\tilde{\mathbf{U}}^0$ und $\tilde{\mathbf{Y}}^0$ sind stochastisch. In der Theorie der experimentellen Systemanalyse wird i. allg. vorausgesetzt, daß sich die Beziehungen zwischen $\tilde{\mathbf{U}}^0$ und $\tilde{\mathbf{Y}}^0$ in einen stochastischen und einen determinierten Anteil entsprechend Abb. 3.2.1-2 zerlegen lassen. Es gilt dann

$$\tilde{\mathbf{Y}}^0 = \mathbf{f}^0(\tilde{\mathbf{U}}^0) + \tilde{\mathbf{S}} . \tag{3.2.1-1}$$

Der Erwartungswert von $\tilde{\mathbf{S}}$ soll verschwinden, d. h., es gilt

$$\mathbf{E}(\tilde{\mathbf{S}}) = 0 . \tag{3.2.1-2}$$

Zur Modellierung in Frage kommende Modelle werden durch

$$\tilde{\mathbf{Y}}^{M\lambda} = \mathbf{f}^{M\lambda}(\tilde{\mathbf{U}}^0, \mathbf{b}^{M\lambda}), \qquad \lambda \in \{1, \dots, \Delta\} \tag{3.2.1-3}$$

beschrieben. $\mathbf{b}^{M\lambda}$ ist ein Vektor freier, mit Hilfe der Systemanalyse zu bestimmender Parameter. $\mathbf{f}^0$ ist eine unbekannte Funktion, die durch ein $\mathbf{f}^{M\lambda}$ angenähert werden soll. Die Systemanalyse läßt sich durch Abb. 3.2.1-3 veranschaulichen. Aus den zufälligen Verläufen $\tilde{\mathbf{U}}^0$ und $\tilde{\mathbf{Y}}^0$ wird ein $\mathbf{f}^{M\lambda}$ so ermittelt, daß $\tilde{\mathbf{Y}}^0$ und $\tilde{\mathbf{Y}}^{M\lambda}$ möglichst gut übereinstimmen.

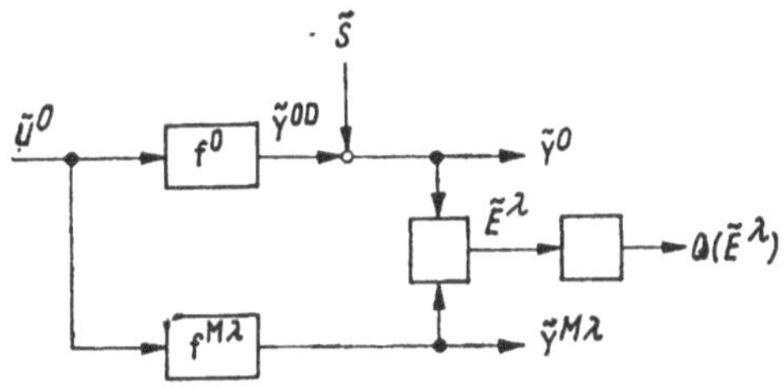

Abb. 3.2.1-3
Schematische Darstellung eines stochastischen Modells der Systemanalyse

Das kann so geschehen, daß aus $\tilde{\mathbf{Y}}^0$ und $\tilde{\mathbf{U}}^0$ für verschiedene Modelle $\mathbf{f}^{M\lambda}(\tilde{\mathbf{U}}^0, \mathbf{b}^{M\lambda})$ die *Parametervektoren* $\mathbf{b}^{M\lambda}$ so berechnet werden, daß Gütefunktionen $\mathbf{Q}(\tilde{\mathbf{E}}^\lambda)$ minimiert werden. $\tilde{\mathbf{E}}^\lambda$ ist eine aus $\tilde{\mathbf{Y}}^0$ und $\tilde{\mathbf{Y}}^{M\lambda}$ erhaltene Vergleichsgröße. Die Funktion $\mathbf{f}^{M\lambda^*}(\tilde{\mathbf{U}}^0, \mathbf{b}^{M\lambda^*})$ wird als Modell ausgewählt, für die

$$\mathbf{Q}(\tilde{\mathbf{E}}^{\lambda^*}) = \min_{\forall \lambda} \mathbf{Q}(\tilde{\mathbf{E}}^\lambda) \tag{3.2.1-4}$$

gilt. $\mathbf{Q}(\tilde{\mathbf{E}}^\lambda)$ ist ein Maß für die Güte des Modelles λ.

Eine zweite Möglichkeit besteht darin, daß für vorgegebene λ und $\mathbf{b}^{M\lambda}$ die Gütefunktion $\mathbf{Q}(\tilde{\mathbf{E}}^\lambda)$ ermittelt wird. Anschließend wird $\mathbf{b}^{M\lambda}$ nach einer festgelegten Strategie verändert und $\mathbf{Q}(\tilde{\mathbf{E}}^\lambda)$ erneut berechnet. Das Verfahren wird solange fortgesetzt, bis $\mathbf{Q}(\tilde{\mathbf{E}}^\lambda)$ ein Minimum erreicht hat. Dieses iterative Verfahren kann für alle Modellansätze $\mathbf{f}^{M\lambda}$, $\lambda \in \{1, \dots, \Delta\}$, nacheinander durchgeführt werden, um das beste Modell aus der Klasse zu ermitteln.

Die hier angegebene Methode stellt eine sehr allgemeingültige mathematische Abstraktion dar. Sie unterstellt, daß die in Abb. 3.2.1-3 enthaltenen Größen aus einer endlichen Anzahl von Realisierungen geschätzt wurden. Sie beschreibt die Zielstellung der Systemanalyse präzise und relativ anschaulich.

Für die praktische Durchführung der Systemanalyse ist es notwendig, von n Realisierungen auszugehen. Abb. 3.2.1-4 stellt die Zusammenhänge für die ν-te Realisierung dar. $\hat{\mathbf{f}}^\lambda$ ist eine Schätzung für $\mathbf{f}^{M\lambda}$ und $\mathbf{b}^{M\lambda}$.

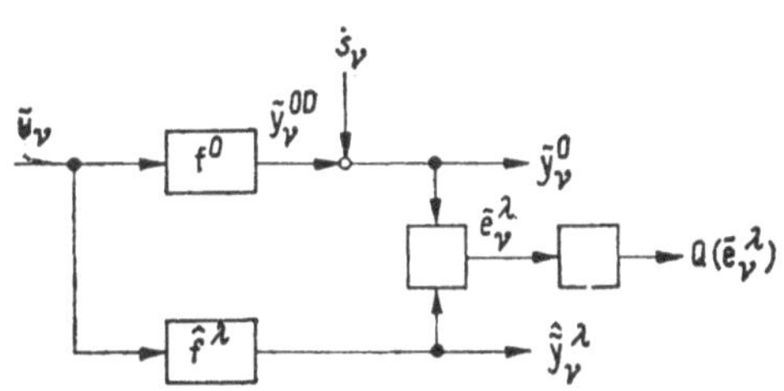

Abb. 3.2.1-4
Modell der ν-ten Realisierung eines Prozesses der Systemanalyse

Ausgehend von diesen abstrakten aber sehr allgemeingültigen Betrachtungen sind konkrete Verfahren zur Systemanalyse abzuleiten.

Das geschieht nicht allgemein, sondern für eine Auswahl von für die Modellierung von Fertigungsprozessen wichtigen Modellen und Verfahren.

Ein sehr einfacher Fall liegt vor, wenn für jede Realisierung $\nu \in \{1, \dots, n\}$ $u_\nu(k)$, $y_\nu^{0D}(k)$, $s_\nu(k)$, $y_\nu^0(k)$ und $y_\nu^{\lambda\nu}(k)$ skalare Größen sind und für jedes $k \in \{1, \dots, N\}$ der Ansatz

$$\begin{aligned} y_\nu^{M\lambda}(k) &= f^{M\lambda}(u_\nu(k)) = y_\nu^M(k) = f^M(u_\nu(k), b_0^M(k), b_1^M(k)) \\ &= b_0^M(k) + b_1^M(k)\, u_\nu(k) \end{aligned} \tag{3.2.1-5}$$

gemacht werden kann.

Werden zu einem festen Zeitpunkt k an n gleichartigen Systemen Messungen durchgeführt, dann werden die Meßwertsätze

$$y_1^0(k), y_2^0(k), \dots, y_n^0(k)\,, \tag{3.2.1-6a}$$

$$u_1(k), u_2(k), \dots, u_n(k) \tag{3.2.1-6b}$$

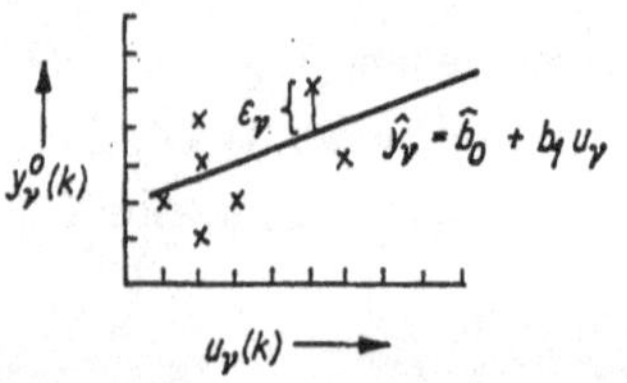

Abb. 3.2.1-5
Parameterschätzung mit Hilfe der Methode der kleinsten Quadrate (lineare Regression)

erhalten. Einige dieser Meßpunkte sind in Abb. 3.2.1-5 eingetragen. Jeder Punkt in Abb. 3.2.1-5 kann mehrfach durch Meßwerte $u_\nu(k), y_\nu^0(k)$ besetzt sein. Die Modellgleichung (3.2.1-5) drückt aus, daß alle Eingangs- und Ausgangsgrößen des Modells auf einer Geraden liegen sollen. Diese Gerade soll „möglichst gut" die Beziehungen zwischen $u_\nu(k)$ und den unbekannten und i. allg. nicht meßbaren Größen $y_\nu^{0D}(k)$ wiedergeben. Das „möglichst gut" ist festzulegen. Es liegt nahe, anzunehmen, daß diese Anforderungen von einer Geraden erfüllt werden, die so durch die Meßpunkte gelegt wird, daß die Summe aller Abstandsquadrate

$$\varepsilon_\nu^2(k) = \left(y_\nu^0(k) - \hat{b}_0(k) - \hat{b}_1(k)\, u_\nu(k)\right)^2 \tag{3.2.1-7}$$

ein Minimum wird. $\hat{b}_0(k)$ und $\hat{b}_1(k)$ sind Schätzungen von $b_0^M(k)$ und $b_1^M(k)$. Es soll gelten

$$\sum_{\nu=1}^{n} \varepsilon_\nu^2(k) = \sum_{\nu=1}^{n} \left(y_\nu^0(k) - \hat{b}_0(k) - \hat{b}_1(k)\, u_\nu(k)\right)^2 = Q \Rightarrow \text{Min.} \tag{3.2.1-8}$$

Diese Schätzmethode heißt *Methode der kleinsten Quadrate.*

Notwendige Bedingungen dafür, daß für $\hat{b}_0(k)$, $\hat{b}_1(k)$ die Gütefunktion Q ein Minimum erreicht, sind

$$\frac{\partial Q}{\partial \hat{b}_0} = -2 \sum_{\nu=1}^{n} \left(y_\nu^0(k) - \hat{b}_0(k) - \hat{b}_1(k)\, u_\nu(k)\right) = 0\,, \tag{3.2.1-9a}$$

$$\frac{\partial Q}{\partial \hat{b}_1} = -2 \sum_{\nu=1}^{n} \left(y_\nu^0(k) - \hat{b}_0(k) - \hat{b}_1(k)\, u_\nu(k)\right) u_\nu(k) = 0\,. \tag{3.2.1-9b}$$

Aus (3.2.1-9) folgt nach elementarer Rechnung

$$\hat{b}_0(k) = \bar{y}^0(k) - \frac{n\bar{u}(k)\,\bar{y}^0(k) - \bar{u}(k)\sum_{\nu=1}^{n} y_\nu^0(k)\,u_\nu(k)}{n\bar{u}^2(k) - \sum_{\nu=1}^{n} u_\nu^2(k)} \tag{3.2.1-10a}$$

$$\hat{b}_1(k) = \frac{n\bar{u}(k)\,\bar{y}^0(k) - \sum_{\nu=1}^{n} y_\nu^0 u_\nu}{n\bar{u}^2(k) - \sum_{\nu=1}^{n} u_\nu^2(k)}. \tag{3.2.1-10b}$$

Mit

$$\sum_{\nu=1}^{n} (u_\nu - \bar{u})^2 = \sum_{\nu=1}^{n} (u_\nu^2 - 2\bar{u}u_\nu + \bar{u}^2) = \sum_{\nu=1}^{n} u_\nu^2 - n\bar{u}^2, \tag{3.2.1-11a}$$

$$\sum_{\nu=1}^{n} (u_\nu - \bar{u})\,(y_\nu^0 - \bar{y}^0) = \sum_{\nu=1}^{n} u_\nu y_\nu^0 - n\overline{uy^0} \tag{3.2.1-11b}$$

und

$$\mathsf{K}_u = \frac{1}{n-1} \sum_{\nu=1}^{n} (u_\nu - \bar{u})^2 \tag{3.2.1-11c}$$

wird daraus

$$\hat{b}_0(k) = \bar{y}^0(k) - \frac{\sum_{\nu=1}^{n} u_\nu(k)\,y_\nu^0(k)}{(n-1)\,\mathsf{K}_u(k)}\,\bar{u}(k) \tag{3.2.1-12a}$$

und

$$\hat{b}_1(k) = \frac{\sum_{\nu=1}^{n} u_\nu(k)\,y_\nu^0(k)}{(n-1)\,\mathsf{K}_u(k)}. \tag{3.2.1-12b}$$

Unter Beachtung von Tab. A 1.2 (Anhang 1) geht (3.2.1-12) über in

$$\hat{b}_0(k) = \bar{y}^0(k) - \frac{\mathsf{K}_{uy}(k)}{\mathsf{K}_u(k)}\,\bar{u}(k), \tag{3.2.1-13a}$$

$$b_1(k) = \frac{\mathsf{K}_{uy}(k)}{\mathsf{K}_u(k)}. \tag{3.2.1-13b}$$

Da die betrachteten n Prozesse eine Stichprobe aus einer Grundgesamtheit darstellen, sind $\hat{b}_0(k)$ und $\hat{b}_1(k)$ Realisierungen von Zufallsgrößen $\hat{B}_0(k)$ und $\hat{B}_1(k)$.

Ist aus theoretischen Überlegungen oder aus Erfahrung bekannt, daß für das Original gilt

$$y_\nu^0(k) = b_0(k) + b_1(k)\,u_\nu(k) + s_\nu(k), \tag{3.2.1-14}$$

dann wird aus (3.2.1-9)

$$\sum_{\nu=1}^{n} \{(\hat{b}_0(k) - b_0(k)) + (\hat{b}_1(k) - b_1(k))\,u_\nu(k) + s_\nu(k)\} = 0, \tag{3.2.1-15a}$$

$$\sum_{\nu=1}^{n} \{(\hat{b}_0(k) - b_0(k)) + (\hat{b}_1(k) - b_1(k))\,u_\nu(k) + s_\nu(k)\,u_\nu(k)\} = 0 \tag{3.2.1-15b}$$

und daraus

$$\hat{b}_0(k) - b_0(k) = \frac{\sum_{\nu=1}^{n} (u_\nu(k) - \bar{u}(k))\,(s_\nu(k) - \bar{s}(k))}{\sum_{\nu=1}^{n} (u_\nu - \bar{u})^2}\,\bar{u}(k) - \bar{s}(k) \tag{3.2.1-16a}$$

und

$$\hat{b}_1(k) - b_1(k) = \frac{\sum_{\nu=1}^{n} (u_\nu(k) - \bar{u}(k))\,(s_\nu(k) - \bar{s}(k))}{\sum_{\nu=1}^{n} (u_\nu - \bar{u})^2}\,. \tag{3.2.1-16b}$$

$\Delta b_0(k) = \hat{b}_0(k) - b_0(k)$ und $\Delta b_1(k) = \hat{b}_1(k) - b_1(k)$ sind Realisierungen von

$$\Delta B_0(k) = \hat{B}_0(k) - b_0(k)\,, \tag{3.2.1-17a}$$

$$\Delta B_1(k) = \hat{B}_1(k) - b_1(k)\,. \tag{3.2.1-17b}$$

(3.2.1-16b) kann (s. Anhang 1) umgeformt werden in

$$\hat{b}_1 - b_1 = \frac{\sum_{\forall\varphi^i} \sum_{\forall\sigma^j} h_{ij}^*(u_\nu(k) - \bar{u}(k) = \varphi^i - \bar{u}(k))\,(s_\nu(k) - \bar{s}(k) = \sigma^j - \bar{s}(k))}{\sum_{\forall\varphi^i} h_i^*(u_\nu(k) - \bar{u}(k) = \varphi^i - \bar{u}(k))^2}\,. \tag{3.2.1-18b}$$

Für $n \to \infty$ wird daraus

$$\lim_{n\to\infty} (\hat{b}_1(k) - b_1(k)) = \frac{\sum_{\forall\varphi^i} \sum_{\forall\sigma^j} p_{ij}^*(\varphi^i - \mu_u(k))\,(\sigma^j - \mu_s(k))}{\sum_{\forall\varphi^i} p_i^*(\varphi^i - \mu_u(k))^2} = \frac{\mathsf{S}_{us}(k)}{\mathsf{S}_u(k)} = 0\,. \tag{3.2.1-19b}$$

Dabei ist

$$\mu_u(k) = \mathsf{E}\{U(k)\} = \sum_{\forall\varphi^i} \varphi^i \mathsf{P}(U(k) = \varphi^i) \tag{3.2.1-20a}$$

und

$$\mu_s(k) = \mathsf{E}\,\{S(k)\} = \sum_{\forall\sigma^j} \sigma^j \mathsf{P}(S(k) = \sigma^j)\,. \tag{3.2.1-20b}$$

Für $\mathsf{S}_u(k) \neq 0$ ist (3.2.1-19) „fast sicher" richtig, wenn $U(k)$ und $S(k)$ voneinander unabhängig sind. Das heißt, es ist

$$\lim_{n\to\infty} P(\Delta B_1 = 0) = 1\,. \tag{3.2.1-21b}$$

Da n voneinander unabhängige Versuche durchgeführt wurden, um b_0 und b_1 zu bestimmen, gelten (3.2.1-19b) und (3.2.1-21b).

$\Delta b_1 = \hat{b}_1 - b_1$ ist eine Realisierung von

$$\Delta B_1 = \frac{\sum_{\nu=1}^{n} (U_\nu(k) - \bar{U}(k))\,(S_\nu(k) - \bar{S}(k))}{\sum_{\nu=1}^{n} (U_\nu(k) - \bar{U}(k))^2}\,. \tag{3.2.1-22b}$$

Es läßt sich beweisen, daß auch für einen endlichen Stichprobenumfang n gilt

$$\mathsf{E}(\Delta B_1) = 0\,. \tag{3.2.1-23b}$$

Der Erwartungswert $\mathsf{E}(\hat{b}_1(k))$ stimmt also mit $b_1(k)$ überein.

In analoger Weise gilt

$$\lim_{n\to\infty} (\hat{b}_0(k) - b_0(k)) = \mu_u(k) \cdot \frac{\mathsf{S}_{us}(k)}{\mathsf{S}_u(k)} - \mu_s(k) = 0\,, \tag{3.2.1-19a}$$

$$\lim_{n\to\infty} \mathsf{P}(\Delta B_0 = 0) = 1 \tag{3.2.1-21a}$$

und

$$\mathsf{E}(\Delta B_0) = 0\,. \tag{3.2.1-23b}$$

Aus $\hat{b}_0$, $\hat{b}_1$, b_0, b_1 werden die Parametervektoren

$$\hat{\mathbf{b}} = \begin{pmatrix} \hat{b}_0 \\ \hat{b}_1 \end{pmatrix}, \qquad \mathbf{b} = \begin{pmatrix} b_0 \\ b_1 \end{pmatrix}, \qquad \Delta\mathbf{b} = \begin{pmatrix} \Delta b_0 \\ \Delta b_1 \end{pmatrix} \tag{3.2.1-24}$$

und die zufälligen Vektoren

$$\hat{\boldsymbol{B}} = \begin{pmatrix} \hat{B}_0 \\ \hat{B}_1 \end{pmatrix}, \qquad \boldsymbol{B} = \begin{pmatrix} B_0 \\ B_1 \end{pmatrix}, \qquad \Delta\boldsymbol{B} = \begin{pmatrix} \Delta B_0 \\ \Delta B_1 \end{pmatrix}. \tag{3.2.1-25}$$

erhalten.

In der Technologie stehen oftmals nicht mehrere gleichartige Prozesse zur Verfügung, aus deren Beobachtung Parameter eines Prozeßmodells geschätzt werden können. Es liegt also nahe, zu prüfen, ob und unter welchen Bedingungen aus der Beobachtung eines einzigen Prozesses brauchbare Schätzungen für Modellparameter zu erhalten sind.

Das Verhalten eines Prozesses soll durch die Gleichung

$$\begin{aligned} y^{M\lambda}(k) &= f^{M\lambda}(u(k)) = y^M(k) = f^M(u(k)) \\ &= b_0^M + b_1^M u(k)\,, \qquad k = 1, \dots, N\,, \end{aligned} \tag{3.2.1-26}$$

modelliert werden. Es wird vorausgesetzt, daß die unbekannten Parameter b_0 und b_1 des Originals zeitunabhängig sind. Durch Experimente am Original werden die Meßwertsätze

$$y^0(1), y^0(2), \dots, y^0(N)\,, \tag{3.2.1-27a}$$

$$u(1), u(2), \dots, u(N) \tag{3.2.1-27b}$$

erhalten. Mit der Methode der kleinsten Quadrate wird

$$\hat{b}_0 = \bar{y}^0 - \frac{\mathsf{K}_{uy}}{\mathsf{K}_u} \tag{3.2.1-28a}$$

und

$$\hat{b}_1 = \frac{\mathsf{K}_{uy}}{\mathsf{K}_u} \tag{3.2.1-28b}$$

erhalten. Die Mittelungen erfolgen hier nicht über an einer Anzahl von Originalen gleichzeitig erhaltene Meßwerte, sondern über die nacheinander am gleichen Original erhaltenen Meßwerte. Anstelle von Scharmitteln treten Zeitmittel. Den Gleichungen (3.2.1-19) und (3.2.1-21) analoge Beziehungen gelten, wenn $U(k)$ und $S(k)$ unkorreliert sind. Das ist aber unter den gegebenen Bedingungen häufig nicht der Fall und muß durch entsprechende Untersuchungen am Original überprüft werden. Es müssen hinreichend kleine K_{us} für die Meßreihen erhalten werden. Ist mit der Methode der kleinsten Quadrate keine sinnvolle Parameterschätzung zu erhalten, sind Spezialverfahren [3.2-ST], [3.2-MA], [3.2-SO] anzuwenden. Bevor das an einfachen Fällen eingeführte Schätzverfahren verallgemeinert wird, ist es erforderlich, einige Kriterien für die Güte von Parameterschätzungen anzugeben.

Aus am Original ermittelten Meßwertsätzen

$$\tilde{\mathbf{u}} = \mathbf{u}(1) \dots \mathbf{u}(0) \tag{3.2.1-29a}$$

$$\tilde{\mathbf{y}}^0 = \mathbf{y}^0(1) \dots \mathbf{y}^0(N) \tag{3.2.1-29b}$$

ist für ein Modell

$$\mathbf{y}^M(k) = \mathbf{f}^M(\mathbf{u}(k)) = \mathbf{f}^M(\mathbf{u}(k), \mathbf{b}^M) \tag{3.2.1-30}$$

(s. Abb. 3.2.1-4) der Parametervektor $\mathbf{b}^M$ so zu schätzen, daß der geschätzte Vektor $\hat{\mathbf{b}}$ dem hypothetischen Parametervektor $\mathbf{b}$ des Originals möglichst nahe kommt. Es wird vorausgesetzt, daß für das Original

$$\mathbf{y}^0(k) = \mathbf{y}^{0D}(k) + \mathbf{s}(k) \tag{3.2.1-31}$$

gilt. Für $\mathbf{y}^{0D}(k)$ soll gelten

$$\mathbf{y}^{0D}(k) = \mathbf{f}^0(\mathbf{u}(k)) = \mathbf{f}^0(\mathbf{u}(k), \mathbf{b}) \,. \tag{3.2.1-32}$$

$\mathbf{s}(k)$ ist die Realisierung eines zufälligen Vektors $\boldsymbol{S}(k)$. Nach R. A. Fischer wird das „möglichst nahe" durch folgende Bedingungen definiert [3.2-ST]:

1. Eine *Schätzung* $\hat{\mathbf{b}}$ soll passend oder *konsistent* sein. Das heißt, es soll sein

$$\lim_{N\to\infty} \mathsf{P}\{|\mathbf{b} - \hat{\mathbf{b}}| > \varepsilon\} = 0 \,. \tag{3.2.1-33}$$

2. Eine Schätzung soll *erwartungstreu* oder *unverzerrt* sein, d. h., es soll sein

$$\mathsf{E}(\hat{\mathbf{B}}) = \mathbf{b} \,. \tag{3.2.1-34}$$

3. Gibt es mehrere konsistente Schätzungen, soll die mit dem kleinsten

$$\mathsf{E}(\Delta B\,\Delta B^{\mathsf{T}}) = \begin{bmatrix} \mathsf{E}(\Delta B_1\,\Delta B_1) & \dots & \mathsf{E}(|\Delta B_1\,\Delta B_I|) \\ \cdot & \dots & \cdot \\ \cdot & \dots & \cdot \\ \cdot & \dots & \cdot \\ \mathsf{E}(|\Delta B_I\,\Delta B_1|) & \dots & \mathsf{E}(\Delta B_I\,\Delta B_I) \end{bmatrix} \tag{3.2.1-35}$$

verwendet werden. Diese Schätzung heißt *höchstwirksam* oder *effektiv.*

4. Die Schätzung soll *erschöpfend* oder *hinreichend* sein, d. h., es sollen alle über $\mathbf{b}$ in den Meßwertsätzen enthaltenen Informationen ausgenutzt werden.

Gelten die Forderungen 2. und 3. nur für $N \to \infty$, heißen die Schätzungen *asymptotisch unverzerrt* oder *asymptotisch effektiv.*

In der experimentellen Systemanalyse ist es gebräuchlich, Meßwertmatrizen und Fehlermatrizen der Form

$$\mathfrak{y}^0(N) = \begin{bmatrix} \mathbf{y}^{0\mathsf{T}}(1) \\ \cdot \\ \cdot \\ \cdot \\ \mathbf{y}^{0\mathsf{T}}(N) \end{bmatrix} = \begin{bmatrix} y_1^0(1) & \dots & y_I^0(1) \\ \cdot & & \cdot \\ \cdot & & \cdot \\ \cdot & & \cdot \\ y_1^0(N) & \dots & y_I^0(N) \end{bmatrix} = \begin{bmatrix} y_{11}^0 & \dots & y_{1I}^0 \\ \cdot & \dots & \cdot \\ \cdot & \dots & \cdot \\ \cdot & \dots & \cdot \\ y_{N1}^0 & \dots & y_{NI}^0 \end{bmatrix}, \tag{3.2.1-36}$$

$$\mathfrak{u}(N) = \begin{bmatrix} \mathbf{u}^{\mathsf{T}}(1) \\ \cdot \\ \cdot \\ \cdot \\ \mathbf{u}^{\mathsf{T}}(N) \end{bmatrix} = \begin{bmatrix} u_1(1) & \dots & u_M(1) \\ \cdot & & \cdot \\ \cdot & & \cdot \\ \cdot & & \cdot \\ u_1(N) & \dots & u_M(N) \end{bmatrix} = \begin{bmatrix} u_{11} & \dots & u_{1M} \\ \cdot & & \cdot \\ \cdot & & \cdot \\ \cdot & & \cdot \\ u_{N1} & \dots & u_{NM} \end{bmatrix}, \tag{3.2.1-37}$$

$$\mathfrak{v}(N) = \begin{bmatrix} \mathbf{v}^{\mathsf{T}}(1) \\ \cdot \\ \cdot \\ \cdot \\ \mathbf{v}^{\mathsf{T}}(N) \end{bmatrix} = \begin{bmatrix} v_1(1) & \dots & v_J(1) \\ \cdot & & \cdot \\ \cdot & & \cdot \\ \cdot & & \cdot \\ v_1(N) & \dots & v_J(N) \end{bmatrix} = \begin{bmatrix} v_{11} & \dots & v_{1J} \\ \cdot & \dots & \cdot \\ \cdot & \dots & \cdot \\ \cdot & \dots & \cdot \\ v_{N1} & \dots & v_{NJ} \end{bmatrix} \tag{3.2.1-38}$$

und

$$(\varepsilon_{li}(N)) = \begin{bmatrix} \boldsymbol{\varepsilon}^{\mathsf{T}}(1) \\ \cdot \\ \cdot \\ \cdot \\ \boldsymbol{\varepsilon}^{\mathsf{T}}(N) \end{bmatrix} = \begin{bmatrix} \varepsilon_1(1) & \dots & \varepsilon_I(1) \\ \cdot & & \cdot \\ \cdot & & \cdot \\ \cdot & & \cdot \\ \varepsilon_1(N) & \dots & \varepsilon_I(N) \end{bmatrix} = \begin{bmatrix} \varepsilon_{11} & \dots & \varepsilon_{1I} \\ \cdot & \dots & \cdot \\ \cdot & \dots & \cdot \\ \cdot & \dots & \cdot \\ \varepsilon_{N1} & \dots & \varepsilon_{NI} \end{bmatrix} \tag{3.2.1-39}$$

zu verwenden. Die $\mathbf{v}(k)$ sind beliebige Funktionen von $\mathbf{u}(k)$, wie z. B.

$$\begin{aligned} \mathbf{b}^{\mathsf{T}}\mathbf{v}(k) &= b_1 v_1(k) + \dots + b_6 v_6(k) \\ &= b_1 + b_2 v_2(k) + \dots + b_5 v_6(k) \\ &= \left(1, u_1(k), u_2(k), u_1(k), u_2(k), u_1^2(k), u_2^2(k)\right) \begin{bmatrix} a_0 \\ a_1 \\ a_2 \\ a_3 \\ a_4 \\ a_5 \end{bmatrix} \end{aligned} \tag{3.2.1-40}$$

Die ersten Spalten von $\mathfrak{u}$ und $\mathfrak{v}$ enthalten i. allg. nur Elemente $u_1(1) = \dots = u_1(N) = v_1(1) = \dots v_1(N) = 1$. Die Modelle stellen Beziehungen zwischen $\mathbf{v}(k) = \mathbf{v}(\mathbf{u}(k))$, $\mathbf{y}(k)$ und einer Parametermatrix $\mathbf{B}^M(k)$ dar. Sie können die Form

$$\mathbf{y}^M(k) = \mathbf{f}^M(\mathbf{v}(k), \mathbf{B}^M(k)) \tag{3.2.1-41}$$

oder

$$\mathbf{z}^M(k+1) = \mathbf{f}^M(\mathbf{z}^M(k), \mathbf{v}(k), \mathbf{A}^M(k), \mathbf{B}^M(k)), \tag{3.2.1-42a}$$

$$\mathbf{y}^M(k) = \mathbf{g}^M(\mathbf{z}^M(k), \mathbf{v}(k), \mathbf{C}^M(k), \mathbf{D}^M(k)) \tag{3.2.1-42b}$$

haben. Die $\mathbf{u}(k)$, $\mathbf{v}(k)$, $\mathbf{z}^M(k)$ und $\mathbf{y}^M(k)$ können verallgemeinerte Eingangs-, Zustands- oder Ausgangsgrößen im Sinne von (2.3.1-4) und (2.3.1-5) (s. S. 54) sein. Hat (3.2.1-41) die Form

$$\mathbf{y}^M(k) = \mathbf{B}^M(k)\,\mathbf{v}(k) \tag{3.2.1-43}$$

oder (3.2.1-42) die Form

$$\mathbf{z}^M(k+1) = \mathbf{A}^M(k)\,\mathbf{z}^M(k) + \mathbf{B}^M(k)\,\mathbf{v}(k) \tag{3.2.1-44a}$$

$$\mathbf{y}^M(k) = \mathbf{C}^M(k)\,\mathbf{z}^M(k) + \mathbf{D}^M(k)\,\mathbf{v}(k) \tag{3.2.1-44b}$$

liegen *parameterlineare Modellansätze* vor. Anderenfalls sind die Modelle *parameternichtlinear*.

Für die Modellierung von diskontinuierlichen Fertigungsprozessen werden i. allg. nur die parameterlinearen Modellansätze benötigt. Die weiteren Betrachtungen werden deshalb auf diese Modellklasse begrenzt.

Die Schätzung von Parametern wird auch als *Parameteridentifikation* bezeichnet. An einigen für die Modellierung von Fertigungsprozessen wichtigen Modellklassen werden im folgenden einige Methoden der Parameteridentifikation dargestellt.

3.2.2. Regression

Ein Original ist durch das Modell

$$\mathbf{y}^M(k) = \mathbf{B}^M \mathbf{v}(k)\,, \tag{3.2.2-1}$$

d. h. durch

$$\mathbf{y}^M(k) = \begin{pmatrix} y_1^M(k) \\ \cdot \\ \cdot \\ \cdot \\ y_I^M(k) \end{pmatrix} = \begin{pmatrix} b_{11}^M & \dots & b_{1J}^M \\ \cdot & \dots & \cdot \\ \cdot & \dots & \cdot \\ \cdot & \dots & \cdot \\ b_{I1}^M & \dots & b_{IJ}^M \end{pmatrix} \begin{pmatrix} v_1(k) \\ \cdot \\ \cdot \\ \cdot \\ v_J(k) \end{pmatrix} \tag{3.2.2-2}$$

anzunähern. Für die i-te Zeile in (3.2.2-2) gilt

$$y_i^M(k) = (\mathbf{b}_i^M)^\mathsf{T}\, \mathbf{v}(k) = \mathbf{v}(k)^\mathsf{T}\, \mathbf{b}_i^M\,. \tag{3.2.2-3}$$

Aus Messungen am Original werden die Matrizen

$$\mathfrak{v}(N) = \begin{pmatrix} \mathbf{v}(1) \\ \cdot \\ \cdot \\ \cdot \\ \mathbf{v}(N) \end{pmatrix}, \qquad \mathfrak{y}_i^0(N) = \begin{pmatrix} y_i^0(1) \\ \cdot \\ \cdot \\ \cdot \\ y_i^0(N) \end{pmatrix}, \forall i \in \{1, \dots, I\} \tag{3.2.2-4}$$

erhalten. Zur Schätzung $\hat{\mathbf{b}}_i$ von $\mathbf{b}_i^M$ wird der Ansatz

$$\begin{aligned} y_i^0(1) &= \hat{y}_i^M(1) + \varepsilon_i(1) = \mathbf{v}^\mathsf{T}(1)\,\hat{\mathbf{b}}_i + \varepsilon_i(1) \\ &\vdots \\ y_i^0(N) &= \hat{y}_i^M(N) + \varepsilon_i(N) = \mathbf{v}^\mathsf{T}(N)\,\hat{\mathbf{b}}_i + \varepsilon_i(N) \end{aligned} \tag{3.2.2-5}$$

verwendet. (3.2.2-5) kann durch

$$\mathfrak{y}_i^0(N) = \hat{\mathfrak{y}}_i^M(N) + \tilde{\boldsymbol{\varepsilon}}_i(N) = \mathfrak{v}(N)\,\hat{\mathbf{b}}_i + \tilde{\boldsymbol{\varepsilon}}_i(N) \tag{3.2.2-6}$$

ausgedrückt werden. Aus (3.2.2-6) ergibt sich

$$\tilde{\boldsymbol{\varepsilon}}_i(N) = \mathfrak{y}_i^0(N) - \mathfrak{v}(N)\,\hat{\mathbf{b}}_i \tag{3.2.2-7}$$

Die Summe der Quadrate von $\varepsilon_i(k)$ wird

$$\tilde{\boldsymbol{\varepsilon}}_i^\mathsf{T}(N)\,\tilde{\boldsymbol{\varepsilon}}_i(N) = \left(\varepsilon_i(1) \dots \varepsilon_i(N)\right) \begin{pmatrix} \varepsilon_i(1) \\ \cdot \\ \cdot \\ \cdot \\ \varepsilon_i(N) \end{pmatrix} = \varepsilon_i^2(1) + \dots + \varepsilon_i^2(N)\,. \tag{3.2.2-8}$$

Mit (3.2.2-8) wird die Gütefunktion

$$Q(N) = \tilde{\boldsymbol{\varepsilon}}_i^{\mathsf{T}}(N)\, \tilde{\boldsymbol{\varepsilon}}_i(N) = \left(\mathfrak{y}_i^0(N) - \mathfrak{v}(N)\,\hat{\mathbf{b}}_i\right)^{\mathsf{T}} \left(\mathfrak{y}_i^0(N) - \mathfrak{v}(N)\,\hat{\mathbf{b}}_i\right) \tag{3.2.2-9}$$

gebildet. Auf analoge Weise, wie im Abschnitt 3.2.1. (Gleichungen (3.2.1-9) bis (3.2.1-13)) wird aus (3.2.2-9) mit der Forderung $Q \Rightarrow$ Min. (N ist weggelassen)

$$\hat{\mathbf{b}}_i = \{\mathfrak{v}^{\mathsf{T}}\mathfrak{v}\}\, \mathfrak{v}^{\mathsf{T}}\mathfrak{y}_i^0, \; i \in \{1, \dots, I\} \tag{3.2.2-10}$$

erhalten. $\hat{\mathbf{b}}_i$ ist für alle i-Komponenten von $\mathbf{y}^M(k)$ zu berechnen. Damit wird (s. (3.2.2-1))

$$\mathbf{B}^M = \begin{pmatrix} \mathbf{b}_1^{\mathsf{T}} \\ \cdot \\ \cdot \\ \cdot \\ \mathbf{b}_I^{\mathsf{T}} \end{pmatrix} = \begin{pmatrix} \{\mathfrak{v}^{\mathsf{T}}\mathfrak{v}\}^{-1}\, \mathfrak{v}^{\mathsf{T}}\mathfrak{y}_1^0 \\ \cdots \\ \cdots \\ \cdots \\ \{\mathfrak{v}^{\mathsf{T}}\mathfrak{v}\}^{-1}\, \mathfrak{v}^{\mathsf{T}}\mathfrak{y}_I^0 \end{pmatrix} \tag{3.2.2-11}$$

Ein Original ist durch das Modell

$$\mathbf{y}^M(k+1) = \mathbf{A}^M\mathbf{y}(k) + \mathbf{B}^M\mathbf{v}(k) \tag{3.2.2-12}$$

d. h. durch

$$\mathbf{y}^M(k+1) = \begin{pmatrix} y_1^M(k+1) \\ \cdot \\ \cdot \\ \cdot \\ y_I^M(k+1) \end{pmatrix} = \begin{pmatrix} a_{11}^M & \cdots & a_{1I}^M \\ \cdot & \cdots & \cdot \\ \cdot & \cdots & \cdot \\ \cdot & \cdots & \cdot \\ a_{I1}^M & \cdots & a_{II}^M \end{pmatrix} \begin{pmatrix} y_1^M(k) \\ \cdot \\ \cdot \\ \cdot \\ y_I^M(k) \end{pmatrix} + \begin{pmatrix} b_{11}^M & \cdots & b_{1J}^M \\ \cdot & \cdots & \cdot \\ \cdot & \cdots & \cdot \\ \cdot & \cdots & \cdot \\ b_{I1}^M & \cdots & b_{IJ}^M \end{pmatrix} \begin{pmatrix} v_1(k) \\ \cdot \\ \cdot \\ \cdot \\ v_J(k) \end{pmatrix} \tag{3.2.2-13}$$

anzunähern.

Anmerkung: Sind die $\mathbf{y}(k)$ und $\mathbf{v}(k)$ verallgemeinerte Größen im Sinne von S. 54, dann sind

$$\mathbf{y}^M(k) = \begin{pmatrix} y_1^M(k) \\ \vdots \\ y_I^M(k) \\ y_{I+1}^M(k-1) \\ \vdots \\ y_{(\varkappa+1)I}^M(k-\varkappa) \end{pmatrix}, \quad \mathbf{v}(k) = \begin{pmatrix} v_1(k) \\ \vdots \\ \cdot \\ \vdots \\ v_{(\varkappa+1)\,J}(k) \end{pmatrix}$$

zu setzen und die Matrizen $\mathbf{A}^M$ und $\mathbf{B}^M$ durch zusätzliche Zeichen und Spalten zu erweitern.

(3.2.2-13) ist aus (3.2.1-44) durch den vereinfachenden, die Allgemeinheit nur wenig einschränkenden Ansatz

$$\mathbf{z}(k) = \mathbf{y}(k) \tag{3.2.2-14}$$

hervorgegangen. Für die i-te Zeile von (3.2.2-13) gilt

$$y_i^M(k+1) = (\mathbf{a}_i^M)^{\mathsf{T}}\, \mathbf{y}^M(k) + (\mathbf{b}_i^M)^{\mathsf{T}}\, \mathbf{v}(k)\,. \tag{3.2.2-15}$$

Mit dem Ansatz

$$y_i^0(k+1) = \hat{y}_i^M(k+1) + \varepsilon_i(k+1)\,, \tag{3.2.2-16a}$$

$$y_i^0(k) = \hat{y}_i^M(k) + \varepsilon_i(k) \tag{3.2.2-16b}$$

wird aus (3.2.2-15)

$$\begin{aligned} y_i^0(k+1) - \varepsilon_i(k+1) = {} & \hat{a}_{i1} y_1^0(k) - \hat{a}_{i1}\varepsilon_1(k) \\ & + \hat{a}_{i2} y_2^0(k) - \hat{a}_{i2}\varepsilon_2(k) + \dots + \hat{a}_{iI} y_I^0(k) - a_{iI}\varepsilon_i(k) + \\ & + \hat{\mathbf{b}}_i^{\mathsf{T}} \mathbf{v}(k) \end{aligned} \tag{3.2.2-17}$$

und daraus

$$\begin{aligned} \varepsilon_i(k+1) + \hat{a}_{i1}\varepsilon_1(k) + \dots + \hat{a}_{iI}\varepsilon_I(k) = {} & y_i^0(k+1) - \hat{a}_{i1} y_1^0(k) - \dots \\ & - \hat{a}_{iI} y_I^0(k) - \hat{b}_{i1} v_1(k) - \dots \hat{b}_{iJ} v_J(k)\,. \end{aligned} \tag{3.2.2-18}$$

Aus der linken Seite von (3.2.2-18) wird ein verallgemeinerter Modellfehler

$$\varepsilon_{iV}(k) = \varepsilon_i(k+1) + \hat{a}_{i1}\varepsilon_1(k) + \dots + \hat{a}_{iI}\varepsilon_I(k) \tag{3.2.2-19}$$

gebildet. Mit diesem verallgemeinerten Modellfehler wird (s. [3.2-ST]) für die i-te Zeile eine Gütefunktion

$$Q(\tilde{\boldsymbol{\varepsilon}}_{iV}(N)) = \tilde{\boldsymbol{\varepsilon}}_{iV}^{\mathsf{T}}(N)\, \tilde{\boldsymbol{\varepsilon}}_{iV}(N) \tag{3.2.2-20}$$

mit $\tilde{\boldsymbol{\varepsilon}}_{iV}^{\mathsf{T}}(N) = (\varepsilon_{iV}(1), \dots, \varepsilon_{iV}(N))$ gebildet. Es ist

$$\begin{aligned} \tilde{\boldsymbol{\varepsilon}}_{iV}(N) &= \begin{pmatrix} \varepsilon_{iV}(1) \\ \cdot \\ \cdot \\ \cdot \\ \varepsilon_{iV}(N) \end{pmatrix} = \begin{pmatrix} y_i^0(2) & - \hat{\mathbf{a}}_i y^0(1) & - \hat{\mathbf{b}}_i \mathbf{v}(1) \\ & \cdot & \\ & \cdot & \\ & \cdot & \\ y_i^0(N+1) & - \hat{\mathbf{a}}_i \mathbf{y}^0(N) & - \hat{\mathbf{b}}_i \mathbf{v}(N) \end{pmatrix} \\ &= \mathfrak{y}_i^0(N+1) - \mathfrak{y}^0(N)\, \hat{\mathbf{a}}_i - \mathfrak{v}(N)\, \hat{\mathbf{b}}_i\,. \end{aligned} \tag{3.2.2-21}$$

Dabei bedeuten in (3.2.2-21)

$$\begin{gathered} \mathfrak{y}_i^0(N+1) = \begin{pmatrix} y_i(2) \\ \cdot \\ \cdot \\ \cdot \\ y_i(N+1) \end{pmatrix}, \quad \mathfrak{y}^0(N) = \begin{pmatrix} y_1^0(1) & \dots & y_I^0(1) \\ \cdot & & \cdot \\ \cdot & & \cdot \\ \cdot & & \cdot \\ y_1^0(N) & \dots & y_I^0(N) \end{pmatrix}, \\ \mathfrak{v}(N) = \begin{pmatrix} v_1(1) & \dots & v_J(1) \\ \cdot & \dots & \cdot \\ \cdot & \dots & \\ \cdot & \dots & \cdot \\ v_1(N) & \dots & v_J(N) \end{pmatrix}, \quad \hat{\mathbf{a}}_i = \begin{pmatrix} \hat{a}_{i1} \\ \cdot \\ \cdot \\ \cdot \\ \hat{a}_{iI} \end{pmatrix}, \quad \hat{\mathbf{b}}_i = \begin{pmatrix} \hat{b}_{i1} \\ \cdot \\ \cdot \\ \cdot \\ \hat{b}_{iJ} \end{pmatrix} \end{gathered} \tag{3.2.2-22}$$

Aus (3.2.2-20) und (3.2.2-21) folgt

$$Q(\tilde{\boldsymbol{\varepsilon}}_{iv}) = (\mathfrak{y}_i^0(N+1) - \mathfrak{w}(N)\, \hat{c}_i)^{\mathsf{T}} (\mathfrak{y}_i^0(N+1) - \mathfrak{w}(N)\, \hat{c}_i)\,. \tag{3.2.2-23}$$

Es ist

$$\mathfrak{w} = \begin{pmatrix} y_1^0(1) & \dots & y_I^0(1) & v_1(1) & \dots & v_J(1) \\ & & & & & \cdot \\ & & & & & \cdot \\ & & & & & \cdot \\ y_1^0(N) & \dots & y_I^0(N) & v_1(N) & \dots & v_J(N) \end{pmatrix}, \qquad \hat{\mathbf{c}}_i = \begin{pmatrix} \hat{\mathbf{a}}_i \\ \hat{\mathbf{b}}_i \end{pmatrix}. \tag{3.2.2-24}$$

Mit der Forderung $Q(\tilde{\varepsilon}_{iv}) \Rightarrow$ Min. wird analog zu (3.2.2-10)

$$\hat{\mathbf{c}}_i = \{\mathfrak{w}^\mathsf{T}\mathfrak{w}\}^{-1}\mathfrak{w}^\mathsf{T}\mathfrak{y}_i^0(N+1), \qquad i \in \{1, \ldots, I\} \tag{3.2.2-25}$$

erhalten.

Beispiel 3.2.2-1: In einer Bedienungsanlage (Fertigungszelle, Werkstatt, Meisterbereich) werden I unterschiedliche Erzeugnisarten E_i, $i \in \{1, \ldots, I\}$ hergestellt. Der gemessene Ausstoß der Erzeugnisart E_i im Intervall $kT_0 < t \leqq (k+1)\,T_0$ ist

$$y_i^0(k) = y_i^M(k) + \varepsilon_i(k) \,. \tag{1}$$

Zur Herstellung eines Erzeugnisses E_i werden a_{ij} Bauteile der Art A_j, $j = 1, \ldots, J$ benötigt. Im Intervall $kT_0 \leqq t < (k+1)\,T_0$ werden

$$\mathbf{u}(k) = \mathbf{v}(k) = \begin{pmatrix} v_1(k) \\ \cdot \\ \cdot \\ \cdot \\ v_J(k) \end{pmatrix} \tag{2}$$

Bauteile eingesteuert. Zwischen den Anzahlen der eingesteuerten Bauteile $\mathbf{v}(k)$ und dem Ausstoß $\mathbf{y}^0(k)$ bestehen stochastische Zusammenhänge.

Die Stochastizität wird hervorgerufen

- durch Warteschlangen vor den Bedienungskanälen,
- durch Fehler in den Bauteilen und bei der Bearbeitung und
- durch zeitweise Ausfälle der Bedienungskanäle.

Für die Planung der künftigen Produktion ist es notwendig, die durch zufällige Schwankungen überlagerten gesetzmäßigen Zusammenhänge zwischen eingesteuerten Bauteilen und gefertigten Erzeugnissen zu kennen. Aus theoretischen Überlegungen und Erfahrung (z. B. aus qualitativen Analysen von Meßreihen) ist ein Zusammenhang der Form

$$\mathbf{y}^M(k+1) = \mathbf{A}^M\mathbf{y}^M(k) + \mathbf{B}^M\mathbf{v}(k) \,, \tag{3}$$

$$\mathbf{v}(k) = \mathbf{d}_0 + \mathbf{d}_1\mathbf{u}_1(k) + \mathbf{d}_2\mathbf{u}_2(k) + \mathbf{d}_3\mathbf{u}_1^2(k) + \mathbf{d}_4\mathbf{u}_1(k)\,\mathbf{u}_2(k) + \mathbf{d}_5\mathbf{u}_2^2(k) \tag{4}$$

zu erwarten. Aus N Messungen der Eingangsgrößen und Ausgangsgrößen werden die Matrizen

$$\mathfrak{y}^0(N+1)\,, \qquad \mathfrak{v}(N) \tag{5}$$

erhalten. Mit (3.2.2-25) werden die

$$\hat{\mathbf{c}}_i = \{\mathfrak{w}^\mathsf{T}\mathfrak{w}\}^{-1}\,\mathfrak{w}^\mathsf{T}\mathfrak{y}_i^0(N+1)\,, \qquad i = 1, \ldots, I \tag{6}$$

berechnet. Die aus den Schätzungen $\hat{\mathbf{c}}_i$, $i = 1, \ldots, I$ erhaltenen $\mathbf{A}^M$ und $\mathbf{B}^M$ sind Parametermatrizen des für beliebige Verläufe $\tilde{\mathbf{v}}$ gültigen Modells (3) zur rekursiven Berechnung des Produktionsausstoßes $\tilde{\mathbf{y}}^M$. Kann angenommen werden, daß die $\mathbf{A}^M$ und $\mathbf{B}^M$ für einen bestimmten Planungszeitraum $K_0 \leqq k^* \leqq K_1$ zeitunabhängig sind, dann kann (3) für die Produktionsplanung in diesem Zeitraum verwendet werden.

Sind $\mathbf{A}^M$ und $\mathbf{B}^M$ in (3.2.2-1) und (3.2.2-12) geschätzt worden, dann können

$$\Delta\mathbf{y}(k) = \mathbf{y}^0(k) - \mathbf{y}^M(k)\,, \qquad \forall k \in \{1, \ldots, N\} \quad \text{bzw.} \quad \forall k \in \{2, \ldots, N+1\} \tag{3.2.2-26}$$

für jede Realisierung $\mathfrak{y}^0$, $\mathfrak{v}^0$ berechnet werden. Aus den $\Delta\mathbf{y}(k)$, $\forall k$ lassen sich statistische Eigenschaften wie Mittelwert, Streuung usw. von $\Delta\mathbf{y}(k)$ berechnen. Sie dienen zur Beurteilung der zufälligen Schwankungen des Prozesses. Die Größe

$$Q^* = \frac{\sum_k \Delta\mathbf{y}^\mathsf{T}(k)\,\Delta\mathbf{y}(k)}{\sum_k \left(\mathbf{y}^0(k) - \bar{\mathbf{y}}\right)^\mathsf{T}\left(\mathbf{y}_0(k) - \bar{\mathbf{y}}\right)} \tag{3.2.2-27}$$

ist ein Maß für die Stochastizität des Prozesses und wenn Q^* für unterschiedliche Modelle $\lambda \in \{1, \dots, \Delta\}$ berechnet wird, für die Güte der jeweiligen Schätzung.

3.2.3. Rekursive Regression

Die im Abschnitt 3.2.2. dargestellten Methoden zur Parameterschätzung sind relativ rechenzeit- und speicherplatzaufwendig. Das liegt daran, daß alle Elemente der Matrizen $\mathfrak{y}(N)$, $\mathfrak{v}(N)$, $\mathfrak{w}(N)$ gleichzeitig gespeichert werden müssen und zur Berechnung der Parameter Operationen mit Matrizen durchgeführt werden müssen, die i. allg. Hunderte von Zeilen und Spalten besitzen. Darüberhinaus liegen häufig bei technologischen Untersuchungen nicht von vornherein alle für eine hinreichend genaue Schätzung notwendigen Meßwerte vor. Es besteht dann die Aufgabe, aus N^* Meßwerten die Parametervektoren $\hat{\mathbf{b}}_i(N^*)$, $\hat{\mathbf{a}}_i(N^*)$, $\hat{\mathbf{c}}_i(N^*)$ zu schätzen und unter Nutzung neu hinzukommender Meßwerte $\hat{\mathbf{b}}_i(N)$, $\hat{\mathbf{a}}_i(N)$, $\hat{\mathbf{c}}_i(N)$ zu schätzen. Durch diese hinzukommenden Meßwerte werden die Schätzungen der Parametervektoren für $N = N^* + k^*$, $k^* = 1, \dots$ schrittweise verbessert. $\hat{\mathbf{b}}_i(N)$, $\hat{\mathbf{a}}_i(N)$, $\hat{\mathbf{c}}_i(N)$ sind die unter Ausnutzung von N Meßwertsätzen erhaltenen Schätzungen. Diese Tatsachen legen es nahe, zu versuchen, rekursive Methoden zur Parameterschätzung zu finden. Solche Methoden müssen es z. B. ermöglichen aus, einer Schätzung $\hat{\mathbf{b}}_i(N)$ durch Ausnutzung neuer Meßwerte $\mathbf{v}(N+1)$, $\mathbf{y}(N+1)$ eine verbesserte Schätzung $\hat{\mathbf{b}}_i(N+1)$ zu errechnen. In diese Berechnung dürfen nur $\hat{\mathbf{b}}(N)$, $\mathbf{v}(N+1)$, $\mathbf{y}^0(N+1)$ eingehen. Die $\mathbf{v}(1), \dots, \mathbf{v}(N)$ und $\mathbf{y}^0(1), \dots, \mathbf{y}^0(N)$ sind in $\hat{\mathbf{b}}(N)$ berücksichtigt und können im Speicher gelöscht sein.

Eine solche Methode stellt die rekursive Regression dar. Sie soll an dem Modell

$$\mathbf{y}^M(k) = \mathbf{B}^M \mathbf{v}(k) \tag{3.2.3-1}$$

erläutert werden. Eine Übertragung auf das Modell (3.2.2-12) kann leicht vorgenommen werden.

Mit (s. (3.2.1-36) bis (3.2.1-39))

$$\mathfrak{y}_i^0(N+1) = \begin{pmatrix} \mathfrak{y}_i^0(N) \\ \mathbf{y}_i^{0\mathsf{T}}(N+1) \end{pmatrix}, \qquad \mathfrak{v}(N+1) = \begin{pmatrix} \mathfrak{v}(N) \\ \mathbf{v}^{\mathsf{T}}(N+1) \end{pmatrix},$$
$$\tilde{\varepsilon}_i(N+1) = \begin{pmatrix} \tilde{\varepsilon}_i(N) \\ \varepsilon_i(N+1) \end{pmatrix} \tag{3.2.3-1}$$

wird aus

$$\tilde{\varepsilon}^{\mathsf{T}}(N+1)\,\tilde{\varepsilon}(N+1) = Q \Rightarrow \text{Min} \tag{3.2.3-2}$$

nach einigen Umformungen [3.2-ST]

$$\hat{\mathbf{b}}_i(N+1) = \hat{\mathbf{b}}_i(N) + \boldsymbol{\Gamma}_i(N)\,\varepsilon_i(N+1) \tag{3.2.3-3}$$

erhalten. Die Vektoren $\mathfrak{y}_i^0(N+1)$ und $\tilde{\varepsilon}_i(N+1)$ und die Matrix $\mathfrak{v}(N+1)$ sind aus $\mathfrak{y}_i^0(N)$, $\mathfrak{v}(N)$ und $\tilde{\varepsilon}(N)$ durch Hinzufügen eines Elementes bzw. einer Zeile entstanden. In (3.2.3-3) ist (s. (3.2.2-5) bis (3.2.2-7))

$$\varepsilon_i(N+1) = y_i^0(N+1) - \mathbf{v}^{\mathsf{T}}(N+1)\,\hat{\mathbf{b}}_i(N)\,, \tag{3.2.3-4}$$

$$\boldsymbol{\Gamma}(N) = \mathbf{C}(N+1)\,\mathbf{v}(N+1) \tag{3.2.3-5}$$

und

$$\mathbf{C}(N+1) = \{\mathfrak{v}(N+1)^{\mathrm{T}}\mathfrak{v}(N+1)\}^{-1}\,. \tag{3.2.3-6}$$

Die Matrix $\mathbf{C}(N+1)$ kann rekursiv berechnet werden nach

$$\mathbf{C}(N+1) = \mathbf{C}(N) - \frac{\mathbf{C}(N)\,\mathbf{v}(N+1)\,\mathbf{v}^{\mathrm{T}}(N+1)\,\mathbf{C}(N)}{1+\mathbf{v}^{\mathrm{T}}(N+1)\,\mathbf{C}(N)\,\mathbf{v}(N+1)}. \tag{3.2.3-7}$$

Als Anfangswert $\mathbf{C}(0)$ kann

$$\mathbf{C}(0) = c^2\mathbf{I}\,, \qquad c^2 \to \infty \tag{3.2.3-8}$$

mit

$$\mathbf{I} = \begin{pmatrix} 1 & 0 & \dots & 0 \\ 0 & 1 & \dots & 0 \\ . & . & \dots & . \\ . & . & \dots & . \\ . & . & \dots & 1 \end{pmatrix}$$

gesetzt werden. Eine andere Möglichkeit der Anfangswertbestimmung besteht darin, mit Hilfe der Regression für N_0 Meßwertsätze eine Anfangsnäherung

$$\hat{\mathbf{b}}_i(N_0) = \{\mathfrak{v}^{\mathrm{T}}(N_0)\,\mathfrak{v}(N_0)\}^{-1}\,\mathfrak{v}^{\mathrm{T}}(N_0)\,\mathfrak{y}_i^0(N_0)\,, \qquad i = 1, \dots, I \tag{3.2.3-9}$$

zu berechnen und

$$\mathbf{C}(N_0) = \{\mathfrak{v}^{\mathrm{T}}(N_0)\,\mathfrak{v}(N_0)\}^{-1} \tag{3.2.3-10}$$

zu setzen. Die zweite Methode führt für $N > N_0$ schnell zu guten Schätzungen.

3.2.4. Rekursive Regression mit exponentiellem Vergessen (Modellanpassung)

In den Abschnitten 3.2.1. und 3.2.2. wurde vorausgesetzt, daß die hypothetischen Parameter $\mathbf{a}_i$ und $\mathbf{b}_i$ des Originals nicht von der Zeit abhängen. Für zeitabhängige $\mathbf{a}_i(k)$, $\mathbf{b}_i(k)$ ist es i. allg. notwendig, n gleichzeitig ablaufende gleichartige Prozesse zu analysieren und aus den Analysenergebnissen $\mathbf{a}_i^M(k)$, $\mathbf{b}_i^M(k)$ zu schätzen, wie das S. 88 an einem einfachem Beispiel beschrieben wurde. Von technologischen Prozessen ist oft nur ein Original vorhanden und die Parameter $\mathbf{a}_i(k)$, $\mathbf{b}_i(k)$ ändern sich langsam. Das tritt vor allem dann auf, wenn die Prozesse durch Alterungsvorgänge oder Lernvorgänge im Fertigungssystem beeinflußt werden. Die $\mathbf{a}_i(k)$ und $\mathbf{b}_i(k)$ können dann für bestimmte Intervalle $N_i \leqq k \leqq N_{i+1}$ mit $N_{i+1} - N_i \gg 1$ als konstant angesehen werden. Für diese Abschnitte lassen sich die in 3.2.2. und 3.2.3. beschriebenen Schätzmethoden anwenden.

Damit wird eine stufenweise Anpassung des Modells an die sich ändernden Eigenschaften des Originals erreicht. Abb. 3.2.4-1 veranschaulicht diesen Sachverhalt.

Zweckmäßiger ist es, die Meßwertsätze mit bestimmten Gewichten in die Regressionsrechnungen eingehen zu lassen. Das kann so geschehen, daß der letzte Meßwert-

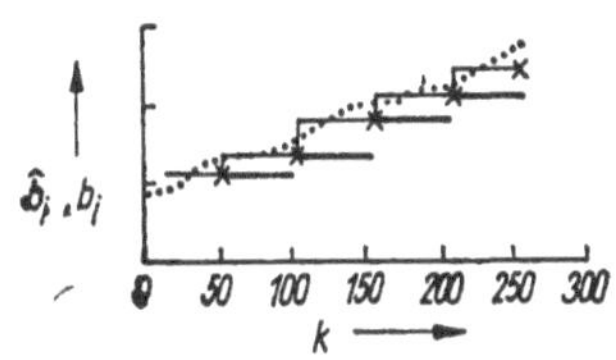

Abb. 3.2.4-1
Stufenweise Anpassung eines Modells
$\cdots\cdots\ \hat{b}_i$; $\times\ \hat{b}_j$

satz ein Gewicht 1 erhält und zurückliegende Meßwertsätze mit umso kleineren Gewicht eingehen, je weiter sie zurückliegen. Meßwertsätze aus der Vergangenheit werden langsam „vergessen". Damit wird eine allmähliche Anpassung des Modells an die sich ändernden Eigenschaften des Originals erreicht.

Eine Schätzmethode, bei der zurückliegende Ereignisse allmählich vergessen werden, ist die *rekursive Regression mit exponentiellem Vergessen.* Sie beruht darauf, daß die bei der Schätzung verwendeten Fehlerquadrate $\varepsilon_i(k)^2$ mit $w^{(N-k)}$ multipliziert werden. $w < 1$ wird als Vergessensfaktor bezeichnet. Die zur Schätzung verwendete Gütefunktion (3.2.2-9) geht dann über in

$$Q(N, w_i) = \boldsymbol{\varepsilon}_i^{\mathrm{T}}(N)\, \mathbf{W}(N)\, \mathbf{W}(N)\, \boldsymbol{\varepsilon}_i(N) = \tilde{\boldsymbol{\varepsilon}}_i^{\mathrm{T}}(N)\, \tilde{\boldsymbol{\varepsilon}}_i(N)\,. \tag{3.2.4-1}$$

Dabei ist

$$\mathbf{W}(N) = \begin{bmatrix} w^{N-1} & 0 & \dots & . \\ 0 & w^{N-2} & \dots & . \\ & & \dots & . \\ & & \dots & . \\ . & . & \dots & . \\ 0 & 0 & \dots & 1 \end{bmatrix}. \tag{3.2.4-2}$$

Mit der Forderung $Q(N, w) \Rightarrow$ Min. ergibt sich analog zu (3.2.3-3), (3.2.3-5) und (3.2.3-7)

$$\hat{\mathbf{b}}_i(N+1) = \hat{b}_i(N) + \tilde{\boldsymbol{\Gamma}}(N)\, \{y_i^0(N+1) - \mathbf{v}^{\mathrm{T}}(N+1)\, \hat{\mathbf{b}}_i(N)\}\,, \tag{3.2.4-3}$$

$$\tilde{\boldsymbol{\Gamma}}(N) = \tilde{\mathbf{C}}(N+1)\, \mathbf{v}(N+1) \tag{3.2.4-4}$$

$$= \tilde{\mathbf{C}}(N)\, \mathbf{v}(N+1)\, \{w^2 + \mathbf{v}^{\mathrm{T}}(N+1)\, \tilde{\mathbf{C}}(N)\, \mathbf{v}(N+1)\}^{-1} \tag{3.2.4-5}$$

und

$$\tilde{\mathbf{C}}(N+1) = \frac{1}{w^2}\left\{\mathbf{I} - \frac{\tilde{\mathbf{C}}(N)\, \mathbf{v}^{\mathrm{T}}(N+1)\, \mathbf{v}(N+1)}{w^2 + \mathbf{v}^{\mathrm{T}}(N+1)\, \tilde{\mathbf{C}}(N)\, \mathbf{v}(N+1)}\right\} \tilde{\mathbf{C}}(N)\,. \tag{3.2.4-6}$$

Dabei ist

$$\tilde{\mathbf{C}}(N) = \{\mathfrak{v}^{\mathrm{T}}(N)\, \mathbf{W}(N)\, \mathbf{W}(N)\, \mathfrak{v}(N)\}^{-1}\,. \tag{3.2.4-7}$$

Die $\hat{\mathbf{b}}_i(N)$ sind Realisierungen von Zufallsgrößen, da sie aus einer endlichen Anzalh von Meßwertsätzen, d. h. aus einer endlichen konkreten Stichprobe, berechnet wurden. Ihre zufälligen Schwankungen bei sich änderndem N sind um so größer, je weniger Meßwertsätze zu ihrer Berechnung verwendet wurden. Die „effektive Anzahl" der benutzten Meßwertsätze ist um so kleiner, je kleiner der Vergessensfaktor w wird, d. h., je schneller vergessen wird. Andererseits werden sich die $\hat{\mathbf{b}}_i(N)$ um so langsamer den aktuellen Werten $\mathbf{b}(k)$ anpassen, je mehr nicht mehr aktuelle Meßwertsätze aus der Vergangenheit berücksichtigt werden. Bei der Festlegung des Vergessensfaktors muß ein Kompromiß geschlossen werden, der bewirkt, daß die $\hat{\mathbf{b}}_i(N)$ hinreichend schnell den $\mathbf{b}_i(k)$ nachgeführt werden und hinreichend kleine Schwankungen der $\hat{\mathbf{b}}(N)$ als Funktion von N erreicht werden.

3.2.5. Weitere Schätzmethoden

Neben den auf die Methode der kleinsten Quadrate zurückführenden Regressionsmethoden gibt es für parameterlineare Modelle eine Anzahl weiterer Schätzmethoden, wie z. B. die MARKOW-Schätzung, die Maximum-Likelihood-Methode nach R. A. FISCHER, die BAYES-Schätzung. Für parameternichtlineare Modellansätze besteht die Möglichkeit, mit Hilfe von mit Rechnern durchzuführenden Suchverfahren Schätzungen zu erhalten. Die Anwendung dieser Methoden erfordert Spezialkenntnisse. Sie werden in der Literatur zur Modellbildung und Parameteridentifikation dargestellt [3.2-ST], [3.2-MA].

3.2.6. Qualität und Geschwindigkeit von Identifikationsprozessen

Für die Lösung praktischer Probleme der Steuerung von Fertigungsprozessen mit Hilfe der Identifikation von Modellen, insbesondere von Modellparametern, ist es wichtig zu wissen,

- ob die Schätzungen der Systemparameter konsistent und erwartungstreu sind,
- wie die statistischen Eigenschaften der geschätzten Werte (z. B. ihre Streuung) ermittelt werden können,
- wieviel Meßwertsätze nötig sind, um eine Parameterschätzung mit vorgegebener maximaler Streuung der geschätzten Werte zu erhalten und
- wie schnell bei nicht zeitinvarianten Systemen die geschätzten Werte den veränderlichen „wahren Werten" nachgeführt werden können und welche Genauigkeit der geschätzten Parameter bei gegebener Nachführgeschwindigkeit erreicht werden kann.

Nur in relativ einfachen Fällen (z. B. bei parameterlinearen Modellen und unkorrelierten Störsignalen lassen sich diese Fragen mit Hilfe der Wahrscheinlichkeitsrechnung und mathematischen Statistik durch analytische Berechnungen beantworten. In den meisten Fällen wird es nötig sein, den Schätzprozeß zu simulieren und aus den Simulationsergebnissen auf die Eigenschaften der Schätzung zu schließen. Dazu muß das Verhalten des Originales simuliert werden. Dazu ist es nötig, einige Annahmen über den realen Prozeß zu machen, die nicht unmittelbar aus Messungen abgeleitet werden können.

Das Vorgehen soll am Beispiel der Schätzung und der Simulation des Schätzvorganges mit Hilfe der rekursiven Regression mit exponentiellem Vergessen demonstriert werden [3.2-ST], [3.2-VO].

Beispiel 3.2.6-1: Es ist bekannt bzw. wird begründet angenommen, daß das Original durch

$$y^0(k) = \mathbf{v}^{\mathrm{T}}(k)\, \mathbf{b}(k) + \mathbf{s}(k) \tag{1}$$

genähert beschrieben werden kann. $\mathbf{s}(k)$ ist eine Realisierung einer zufälligen Störung $S(k)$ mit $\mathsf{E}\big(S(k)\big) = 0$. Auf einem Digitalrechner wird eine Funktion

$$y^{0D}(k) = \mathbf{u}(k)\, \mathbf{b}(k) \tag{2}$$

simuliert. Gleichzeitig wird mit einem vorgegebenen Anfangswert (z. B. $\widetilde{\mathbf{C}}(0) = c^2\mathbf{I}$, $c^2 = 1000$) die Schätzung $\hat{\mathbf{b}}(N)$ rekursiv mit (s. (3.2.4-3))

$$\hat{\mathbf{b}}(k+1) = \hat{\mathbf{b}}(k) + \widetilde{\boldsymbol{\Gamma}}(k)\, \{y^0(k+1) - \mathbf{u}^{\mathrm{T}}(k+1)\, \hat{\mathbf{b}}(k)\} \tag{3}$$

berechnet. Der Vergessensfaktor wird festgelegt. Abb. 3.2.6-1 veranschaulicht den Berechnungsvorgang.

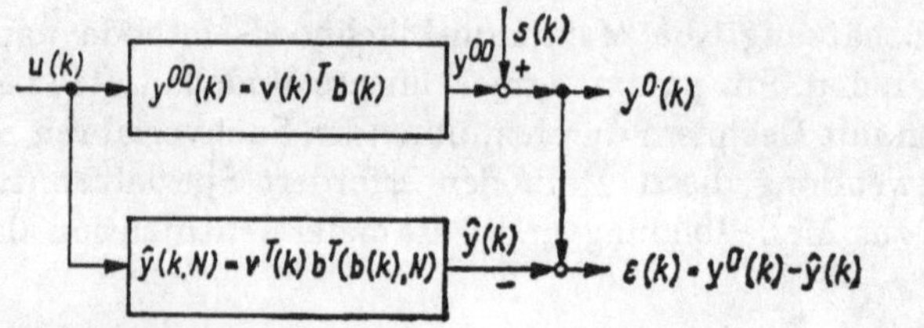

Abb. 3.2.6-1
Simulation der rekursiven Regression mit exponentiellem Vergessen

Die $y^0(k)$-Werte werden mit Hilfe eines Zufallszahlengenerators aus

$$y^0(k) = y^{0D}(k) + s(k) \tag{4}$$

gebildet. Die Zufallsgröße $\boldsymbol{S}(k)$ kann beliebige Eigenschaften besitzen. Sie kann autokorreliert sein, d. h. $\mathbf{S}_{\boldsymbol{S}}(k, k + l) \neq 0$. Sie kann auch mit $\boldsymbol{U}(k)$ korrelieren. Bei der Festlegung der Eigenschaften von $\boldsymbol{S}(k)$ sind die vorhandenen A-priori-Kenntnisse über die Eigenschaften der Störsignale zu berücksichtigen. Durch Vergleich von $\mathbf{b}(N)$ und $\hat{\mathbf{b}}(N)$, $\forall N = 1, \ldots, M$, kann die Qualität der Schätzung, d. h. die Streuung der Schätzwerte und die Nachführgeschwindigkeit,beurteilt werden. Wenn nötig, können mehrere Realisierungen des Schätzvorganges durchgeführt werden. Aus ihnen können dann für jedes N z. B. die Erwartungswerte von $\left(\mathbf{b}(N) - \hat{\mathbf{b}}(N)\right)^2$ geschätzt werden.

Abb. 3.2.6-2 und Abb. 3.2.6-3 zeigen die Ergebnisse solcher Simulationsprozesse.

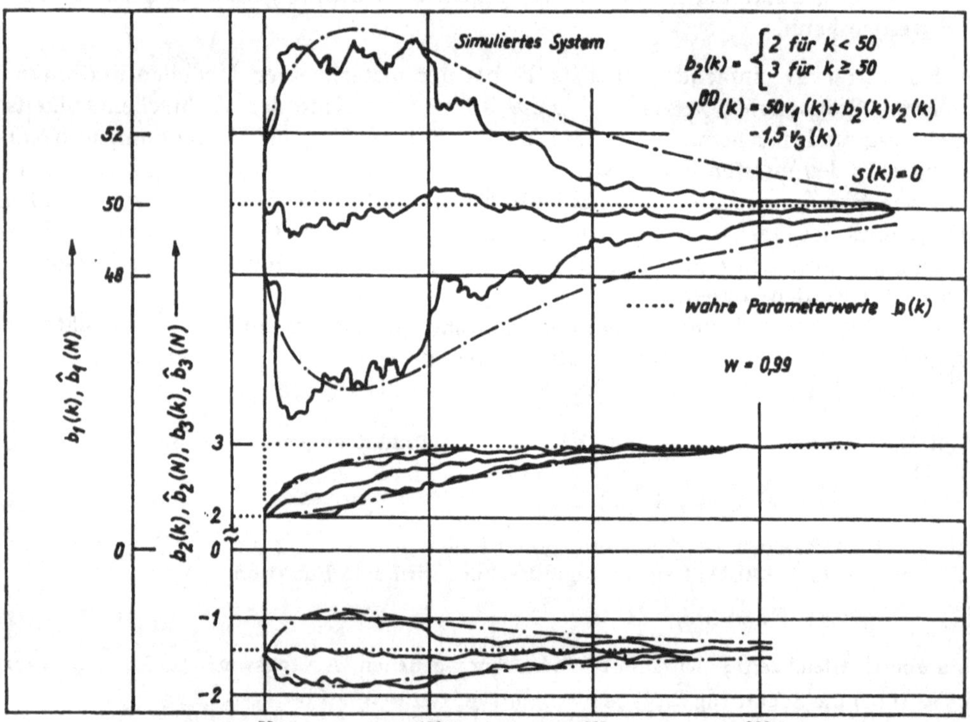

Abb. 3.2.6-2
Simulationsergebnisse bei sprungförmiger Parameteränderung

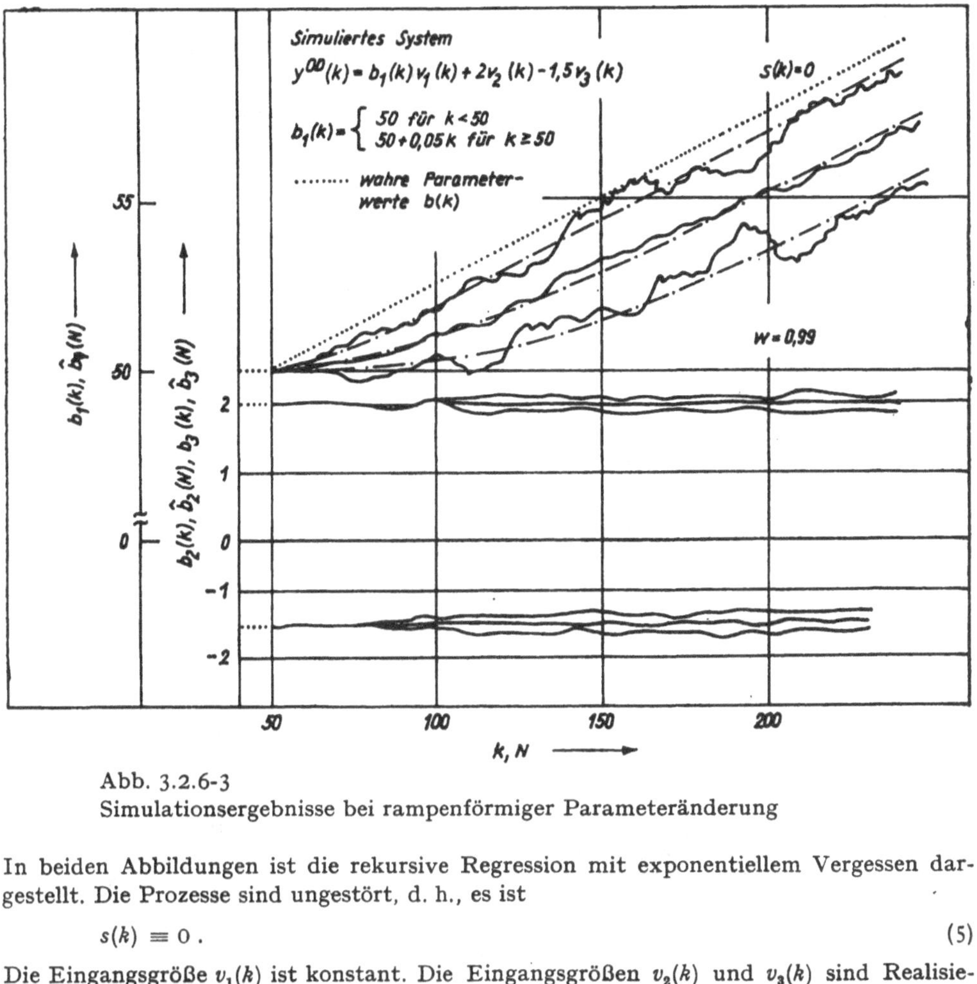

Abb. 3.2.6-3
Simulationsergebnisse bei rampenförmiger Parameteränderung

In beiden Abbildungen ist die rekursive Regression mit exponentiellem Vergessen dargestellt. Die Prozesse sind ungestört, d. h., es ist

$$s(k) \equiv 0 . \tag{5}$$

Die Eingangsgröße $v_1(k)$ ist konstant. Die Eingangsgrößen $v_2(k)$ und $v_3(k)$ sind Realisierungen stochastischer Größen mit $\sigma_{v_2}^2 = 5$ und $\sigma_{v_3}^2 = 3$. Als Vergessensfaktor wurde 0,99 verwendet.

In Abb. 3.2.6-2 springt b_2 an der Stelle $k = 50$ von 2 auf 3. Zwei Realisierungen $\hat{\mathbf{b}}(N)$ und der Mittelwert dieser Realisierungen sind eingetragen. Unter den gegebenen Bedingungen werden 100 bis 150 Schritte benötigt, bis $\hat{\mathbf{b}}(N)$ wieder einigermaßen mit $\mathbf{b}(k)$ übereinstimmt.

In Abb. 3.2.6-3 wurde für $b_1(k)$, $k \geqq 50$, eine Rampenfunktion verwendet. Die eingetragenen Realisierungen zeigen, daß $\hat{b}_1(N)$ mit zunehmenden N gegenüber $b_1(k)$ zurückbleibt. Das liegt daran, daß veraltete Meßwerte zum Zwecke der Glättung von $b_1(N)$ immer mit berücksichtigt werden müssen.

3.2.7. Aktive Experimente, Versuchsplanung

In den bisherigen Betrachtungen zur experimentellen Systemanalyse wurde stillschweigend unterstellt, daß die Eingangsgrößen des betrachteten Teilsystems durch vorgelagerte Systeme oder durch die Systemumgebung von vornherein bestimmt sind. Häufig ist es jedoch unter dieser Bedingung nicht möglich, mit vertretbarem Zeitaufwand eine hinreichend genaue Parameterschätzung zu erhalten. Es wird dann nötig, die Eingangsgrößen gezielt zu verändern. Es liegt nahe zu prüfen, wie die Eingangsgrößen gewählt werden sollten, um eine möglichst gute Schätzung zu erhalten. Mit dieser Fragestellung beschäftigt sich die *Versuchsplanung* [3.2-ST], [3.2-BA], [3.2-RA], [3.2-MÜ].

Unterliegen die Komponenten der Eingangsgrößenvektoren $\mathbf{u}(k)$, $k = 1, \dots, N$ und damit die Komponenten der $\mathbf{v}(k)$ Einschränkungen

$$\big(v_j(k)\big)_{\min} \leqq v_j(k) \leqq \big(v_j(k)\big)_{\max}, \qquad \forall k \in \{1, \dots, N\}, \quad \forall j \in \{1, \dots, J\}, \tag{3.2.7-1}$$

und ist die Meßzeit

$$T = T_0 N \leqq T_{\max} \tag{3.2.7-2}$$

begrenzt, dann besteht die Aufgabe der (optimalen) Versuchsplanung im folgenden. Die Eingangsgrößen sind so festzulegen, daß

— unter den Bedingungen (3.2.7-1) und (3.2.7-2) die Genauigkeit der Parameterschätzung möglichst groß wird und
— bei gegebener Beschränkung der Eingangsgrößen (3.2.7-1) und vorgeschriebener Genauigkeit der Parameterschätzung die notwendige Beobachtungszeit möglichst klein ist.

Die Eingangsgrößen werden durch technisch, ökonomisch und ergonomisch bedingte Beschränkungen der technologischen Parameter (maximale Arbeitsgeschwindigkeit von Anlagen, maximale zulässige Kosten, maximale psychische und physische Leistungsfähigkeit der Arbeitskräfte) begrenzt. Im laufenden Produktionsprozeß dürfen darüber hinaus die Ausgangsgrößen maximal zulässige Abweichungen von vorgegebenen Sollwerten nicht überschreiten, um die Produktionsergebnisse nicht zu gefährden. Die Meßzeit wird vor allem durch aus technischen und ökonomischen Gründen nicht zu unterschreitende Mindestabstände zwischen den einzelnen Messungen und die Mindestanzahl von Messungen bestimmt.

Die Meßzeit darf i. allg. eine bestimmte Größe nicht überschreiten, da sonst die Ergebnisse der Auswertung der Messungen für eine wirkungsvolle Beeinflussung des Prozesses zu spät zur Verfügung stehen.

Die Beurteilung der Genauigkeit der Parameterschätzung setzt ein *Fehlermaß für die geschätzten Parameter* voraus. Als Fehlermaß soll für Modelle der Form (3.2.2-1)

$$\Delta b_{ij}^2 = (\hat{b}_{ij} - b_{ij}^M)^2 \tag{3.2.7-3}$$

benutzt werden. Für Modelle der Form (3.2.2-12) sind entsprechende Beziehungen für c_{ij} zu verwenden. Die folgenden Betrachtungen beziehen sich auf Modelle der Form (3.2.2-1).

Als Gütekriterium wird für $i \in \{1, \dots, I\}$

$$\mathsf{E}\{\Delta B_{ij}^2\} = \text{Min.}, \qquad \forall j = 1, \dots, J \tag{3.2.7-4}$$

verwendet.

$\Delta \boldsymbol{B}_i$ ist definiert durch

$$\Delta \boldsymbol{B}_i = \hat{\boldsymbol{B}}_i - \mathbf{b}_i^M, \tag{3.2.7-5}$$

$\hat{\boldsymbol{B}}_i$ ist die Grundgesamtheit aller Schätzungen der Parametervektoren $\mathbf{b}_i^M$. Es ist nach (3.2.2-10)

$$\hat{\mathbf{b}}_i(N) = \{\mathfrak{v}^\mathsf{T}\mathfrak{v}\}^{-1}\mathfrak{v}^\mathsf{T}\mathfrak{y}_i^0\,, \qquad i \in \{1, \dots, I\}\,. \tag{3.2.7-6}$$

Mit

$$y_i^0(k) = y_i^{0D}(k) + s(k) = y_i(k) + s_i(k) \tag{3.2.7-7}$$

wird aus (3.2.7-6)

$$\begin{aligned}\hat{\mathbf{b}}_i(N) &= \{\mathfrak{v}^\mathsf{T}\mathfrak{v}\}^{-1}\mathfrak{v}^\mathsf{T}(\mathfrak{y}_i + \mathfrak{s}_i)\\ &= \mathbf{b}_i^M + \{\mathfrak{v}^\mathsf{T}\mathfrak{v}\}^{-1}\mathfrak{v}^\mathsf{T}\mathfrak{s}_i\end{aligned} \tag{3.2.7-8}$$

mit

$$\mathfrak{s}_i = \begin{bmatrix} s_i(1)\\ \cdot\\ \cdot\\ \cdot\\ s_i(N)\end{bmatrix} \tag{3.2.7-9}$$

$s_i(k)$ ist eine Realisierung der zufälligen Störung $S_i(k)$. Sind die $\mathbf{v}(k)$ determinierte Größen oder Erwartungswerte

$$\mathbf{v}(k) = \mathbf{E}\{\mathfrak{V}(k)\} \tag{3.2.7-10}$$

zufälliger verallgemeinerter Eingangsgrößen $\boldsymbol{V}(k)$, dann ist

$$\begin{aligned}\mathsf{E}\{\Delta\boldsymbol{B}_i\,\Delta\boldsymbol{B}_i^\mathsf{T}\} &= \mathbf{E}\{(\mathfrak{V}^\mathsf{T}\mathfrak{V})^{-1}\,\mathfrak{V}^\mathsf{T}\mathfrak{S}_i)\,[(\mathfrak{V}^\mathsf{T}\mathfrak{V})^{-1}\,\mathfrak{V}^\mathsf{T}\mathfrak{S}_i]^\mathsf{T}\}\\ &= \mathbf{E}\{(\mathfrak{V}^\mathsf{T}\mathfrak{V})^{-1}\,\mathfrak{V}^\mathsf{T}\mathfrak{S}_i\mathfrak{S}_i^\mathsf{T}\mathfrak{V}(\mathfrak{V}^\mathsf{T}\mathfrak{V})^{-1}\}\,.\end{aligned} \tag{3.2.7-11}$$

In (3.2.7-11) bedeuten

$$\mathfrak{V} = \begin{bmatrix} \boldsymbol{V}(1)\\ \cdot\\ \cdot\\ \cdot\\ \boldsymbol{V}(N)\end{bmatrix}, \qquad \mathfrak{S}_i = \begin{bmatrix} \boldsymbol{S}_i(1)\\ \cdot\\ \cdot\\ \cdot\\ \boldsymbol{S}_i(N)\end{bmatrix}. \tag{3.2.7-12}$$

Für unkorrelierte Zufallsgrößen $\boldsymbol{A}$, $\boldsymbol{B}$ gilt

$$\mathbf{E}(\boldsymbol{A}, \boldsymbol{B}) = \mathbf{E}(\boldsymbol{A})\,E(\boldsymbol{B})\,. \tag{3.2.7-13}$$

Sind $\boldsymbol{V}(k)$ und $\boldsymbol{S}(k)$ unkorreliert, wird mit (3.2.7-10) aus (3.2.7-11)

$$\mathbf{E}\{\Delta\boldsymbol{B}_i\,\Delta\boldsymbol{B}_i^\mathsf{T}\} = (\mathfrak{v}^\mathsf{T}\mathfrak{v})^{-1}\,\mathfrak{v}^\mathsf{T}\mathbf{E}(\boldsymbol{S}_i\boldsymbol{S}_i^\mathsf{T})\,\mathfrak{v}(\mathfrak{v}^\mathsf{T}\mathfrak{v})^{-1}\,. \tag{3.2.7-14}$$

Sind die $\boldsymbol{S}_i(k)$, $\boldsymbol{S}_i(k + l)$ unkorreliert, dann gilt

$$\mathbf{E}(\boldsymbol{S}_i\boldsymbol{S}_i^\mathsf{T}) = \sigma_i^2\mathbf{I}\,. \tag{3.2.7-15}$$

Damit wird aus (3.2.7-14)

$$\begin{aligned}\mathbf{E}\{\Delta\boldsymbol{B}_i\,\Delta\boldsymbol{B}_i^\mathsf{T}\} &= \sigma_i^2(\mathfrak{v}^\mathsf{T}\mathfrak{v})^{-1}\,\mathfrak{v}^\mathsf{T}\mathbf{I}\mathfrak{v}(\mathfrak{v}^\mathsf{T}\mathfrak{v})^{-1}\\ &= \sigma_i^2(\mathfrak{v}^\mathsf{T}\mathfrak{v})^{-1}\,\mathfrak{v}^\mathsf{T}\mathfrak{v}(\mathfrak{v}^\mathsf{T}\mathfrak{v})^{-1}\\ &= \sigma_i^2(\mathfrak{v}^\mathsf{T}\mathfrak{v})^{-1}\,.\end{aligned} \tag{3.2.7-16}$$

Es läßt sich nachweisen [3.2-ST], [3.2-LE], daß die Optimierungsbedingung dann und nur dann erfüllt werden kann, wenn die Kovarianzmatrix $\mathbf{E}\{\Delta\boldsymbol{B}_i\,\Delta\boldsymbol{B}_i^\mathsf{T}\}$ eine Diagonalmatrix ist. Das ist dann der Fall, wenn in (3.2.7-16) $(\mathfrak{v}^\mathsf{T}\mathfrak{v})^{-1}$ und damit $\mathfrak{v}^\mathsf{T}\mathfrak{v}$ Diagonalmatrizen sind. Es wird normiert (s. 3.2.7-1)

$$\bar{v}_j(k) = \frac{(v_j(k))_{\max} + (v_j(k))_{\min}}{2} \tag{3.2.7-17a}$$

$$v_j^*(k) = \frac{v_j(k) - \bar{v}_j(k)}{v_j(k)_{\max} - \bar{v}_j(k)}, \tag{3.2.7-17b}$$

$$\mathfrak{v}^\mathsf{T}\mathfrak{v} = \begin{bmatrix} v_{11} & \dots & v_{1J} \\ . & \dots & . \\ . & \dots & . \\ . & \dots & . \\ v_{N1} & \dots & v_{NJ} \end{bmatrix}^\mathsf{T} \begin{bmatrix} v_{11} & \dots & v_{1J} \\ . & \dots & . \\ . & \dots & . \\ . & \dots & . \\ v_{N1} & \dots & v_{NJ} \end{bmatrix} = \begin{bmatrix} 1 & v_{12} & \dots & v_{1J} \\ . & . & & . \\ . & . & & . \\ . & . & & . \\ 1 & v_{N2} & \dots & v_{NJ} \end{bmatrix}^\mathsf{T} \begin{bmatrix} 1 & v_{12} & \dots & v_{1J} \\ . & . & & . \\ . & . & & . \\ . & . & & . \\ 1 & v_{N2} & \dots & v_{NJ} \end{bmatrix} \tag{3.2.7-18}$$

ist dann eine Diagonalmatrix, wenn

$$\mathfrak{v}^{*\mathsf{T}}\mathfrak{v}^* = \begin{bmatrix} 1 & v_{12}^* & \dots & v_{1J}^* \\ . & . & \dots & . \\ . & . & \dots & . \\ . & . & \dots & . \\ 1 & v_{N2}^* & \dots & v_{NJ}^* \end{bmatrix}^\mathsf{T} \begin{bmatrix} 1 & v_{12}^* & \dots & v_{1J}^* \\ . & . & \dots & . \\ . & . & \dots & . \\ . & . & \dots & . \\ 1 & v_{N2}^* & \dots & v_{NJ}^* \end{bmatrix} \tag{3.2.7-19}$$

eine Diagonalmatrix ist. (3.2.7-19) ist dann eine Diagonalmatrix, wenn für

$$\mathfrak{v}^* = \begin{bmatrix} 1 & v_{12}^* & \dots & v_{1J}^* \\ . & . & \dots & . \\ . & . & \dots & . \\ . & . & \dots & . \\ 1 & v_{N2}^* & & v_{NJ}^* \end{bmatrix} \tag{3.2.7-20}$$

folgendes gilt.

Für $J - 1 \geqq 2$ und $N = 2^{J-1}$ ist $\mathfrak{v}^{*\mathsf{T}}\mathfrak{v}^*$ eine Diagonalmatrix, wenn $\mathfrak{v}^*$ so gebildet wird, daß

- in der ersten Spalte von v^* 2^{J-1} Elemente $+1$ stehen,
- in der zweiten Spalte auf 2^{J-2} Elemente $+1$ 2^{J-2} Elemente -1 folgen,
- in der $(I-1)$-ten Spalte abwechselnd 2 Elemente $+1$ und zwei Elemente -1 und
- in der I-ten Spalte abwechselnd $+1$ und -1 stehen.

Für $J - 1 = 2$, $2^{J-1} = N = 4$ bedeutet das

$$\mathfrak{v}^* = \begin{pmatrix} 1 & 1 & 1 \\ 1 & 1 & -1 \\ 1 & -1 & 1 \\ 1 & -1 & -1 \end{pmatrix} \tag{3.2.7-21}$$

und für $J - 1 = 3$, $2^{J-1} = N = 8$.

$$\mathfrak{v}^* = \begin{bmatrix} 1 & 1 & 1 & 1 \\ 1 & 1 & 1 & -1 \\ 1 & 1 & -1 & 1 \\ 1 & 1 & -1 & -1 \\ 1 & -1 & 1 & 1 \\ 1 & -1 & 1 & -1 \\ 1 & -1 & -1 & 1 \\ 1 & -1 & -1 & -1 \end{bmatrix}. \qquad (3.2.7\text{-}22)$$

Unter den gegebenen Voraussetzungen besteht ein optimaler Versuchsplan mit 2^{J-1} Arbeitspunkten der Eingangsgrößen darin, daß nacheinander die Spitzen der Erwartungswertvektoren der Eingangsgrößenvektoren auf die Ecken des durch (3.2.7-1) im v_j-Raum definierten $(J - 1)$-dimensionalen Quaders eingestellt werden. Ein Versuchsplan mit 2^{J-1} Arbeitspunkten heißt *vollständiger Versuchsplan.* Um J^* Parameter zu schätzen, wäre ein Versuchsplan mit J^* Arbeitspunkten ausreichend.

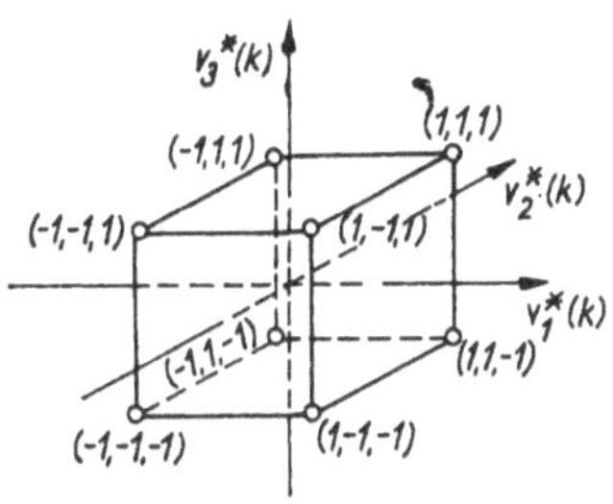

Abb. 3.2.7-1
Vollständiger Versuchsplan dritter Ordnung

Ein Versuchsplan mit $J^* < 2^{J-1}$ heißt *unvollständiger Versuchsplan.* Die über J^* hinausgehenden Arbeitspunkte dienen zum Fehlerausgleich. Abb. 3.2.7-1 veranschaulicht einen Versuchsplan 3. Ordnung. Abb. 3.2.7-2 zeigt einen Verlauf von $v_1(k^*)$ für den Fall, daß $\mathsf{E}\{V_1(k^*)\} = v_1(k) = v_{1\,\max}$ für $k^* = 1, \dots, 10$ und daß $\mathsf{E}\{V_1(k^*)\} = v_1(k) = v_{1\,\min}$ für $k^* = 11, \dots, 20$ usw. Es werden eine Anzahl von Messungen am Arbeitspunkt $v_1(k) = v_{1\,\max}$ durchgeführt. Anschließend wird dieselbe Anzahl von Messungen am Arbeitspunkt $v_1(k) = v_{1\,\min}$ durchgeführt. Die Beziehungen zwischen y_i^0, $\hat{y}_i^M$ und v_1 sind in Abb. 3.2.7-3 dargestellt.

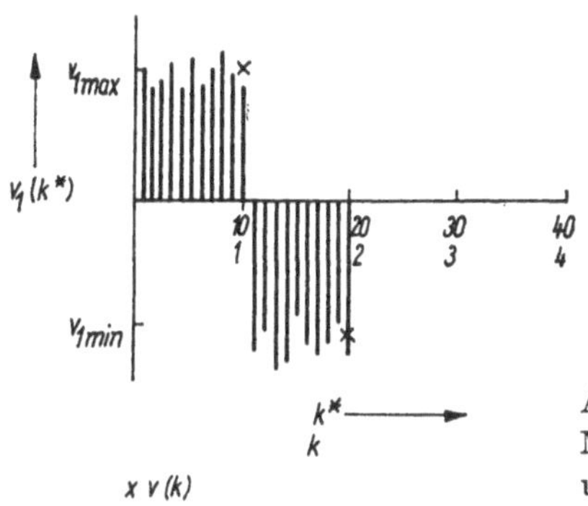

Abb. 3.2.7-2
Meßergebnisse an den Arbeitspunkten $v_{1\,\max}$ und $v_{1\,\min}$

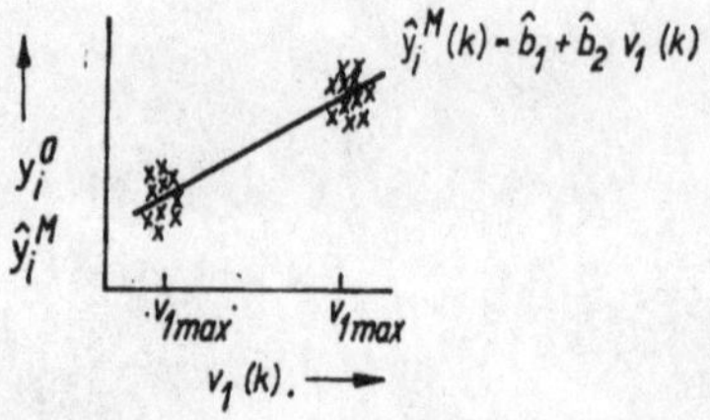

Abb. 3.2.7-3
Beziehungen zwischen y_i^0, $\hat{y}^M$ und v_i (lineare Regression an zwei Arbeitspunkten)

Sind die oben für die Ableitung der Versuchspläne angegebenen Bedingungen nicht erfüllt, dann ist es praktisch unmöglich, quantitative Angaben für optimale Versuchspläne berechnen zu können. Man ist dann darauf angewiesen, für bestimmte Klassen von Situationen geeignete Versuchspläne zu ermitteln. Werden Modelle der Form (3.2.2-1) verwendet, dann ist es offenbar zweckmäßig, grundsätzlich nacheinander auf die Eckpunkte des durch $v_{j\,\min}$, $v_{j\,\max}$, $j = 1, \ldots, J$, definierten J-dimensionalen Quaders einzustellen. Werden dynamische Modelle der Form (3.2.2-12) verwendet ist es darüber hinaus notwendig, möglichst viele Übergänge zwischen allen Eckpunkten durchzuführen s. [3.2-ST], [3.2-MA].

4. Steuerung von Fertigungssystemen

4.1. Aufgabenstellung und Definitionen

Das Prinzip und die Aufgaben der Steuerung oder besser der zielgerichteten Beeinflussung des Verhaltens von Fertigungssystemen wurden bereits im ersten Kapitel, insbesondere im Abschnitt 1.2., umrissen.

Unter Nutzung der in den Kapiteln 1. bis 3. dargestellten Mittel und Methoden zur Untersuchung und Beschreibung von Systemen wird in den Kapiteln 4. und 5. die Steuerung von Fertigungsprozessen eingehender behandelt. Im 4. Kapitel wird im wesentlichen auf die Steuerung einzelner Fertigungseinheiten (Teilsysteme) in einer Hierarchieebene eingegangen. Im 5. Kapitel werden einige Probleme der Steuerung komplexer, hierarchisch strukturierter Einheiten mit Hilfe eines hierarchisch strukturierten Steuerungssystems betrachtet.

Die Steuerung eines Systems GS durch ein Steuerungssystem SS kann grundsätzlich durch das in Abb. 1.2-4 veranschaulichte Grundmodell dargestellt werden. GS und SS bilden das System S. Entsprechend der auf S. 6 gegebenen Definitionen kommt es bei der Steuerung darauf an, durch eine Folge von Steuereinwirkungen $\tilde{\boldsymbol{W}}_1$ auf GS zu sichern, daß die Ausgangsgrößen des Systems ständig mit Wahrscheinlichkeit in einem Zielgebiet liegen oder dieses zum Zeitpunkt T_0N erreichen. Die Folge $\tilde{\boldsymbol{W}}_1$ wird aus systeminternen Zielen, Motiven und Interessen von S, aus Vorgaben $\tilde{\boldsymbol{W}}$ übergeordneter Systeme und aus aktuellen und gespeicherten Informationen abgeleitet. Das geschieht mit Hilfe von System- und Umweltmodellen.

Die Ziele, Motive, Interessen, Modelle und die gespeicherten Informationen werden durch Lernprozesse ständig verbessert und vervollkommnet und sich ändernden System- und Umwelteigenschaften angepaßt. Bei der Ermittlung von $\tilde{\boldsymbol{W}}_1$ werden künftig zu erwartende Umweltsituationen und die auf $\tilde{\boldsymbol{W}}_1$ zu erwartenden Systemreaktionen berücksichtigt. Die Steuerung geschieht durch Beeinflussung der Ziele, Motive und Interessen in GS, durch die Handlungsweise von GS organisierende generelle Regelungen und durch unmittelbare Steuereingriffe in GS.

Ein gesteuerter stochastischer Prozeß kann allgemein durch (s. Abb. 1.2-2)

$$\tilde{\boldsymbol{X}} = \boldsymbol{X}(1), \dots, \boldsymbol{X}(N), \tag{4.1-1}$$

$$\tilde{\boldsymbol{W}} = \boldsymbol{W}(1), \dots, \boldsymbol{W}(N), \tag{4.1-2}$$

$$\tilde{\boldsymbol{Y}} = \boldsymbol{Y}(1), \dots, \boldsymbol{Y}(N) \tag{4.1-3}$$

oder durch

$\tilde{\boldsymbol{X}}, \tilde{\boldsymbol{W}}, \tilde{\boldsymbol{Y}}$ und

$$\tilde{\boldsymbol{Z}} = \boldsymbol{Z}(1), \dots, \boldsymbol{Z}(N) \tag{4.1-4}$$

beschrieben werden. Zur Charakterisierung des gesteuerten Prozesses wesentliche Kenngrößen und zwischen $\tilde{\boldsymbol{X}}$, $\tilde{\boldsymbol{W}}$, $\tilde{\boldsymbol{Z}}$, $\tilde{\boldsymbol{Y}}$ bestehende Relationen können aus (4.1-1) bis (4.1-4) gewonnen werden. Die Zusammenfassung

$$\boldsymbol{U}(k) = \begin{pmatrix} \boldsymbol{X}(k) \\ \boldsymbol{W}(k) \end{pmatrix} \tag{4.1-5}$$

wird bei der Behandlung von Steuerungsprozessen i. allg. nicht verwendet.

Die Folge $\tilde{\boldsymbol{W}}$ wird als *Strategie* bezeichnet. Sie ist Element einer Klasse $\tilde{\mathscr{W}}$ zulässiger Strategien. Die Realisierung

$$\tilde{\mathbf{w}} = \mathbf{w}(1), \dots, \mathbf{w}(N) \tag{4.1-6}$$

heißt eine *Steuerung* des Prozesses. Dabei ist

$$\mathbf{w}(k) \in \mathscr{W} = \{\boldsymbol{\omega}^1, \dots, \boldsymbol{\omega}^W\}, \qquad k \in \{1, \dots, N\}. \tag{4.1-7}$$

$\mathscr{W}$ ist die Menge der zu einem beliebigen Takt k möglichen Steuerparameter. $\mathscr{W}$ wird auch *Entscheidungsmenge* genannt. Durch eine Strategie $\tilde{\boldsymbol{W}}$ werden die Relationen zwischen $\tilde{\boldsymbol{X}}$ und $\tilde{\boldsymbol{Y}}$ bzw. zwischen $\tilde{\boldsymbol{X}}$, $\tilde{\boldsymbol{Z}}$ und $\tilde{\boldsymbol{Y}}$ und damit das Verhalten des Systems beeinflußt.

Zur Verdeutlichung des aus der Theorie der strategischen Spiele entnommenen Begriffes „Strategie" soll in Anlehnung an eine von J. V. Neumann gegebene Definition die folgende Charakterisierung dienen.

Eine Strategie ist ein unter Beachtung von festen Regeln zu konstruierender Verhaltensplan. Der Verlauf eines technologischen Prozesses soll durch Steuerparameter $\mathbf{w}(k)$ beeinflußt werden. Die Steuerparameter und Entscheidungen entsprechen einander umkehrbar eindeutig und werden mit demselben Symbol $\mathbf{w}(k)$ beschrieben. Werden die Entscheidungen $\mathbf{w}(k)$ nicht erst zum Takt k getroffen, sondern wird vorher festgelegt, welche Entscheidung in jeder nur möglichen Situation unter Ausnutzung der spätestens zum Takt k verfügbaren Informationen zu treffen ist, dann erfolgen die Entscheidungen nach einer Strategie. Die Strategie ist eine Zufallsgröße, die sämtliche Entscheidungen enthält, die in allen möglichen konkreten Situationen des stochastischen Prozesses zu treffen sind. Eine Strategie legt für jedes Element aus einer Klasse möglicher Situationen entweder eindeutig eine Entscheidung fest (*reine Strategie*) oder sie legt fest, nach welcher Wahrscheinlichkeitsverteilung eine Entscheidung aus der Menge $\mathscr{W}$ möglicher Entscheidungen getroffen werden soll (*gemischte Strategie*).

Die zu treffenden Entscheidungen können auch durch unscharfe Kriterien oder Festlegungen beschrieben werden. Unter Ausnutzung der verfügbaren Informationen und der Kriterien ist dann vom Menschen eine Entscheidung zu treffen. In diesem Fall liegt eine *unscharfe Strategie* vor.

Im Gegensatz zu einem Plan legt eine Strategie nicht von vornherein fest, was wann zu tun ist, sondern legt fest, was wann unter welchen Bedingungen zu tun ist. Die Menge der möglichen Bedingungen ist bekannt. Welche Bedingungen wann eintreten werden, ist, wenn die Strategie ausgearbeitet wird, entweder völlig unbekannt, oder es können nur Wahrscheinlichkeitsangaben für das Auftreten der Bedingungen gemacht werden. Für die Steuerung eines Prozesses lassen sich i. allg. viele mögliche Strategien angeben. Die Auswahl zulässiger Strategien aus der Menge möglicher Strategien geschieht so, daß mit den zulässigen Strategien mit hoher Wahrscheinlichkeit ein vorgegebenes Zielgebiet erreicht wird. Eine Steuerung $\tilde{\mathbf{w}}$ ist eine Realisierung einer Strategie. Die Steuerung $\tilde{\mathbf{w}}$ ist ein *Plan*. Grundsätzlich läßt sich jeder Plan als Realisierung einer Strategie auffassen.

Ein spezieller Fall eines Systems liegt dann vor, wenn seine Steuerung nach Strategien erfolgt, die für jede Situation einen Algorithmus zur eindeutigen Berechnung der Steuereinwirkungen $\mathbf{w}(k)$ festlegen. In den in einem solchen System ablaufenden Steuerungsprozessen spielen selbständige menschliche Entscheidungen keine Rolle. Sie sind im Prinzip vollständig automatisierbar, jedoch nicht immer automatisierungswürdig. Die schöpferische Aktivität von Menschen tritt hier als vergegenständlichte geistige Arbeit in den Steuerungsalgorithmen auf. Sie bestimmt die Qualität der Steuerung. Mit Algorithmen gesteuerte Systeme werden in der Literatur zur Automatisierungstechnik und z. B. in [4.1-FI 1], [4.1-FI 2], [4.1-LE], [4.1-RE 1], [4.1-RE 2], [4.1-TI], [4.1-CHI], [4.1-KI], [4.1-VA] ausführlicher beschrieben.

Wesentlich allgemeiner und den in Fertigungssystemen herrschenden Bedingungen besser angepaßt sind Systeme, deren Eigenschaften durch menschliches Verhalten wesentlich mitbestimmt werden. Bei ihrer Steuerung spielen menschliche Entscheidungen eine wichtige Rolle. Sie müssen in den Modellen der Steuerungsprozesse berücksichtigt werden. Die Steuerungsprozesse sind in diesen Systemen nur teilweise algorithmierbar.

Die Steuerung (Leitung) von Systemen, deren Verhalten vom Verhalten der Menschen geprägt ist, wird praktisch beherrscht. Das zeigt die Leitung wirtschaftlicher und gesellschaftlicher Prozesse. Die wissenschaftliche Durchdringung der Steuerung solcher Systeme steht aber noch am Anfang. Einige Ansätze zu ihrer Modellierung werden z. B. in [4.1-GO], [4.1-HÖ], [4.1-ME], [4.1-FI], [4.1-VA], [4.1-VO 1—6] gegeben.

Als Ausgangspunkt für die wissenschaftliche Behandlung der Steuerung und Modellierung der Systeme dient das in Abb. 1.2-4 veranschaulichte Modell. Sowohl in SS als auch in GS sollen Menschen, die zu ihrer Arbeit technische Einrichtungen, z. B. Computer, nutzen, die Prozesse wesentlich mitbestimmen.

Die Steuerung der Systeme beruht auf folgenden Grundlagen:

(A) Die Prozesse sind nur teilweise formalisierbar und algorithmierbar. Bei der Steuerung sind Ergebnisse von Berechnungen und Simulationen auf Rechnern und menschliche Entscheidungen miteinander zu verbinden. Das wird im wesentlichen mit

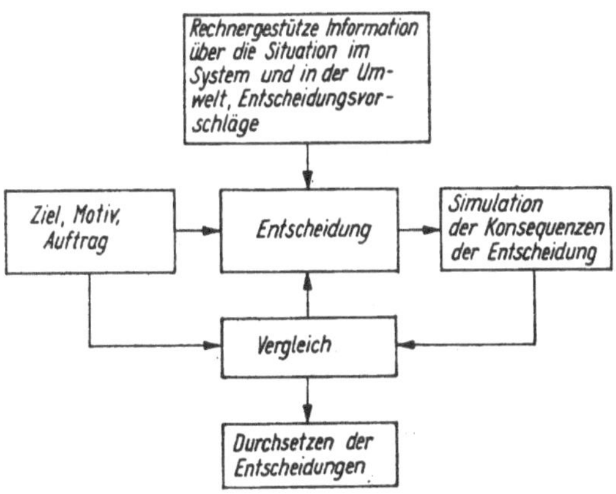

Abb. 4.1-1
Schema der Entscheidungsfindung in einem Mensch-Computer-Dialogsystem

Hilfe von Mensch-Computer-Dialogsystemen geschehen. Bevor die Entscheidungen durchgesetzt werden, werden ihre Auswirkungen im System und in der Umwelt durch Simulationsvorgänge überprüft. Wenn nötig werden die Entscheidungen geändert. Abb. 4.1-1 zeigt schematisch die Vorgehensweise.

(B) Die Steuerungsvorgänge in SS werden durch Menschen, ihre schöpferische Aktivität, ihr Verantwortungsbewußtsein, ihre Sachkunde und Erfahrung, ihre Intuition und auch durch „Fehler und Schwächen" in ihrem Verhalten geprägt. Die Steuerungsvorgänge wirken auf Menschen in GS. Sie beeinflussen deren Verhalten. Sie haben zu sichern, daß arbeitsteilig und koordiniert ein möglichst hoher Beitrag zur Erreichung übergeordneter und systeminterner Ziele geleistet wird.

(C) Die am Steuerungsprozeß in SS beteiligten Menschen müssen die Ziele übergeordneter Systeme kennen und sich mit ihnen identifizieren. Sie müssen aus den Zielvorgaben und aus ihren eigenen Interessen und Motiven eigene Zielstellungen für S ableiten. Dabei müssen sie die Möglichkeiten von S berücksichtigen und die Wirkung auf seine relevante Umgebung einschätzen.

(D) Aus den Zielen von S wird durch Verknüpfung aktueller und gespeicherter Informationen mit dem System- und Umweltmodell eine Steuerstrategie $\tilde{\boldsymbol{W}}_1$ abgeleitet. Diese Strategie beeinflußt zielgerichtet das Verhalten von GS. Sie wirkt auf die Ziele, Motive und Interessen der in GS tätigen Menschen und legt Programme für zur Steuerung von Vorgängen in GS eingesetzte Rechner fest. Verbunden mit einem Stimulierungssystem bringt sie Aktivitäten zur Realisierung der Ziele von S hervor. Sie enthält generelle Regelungen, die für Klassen von Situationen Verhaltensnormative für die in GS tätigen Menschen festlegen. $\tilde{\boldsymbol{W}}_1$ besitzt Elemente, die in Form von operativen Weisungen und direkten Steuereingriffen Vorgänge in GS unmittelbar steuern.

(E) Durch ständige Lern- und Adaptionsprozesse in SS und GS werden die Leitungs- (Steuerungs-) und Leistungsprozesse weiterentwickelt. Ziele, Motive, Interessen und Modelle werden verbessert, vervollkommnet und angepaßt. Die Qualifikation und Aktivität der Menschen werden entwickelt und die technische Ausstattung verändert.

Um eine auf (A) bis (E) beruhende Steuerungsaufgabe lösen zu können, müssen die folgenden Voraussetzungen erfüllt sein:

a) Die Aufgaben und Befugnisse von SS und die Möglichkeiten von GS sind so festgelegt, daß die Ziele von S erreicht werden können. SS verfügt über Systemreserven (Reserven an personellen und Maschinenkapazitäten, Lagerbestände, Umdispositionsmöglichkeiten usw.), mit denen äußere und innere Störungen kompensiert werden können. Solche Störungen können z. B. Auftragsänderungen, Ausfall von Arbeitskräften und Maschinen usw. sein. SS verfügt eigenverantwortlich über die Systemreserven und setzt eigenverantwortlich die zur Lösung der Aufgaben von S in GS notwendigen Maßnahmen durch. Übergeordnete Systeme greifen nur in außergewöhnlichen Situationen ein. Erforderliche Leistungen anderer Systeme, wie z. B. der Hauptmechanik, werden auf Anforderung von SS gewährleistet. Die Reaktionsgeschwindigkeit des Systems ist groß genug, um Störungen so zu kompensieren und sich so anpassen zu können, daß die Erfüllung seiner Aufgaben nicht gefährdet wird.

b) Die Anzahl, die Qualifikation, die physische und psychische Leistungsfähigkeit der in SS tätigen Menschen und die technische Ausstattung von SS sind den Steuerungsaufgaben angemessen.

Zur Ausstattung gehören z. B. ausreichende Kapazitäten, die von eigenen und fremden Rechnern zur Verfügung gestellt werden.

c) SS verfügt über die notwendigen Strategien und Modelle und besitzt Zugriff zu allen Informationen, die erforderlich sind, um seine Aufgaben erfüllen zu können. Es ist über die Zielstellung der übergeordneten Systeme soweit informiert, wie es nötig ist, um die eigene Zielstellung ableiten und richtig in das Gesamtziel einordnen zu können.

Gegen diese Forderungen wird oft verstoßen. Das liegt unter anderem daran, daß es nicht leicht ist, den Arbeitsaufwand für Leitungsprozesse und das psychische und physische Leistungsvermögen der Menschen richtig einzuschätzen. Übergeordnete Leitungen neigen darüber hinaus dazu, in die Verantwortungsbereiche nachgeordneter Leitungen einzugreifen. Die Hauptursache ist jedoch, daß es bis heute praktisch keine wissenschaftlich begründeten Methoden gibt, Teilsysteme von S zweckmäßig abzugrenzen, ihnen Pflichten, Rechte, Befugnisse und Mittel konkret zuzuordnen und Strategien vorzugeben, die eine Aufgabenerfüllung von S sichern. Diese Aufgaben werden i. allg. auf Grund von Erfahrung intuitiv gelöst. Inwieweit die getroffenen Festlegungen geeignet sind, eine effektive Arbeit von S zu ermöglichen, wird am System selbst erprobt. Hier ist die Möglichkeit, durch Simulation des Verhaltens an unterschiedlichen Modellen die Entscheidungen zu verbessern, zu nutzen. Das führt auch dann, wenn nur die formalisierbaren Teile der Prozesse erfaßt werden und die Auswirkungen der nicht formalisierten Anteile nur eingeschätzt und relativ global berücksichtigt werden, zu günstigeren Entscheidungen.

I. allg. führen relativ ungenaue Näherungsrechnungen immer noch zu besseren Entscheidungen als globale Einschätzungen und verbale Analysen. In den folgenden Kapiteln werden einige Grundlagen für entsprechende Berechnungen bereitgestellt.

4.2. Ziele der Steuerung

Eine Gesamtheit von Arbeitskräften, Arbeitsmitteln und Arbeitsgegenständen ist noch kein System, das eine bestimmte Funktion erfüllt. Es muß zielstrebig arbeiten. *Zielstrebigkeit* wird erst durch Steuerung herbeigeführt. Es muß ein Plan vorliegen, der festlegt, wer, wann, wo und mit welchen Einrichtungen welche Aufgaben zu erfüllen hat. Eine Strategie muß Vorschriften und Normative vorgeben, die angeben,

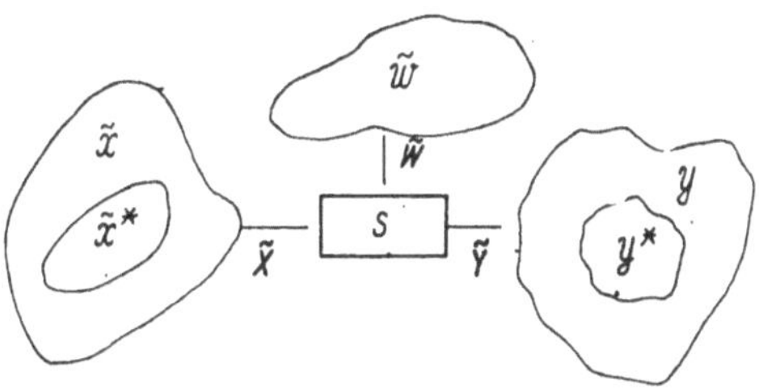

Abb. 4.2-1
Mengentheoretische Darstellung des Verhaltens eines Systems

wie diese Aufgaben gelöst werden und wie unter welchen Bedingungen zu handeln ist. Die Aktivität der Werktätigen, ihr im Rahmen vorgegebener Orientierungen und Grenzen eigenverantwortliches und selbständiges Handeln muß durch ein geeignetes Stimulierungssystem angeregt werden. Durch *Steuerungsmaßnahmen* müssen ein *stabiles Arbeiten* des Systems, seine *Anpassung* an sich ändernde Situationen und Anforderungen und seine *Weiterentwicklung* gesichert werden. Durch die Steuerung soll erreicht werden, daß das System nach bestimmten Kriterien *optimal* arbeitet.

Die Eigenschaften, der *Zielstrebigkeit, Stabilität, Anpassungsfähigkeit* und *Optimalität* lassen sich durch Abb. 4.2-1 veranschaulichen. Abb. 4.2-1 ist identisch mit Abb. 1.2-6. Es sind

$\tilde{\boldsymbol{W}}$ eine Steuerstrategie,
$\tilde{\boldsymbol{X}}$ eine Folge zufälliger Eingangsgrößen,
$\tilde{\boldsymbol{Y}}$ eine Folge zufälliger Ausgangsgrößen,
$\tilde{\mathcal{W}}$ die Menge zulässiger Strategien,
$\tilde{\mathcal{X}}$ die Menge möglicher Folgen zufälliger Eingangsgrößen,
$\tilde{\mathcal{X}}^*$ die Menge zulässiger Folgen zufälliger Eingangsgrößen,
$\mathcal{Y}$ die Menge möglicher Ausgangsgrößen,
$\mathcal{Y}^*$ die Menge angestrebter Ausgangsgrößen (das Zielgebiet).

Die *Zielstrebigkeit* ist das Vermögen eines Systems, so zu handeln, daß es ein von außen vorgegebenes oder systeminternes Zielgebiet erreicht. Sie besagt, daß durch eine Strategie $\tilde{\boldsymbol{W}} \in \tilde{\mathcal{W}}$ bei gegebener Folge $\tilde{\boldsymbol{X}} \in \tilde{\mathcal{X}}^*$ eine Ausgangsgröße $\boldsymbol{Y} \in \mathcal{Y}^*$ erreicht wird.

Die *Stabilität* des Systems besteht darin, daß trotz äußerer und innerer Störungen durch eine Strategie $\tilde{\boldsymbol{W}}$ erreicht wird, daß stets

$$\mathbf{y}(k) \in \mathcal{Y}^* \qquad (4.2\text{-}1)$$

oder

$$\mathsf{P}\big(\mathbf{y}(k) \in \mathcal{Y}^*\big) > 1 - \varepsilon \qquad (4.2\text{-}2)$$

erreicht wird. ε ist eine beliebig klein wählbare Zahl. Die inneren Störungen werden formal als Wirkungen äußerer Einflüsse dargestellt. (4.2-1) bzw. (4.2-2) gilt, wenn

$$\tilde{\boldsymbol{X}} \in \tilde{\mathcal{X}}^* \qquad (4.2\text{-}3)$$

ist. (4.2-3) ist gleichbedeutend mit der für jede Realisierung $\tilde{\mathbf{x}}$ von $\tilde{\boldsymbol{X}}$ geltenden Beziehung

$$\tilde{\mathbf{x}} \in \mathcal{X}^* . \qquad (4.2\text{-}4)$$

Die Bedingungen (4.2-3) bzw. (4.2-4) bringen zum Ausdruck, daß i. allg. eine Stabilität nicht schlechthin, sondern nur dann erreichbar ist, wenn die Störungen nach Art, Größe, Änderungsgeschwindigkeit und Zeitdauer so beschaffen sind, daß die Eingangsgrößenfolgen $\tilde{\boldsymbol{X}}$ ein zulässiges Gebiet $\tilde{\mathcal{X}}^*$ nicht verlassen.

Unter *Anpassungsfähigkeit* wird verstanden, daß durch Strategien $\tilde{\boldsymbol{W}} \in \tilde{\mathcal{W}}$ erreicht werden kann, daß auch bei sich änderndem Zielgebiet

$$\mathcal{Y}^* = \mathcal{Y}^*(k) \qquad (4.2\text{-}5)$$

und sich änderndem

$$\mathscr{X}^* = \mathscr{X}^*(k) \qquad (4.2\text{-}6)$$

eine zielstrebige, stabile Arbeit des Systems gewährleistet werden kann.

Ein System arbeitet *optimal*, wenn bei gegebenem $\tilde{\boldsymbol{X}}$ so gesteuert wird, daß eine Zielfunktion

$$Q(\mathbf{x}, \tilde{\mathbf{y}}(\tilde{w})) = \mathsf{E}\{\boldsymbol{q}(\tilde{\boldsymbol{X}}, \tilde{\boldsymbol{Y}}(\boldsymbol{W}))\} = \text{Min.} \qquad (4.2\text{-}7)$$

wird. Durch geeignete Wahl des Vorzeichens von Q wird erreicht, daß das Optimum ein Minimum ist. (4.2-7) ist unter den Bedingungen

$$\tilde{\mathbf{x}} \in \mathscr{X}^*, \qquad \tilde{\mathbf{w}} \in \mathscr{W}, \qquad \mathbf{y} \in \mathscr{Y} \qquad (4.2\text{-}8)$$

zu erfüllen.

Ein System ist *entwicklungsfähig*, wenn es in der Lage ist, seine Steuerungsmöglichkeiten $\tilde{\mathscr{W}}$ weiter zu entwickeln und damit seine Aufgaben besser oder neue Aufgaben erfüllen zu können.

In entwicklungsfähigen Systemen ist

$$\mathscr{W} = \mathscr{W}(k), \qquad \mathscr{X}^* = \mathscr{X}^*(k), \qquad \mathscr{Y}^* = \mathscr{Y}^*(k). \qquad (4.2\text{-}9)$$

Diese *Grundziele der Steuerung*, Zielstrebigkeit, Stabilität, Anpassungsfähigkeit, Optimalität und Entwicklung können nur erreicht werden, wenn die auf S. 112, 113 genannten Bedingungen a) bis c) erfüllt werden.

4.3. Grundgesetze der Steuerung

Für die Bearbeitung von Steuerungsaufgaben ist es wichtig einzuschätzen, welche Bedingungen existieren oder geschaffen werden müssen, um eine bestimmte Aufgabe lösen zu können. So ist es z. B. wichtig zu wissen, wie die Systemreserven nach Umfang und Art beschaffen sein müssen und welche Zusammenhänge zwischen den Anforderungen an die Systemreserven und der geforderten Steuerungsgenauigkeit existieren.

Unter einigen vereinfachenden Voraussetzungen lassen sich einige *Grundgesetze der Steuerung von Systemen* angeben, die eine Beantwortung dieser Fragen ermöglichen. Sie stellen Grundlagen dafür dar, in der Projektierungsphase Aussagen über das zu erwartende Systemverhalten bereits dann erhalten zu können, wenn noch relativ wenig über S, SS und GS bekannt ist.

Die Grundgesetze der Steuerung werden an Abb. 4.2-1 erläutert. Für die Realisierungen $\mathbf{w}(k)$, $\mathbf{x}(k)$, $\mathbf{y}(k)$ von $\boldsymbol{W}(k)$, $\boldsymbol{X}(k)$, $\boldsymbol{Y}(k)$ soll das Verhaltensschema

$$\begin{array}{c|ccc} & \boldsymbol{\omega}^1 & \dots & \boldsymbol{\omega}^N \\ \hline \boldsymbol{\xi}^1 & \boldsymbol{v}^{11} & \dots & \boldsymbol{v}^{1N} \\ \cdot & \cdot & \dots & \cdot \\ \cdot & \cdot & \dots & \cdot \\ \cdot & \cdot & \dots & \cdot \\ \boldsymbol{\xi}^M & \boldsymbol{v}^{M1} & \dots & \boldsymbol{v}^{MN} \end{array} \qquad (4.3\text{-}1)$$

gelten. Das heißt, zu jedem $\boldsymbol{X}(k) = \xi^i$, $\boldsymbol{W}(k) = \boldsymbol{\omega}^j$ gehört genau eine Ausgangsgröße $\boldsymbol{Y}(k) = \boldsymbol{v}^{ij}$. Es gilt

$$\xi^i \in \mathcal{X}\,, \qquad \boldsymbol{\omega}^j \in \mathcal{W}\,, \qquad \boldsymbol{v}^{ij} \in \mathcal{Y}\,. \tag{4.3-2a}$$

Die ξ^i und $\boldsymbol{\omega}^j$ sind (voneinander verschiedene) Buchstaben der Alphabete $\mathcal{X}$ und $\mathcal{W}$. Die $\boldsymbol{v}^{ij} \in \mathcal{Y}$ sind nicht notwendig alle voneinander verschieden. Es sind jedoch die $\boldsymbol{v}^{ij}$ jeder Spalte voneinander verschieden, d. h., es gilt

$$V\{\boldsymbol{v}^{1i}, \dots, \boldsymbol{v}^{Mi}\} = M\,, \qquad i \in \{1, \dots, N\}\,. \tag{4.3-2b}$$

Alle folgenden Betrachtungen lassen sich auch für Folgen $\tilde{\mathbf{x}}$, $\tilde{\mathbf{w}}$, $\tilde{\mathbf{y}}$ bzw. $\tilde{\boldsymbol{X}}$, $\tilde{\boldsymbol{W}}$, $\tilde{\boldsymbol{Y}}$ durchführen.

Es ist $V\{Z\}$ die Varietät der Menge Z, d. h. die Anzahl der voneinander verschiedenen Elemente von Z.

Nach Ashby [4.3-AS] gelten unter den oben getroffenen Voraussetzungen das *Gesetz der verbleibenden Varietät*

$$V\{Y\} \geqq \frac{V\{X\}}{V\{W\}} \tag{4.3-3}$$

und das *Gesetz der notwendigen Varietät*

$$V\{W\} \geqq \frac{V\{X\}}{V\{Y\}}\,. \tag{4.3-4}$$

Diese Gesetze stellen notwendige Bedingungen dar und besagen:

a) Sind in (4.3-1) die Varietäten $V\{X\} = M$, $V\{W\} = N$ und gilt außerdem (4.3-2), dann kann bei gegebener Varietät $V\{X\}$ der Eingangsgrößen $\boldsymbol{X}(k) = \xi^j \in \{X\} \subseteq \mathcal{X}$ durch eine Steuerung günstigstenfalls erreicht werden, daß die Varietät $V\{Y\}$ der zugehörigen Ausgangsgrößen gleich den Quotienten aus der Varietät der Eingangsgrößen und Varietät der Steuergrößen wird (Gesetz von der verbleibenden Varietät)

b) Wird eine Varietät der Ausgangsgrößen $V\{Y\}$ bei gegebener Varietät $V\{X\}$ gefordert, dann ist dazu eine Mindestvarietät

$$V\{W\} = \frac{V\{X\}}{V\{Y\}} \tag{4.3-5}$$

der Steuerungsmaßnahmen erforderlich (Gesetz von der notwendigen Varietät).

Beide Gesetze stellen notwendige Bedingungen dar. Sie legen die untere Grenze von $V\{Y\}$ und die Mindestvarietät $V\{W\}$ fest. Ist jedoch $V\{W\}$ so, daß (4.3-3) gilt, dann ist damit noch nicht gesichert, daß solche Steuerungsmaßnahmen $\boldsymbol{\omega}^i$, $i \in \{1, \dots, N\}$ in W enthalten sind, die ein vorgegebenes $V\{Y\}$ herbeiführen können. Die von Ashby aufgestellten Gesetze liefern notwendige Bedingungen für die Lösung von Steuerungsaufgaben. Ihre Gültigkeit sichert aber nicht die Lösbarkeit. Sie stellen keine hinreichenden Bedingungen dar.

In [4.3-VO] wurde ein *Grundgesetz der Verhaltensbeeinflussung* begründet, das notwendige und hinreichende Bedingungen für die Lösbarkeit einer Steuerungsaufgabe liefert.

Wird das System durch (4.3-1) beschrieben und gilt (4.3-2), dann ist die Steuerungsaufgabe dann und nur dann lösbar, wenn

$$V\{\mathcal{W}\} \geqq \frac{V\{\mathcal{X}^*\}}{V\{\mathcal{Y}^*\}} \tag{4.3-6}$$

gilt und zu jedem $\xi^j \in \mathscr{X}^*$ ein $\boldsymbol{\omega}^i \in \mathscr{W}$ so gefunden werden kann, daß

$$\boldsymbol{v}^{ij} \in \mathscr{Y}^* \tag{4.3-7}$$

gilt. Die Steuerungsaufgabe besteht darin, zu sichern, daß für alle $\xi^j \in \mathscr{X}^*$ durch geeignete Wahl von $\boldsymbol{\omega}^i \in \mathscr{W}$ die Ausgangsgrößen $\boldsymbol{v}^{ji} \in \mathscr{Y}^*$ werden.

Aus dem Grundgesetz der Verhaltensbeeinflussung lassen sich Aussagen über die Anzahl und Lage (im $\boldsymbol{\omega}^i$-Raum) der notwendigen Steuerungsmaßnahmen gewinnen, wenn $\mathscr{X}^*$ und $\mathscr{Y}^*$ gegeben sind. Das führt auch zu Angaben über den für die Steuerung nötigen Aufwand.

Wird unterstellt, daß die ξ^j, $\boldsymbol{\omega}^i$ und $\boldsymbol{v}^{ji}$ Gitterpunkte in einem ξ,ω,v-Raum darstellen, dann werden die $V\{\mathscr{X}\}$, $V\{\mathscr{X}^*\}$, $V\{\mathscr{W}\}$, $V\{\mathscr{Y}\}$, $V\{\mathscr{Y}^*\}$ monoton mit den Größen des „Gebietes der möglichen bzw. zulässigen Eingangsgrößen", des „Gebietes der möglichen Steuerungsmaßnahmen" und des „Gebietes der möglichen bzw. zulässigen Ausgangsgrößen" wachsen.

Wegen (4.3-6) wird mit wachsendem Gebiet zulässiger Eingangsgrößen und mit kleiner werdendem Gebiet zulässiger Ausgangsgrößen das Gebiet der notwendigen Steuerungsmaßnahmen wachsen. Jede Steuerungsmaßnahme erfordert Systemreserven, deren Realisierung einen materiellen, finanziellen, personellen Aufwand und Zeitaufwand benötigt. Der Aufwand für die Steuerung steigt deshalb mit wachsendem $V\{\mathscr{X}^*\}$ und abnehmendem $V\{\mathscr{Y}^*\}$.

Wird weiterhin angenommen, daß bei gegebenen ξ^j benachbarte $\boldsymbol{\omega}^i$ zu benachbarten $\boldsymbol{v}^{ji}$ führen, dann wird auch ein nicht genau ermittelter Vektor $\boldsymbol{\omega}^j$ dazu führen, daß

$$\boldsymbol{v}^{ji} \in \mathscr{Y}^* \tag{4.3-8}$$

wird. Das gilt nur dann nicht, wenn die $\boldsymbol{v}^{ji}$ am Rande von $\mathscr{Y}^*$ liegen. Da der Aufwand für die Bestimmung von $\boldsymbol{\omega}^i$ mit wachsenden Genaugikeitsanforderungen wächst, nimmt der Aufwand für die Festlegung von Steuerungsmaßnahmen mit einer Verkleinerung des Zielgebietes zu.

Diese Überlegungen zeigen, daß es zweckmäßig ist, $\mathscr{X}^*$ möglichst klein und $\mathscr{Y}^*$ so klein wie nötig zu wählen. Das erste kann z. B. durch möglichst exakte vertragliche Beziehungen mit Zulieferanten, nicht zu große Sortimentsbreite der Erzeugnisse usw. erreicht werden. Das zweite wird erzielt, wenn z. B. die technischen Parameter, die Liefertermine usw. mit nicht zu kleinen Toleranzen festgelegt werden.

4.4. Grundstrategien und Modelle von Steuerungsprozessen

Die Steuerung von Fertigungsprozessen geschieht durch Vorgabe von Strategien (s. (4.1-2))

$$\tilde{\boldsymbol{W}} = \boldsymbol{W}(1) \ldots \boldsymbol{W}(N) \,. \tag{4.4-1}$$

Die Realisierung einer Strategie s. (4.1-6)

$$\tilde{\mathbf{w}} = \mathbf{w}(1) \ldots \mathbf{w}(N) \tag{4.4-2}$$

heißt eine Steuerung. Durch eine Strategie wird festgelegt, welche Entscheidungen zum Takt k wie zu treffen sind. Die Entscheidung $\mathbf{w}(k)$ hängt von den in $\boldsymbol{W}(k)$ formulierten *Entscheidungsregeln* und -vorschriften und der zum Takt k im System und in seiner relevanten Umwelt herrschenden Situation ab.

Die Situation wird durch einen *Situationsanzeiger* $\boldsymbol{\Sigma}(k)$ charakterisiert. $\boldsymbol{\Sigma}(k)$ ist eine Zufallsgröße, die entsprechend Abb. 1.2-4 eine Funktion von $\tilde{\boldsymbol{A}}_{11}(k)$, $\tilde{\boldsymbol{A}}_{12}(k)$, $\tilde{\boldsymbol{A}}_{13}(k)$, $\tilde{\boldsymbol{A}}_{14}(k)$, $\tilde{\boldsymbol{W}}(k)$ ist. Es ist

$$\boldsymbol{\Sigma}(k) = \boldsymbol{\Sigma}\big(\tilde{\boldsymbol{A}}_{11}(k), \dots, \tilde{\boldsymbol{A}}_{14}(k), \tilde{\boldsymbol{W}}(k)\big) . \tag{4.4-3}$$

Die $\tilde{\boldsymbol{A}}_{11}(k), \dots, \tilde{\boldsymbol{A}}_{14}(k)$, $\tilde{\boldsymbol{W}}(k)$ sind definiert durch

$$\begin{aligned} \tilde{\boldsymbol{A}}_{11}(k) &= \boldsymbol{A}_{11}(1), \dots, \boldsymbol{A}_{11}(k) \\ &\vdots \\ \tilde{\boldsymbol{W}}(k) &= \boldsymbol{W}(1), \dots, \boldsymbol{W}(k) . \end{aligned} \tag{4.4-4}$$

Die Entscheidung $\boldsymbol{W}_1(k+1)$ wird beschrieben durch

$$\begin{aligned} \mathsf{P}\big(\boldsymbol{W}_1(k+1) = \boldsymbol{\omega}_1^j \mid \boldsymbol{\Sigma}(k) = \boldsymbol{\sigma}^i\big) \\ = p_{\boldsymbol{W}_1}^{ij}(k+1), \quad \forall \boldsymbol{\omega}_1^j \in \mathscr{W}_1, \quad \forall \boldsymbol{\sigma}^i \in \mathscr{S} . \end{aligned} \tag{4.4-5}$$

(4.4-5) bringt zum Ausdruck, daß die Wahrscheinlichkeit dafür, daß eine Entscheidung $\boldsymbol{W}_1(k+1) = \boldsymbol{\omega}_1^j$ getroffen wird, von den zufälligen Verläufen $\tilde{\boldsymbol{A}}_{11}(k), \dots, \tilde{\boldsymbol{A}}_{14}(k)$, $\tilde{\boldsymbol{W}}(k)$ bestimmt wird. $p_{\boldsymbol{W}_1}^{ij}(k+1)$ wird aus $\boldsymbol{\Sigma}(k)$ durch eine Menge von Entscheidungsregeln gewonnen, die von $\boldsymbol{\Sigma}(k)$ und dem Zielgebiet $\mathscr{Y}^*$ oder einer Zielfunktion $Q_S(N)$ des Systems S abhängen.

Die Abhängigkeit von $\mathscr{Y}^*$ bzw. $Q_S(N)$ ist in (4.4-5) nicht explizit zum Ausdruck gebracht worden. Sie muß aber bei der durch die Steuerung herbeizuführenden Festlegung der $p_{\boldsymbol{W}_1}^{ij}(k+1)$ und ihrer bedingten Wahrscheinlichkeiten berücksichtigt werden.

Für den zumindest in Näherung sehr häufigen Fall, daß $\boldsymbol{W}_1(k+1)$ bei vorgegebenem $\mathscr{Y}^*$ eindeutig durch $\boldsymbol{\Sigma}(k)$ bestimmt wird, ergibt sich aus (4.4-5)

$$\boldsymbol{W}_1(k+1) = \mathbf{f}_{\boldsymbol{W}_1}\big(\boldsymbol{\Sigma}(k)\big) . \tag{4.4-6}$$

Wie später an Hand von Beispielen eingehender begründet wird, ist es für viele Aufgaben bei der Steuerung von Fertigungsprozessen ausreichend, die Erwartungswerte von $\boldsymbol{W}_1(k+1)$, $\forall k = 1, \dots, N-1$ zu kennen. Es ist bei gegebenen $\mathscr{Y}^*$ und $\boldsymbol{\sigma}^i$

$$\mathsf{E}\{\boldsymbol{W}_1(k+1) \mid \boldsymbol{\Sigma}(k) = \boldsymbol{\sigma}^i\} = \sum_{\forall j} \omega_1^j p_{\boldsymbol{W}_1}^{ij} = \boldsymbol{\omega}_1(k) \tag{4.4-7a}$$

oder

$$\mathsf{E}\{\boldsymbol{W}_1(k+1)\} = \mathsf{E}\{\mathbf{f}_{\boldsymbol{W}_1}\big(\boldsymbol{\Sigma}(k)\big)\} = \boldsymbol{\omega}_1(k+1) . \tag{4.4-7b}$$

Die erwartete Strategie wird dann

$$\tilde{\boldsymbol{\omega}}_1 = \boldsymbol{\omega}_1(1), \dots, \boldsymbol{\omega}_1(N) . \tag{4.4-8}$$

$\tilde{\boldsymbol{\omega}}_1$ ist ein Plan, der, ausgehend von der zu erwartenden Situation festlegt, was, wann, wie zu tun ist. Ist $\mathbf{f}_w\big(\boldsymbol{\Sigma}(k)\big)$ eine lineare Funktion von $\boldsymbol{\Sigma}(k)$, dann wird aus (4.4-7b)

$$\mathsf{E}\{\boldsymbol{W}_1(k+1)\} = \mathbf{f}(\mathsf{E}\{\boldsymbol{\Sigma}(k)\}) . \tag{4.4-9}$$

Der Situationsanzeiger $\boldsymbol{\Sigma}(k)$ enthält die für die Steuerung wesentlichen und zugänglichen Informationen über die Umwelt $\tilde{\boldsymbol{A}}_{11}(k)$, über die Eingangsgrößen $\tilde{\boldsymbol{A}}_{12}(k)$, über den Systemzustand $\tilde{\boldsymbol{A}}_{13}(k)$ und über die Ausgangsgrößen $\tilde{\boldsymbol{A}}_{14}(k)$ des Systems.

Nicht alle Komponenten von $\boldsymbol{X}(k)$, $\boldsymbol{Z}(k)$ und $\boldsymbol{Y}(k)$ sind meßbar und gehen in $\boldsymbol{A}_{12}$ $\boldsymbol{A}_{13}$ und $\boldsymbol{A}_{14}$ ein. So lassen sich z. B. einige Störgrößen, die das Systemverhalten wesentlich beeinflussen, nicht oder nur mit einem ökonomisch unvertretbar hohen Aufwand messen. In vielen Fällen lassen sich $\boldsymbol{Z}(k)$ oder einige Komponenten von $\boldsymbol{Z}(k)$ nicht direkt messen, sondern nur über die Erfassung von $\boldsymbol{X}(k)$ und $\boldsymbol{Y}(k)$ beobachten. Bei verschwindenden Eingangsgrößen $\mathbf{x}(k) = \mathbf{w}(k) \equiv 0$ lassen sich die Zustandsgrößen $\mathbf{z}(k)$ nur für vollständig beobachtbare Systeme ermitteln.

Ein nicht erregtes System $\mathbf{x}(k) = \mathbf{w}(k) = 0$, $k_0 \leqq k \leqq k_1$ heißt *vollständig beobachtbar* im Intervall $k_0 \leqq k \leqq k_1$, wenn für gegebenes k_0 und k_1 jeder Systemzustand $\mathbf{z}(k_0) \in \mathcal{X}$ aus der Kenntnis von $\mathbf{y}(k)$, $\forall k \in \{k_0, \dots, k_1\}$ ermittelt werden kann.

Wegen seiner engen Beziehung zur Beobachtbarkeit soll der Begriff der *Steuerbarkeit* an dieser Stelle erklärt werden.

Ein dynamisches System heißt genau dann vollständig *zustandssteuerbar* in dem Intervall $k_0 \leqq k \leqq k_1$, wenn für gegebene k_0 und k_1 jeder Anfangszustand $\mathbf{z}(k_0) \in \mathcal{X}$ mittels einer Steuerung $\mathbf{w}(k_0), \mathbf{w}(k_0 + 1), \dots, \mathbf{w}(k_1)$ in jeden beliebigen Endzustand $z(k_1) \in \mathcal{X}$ übergeführt werden kann.

In [4.4-SW] und [4.4-ST] werden für Systeme der Form

$$\boldsymbol{Z}(k+1) = \mathbf{A}\boldsymbol{Z}(k) + \mathbf{B}\boldsymbol{U}(k)\,, \tag{4.4-10a}$$

$$\boldsymbol{Y}(k) = \mathbf{C}\boldsymbol{Z}(k)\,, \tag{4.4-10b}$$

$$\boldsymbol{U}(k) = \begin{pmatrix} \boldsymbol{X}(k) \\ \boldsymbol{W}(k) \end{pmatrix} \tag{4.4-10c}$$

Bedingungen für die Beobachtbarkeit und Steuerbarkeit angegeben.

Jede Strategie enthält Elemente, die *mittelbare* und solche die *unmittelbare* Steuereinwirkungen auf das System erzeugen. Die mittelbaren und unmittelbaren Steuereinwirkungen wurden im 1. Kapitel S. 8 definiert. Die ihnen zugrunde liegenden Elemente von Strategien sollen *Grundstrategien der Steuerung* genannt werden. Die Grundstrategien treten i. allg. gemeinsam in einer Strategie auf. Wegen der Spezifik ihrer Wirkungen auf das System sollen sie vorerst getrennt behandelt werden. Im abschließenden Beispiel des 7. Kapitels wird ihr Zusammenwirken dargestellt.

4.4.1. Mittelbare Steuereinwirkungen, generelle Regelungen, Ziel-, Motiv- und Interessenbeeinflussung

Die *mittelbaren Steuereinwirkungen* wurden auf S. 8 definiert. Sie enthalten die Beeinflussung der Ziele, Motive und Interessen der im gesteuerten System beschäftigten Menschen, Vorgaben von Zielgrößen, Zielfunktion oder Suchstrategien für die im gesteuerten System installierten Automatisierungsmittel und generelle Regelungen.

Die *Beeinflussung der Ziele, Motive und Interessen* ist eine Grundlage für ein relativ selbständiges, aktives, auf die Ziele des Systems ausgerichtetes Verhalten des gesteuerten Systems. Sie ist an ein Stimulierungssystem gebunden, das Eigeninitiative und eigenverantwortliches Handeln fördert. Sie beruht auf einem Zielsetzungssystem des Gesamtsystems. Sie muß bewirken, daß die Beschäftigten ihre Aufgaben kennen und sich mit ihnen identifizieren.

Aktives, eigenverantwortliches Handeln setzt darüber hinaus noch voraus, daß die Werktätigen die Ziele des Gesamtsystems soweit kennen, daß sie ihre eigenen Aufgaben richtig einordnen können und die Auswirkungen ihrer Handlungen im Gesamtsystem und in seiner Umwelt einschätzen können. Die Werktätigen müssen eine ausreichende Qualifikation besitzen und über die Informationen verfügen, die notwendig sind, um in einem vorgegebenen Rahmen selbständig entscheiden und handeln zu können. Das Stimulierungssystem muß so sein, daß die Erfolge belohnt werden, deren Erreichung der jeweilige Werktätige selbst beeinflussen kann.

Die Ziel-, Motiv- und Interessenbeeinflussung muß solche Maßnahmen der Überzeugung, Information, Qualifizierung und Stimulierung enthalten, die bewirken, daß die oben genannten Forderungen erfüllt werden.

Die Maßnahmen der Ziel-, Motiv- und Interessenbeeinflussung sind i. allg. nicht algorithmierbar und ihre Ergebnisse lassen sich nicht vorausberechnen. Sie müssen auf Grund von Erfahrung intuitiv festgelegt werden. Ihre Ergebnisse sind subjektiv oder kollektiv einzuschätzen und zu bewerten (s. Abschnitt 1.3.2.). Die Maßnahmen bewirken i. allg. eine Veränderung von Parametern im beeinflußten System. Ist das beeinflußte System z. B. ein Bedienungsnetzwerk, dessen Eigenschaften von menschlicher Arbeit wesentlich mitbestimmt werden, dann können durch die genannten Maßnahmen z. B. die Bearbeitungszeiten und deren Streuung verringert und die Zuverlässigkeit des Systems erhöht werden. Ist das System ein Automat der Form

$$\boldsymbol{Z}(k+1) = \mathbf{A}\boldsymbol{Z}(k) + \mathbf{B}\boldsymbol{U}(k)\,, \tag{4.4.1-1 a}$$

$$\boldsymbol{Y}(k) = \mathbf{C}\boldsymbol{Z}(k) + \mathbf{D}\boldsymbol{U}(k)\,, \tag{4.4.1-1 b}$$

dann werden die Elemente $a_{ij}, b_{kl}, c_{mn}, d_{pq}$ der Matrizen **A**, **B**, **C**, **D** verändert. Die Größe der Veränderungen kann i. allg. nur eingeschätzt werden. Zweckmäßig ist es, die zu erreichenden Werte der a_{ij} usw. oder Größen, die eindeutig mit den a_{ij} zusammenhängen, als Zielstellungen vorzugeben und die Stimulierung daran zu binden, daß diese Zielstellungen erreicht werden. Bei einer realistischen Einschätzung der zu erreichenden Werte durch einen erfahrenen Leiter bzw. ein erfahrenes Kollektiv kann auf diese Weise mit hoher Sicherheit das gewünschte Ergebnis erzielt werden. Die voraussichtlichen Auswirkungen der Veränderung der a_{ij} usw. werden durch Simulation des Verhaltens des Automaten (4.4.1.) ermittelt.

Die Vorgabe der Zielgrößen, Zielfunktionen oder Suchstrategien von Automatisierungsmitteln erfordert ein gut begründetes und möglichst präzises Zielsetzungssystem und eine gründliche theoretische und experimentelle Systemanalyse. Aus dem Zielsetzungssystem und den Ergebnissen der Systemanalyse werden die Programme abgeleitet und ermittelt, welche Ein- und Ausgabedaten erforderlich sind. Die Funktion des Systems wird durch Simulation auf einem Digitalrechner erprobt.

Generelle Regelungen werden von SS vorgegeben und legen für Klassen von Situationen Verhaltensnormative für die Arbeitskräfte in GS und Funktionsweisen und Algorithmen für die in GS installierten Automatisierungsmittel fest. Sie haben die Form von Arbeitsanweisungen, technologischen Vorschriften, Organisationsanweisungen und Algorithmen und von technischen Lösungen, die die Arbeitsweise von Automatisierungsmitteln bestimmen.

In GS werden mit Hilfe der in $\tilde{\boldsymbol{W}}_1$ bzw. $\boldsymbol{W}_1(k)$ enthaltenen generellen Regelungen Steuereinwirkungen $\boldsymbol{W}_{1i}(k)$ bzw. Strategien $\tilde{\boldsymbol{W}}_{1i}$ ermittelt, die das Verhalten der Elemente i von GS festlegen (s. Abb. 1.2-5). Die $\boldsymbol{W}_{1i}(k)$ bzw. $\tilde{\boldsymbol{W}}_{1i}$ sind situations- und zielabhängig. Die Elemente von GS sind Menschen oder technische Einrichtungen. Für jede konkrete Situation $\boldsymbol{\Sigma}(k) = \boldsymbol{\sigma}^j$ bei vorgegebenem $\mathcal{Y}^*$ werden Steuereinwirkungen $\mathbf{w}_{1i}(k)$ bzw. Steuerungen

$$\tilde{\mathbf{w}}_{1i} = \mathbf{w}_{1i}(k), \mathbf{w}_{1i}(k+1), \ldots, \mathbf{w}_{1i}(N) \tag{4.4.1-2}$$

oder

$$\tilde{\mathbf{w}}_{1i} = \mathbf{w}_{1i}(k+1), \ldots, \mathbf{w}_{1i}(N) \tag{4.4.1-3}$$

$\forall i$ erhalten. Die $\mathbf{w}_{1i}(k)$ und $\tilde{\mathbf{w}}_{1i}$ sind Realisierungen von $\boldsymbol{W}_{1i}(k)$ bzw. $\tilde{\boldsymbol{W}}_{1i}$. Die Durchsetzung der $\tilde{\mathbf{w}}_{1i}(k)$ bzw. der $\mathbf{w}_{1i}(k)$ geschieht durch unmittelbare Umsetzung in menschliche Handlungen, automatisch oder rechnergestützt im Mensch-Maschine-Dialog. Es wird nur der letzte Fall explizit behandelt. Die anderen Fälle sind in diesem enthaltene einfache Sonderfälle.

Die Ermittlung der $\mathbf{w}_{1i}(k)$ bzw. der $\tilde{\mathbf{w}}_{1i}(k)$ geschieht durch eine Folge von nacheinander abzuarbeitenden Operationen. Ein Teil dieser Operationen ist bei einer gegebenen Situation $\boldsymbol{\Sigma}(k) = \boldsymbol{\sigma}^j$ und gegebenem $\mathcal{Y}_1^*$ eindeutig festgelegt. Zu diesen Operationen gehören situationsbedingte eindeutige Entscheidungen. Die Folgen solcher Operationen bilden „scharfe" Anteile eines Algorithmus. Sie werden i. allg. von einem Rechner automatisch abgearbeitet und sind in „scharfen" Programmteilen festgelegt.

Häufig treten Entscheidungen auf, die eine Anzahl möglicher Ergebnisse haben können.

Für die Auswahl eines jeden dieser Ergebnisse wird jeweils eine Wahrscheinlichkeit vorgegeben, mit der sie erfolgen soll. Es werden Zufallszahlen vom Rechner erzeugt, die die vorgegebene Wahrscheinlichkeitsverteilung dieser Ergebnisse besitzen. Diesen Zahlen werden Entscheidungsergebnisse zugeordnet. Die Entscheidung ist in diesem Falle eine Zufallsgröße und ist probabilistisch. Die eindeutigen und probabilistischen Entscheidungen sollen *programmierbare Entscheidungen* genannt werden. Für einen Teil der Entscheidungen ist es unzweckmäßig oder unmöglich, eindeutige oder probabilistische Entscheidungsregeln vorzugeben. Unzweckmäßig sind solche Regeln, wenn bewußt Intuition, Erfahrung und Verantwortungsbewußtsein von Menschen genutzt werden sollen, um möglichst günstige Steuerungsmaßnahmen oder Steuerungen zu erhalten. In vielen Fällen ist es unmöglich, alle möglichen Situationen vorher gedanklich zu erfassen. In diesen Fällen müssen die Entscheidungen intuitiv, verantwortungsbewußt und mit Risiko getroffen werden. Dort, wo keine programmierbaren Entscheidungen möglich sind, sind sie auf Grund von *unscharfen Entscheidungsregeln* zu treffen. Algorithmen, die unscharfe Entscheidungsregeln enthalten, sind *unscharfe Algorithmen*. Die zugehörigen Programme sind *unscharfe Programme*. Unscharfe Algorithmen bzw. unscharfe Programme werden im Mensch-Maschine-Dialog abgearbeitet.

Die im Mensch-Maschine-Dialog vom Menschen zu treffenden Entscheidungen werden rechnergestützt oder rechnergeführt vorbereitet. Bei einer *rechnergestützten Entscheidungsvorbereitung* wird der Dialog im wesentlichen durch Anfragen und Befehle vom Menschen geführt.

Im *rechnergeführten Dialog* werden vom Rechner Informationsangebote und Entscheidungsvorschläge ausgegeben, auf die der Mensch durch die Beantwortung von Fragen reagiert. In der Regel werden Mischformen des rechnergestützten und des rechnergeführten Dialoges angewendet.

Im rechnergeführten Dialog wird vor allem die *Menütechnik* verwendet. Sie besteht darin, daß der Rechner Angebote von gespeicherten Informationen, Methoden, Programmen und Befehlen macht und Entscheidungsvorschläge unterbreitet. Die Entscheidungsvorschläge können die Form unscharfer Mengen haben. Jedem Element dieser Mengen wird ein Grad der Zugehörigkeit zur Menge der günstigen Entscheidungen zugeordnet (s. Abschnitt 2.2.3., S. 49). Der Grad der Zugehörigkeit drückt aus, wie erfolgsversprechend diese Entscheidung sein wird. Er wird subjektiv oder kollektiv auf Grund gedanklicher Analysen und Erfahrung eingeschätzt. Die Einschätzung ist in der Regel auf der Grundlage unvollständiger Informationen über das System, seine Umwelt und die voraussichtliche Entwicklung von System und Umwelt getroffen worden. Mit zunehmender Erfahrung kann diese Einschätzung durch Menschen oder automatisch durch den Rechner verbessert werden. Aus dem Angebot möglicher Entscheidungen wird vom Dialogpartner Mensch eine Entscheidung ausgewählt. Bei dieser Auswahl werden in der Regel Informationen, Kenntnisse, Vorstellungen und Erfahrungen mit herangezogen, die im Programm nicht berücksichtigt werden konnten. Nach dieser Entscheidung werden vom Rechner ihre Konsequenzen berechnet. Das geschieht in der Regel durch Simulation des weiteren Prozeßablaufes.

Befriedigt das erhaltene Ergebnis nicht, können die Folgen anderer Entscheidungen durchgespielt werden. Erst dann, wenn die Simulation ein befriedigendes Ergebnis gebracht hat, wird die Entscheidung im Originalsystem durchgesetzt. Sind in einem Programm mehrere unscharfe Programmteile enthalten, müssen selbstverständlich alle notwendigen Entscheidungen getroffen werden, bevor die Simulation durchgeführt werden kann. Bei der Simulation werden zu erwartende Verläufe der Eingangsgrößen und Systemzustände zu Grunde gelegt.

Zur Simulation und zu Dialogsystemen existiert eine umfangreiche Literatur, wie z. B. [4.4-AU], [4.4-PY], [4.4-BA], [4.4-BL], [4.4-TE], [4.4-FA], [4.4-NI], [4.4-SO]. Die großen Rechnerhersteller bieten Hard- und Software-Lösungen für Simulations- und Dialogsysteme an. Es sind jedoch noch umfangreiche Forschungsarbeiten erforderlich, um Simulations- und Dialogsysteme im breiten Maße einsetzen zu können. Das betrifft insbesondere die Anwendung unscharfer Mengen im Dialog und den Einsatz von Dialogsystemen für die Unterstützung von Entscheidungen der höheren Leitungsebenen. Bei der Anwendung von Dialogsystemen treten ingenieur- und arbeitspsychologische Probleme auf, die unbedingt beachtet werden müssen. Auf diese Probleme kann hier nicht eingegangen werden. Es wird auf die Fachliteratur der Ingenieur- und Arbeitspsychologie verwiesen und empfohlen, bei der Einführung von Dialogsystemen Spezialisten dieser Fachrichtungen zu konsultieren.

Ein typisches Beispiel für die Anwendung eines Dialogsystems ist die Festlegung von Reihenfolgen bei der Fertigungsplanung. Eine zweckmäßige Steuerung der Reihenfolge von Arbeitsgegenständen und Arbeitsgängen ist für die Durchlaufzeiten der Arbeitsgegenstände durch die Produktion und die Auslastung der Arbeitsplätze wesentlich. Arbeitsplätze sind Handarbeitsplätze, Maschinenarbeitsplätze, Automaten oder autonome Fertigungszellen [4.4-DÜ], [4.4-KR], [4.4-LI].

Beispiel 4.4.1-1: Auf drei Arbeitsplätzen werden vier unterschiedliche Arbeitsgegenstände bearbeitet. Der Erwartungswert der Bearbeitungszeit des Arbeitsgegenstandes j auf dem Arbeitsplatz i ist

$$\alpha_{ij} = \mathsf{E}\{A_{ij}\}. \tag{1}$$

Tab. 4.4.1-1
Erwartungswerte α_{ij} der Bearbeitungszeiten von vier Arbeitsgegenständen $j = 1, \ldots, 4$ auf 3 Arbeitsplätzen $i = 1, \ldots, 3$

i	j			
	1	2	3	4
1	6	4	5	7
2	3	4	2	4
3	2	5	4	6

Die α_{ij} sind durch die Tab. 4.4.1-1 gegeben. Die Reihenfolge der Arbeitsgänge (d. h. der nacheinander zu durchlaufenden Arbeitsplätze) ist durch die Technologie eindeutig mit i: 1 → 2 → 3 festgelegt. Jeder Arbeitsgang kann erst beginnen, wenn der vorangegangene abgeschlossen ist. Es ist keine Überlappung von Arbeitsgängen möglich. Für die Reihenfolge der Arbeitsgegenstände j: 1 → 2 → 3 → 4 ist die Belegung der Arbeitsplätze durch Abb. 4.4.1-1 gegeben.

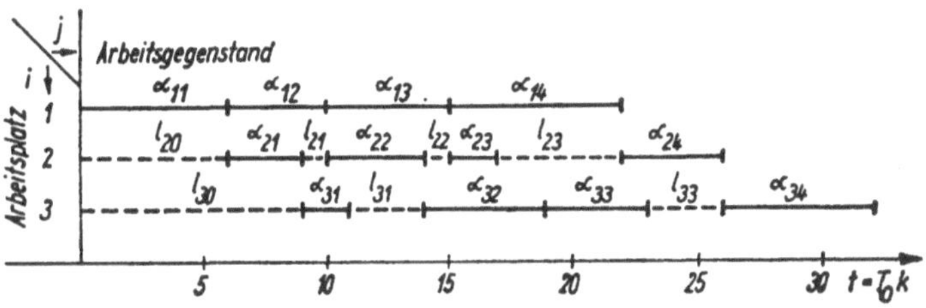

Abb. 4.4.1-1
Belegung von drei Arbeitsplätzen durch vier Arbeitsgegenstäsnde; Reihenfolge der Bearbeitung der Arbeitsgegenstände 1 → 2 → 3 → 4

Der Arbeitsplatz 1 ist insgesamt 22 Zeiteinheiten lang belegt. Der Arbeitsplatz 2 ist 13 Zeiteinheiten lang belegt. Zu diesen 13 Zeiteinheiten kommen die Wartezeiten $l_{20} + l_{21} + l_{22} + l_{23}$. Sie betragen ebenfalls 13 Zeiteinheiten. Die Belegungszeit des Arbeitsplatzes 3 beträgt 17 Zeiteinheiten, die Wartezeit $l_{30} + l_{31} + l_{32}(= 0) + l_{33}$ beträgt 15 Zeiteinheiten.

Für die Reihenfolge der Arbeitsgegenstände j: 2 → 4 → 3 → 1 ergibt sich die in Abb. 4.4.1-2 angegebene Belegung der Arbeitsplätze. Die Belegungszeiträume bleiben

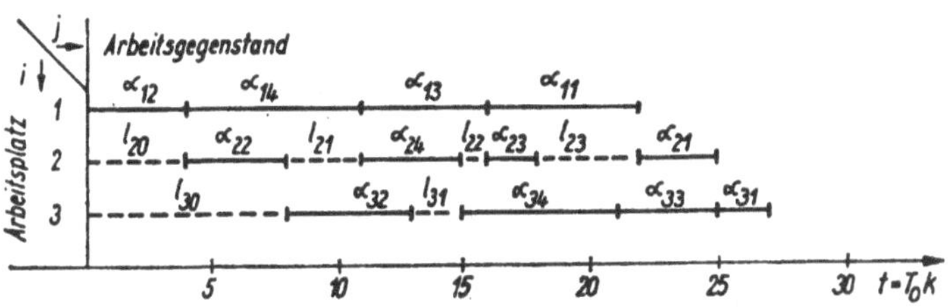

Abb. 4.4.1-2
Belegung von drei Arbeitsplätzen durch vier Arbeitsgegenstände; Reihenfolge der Bearbeitung der Arbeitsgegenstände 2 → 4 → 3 → 1

unverändert. Die Wartezeiten verringern sich für den Arbeitsplatz 2 auf 12 Zeiteinheiten und für den Arbeitsplatz 3 auf 10 Zeiteinheiten. Die gesamte Wartezeit hat sich durch die Änderung der Reihenfolge der Arbeitsgegenstände von 28 auf 22 Zeiteinheiten verringert.

Ist die Reihenfolge der Arbeitsgänge für jeden von m Arbeitsgegenständen festgelegt und kann die Reihenfolge der Einsteuerung der Arbeitsgegenstände frei gewählt werden, gibt es $m!$ mögliche Reihenfolgen. Für $m = 10$ sind das $3{,}6 \cdot 10^6$ für $m = 15$ sind das $1{,}2 \cdot 10^{12}$ Reihenfolgen. Sind die Reihenfolgen der Arbeitsgänge für die einzelnen Arbeitsgegenstände ebenfalls frei wählbar, dann gibt es für n Arbeitsplätze und m Erzeugnisse $(m!)^n$ mögliche Reihenfolgen. Hinzu kommt, daß die minimale Wartezeit, d. h. die maximale Kapazitätsauslastung, nicht das einzige Optimierungskriterium für die Festlegung der Reihenfolgen ist.

Auch mit sehr schnellen Rechnern ist eine Reihenfolgeoptimierung für $m < 15$ praktisch unmöglich. Man ist gezwungen, Regeln für die Reihenfolgebestimmung festzulegen und durch Simulation ihre Wirksamkeit zu erproben. Da jedoch durch Auftragsänderungen, durch Ausfall von Arbeitskräften und durch Ausfall von Maschinen und Anlagen immer wieder Situationen eintreten, auf die kaum mit programmierbaren Entscheidungen reagiert werden kann, ist es sinnvoll die Reihenfolgen im Mensch-Maschine-Dialog zu bestimmen [4.4-LI].

Auf Probleme der mittelbaren Steuerung von Fertigungsprozessen wird im 7. Kapitel nochmals eingegangen.

4.4.2. Unmittelbare Steuereinwirkungen

Durch mittelbare Steuereinwirkungen soll ein aktives, zielgerichtetes, relativ selbständiges Verhalten von GS bewirkt werden. Die unmittelbaren Einwirkungen sollen durch Weisungen oder direkte Eingriffe in GS dessen Verhalten steuern. Sie gehen vom Menschen oder Automaten als steuernde Subjekte aus und wirken auf Menschen oder technische Einrichtungen als Objekte der Steuerung. Sie können langfristige Wirkungen erzeugen und sowohl die Relationen zwischen Eingangs-, Zustands- und Ausgangsgrößen ändern als auch als Komponenten des Eingangsgrößenvektors wirken. Die Änderung der Verknüpfungsrelationen spiegeln sich als Änderung der Parameter im Modell wider. Die unmittelbaren Steuereinwirkungen setzen, wenn sie auf Menschen wirken, ein Stimulierungssystem voraus, das sichert, daß die Weisungen in Verbindung mit generellen Regelungen wirken und im System durchgesetzt werden. Die generellen Regelungen enthalten bestimmte Regeln für die Durchführung der Aufgaben oder Qualifizierungsmaßnahmen für die Werktätigen.

Unmittelbare Steuerungseinwirkungen erfolgen grundsätzlich nach dem in Abb. 1.2-4 dargestellten Schema. Sie werden i. allg. so festgelegt, daß $\tilde{\boldsymbol{W}}_1(k)$ (siehe (4.4-4)) als Funktion von $\tilde{\boldsymbol{A}}_{11}(k)$, $\tilde{\boldsymbol{A}}_{12}(k)$, $\tilde{\boldsymbol{A}}_{13}(k)$, $\tilde{\boldsymbol{A}}_{14}(k)$ so bestimmt wird, daß das Zielgebiet $\boldsymbol{Y}^*$ sicher oder mit Wahrscheinlichkeit erreicht wird. Für gegebenes $\boldsymbol{Y}^*$ wird dann (s. (4.4-3))

$$\tilde{\boldsymbol{W}}_1(k) = \mathbf{f}_{W_1}(\tilde{\boldsymbol{A}}_{11}(k), \tilde{\boldsymbol{A}}_{12}(k), \tilde{\boldsymbol{A}}_{13}(k), \tilde{\boldsymbol{W}}(k))$$

$$= \mathbf{f}_{W_1}(\Sigma\,(k)) \qquad (4.4.2\text{-}1)$$

oder

$$\tilde{\boldsymbol{W}}_1(k+1) = \mathbf{f}^*_{W_1}(\tilde{\boldsymbol{W}}_1(k), \Sigma(k)) . \tag{4.4.2-2}$$

Die Steuerung kann so gewonnen werden, daß durch systematisches Probieren ein $\mathbf{f}_{W_1}$ oder $\mathbf{f}^*_{W_1}$, $\forall k = 1, \ldots, N$ so ermittelt wird, daß man für unterschiedliche $\mathbf{f}_{W_1}$ bzw. $\mathbf{f}^*_{W_1}$ das Verhalten von GS simuliert und die Funktionen auswählt, die bewirken, daß $\boldsymbol{Y}(N) \in \mathcal{Y}^*$ wird.

Eine recht allgemein anwendbare Methode ist die folgende. Es werden $\mathsf{E}\{\boldsymbol{A}_{11}(k)\}$ $\mathsf{E}\{\boldsymbol{A}_{12}(k)\}$ und $\mathsf{E}\{\boldsymbol{W}(k)\}$ geschätzt, bzw. begründete Annahmen für diese Größen gemacht. Es soll außerdem

$$\begin{aligned} &\boldsymbol{\alpha}_{11}(k) = \mathsf{E}\{\boldsymbol{A}_{11}(k)\}, \quad \boldsymbol{\alpha}_{12}(k) = \mathsf{E}\{\boldsymbol{A}_{12}(k)\}, \quad \boldsymbol{\alpha}_{13}(k) = \mathsf{E}\{\boldsymbol{A}_{13}(k)\}, \\ &\boldsymbol{\mu}_{Y_1}(k) = \boldsymbol{\alpha}_{14}(k) = \mathsf{E}\{(\boldsymbol{Y}_1(k)\} = \mathsf{E}\{\boldsymbol{A}_{14}(k)\}, \quad \boldsymbol{\omega}_1(k) = \mathsf{E}\{\boldsymbol{W}_1(k)\} \end{aligned} \tag{4.4.2-3}$$

gelten. Entsprechend der bisher verwendeten Symbolik müßte $\mathsf{E}\{\boldsymbol{A}_{11}(k)\} = \boldsymbol{\mu}_{A_{11}}(k)$ usw. verwendet werden. Zur Vereinfachung der Schreibweise wird $\boldsymbol{\mu}_{A_{11}}(k) = \boldsymbol{\alpha}_{11}(k)$ usw. gesetzt. Die Erwartungswerte $\boldsymbol{\alpha}_{..}(k)$ usw. dürfen nicht mit Buchstaben $\boldsymbol{\alpha}^i_{..} \in \mathcal{A}_{..}$ eines abstrakten Alphabetes verwechselt werden. Ist durch theoretische oder experimentelle Systemanalyse ein Modell

$$\boldsymbol{\mu}_{Y_1}(k) = \mathbf{f}(\boldsymbol{\alpha}_{11}(k), \boldsymbol{\alpha}_{12}(k), \boldsymbol{\omega}(k), \boldsymbol{\omega}_1(k)) \tag{4.4.2-4}$$

oder

$$\boldsymbol{\mu}_{Y_1}(k+1) = \mathbf{f}^*(\boldsymbol{\mu}_{Y_1}(k), \boldsymbol{\alpha}_{11}(k), \boldsymbol{\alpha}_{12}(k), \boldsymbol{\omega}(k), \boldsymbol{\omega}_1(k)) \tag{4.4.2-5}$$

bekannt, dann kann der Sollverlauf einer Steuerung

$$\tilde{\boldsymbol{\omega}}_1^S = \boldsymbol{\omega}_1^S(1) \ldots \boldsymbol{\omega}_1^S(N) \tag{4.4.2-6}$$

so berechnet werden, daß

$$\boldsymbol{\mu}_{Y_1}(N) \in \mathcal{Y}_1^* \tag{4.4.2-7}$$

wird. Das kann durch einen Iterationsvorgang, der systematisches Probieren und Simulation umfaßt, geschehen. In (4.4.2-4) und (4.4.2-5) wurde $\boldsymbol{\alpha}_{13}(k)$ nicht berücksichtigt. Es wurde angenommen, daß $\boldsymbol{\alpha}_{13}(k)$ aud $\boldsymbol{\alpha}_{14}(k)$ berechenbar ist.

$\boldsymbol{\omega}(k)$ kann in den Fällen unberücksichtigt bleiben, in denen es nur zur Definition des Zielgebietes $\mathcal{Y}_1$ aber nicht zur Festlegung des Verlaufes $\tilde{\boldsymbol{Y}}_1(k)$ beiträgt. Durch $\tilde{\boldsymbol{\omega}}_1^S$ wird ein Sollverlauf

$$\tilde{\boldsymbol{\mu}}^S_{Y_1} = \boldsymbol{\mu}^S_{Y_1}(1), \ldots, \boldsymbol{\mu}^S_{Y_1}(N) \tag{4.4.2-8}$$

erzeugt. Der hochgestellte Index S bringt zum Ausdruck, daß es sich um einen Sollverlauf handelt. Der Steuerung des stochastischen Prozesses wird der Sollverlauf $\tilde{\boldsymbol{\omega}}_1^S$, $\tilde{\boldsymbol{\mu}}^S_{Y_1}$ zugrunde gelegt. Die Steuerung soll so erfolgen, daß

$$\mathsf{P}(|\boldsymbol{Y}_1(k) - \boldsymbol{\mu}_{Y_1}(k)| > \boldsymbol{\delta}) < \varepsilon \tag{4.4.2-9}$$

wird. $\boldsymbol{\delta}$ ist ein Vektor mit beliebigen (beliebig kleinen) Komponenten. ε ist beliebig (beliebig klein). (4.4.2-9) läßt sich durch

$$\Delta \boldsymbol{W}_1(k) = \mathbf{q}_{W_1}(\Delta \boldsymbol{Y}_1(k)) \tag{4.4.2-10}$$

bzw.

$$\Delta \boldsymbol{W}_1(k+1) = \mathbf{q}^*_{W_1}(\Delta \boldsymbol{W}_1(k), \Delta \boldsymbol{Y}_1(k)) \tag{4.4.2-11}$$

verwirklichen. In (4.4.2-10) und (4.4.2-11) bedeuten

$$\Delta \boldsymbol{W}_1(k) = \boldsymbol{W}_1(k) - \boldsymbol{\omega}_1^S(k)\,, \tag{4.4.2-12a}$$

$$\Delta \boldsymbol{Y}_1(k) = \boldsymbol{Y}_1(k) - \boldsymbol{\mu}_{\boldsymbol{Y}_1}(k)\,. \tag{4.4.2-12b}$$

Die hier beschriebene Steuerungsmethode wird durch Abb. 4.4.2-1 schematisch dargestellt.

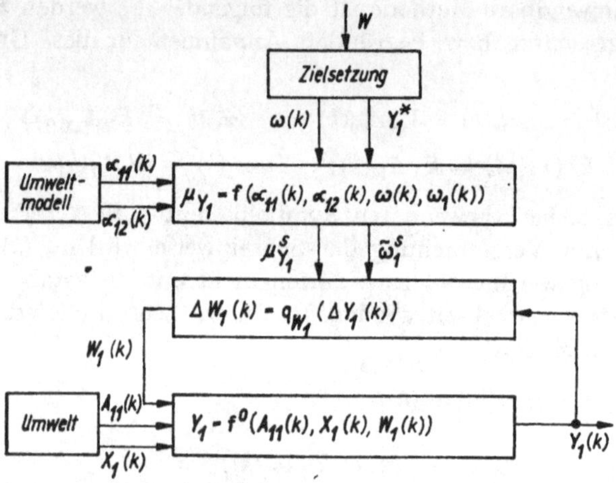

Abb. 4.4.2-1
Unmittelbare Steuerung eines Systems unter Berücksichtigung der Erwartungswerte der Eingangs- und Steuergrößen

Für dynamische Systeme für die (4.4.2-5) und (4.4.2-11) gilt, wird ein analoges Schema erhalten.

Durch (4.4.2-10) und (4.4.2-11) werden die Steuergrößen von den Ausgangsgrößen abhängig. Dadurch entsteht eine Rückkopplung. Systeme, die Rückkopplungen enthalten, neigen dazu, instabil zu werden. Sie führen dann, einmal von außen angestoßen, aufklingende Schwingungen durch. Diese Schwingungen entstehen durch Eigenbewegung auch dann, wenn alle äußeren Einwirkungen konstant sind. Durch Koordinatentransformation kann erreicht werden, daß konstante äußere Einwirkungen auf das Original durch verschwindende äußere Einwirkungen auf das Modell abgebildet werden. Ob ein System stabil ist, kann durch Simulation seines Verhaltens an seinem Modell überprüft werden.

Für lineare determinierte Systeme lassen sich Kriterien angeben, die zu entscheiden gestatten, ob ein System stabil ist oder nicht. Ausführlich werden solche Systeme in der Literatur zur Regelungstechnik, z. B. in [4.4-SW] behandelt. Da die Stabilität eines linearen Systems nur von seinen Eigenbewegungen und nicht von äußeren Ein-

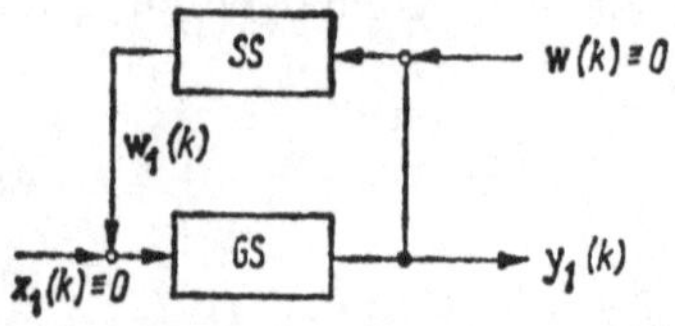

Abb. 4.4.2-2
Lineares determiniertes System

wirkungen abhängt, können die linearen Systeme mit konstanten oder langsam veränderlichen Parametern bei der Untersuchung ihrer Stabilität als determinierte lineare Systeme behandelt werden. Das Modell eines linearen Systems erhält dann die in Abb. 4.4.2-2 angegebene Form.

Es wird analytisch durch

$$\mathbf{y}_1(k+1) = \mathbf{A}(k)\,\mathbf{y}_1(k) \tag{4.4.2-13}$$

beschrieben. Das System ist dann und nur dann stabil, wenn die Matrix **A** nur Eigenwerte $\lambda_i(\mathbf{A})$ hat, die die Bedingung

$$|\lambda_i(\mathbf{A})| < 1 \tag{4.4.2-14}$$

erfüllen. Die $\lambda_i(\mathbf{A})$ sind die Lösungen der charakteristischen Gleichung

$$|\mathbf{I}\lambda - \mathbf{A}| = 0\,. \tag{4.4.2-15}$$

In (4.4.2-15) ist **I** die Einheitsmatrix und **A** eine quadratische Koeffizientenmatrix.

In stochastischen Systemen der in Abb. 4.4.2-1 dargestellten Form ist es i. allg. nicht sinnvoll, durch Steuerung auf jede aktuelle Abweichung $\Delta \mathbf{Y}_1(k)$ zu reagieren. Es wird nur in größeren Abständen k^* eingegriffen. Es ist

$$k^* = \frac{k}{N_1}\,. \tag{4.4.2-16}$$

Den Steuereingriffen wird der Mittelwert

$$\bar{\mathbf{y}}(k^*) = \frac{1}{N_1} \sum_{i=1}^{N_1} \mathbf{y}(k^* - N_1 + i) \tag{4.4.2-17}$$

zugrunde gelegt. Abb. 4.4.2-3 veranschaulicht den Sachverhalt für eine Realisierung eines stochastischen Prozesses.

Es sind eine Reihe weiterer Verfahren zur Steuerung stochastischer Prozesse in der Literatur beschrieben worden. Zu ihnen gehört insbesondere die stochastische dynamische Optimierung [4.4-MÜ], [4.4-DE], [4.4-HO], [4.4-KU], [4.4-GI].

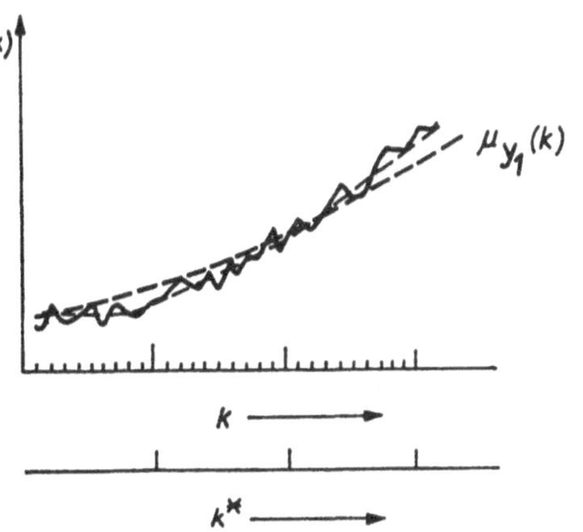

Abb. 4.4.2-3
Steuerung eines stochastischen Prozesses durch Steuereingriffe in größeren Abständen

Im Zusammenhang mit der Produktionsplanung und der Durchlaufsteuerung werden im 7. Kapitel Beispiele für die unmittelbare Steuerung von Fertigungsprozessen behandelt.

4.4.3. Adaption der Steuerung

Bei den bisherigen Betrachtungen zur Steuerung wurde im wesentlichen unterstellt, daß sich die Relationen zwischen $\tilde{\boldsymbol{U}}$ und $\tilde{\boldsymbol{Y}}$ bzw. $\tilde{\boldsymbol{U}}$, $\tilde{\boldsymbol{Z}}$ und $\tilde{\boldsymbol{Y}}$ nicht ändern oder daß diese Relationen durch $\tilde{\boldsymbol{W}}$ gezielt und in bekannter Weise verändert werden.

In der Praxis kommt es jedoch häufig darauf an, die Steuerung an sich spontan ändernde Relationen zwischen $\tilde{\boldsymbol{U}}$, $\tilde{\boldsymbol{Y}}$ bzw. $\tilde{\boldsymbol{U}}$, $\tilde{\boldsymbol{Z}}$, $\tilde{\boldsymbol{Y}}$ anzupassen oder durch die Steuerung hervorgerufene Veränderungen dieser Beziehungen zu ermitteln.

Es treten zwei Problemstellungen auf, die eine Anpassung der Steuerung erfordern. Es liegt der Fall vor, daß die Kenntnisse über die Eigenschaften des zu steuernden Systems recht ungenau und unvollständig sind. Das Modell ist unvollständig und ungenau. Es liegt *A-priori-Unbestimmtheit* vor. Durch Lernprozesse müssen die Kenntnisse über das System und die Steuerung durch Ausnutzung des wachsenden Erkenntnisstandes verbessert werden. Diese Probleme treten auf, wenn ein System in Betrieb genommen wird, oder wenn die Aufgaben des zu steuernden Systems geändert werden. Das letztere kann z. B. der Fall sein, wenn das Sortiment in der Fertigung geändert wird.

Das zu steuernde System ändert seine Eigenschaften im Verlauf der Zeit. Alterungs- und Abnutzungserscheinungen bei den Produktionsmitteln verschlechtern die Eigenschaften des zu steuernden Systems.

Neuanschaffungen von Produktionsmitteln, Rationaliserungsmaßnahmen, wachsende Qualifikation und Erfahrung der Werktätigen erhöhen die Effektivität des Systems. Die Effektivität drückt sich in der Fähigkeit aus, gestellte Ziele mit hoher Qualität und geringem Aufwand zu erfüllen. Das Modell des zu steuernden Systems muß an die veränderten Eigenschaften des Originals angepaßt werden. Gleichzeitig muß das Steuerungssystem auf diese geänderten Bedingungen eingestellt werden.

Anhand von Abb. 4.4.3-1, die aus Abb. 1.2-4 hervorgeht, wird das Problem der Anpassung der Steuerung durch Lern- und Suchprozesse allgemein beschrieben. Den Betrachtungen werden zumindest gedanklich Grundgesamtheiten von Systemen zugrunde gelegt. Ihre Eigenschaften können aus theoretischen Überlegungen, aus Beobachtungen gleichartiger Systeme oder aus nacheinander durchgeführten Meßreihen an stationären Systemen geschätzt sein.

Die Ziele von SS werden geplant, indem ausgegangen wird von

- Vorgaben $\tilde{\boldsymbol{W}}$ übergeordneter Leitungen,
- Informationen $\tilde{\boldsymbol{A}}_{11}$, $\tilde{\boldsymbol{A}}_{12}$, $\tilde{\boldsymbol{A}}_{13}$, $\tilde{\boldsymbol{A}}_{14}$ aus der Umwelt, über die Eingangsgrößen des Systems, über den Zustand und über die Ausgangsgrößen des gesteuerten Systems
- Aussagen $\boldsymbol{V}^M$ über zu erwartende oder geplante Entwicklungen in der Umwelt.

Die $\boldsymbol{V}^M$ werden mit Hilfe des Umweltmodells UM erhalten. Die Zielplanung beinhaltet so detailliert wie nötig die Aufgaben, die Reihenfolge und die Termine für Beginn und Ende ihrer Bearbeitung. Bei der Fertigungsplanung wird z. B. das Sortiment der Finalerzeugnisse festgelegt. Reihenfolgen und Endtermine werden nur so genau fest-

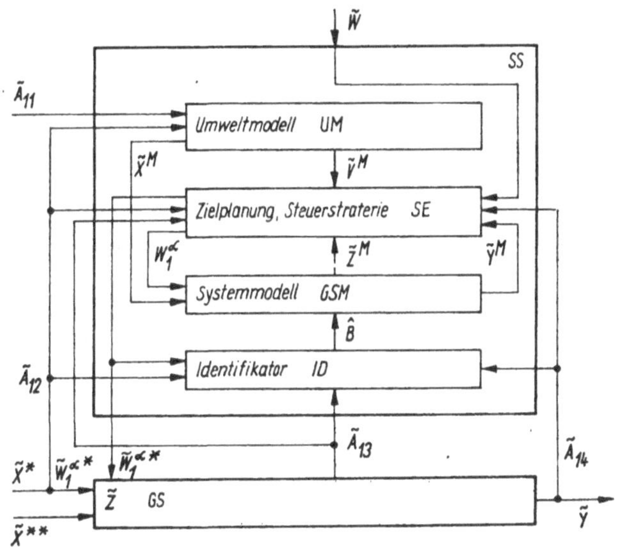

Abb. 4.4.3-1
Anpassung einer Steuerung durch Lern- und Suchprozesse

gelegt, wie das zur Erfüllung der Pflichten gegenüber anderen Wirtschaftseinheiten nötig ist. Neben den in gewissen Grenzen variablen Aufgaben, Reihenfolgen und Terminen werden bei der Zielplanung meist auch Optimierungskriterien festgelegt. Solche Kriterien sind z. B. Forderungen nach möglichst kurzen Durchlaufzeiten, möglichst guter und gleichmäßiger Auslastung der materiellen und personellen Ressourcen usw.

Bei der Zielplanung wird die Realisierbarkeit der Aufgaben anhand des Systemmodells überprüft. Das geschieht dadurch, daß verschiedene Strategien zur Erreichung der Ziele am Systemmodell simuliert werden.

Bei dieser Simulation werden als Eingangsgrößen $\tilde{\boldsymbol{X}}^M$ Ausgangsgrößen des Umweltmodells verwendet, die zu erwartende Eingangsgrößen des Originals abbilden. Gleichzeitig wird das Verhalten von UM für A unterschiedliche Strategien $\boldsymbol{W}_1^\alpha, \alpha \in \{1, \ldots, A\}$ simuliert. Aus den Strategien wird eine Strategie $\boldsymbol{W}_1^{\alpha*}$ ausgewählt, mit der eine Erreichung der Ziele gesichert und eine relativ gute Einhaltung der Optimierungskriterien erreicht wird. Die Ermittlung der günstigsten Strategie stellt einen *am Modell durchgeführten Suchprozeß* dar.

Bei dieser Suche laufen die Prozesse auf einem Rechner mit einer i. allg. um mehr als 6 Zehnerpotenzen höheren Geschwindigkeit ab als die Originalprozesse. Die beschriebene Simulation kann für unterschiedliche Ziele durchgeführt werden. Damit kann die Zielplanung verbessert werden.

Wegen Modellungenauigkeiten und Fehlern bei der Schätzung von $\tilde{\boldsymbol{X}}^M$, $\tilde{\boldsymbol{V}}^M$ usw. treten bei der Plandurchführung Abweichungen von den geplanten Verläufen $\tilde{\boldsymbol{Y}}$ des Originalsystems auf. Der Plan und die Strategien müssen in gewissen Zeitabständen überprüft und aktualisiert werden. Gleichzeitig sind die bei der Plandurchführung gewonnenen Erfahrungen zu nutzen, um das Systemmodell GSM zu verbessern. Das geschieht mit Hilfe eines Identifikators, der in Abhängigkeit von $\boldsymbol{W}_1^{\alpha*}$ und den gemessenen Eingangs-, Ausgangs- und Zustandsgrößen von GS die Modellparameter $\hat{\mathbf{B}}$ schätzt. In ähnlicher Weise kann durch Vergleich von $\tilde{V}^M$ und $\tilde{X}^M$ mit $\tilde{A}_{11}$ und $\tilde{A}_{12}$ das Umweltmodell verbessert werden.

Der Vorgang der Identifikation von GSM wird anhand der Abb. 4.4.3-2 dargestellt. Den Betrachtungen werden diesmal Realisierungen der im Originalsystem ablaufenden Prozesse zugrunde gelegt. Die Identifikation erfolgt so, daß ein Vergleich zwischen dem Original GS und einem Modell GSM durchgeführt wird und das Modell nach einer vorgegebenen Strategie solange verändert wird, bis Modell und Original hinreichend gut übereinstimmen. Der Grad der Übereinstimmung wird mit Hilfe eines zu minimierenden Modellgüteindexes gemessen. Wird für ein Modell GSM* ein minimaler Modellgüteindex Q_M = Min, erreicht, dann ist GSM* = GSM das gesuchte Modell

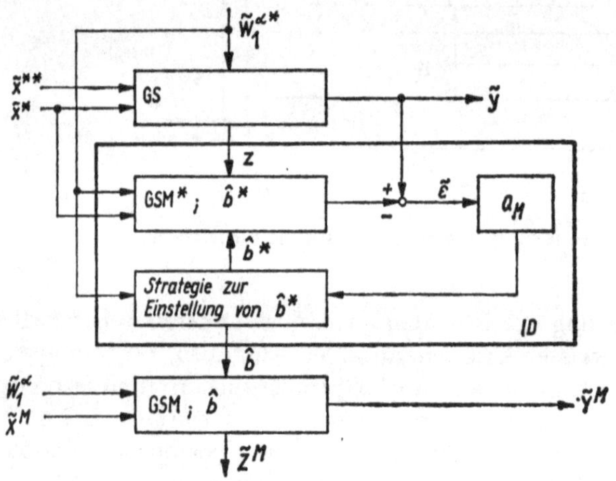

Abb. 4.4.3-2
Schätzung eines Modells GSM durch Identifikation

eines Systems. In Abb. 4.4.3-2 werden GSM* und GSM durch die geschätzten Parametervektoren $\hat{\mathbf{b}}^*$ und $\hat{\mathbf{b}}$ beschrieben. $\hat{\mathbf{b}}^*$ und $\hat{\mathbf{b}}$ können zeitabhängig sein. Jede Identifikation läßt sich im Prinzip auf einen Vergleich zwischen Modell und Original, verbunden mit einer Modellanpassung, zurückführen. Hierzu gehören auch die rekursive Regression und rekursive Regression mit exponentiellem Vergessen, die im 3. Kapitel beschrieben wurden.

Der Identifikator ID arbeitet in Echtzeit, d. h. synchron zum Original. An dem durch ID erzeugten Modell GSM werden mit Eingangsgrößen $\tilde{X}^M$ und Strategien $\tilde{W}_1^\alpha$ Simulationen durchgeführt. Diese Simulationen haben das Ziel, eine Steuerung $\tilde{\mathbf{w}}_1^{\alpha *}$ zu finden, die sichert, daß künftig GS seine Aufgaben erfüllt. Das Modell GSM wird aus vergangenen Verläufen

$$\tilde{\mathbf{x}}^{**} = \mathbf{x}^{**}(1) \ldots \mathbf{x}^{**}(k)\,, \tag{4.4.3-1 a}$$

$$\tilde{\mathbf{w}}^{\alpha *} = \mathbf{w}^{\alpha *}(1) \ldots \mathbf{w}^{\alpha *}(k)\,, \tag{4.4.3-1 b}$$

$$\tilde{\mathbf{y}} = \tilde{\mathbf{y}}(1) \ldots \tilde{\mathbf{y}}(k) \tag{4.4.3-1 c}$$

geschätzt. Die durch Simulation mit GSM gewonnene Steuerung gilt für die Zukunft, d. h., es ist dann

$$\tilde{\mathbf{w}}^{\alpha *} = \mathbf{w}^{\alpha *}(k+1) \ldots \mathbf{w}^{\alpha *}(N) . \tag{4.4.3-2}$$

Der Simulation wurden Grundgesamtheiten möglicher künftiger Eingangs- und Steuergrößen

$$\tilde{\boldsymbol{X}}^{M} = \boldsymbol{X}^{M}(k+1) \ldots \boldsymbol{X}^{M}(N) \tag{4.4.3-3 a}$$

und

$$\tilde{\boldsymbol{W}}_{1}^{\alpha} = \boldsymbol{W}_{1}^{\alpha}(k+1) \ldots \boldsymbol{W}_{1}^{\alpha}(N) \tag{4.4.3-3 b}$$

zugrunde gelegt. Die Simulation der Systemreaktionen auf die $\tilde{\boldsymbol{W}}_{1}^{\alpha}$ und die Auswahl einer Steuerung $\mathbf{w}_{1}^{\alpha *}$ nach (4.4.3-2) geschieht in einer Einheit zur Entscheidungsfindung EE. Die Simulationsvorgänge laufen mit einer um etwa 6 Zehnerpotenzen höheren Geschwindigkeit ab als die Prozesse im Originalsystem. Dadurch wird es möglich, zur Errechnung eines günstigen Planes eine größere Anzahl von Varianten durchzuspielen. Die Umsetzung der Ausgangsgrößen $\mathbf{w}^{\alpha **}$ von EE in Steuerwirkungen auf GS wird in der Literatur i. allg. (s. z. B. [4.4-WE]) einer gesonderten Modifikationseinheit ME zugeordnet. Die adaptive Steuerung wird dann durch Abb. 4.4.3-3 veranschaulicht.

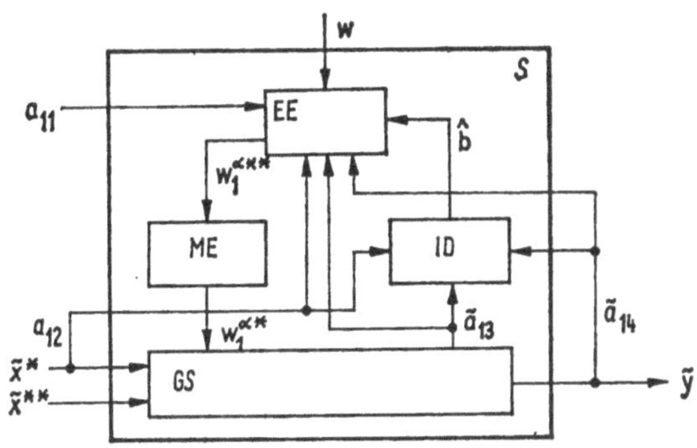

Abb. 4.4.3-3
Prinzipdarstellung einer adaptiven Steuerung

Relativ einfache Verhältnisse liegen dann vor, wenn die Steuerung nur auf Grund der gemessenen Ausgangsgrößen nach einer von den Übertragungseigenschaften von GS abhängigen Strategie erfolgen kann. Die Übertragungseigenschaften sind die zwischen $\tilde{\boldsymbol{X}}^{*}$ und $\tilde{\boldsymbol{Y}}$ bestehenden Relationen. Auf eine Vorausberechnung von Steuerungsmaßnahmen wird dann verzichtet. Es liegt der Fall der reinen *Regelung* vor.

Die adaptive Regelung geschieht nach Abb. 4.4.3-4. Die Eingangs und Zustandsgrößen von GS werden nur noch zur Identifikation der Übertragungseigenschaften in ID verwendet. $\mathbf{w}_{1}^{\alpha *}$ kann als Vektor

$$\mathbf{w}_{1}^{\alpha *} = \begin{pmatrix} \mathbf{w}_{1}^{S} \\ \mathbf{w}_{1}^{E} \end{pmatrix} \tag{4.4.3-4}$$

zur Einstellung von Sollwerten $\mathbf{w}_{1}^{S}$ und Parametern $\mathbf{w}_{1}^{E}$ von zu GS gehörenden Reglern betrachtet werden. In diesem Fall geht Abb. 4.4.3-4 in Abb. 4.4.3-5 über.

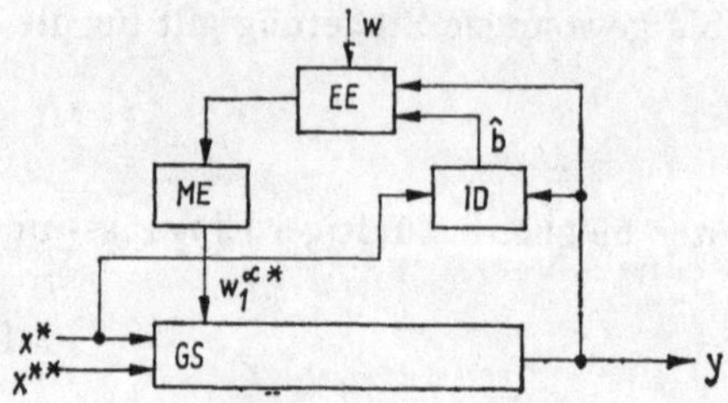

Abb. 4.4.3-4
Prinzipdarstellung einer adaptiven Regelung

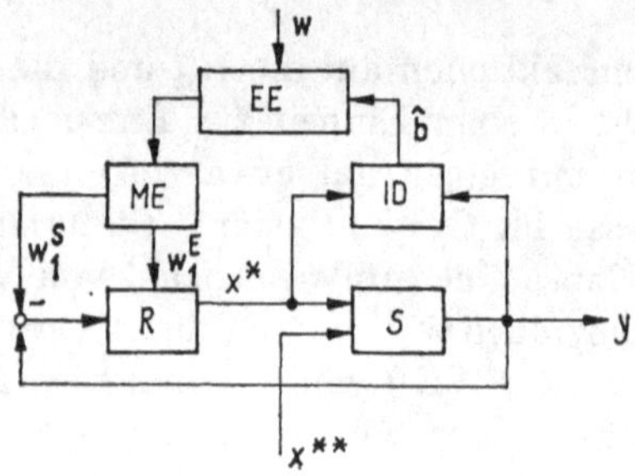

Abb. 4.4.3-5
Adaptive Regelung durch Einstellung der Sollwerte und Parameter eines Regler

Oftmals ist es sehr schwierig, ein Prozeßmodell zu finden, das die Beziehungen zwischen den technologischen Parametern, den Qualitätsparametern der Erzeugnisse und den ökonomischen Parametern hinreichend beschreibt. Es kann dann in einigen Fällen eine günstige Einstellung des Steuerungssystems durch einen Suchprozeß am Original gefunden werden. Dieser Prozeß wird durch Abb. 4.4.3-6 veranschaulicht. Mit einer geeigneten Suchstrategie werden die Parameter der Steuerungseinrichtung SE solange verstellt, bis ein Systemgüteindex Q einen minimalen Wert erreicht.

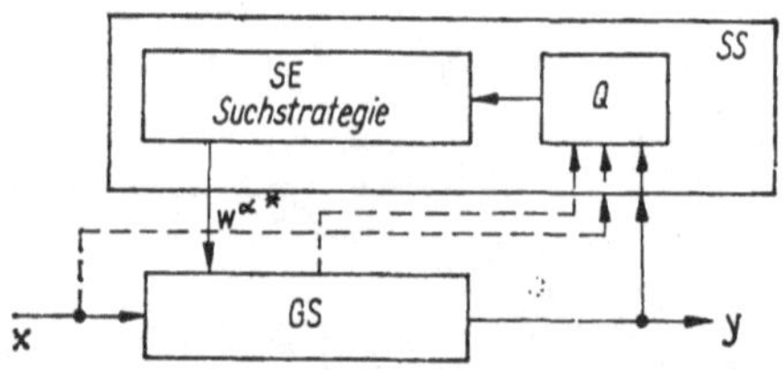

Abb. 4.4.3-6
Steuerung eines Systems mit Hilfe eines Suchprozesses

Es wird praktisch kein Prozeßmodell benötigt. Die geringe A-priori-Information wird i. allg. durch eine große Anzahl von Suchschritten, die nötig sind um eine günstige Einstellung zu finden, erkauft werden müssen. Wegen der Zeitverzögerungen in GS wird eine Mindestzeit pro Suchschritt benötigt. Besonders dann, wenn das System merklich stochastisch gestört ist, werden insgesamt sehr große Suchzeiten benötigt. Diese schließen bei nicht zeitinvarianten Prozessen oft die Anwendung von Suchstrategien aus [4.4-VO], [4.4-BR].

5. Hierarchisch strukturierte Fertigungssysteme

Die Produktion von Erzeugnissen erfolgt in der Regel in großen industriellen Einheiten. Unter *Produktion* werden die Produktionsvorbereitung, die Materialbereitstellung, Transport-, Lager- und Bearbeitungsvorgänge, Einkaufs- und Verkaufshandlungen usw. verstanden. Die Produktion umfaßt oft Sortimente von Hunderten von Typen und Typenvarianten an Finalerzeugnissen, die auf Hunderten von Arbeitsplätzen bearbeitet werden. Arbeitsplätze sind (s. S. 9) Handarbeitsplätze, Maschinenarbeitsplätze, Automaten oder autonome Fertigungszellen. Charakteristisch ist, daß sehr viele unterschiedliche und zum Teil komplizierte Aufgaben auf sehr unterschiedlichen *Arbeitsplätzen* seriell und parallel koordiniert ausgeführt werden.

Die Durchführung der Aufgaben muß gesteuert werden. Die *Steuerung* umfaßt die *Planung*, *Überwachung* und *Koordinierung* mit. Die Leistungs- und Leitungsprozesse werden arbeitsteilig in Teilsystemen und Hierarchieebenen durchgeführt. *Teilsysteme* und *Hierarchieebenen* werden *Struktureinheiten* genannt.

Obwohl die hierarchische Gliederung der Produktion und ihrer Steuerung (Leitung) so alt ist wie die industrielle Produktion, gibt es bis heute noch wenige wissenschaftlich begründete Aussagen darüber, wie solche hierarchischen Systeme zweckmäßig strukturiert werden sollen. Das gilt vor allem für Systeme der diskontinuierlichen Fertigung. Es fehlen weitgehend Aussagen darüber, wie unter bestimmten Bedingungen die Aufgaben und Befugnisse auf Struktureinheiten verteilt und wie die Steuerungsprozesse zweckmäßig organisiert werden sollten, um mit möglichst geringem Aufwand die Aufgaben möglichst gut erfüllen zu können. Struktur und Organisation größerer Produktionseinheiten sind meist historisch gewachsen und hängen in hohem Maße von der Intuition und Erfahrung der Leiter, von personellen Gegebenheiten und von verfügbaren technischen Einrichtungen usw. ab. Die ständig steigenden Anforderungen an die Effektivität der Produktion einerseits, die sich schnell entwickelnden wissenschaftlichen Methoden zur Untersuchung und Beherrschung von Systemen und die vor allem durch die elektronische Rechentechnik gebotenen technischen Hilfsmittel andererseits zwingen dazu, neue, wissenschaftlich begründete, effektive Strukturen und Organisationsformen durchzusetzen.

Es sind die Grundlagen für eine wissenschaftlich begründete Strukturierung, Organisation und Steuerung größerer Produktionseinheiten weiterzuentwickeln und so aufzubereiten, daß sie möglichst umfassend in der industriellen Praxis genutzt werden können. Anstrengungen zur Lösung dieser Probleme werden international seit den 60er Jahren in großem Umfange gemacht [5-GO], [5-VO 1], [5-VO 2], [5-VO 3], [5-VO 4], [5-FI 1], [5-FI 2], [5-LE], [5-GV], [5-SA], [5-ME], [5-VA], [5-PE 1], [5-TR], [5-RE], [5-LA], [5-CHI], [5-CHE], [5-SO].

Die arbeitsteilige Durchführung der Produktion und ihrer Steuerung in einem System erfordert die Gliederung des Systems nach Institutionen, Funktionen und Abstraktionsebenen. Die Gliederung und Funktion des Systems der i. allg. wiederum gegliederten Teilsysteme und das Zusammenwirken der Struktureinheiten in Gesamtsysteme ist durch ein System von Modellen abzubilden. Eine typische institutionelle Zweiebenenstruktur ist in Abb. 1.2-5 dargestellt. An den Modellen sind Experimente durchzuführen. Diese Experimente sind i. allg. Simulationsvorgänge, die auf Rechnern durchgeführt werden. Bei diesen Experimenten werden verschiedene Varianten der Struktur des Systems, der Verhaltensweisen der Struktureinheiten und der Koordinierung der Funktionen der Struktureinheiten erprobt. Das Ziel der Untersuchungen besteht darin, eine Variante für den Aufbau, die Organisation und die Steuerung zu finden, die eine möglichst hohe Effektivität des Systems sichert. Die Forderung nach einer optimalen Effektivität ist bei großen Systemen utopisch.

Zur Lösung des genannten Problems ist eine geeignete Zuordnung von Elementen zu Teilsystemen in jeder Ebene durchzuführen. Die Teilsysteme sind zu Systemen der jeweils nächsthöheren Ebene zusammenzufassen. Es sind die Aufgaben, Befugnisse und Ressourcen auf die Struktureinheiten zu verteilen. Die materiellen und informationellen Kopplungen, die für ein zielgerichtetes koordiniertes Zusammenwirken nötig sind, sind zwischen den Teilsystemen jeder Ebene und zwischen den Ebenen zu organisieren. Steuerungssysteme und Steuerungsmethoden sind zu verwirklichen, die eine zielgerichtete, effektive Arbeit der Teilsysteme jeder Ebene und das koordinierte Zusammenwirken der Teilsysteme jeder Ebene und der Hierarchieebenen untereinander gewährleisten.

Das Zusammenwirken der Struktureinheiten muß so gestaltet werden, daß jedes Teilsystem und jede Ebene in einem von der jeweils übergeordneten Ebene vorgegebenen Rahmen eigenverantwortlich und aktiv zur Lösung der Aufgaben des Gesamtsystems beitragen kann. Das geschieht dadurch, daß die Struktureinheiten eigene Ziele und Strategien aus den Vorgaben der übergeordneten Ebene ableiten, selbständig eine effektive Bearbeitung der Aufgaben sichern und zur Verbesserung des Gesamtsystems beitragen. Das setzt voraus, daß jede Struktureinheit hinreichend große Spielräume für eigene Entscheidungen und eigene Initiativen erhält und eigenverantwortlich über Mittel zur Realisierung ihrer Entscheidungen verfügen kann.

Die Vorgaben von der übergeordneten Struktureinheit müssen unscharf sein, um eigenverantwortliches, selbständiges Entscheiden und Handeln zu ermöglichen. Um eine günstige Variante für die Gestaltung und Steuerung eines Systems finden zu können, müssen i. allg. mehrere z. T. in Konkurrenz stehende Kriterien beachtet werden. Es wird eine Kompromißmenge möglicher Varianten gebildet, aus der durch subjektive bzw. kollektive Bewertung und Entscheidung eine günstige Variante ausgewählt wird [5-PE 2]. Die durch unscharfe Forderungen, insbesondere bei der Koordinierung der Aufgaben, auftretenden Effektivitätsverluste werden dadurch überkompensiert, daß die Leistung jeder Struktureinheit bei geeigneter Stimulierung durch die gegebenen Möglichkeiten für die Entwicklung eigener schöpferischer Aktivitäten erheblich gesteigert wird. Darüber hinaus wird der Aufwand für die Erfassung, Übertragung und Verarbeitung von Informationen und für das Aufstellen von Modellen dann erheblich gesenkt, wenn eine günstige Verteilung von Verantwortung, Aufgaben, Befugnissen und Ressourcen auf die Struktureinheiten vorgenommen wird.

Wesentlich für die Effektivität des Systems ist, wie günstig die Kombination zwischen zentraler Leitung und relativer Eigenverantwortung der Teilsysteme in jeder Struktureinheit gestaltet wird. Dazu trägt auch bei, wie gut in allen Struktureinheiten algorithmierte und automatisierte Teilprozesse mit schöpferischen menschlichen Aktivitäten verbunden werden.

Wesentlich ist weiterhin, wie gut durch wissenschaftlich begründete Zielvorgaben und wirkungsvolle Stimulierung hohe Leistungen erzielt und auf die Erfüllung der Aufgaben des Gesamtsystems ausgerichtet werden.

Sowohl übertriebene Zentralisation als auch übertriebene Dezentralisation der Leitungsaufgaben führen zu uneffektiven Systemen. Eine zu starke Dezentralisation bewirkt eine ungenaue und verlustreiche Koordinierung, zu starke Zentralisation eine Erdrosselung von Eigenverantwortung und Eigeninitiative, steigenden Leitungsaufwand und eine große Reaktionsträgheit des Systems [5-VO 1], [5-VO 2]. Eine relativ starre, Einzelheiten reglementierende Leitung läßt nur solche Aktivitäten zu, die von der Zentrale überblickt werden können. Die Koordinierung kann nur so gut sein, wie das mit Hilfe zentral vorhandener Informationen und Modelle erreichbar ist. Eine zu starke Zentralisierung führt entweder zu einer ungenauen Koordinierung oder erfordert einen sehr großen Aufwand für die Erfassung und Verarbeitung von Informationen und den Aufbau von Modellen. Der Grad der Zentralisation muß so sein, daß eine sinnvolle *Informationsreduzierung* von unten nach oben und eine *Auftragspräzisierung* von oben nach unten erfolgt.

Bei Systemen der Klein- und Mittelserienfertigung ist eine solche relativ strenge Koordinierung und Optimierung nicht möglich, wie z. B. bei Systemen der kontinuierlichen Fertigung. Relativ selbständiges Entscheiden und Handeln von Menschen spielen eine entscheidende Rolle.

Ein Stimulierungssystem muß teilweise die Rolle eines Koordinators übernehmen und anstelle von häufigen und detallierten Anweisungen und Eingriffen eines Koordinators treten.

Zur effektiven Arbeit von Fertigungssystemen gehören

- eine hohe Leistung der Teilsysteme, die durch Qualität, Menge und Sortiment der Erzeugnisse ausgedrückt wird,
- eine hinreichend große Reaktionsgeschwindigkeit zur Kompensation von Störungen und eine ausreichend große Anpassungsfähigkeit und Anpassungsgeschwindigkeit an sich ändernde Situationen,
- eine möglichst hohe und gleichmäßige Auslastung der Ressourcen und
- eine solche Struktur, Aufgaben- und Befugnisverteilung, die die Erfüllung der Aufgaben mit möglichst geringem Leitungsaufwand sichert.

Die Systeme sind in Institutionen gegliedert. Die Institutionen sind Arbeitsplätze, Werkstätten, Abteilungen, Hauptabteilungen, Direktionsbereiche und Abteilungen zur Planung, Überwachung, Kontrolle, Abrechnung usw. In jeder Institution werden gleichzeitig und zeitlich gestaffelt mehrere Funktionen der Fertigung, Steuerung, Überwachung usw. ausgeführt. In den einzelnen Hierarchieebenen wird mit unterschiedlichen Abstraktionsgraden bzw. mit unterschiedlichen „Sprachen" gearbeitet.

Zur Modellierung der Systeme wurden

- institutionell,
- funktionell und
- nach Abstraktionsgraden

gegliederte Modelle entwickelt [5-ME]. Eine institutionelle Gliederung wird in *Mehrebenenmodellen* (multi-goal-multi-level systems) und eine funktionelle Gliederung in

Mehrschichtenmodellen (multi-layer-systems) realisiert. Die *Strukturierung nach Abstraktionsebenen* ist eng an die funktionelle Gliederung gebunden. Sie ist mit ihr nicht identisch. Zur Modellierung eines Systems werden in der Regel alle drei Strukturierungsarten gleichzeitig und koordiniert eingesetzt. Wichtig ist dabei, daß sie einander entsprechen, d. h. z. B., daß zu jeder Funktion zumindest eine oder besser genau eine Institution existiert, die ihre Realisierung garantiert.

5.1. Mehrebenensysteme, institutionelle Gliederung

Jedes diskontinuierliche Produktionssystem ist institutionell hierarchisch gegliedert. Die Institutionen sind Arbeitsplätze, Werkstätten, Betriebsabteilungen, Lager usw. Jede Institution hat eine eigene Leiteinrichtung. Die Leiteinrichtung ist i. allg. als Mensch-Maschine-Dialogsystem organisiert. Sie steht mit den Leiteinrichtungen der übergeordneten Institutionen, nachgeordneter Institutionen und Institutionen der gleichen Ebene durch Informationsaustausch in Verbindung.

Sie hat die Aufgabe, das Verhalten der eigenen Institution so zu steuern, daß diese ihre Aufgaben erfüllt. Abb. 5.1-1 stellt stark vereinfacht ein Dreiebenensystem dar. Die Wechselwirkungen mit der Umwelt sind nicht eingezeichnet. Das System in Abb. 5.1-1 läßt sich formal durch das Strukturschema Abb. 5.1-2 ersetzen. In Abb. 5.1-2 sind nur Zuordnungsbeziehungen und keine Wechselwirkungen angegeben. Für einige Probleme der Modellierung ist das Schema der Abb. 5.1-2 übersichtlicher.

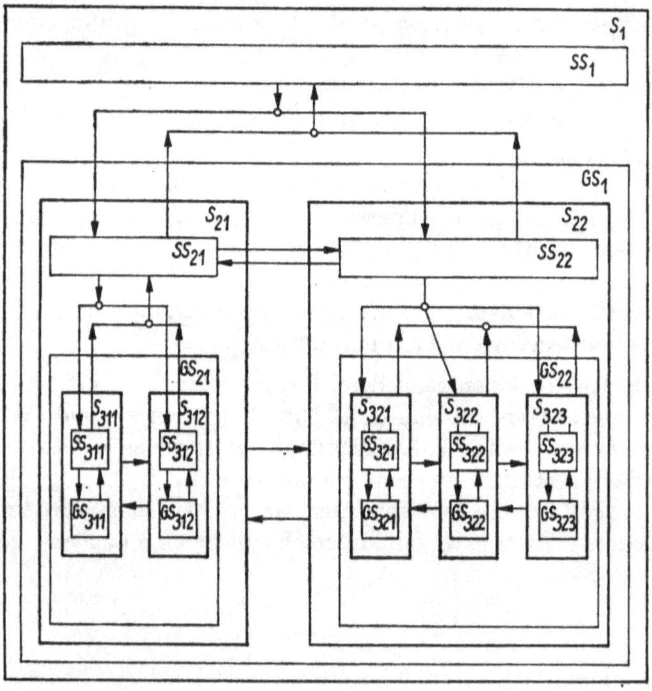

Abb. 5.1-1
Dreiebenensystem

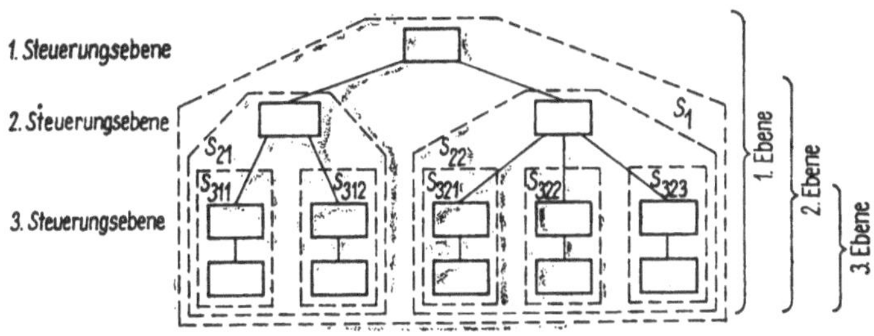

Abb. 5.1-2
Strukturschema eines Dreiebenensystems

In jedem Teilsystem und in jeder Leiteinrichtung eines Teilsystems werden gleichzeitig und zeitlich gestaffelt viele Funktionen der Fertigung, des Transportes, der Lagerung, der Instandhaltung, der Planung, Überwachung und Steuerung usw. durchgeführt. Bei der Modellierung der Systeme ist es weder zweckmäßig noch möglich, alle Funktionen eines Systems und seiner Teilsysteme in einem Modell zu berücksichtigen. Es wird zusätzlich zur Gliederung in institutionelle Struktureinheiten eine Gliederung nach Problemkreisen oder Funktionen vorgenommen, die mit dem jeweiligen Modell beschrieben oder untersucht werden sollen. Ein weiteres Modell beschreibt dann das Zusammenwirken dieser Teilmodelle.

Es wird sowohl bei der institutionellen als auch bei der funktionellen Gliederung das Dekompositionsprinzip (s. S. 10) angewendet. Ein konkretes System wird durch ein System von Modellen beschrieben. Jedes Teilsystem dieses Systems von Modellen modelliert die Eigenschaften des Originals, die zur Bearbeitung bzw. Untersuchung bestimmter Probleme wesentlich sind und stellt selbst ein hierarchisch strukturiertes System dar.

Am Beispiel eines institutionell gegliederten Zweiebenenmodells sollen einige wesentliche Eigenschaften von Mehrebenenmodellen demonstriert werden. Dieses Zweiebenenmodell ist ein Modell eines realen institutionell gegliederten Systems, mit dessen Hilfe die Durchführung, Überwachung und Steuerung der Produktion beschrieben wird. Das Modell ist in den Abb. 5.1-3 und 5.1-4 dargestellt. Es wird unterstellt, daß

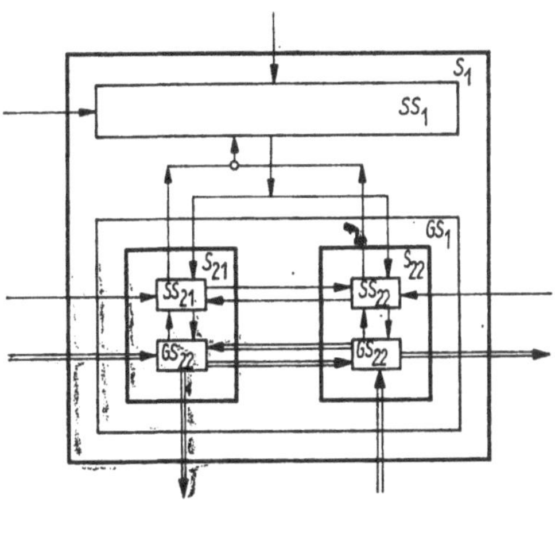

Abb. 5.1-3
Institutionell gegliedertes Zweiebenenmodell

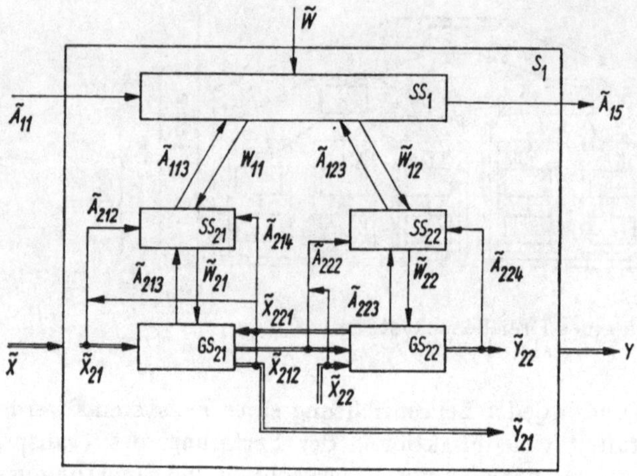

Abb. 5.1-4
Institutionell gegliedertes Zweiebenenmodell mit relativ detaillierter Darstellung der Informationsbeziehungen

der Informationsaustausch zwischen S_{21} und S_{11} und zwischen S_1 und der Umwelt über SS_1 erfolgt. Informationsbeziehungen sind durch $\rightarrow$ und materielle Ströme durch $\Rightarrow$ gekennzeichnet. Der erste Index an einem Symbol bezeichnet die Hierarchieebene, der zweite das Teilsystem, der dritte die Art der Beziehung.

Die Art der Beziehung wird bezeichnet mit 1 bei Informationen aus der Umwelt, mit 2 bei Informationen über die materiellen Eingangsströme usw. Bei Wechselwirkungen zwischen zwei Systemen der gleichen Ebene werden der zweite und der dritte Index genutzt, um die Teilsysteme zu bezeichnen zwischen denen die Beziehung besteht.

Das System soll so arbeiten, daß

$$\mathsf{P}(\boldsymbol{Y}(k) \in \mathcal{Y}^*(k)) = 1 - \varepsilon\,, \qquad \forall k \in \{1, \dots, N\} \tag{5.1-1}$$

gilt, d. h. die Ausgangsgrößen sollen zu jedem Takt mit Wahrscheinlichkeit in ein zeitabhängiges Zielgebiet fallen. Dieses Zielgebiet ist durch

$$\tilde{\boldsymbol{A}}_{11}(k) = \boldsymbol{A}_{11}(1) \dots \boldsymbol{A}_{11}(k) \tag{5.1-2}$$

und

$$\tilde{\boldsymbol{W}}(k) = \boldsymbol{W}(1) \dots \boldsymbol{W}(k) \tag{5.1-3}$$

bestimmt.

Es gilt

$$\mathcal{Y}^*(k) = \mathbf{f}_{\mathcal{Y}^*}(\tilde{\boldsymbol{A}}_{11}(k), \tilde{\boldsymbol{W}}(k))\,. \tag{5.1-4}$$

Aus der Strategie

$$\tilde{\boldsymbol{W}} = \boldsymbol{W}(1) \dots \boldsymbol{W}(N) \tag{5.1-5}$$

und im voraus geschätzten

$$\tilde{\boldsymbol{A}}_{11} = \boldsymbol{A}_{11}(1) \dots \boldsymbol{A}_{11}(N)\,, \tag{5.1-6a}$$

$$\tilde{\boldsymbol{A}}_{113} = \boldsymbol{A}_{113}(1) \dots \boldsymbol{A}_{113}(N)\,, \tag{5.1-6b}$$

$$\tilde{\boldsymbol{A}}_{123} = \boldsymbol{A}_{123}(1) \dots \boldsymbol{A}_{123}(N) \tag{5.1-6c}$$

werden von SS_1 zum Takt $k = 0$ Sollstrategien

$$\tilde{W}_{11}^S = W_{11}^S(1) \ldots W_{11}^S(N) \tag{5.1-7a}$$

und

$$\tilde{W}_{12}^S = W_{12}^S(1) \ldots W_{12}^S(N) \tag{5.1-7b}$$

so festgelegt, daß voraussichtlich (5.1-1) erfüllt wird. Es ist

$$\tilde{Y}(k) = \begin{pmatrix} \tilde{Y}_{21}(k) \\ \tilde{Y}_{22}(k) \end{pmatrix} \tag{5.1-8}$$

und

$$\tilde{X}(k) = \begin{pmatrix} \tilde{X}_{21}(k) \\ \tilde{X}_{22}(k) \end{pmatrix} \tag{5.1-9}$$

Jeweils zu einem Zeitpunkt $(k - 2)\, T_0 < t < (k - 1)\, T_0$ werden den Leiteinrichtungen SS_{21} und SS_{21} die Aufgaben für den Zeitraum $(k - 1)\, T_0 \leqq t < kT_0$ durch Übermittlung von $W_{11}^S(k)$ und $W_{12}^S(k)$ vorgegeben. Die folgenden Aufgaben $W_{11}^S(k + 1) \ldots W_{11}^S(N)$ und $W_{12}^S(k + 1) \ldots W_{12}^S(N)$ können als vorläufig noch unverbindliche Orientierungen übergeben werden. Die Vorgaben $W_{11}^S(k)$ und $W_{12}^S(k)$ enthalten Angaben über die Zielgebiete $\mathcal{W}_{11}(k)$, $\mathcal{W}_{12}(k)$ und mittelbare mit Stimulierungszusagen verbundene Steuereinwirkungen, die das Verhalten von S_{21} und S_{22} in $(k - 1)\, T_0 \leqq t < kT_0$ zielgerichtet beeinflussen sollen.

Zu einem Zeitpunkt $t < (k - 1)\, T_0$ werden aus $W_{11}^S(k)$, $W_{12}^S(k)$ und geschätzten

$$\tilde{A}_{212}(k^*) = A_{212}((k - 1)\, N_2 + 1)\, A_{212}((k - 1)\, N_2 + 2) \ldots A_{212}(kN_2)\,, \tag{5.1-10a}$$

$$\tilde{A}_{213}(k^*) = A_{213}((k - 1)\, N_2 + 1) \ldots A_{213}(kN_2)\,, \tag{5.1-10b}$$

$$\tilde{A}_{222}(k^*) = A_{222}((k - 1)\, N_2 + 1) \ldots A_{222}(kN_2) \tag{5.1-10c}$$

und

$$\tilde{A}_{223}(k^*) = A_{223}((k - 1)\, N_2 + 1) \ldots A_{223}(kN_2) \tag{5.1-10d}$$

von SS_{21} und SS_{22} Strategien

$$\tilde{W}_{21}^S(k) = W_{21}^S((k - 1)\, N_2 + 1) \ldots W_{21}^S(kN_2) \tag{5.1-11a}$$

und

$$\tilde{W}_{22}^S(k) = W_{22}^S((k - 1)\, N_2 + 1) \ldots W_{22}^S(kN_2) \tag{5.1-11b}$$

für GS_{11} und GS_{22} und das folgende Intervall

$$(k - 1)\, T_0 \leqq k^* \frac{T_0}{N_2} < kT_0$$

festgelegt.

$$T_2 = \frac{T_0}{N_2}$$

ist der Taktzeitabstand in der zweiten Ebene. k^* durchläuft die Werte

$$k^* = (k - 1)\, N_2 + 1,\ (k - 1)\, N_2 + 2,\ \ldots,\ kN_2\,.$$

Abb. 5.1-5 zeigt diese Zusammenhänge für $N_2 = 10$. Die Festlegung der Strategien $\tilde{W}_{21}^S(k)$ und $\tilde{W}_{22}^S(k)$ erfolgt iterativ von SS_{21} und SS_{22} und wird von SS_1 koordiniert.

Das ist erforderlich, um evtl. notwendige Kopplungsbedingungen für das Zusammenwirken von GS_{21} und GS_{22} zu ermitteln und einzuhalten. Die Iteration erfolgt so, daß von GS_{21} und GS_{22} Planangebote an SS_1 unterbreitet werden. SS_1 stimmt die Planangebote aufeinander ab und gibt an GS_{21} und GS_{22} Richtlinien zur Korrektur. Es erfolgen korrigierte Planangebote. Nach mehreren Iterationsschritten oder Planungsrunden liegt i. allg. ein Plan vor, der das koordinierte Zusammenwirken von GS_{21}

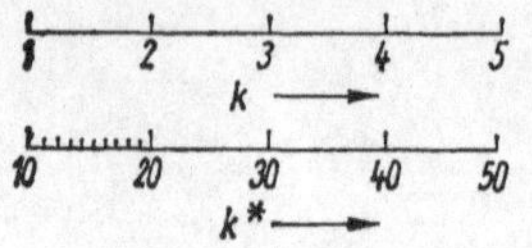

Abb. 5.1-5
Taktzeitabstände in der ersten und zweiten Ebene eines Modells

und GS_{22} und die Erfüllung der Aufgaben von S_1 sichert. Sind in GS_{21} und GS_{22} hinreichend große Pufferkapazitäten in Form von besetzten Warteplätzen vor den Bedienungsplätzen vorhanden, dann können GS_{21} und GS_{22} in $(k-1)\,T_0 < t \leqq kT_0$ unabhängig voneinander arbeiten. Von SS_{21} und SS_{22} sind Steuerungsmaßnahmen durchzusetzen, die die Erfüllung der geplanten Aufgaben von S_{21} und S_{22} sichern. Solche Maßnahmen wurden im 4. Kapitel beschrieben. Bei der Plandurchführung wird zu jedem Takt k die weitere Strategie von S_1 überprüft und wenn nötig aktualisiert. Eine Änderung der Strategie kann dadurch erforderlich werden, daß $\tilde{\boldsymbol{A}}_{11}$ einen anderen Verlauf genommen hat, als bei der Festlegung der Strategie erwartet wurde. Es können auch Situationen in S_{21} und S_{22} (sie werden durch $\tilde{\boldsymbol{A}}_{113}$ und $\tilde{\boldsymbol{A}}_{123}$ beschrieben) eintreten, die eine Änderung der geplanten Aufgaben erzwingen. Abb. 5.1-6 zeigt an einem stark vereinfachten Beispiel, wie Plankorrekturen durch Untererfüllung der Pläne in einem System der zweiten Ebene erzwungen werden.

Die in diesem Abschnitt verwendeten Modelle sind stochastische Modelle. Die verwendeten Größen sind zufällige Größen. Bei der praktischen Durchführung der Steuerung werden zur Vorausberechnung von Strategien und Steuerungen (Plänen) i. allg. Simulationsprozesse benutzt. Diesen Simulationsprozessen werden statistische

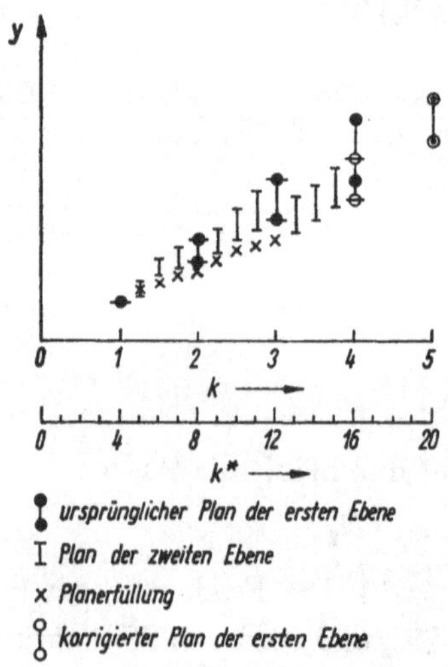

Abb. 5.1-6
Planung, Plankorrektur und Realisierung von Aufgaben in einem Zweiebenensystem

Kenngrößen wie empirischer Mittelwert, empirische Streuung, Verteilungen von Auftretens- und Übergangshäufigkeiten usw. der Ein- und Ausgangsgrößen zugrunde gelegt. Diese Größen werden aus vorangegangenen Messungen am System und aus theoretischen Überlegungen ermittelt. Zu den theoretischen Überlegungen gehören z. B. technologische Berechnungen von Arbeitsgangdauern. Aus den statistischen Kenngrößen geschätzte probabilistische Prozesse werden mit Hilfe von Zufallszahlengeneratoren nachgebildet. Aus mehreren Simulationsläufen wird das mit Wahrscheinlichkeit zu erwartende Verhalten des gesteuerten Systems geschätzt. Die Simulation erfolgt im Mensch-Maschine-Dialog. Es werden Programme verwendet, die unscharfe Programmteile und menschliche Entscheidungen enthalten.

Im 7. Kapitel werden Beispiele für Steuerungen in Mehrebenensystemen als Teile des komplexen Beispieles behandelt.

5.2. Mehrschichtensysteme, funktionelle Gliederung

In einem institutionell hierarchisch gegliederten System und seinen Struktureinheiten werden gleichzeitig und zeitlich gestaffelt unterschiedliche Funktionen ausgeführt. Es hat sich als zweckmäßig erwiesen, neben der institutionellen Gliederung eine Gliederung des Systems nach Funktionen vorzunehmen und das funktionell gegliederte System durch ein System von funktionell gegliederten Modellen zu beschreiben. Ein funktionell gegliedertes System der Fertigung enthält Funktionen der Bearbeitung von Erzeugnissen, des Transportes, der Lagerung und der Planung, Überwachung und Steuerung der Bearbeitungs-, Transport- und Lagerungsvorgänge. Zu den Steuerungsfunktionen gehören die Steuerung der Arbeitsgänge und ihres Zusammenwirkens zur Erzielung einer vorgegebenen Qualität der Erzeugnisse. Diese Vorgänge werden als Steuerung des *Qualitätsflusses* bezeichnet. Es ist der Durchlauf von Teilen, Vorrichtungen, Werkzeugen, Lehren und von Fertigungsmitteln, also der *Teile-*, *VWL-* und *Femi-*Fluß zu planen, zu überwachen und zu steuern. Funktionell gegliederte Systeme werden *Mehrschichtensysteme* (multi-layer-systems) genannt. Modelle von Mehrschichtensystemen wurden insbesondere für kontinuierliche Produktionsprozesse der Energieerzeugung, Chemie, Metallurgie usw. entwickelt [5.2-ME], [5.2-FI 1], [5.2-FI 2], [5.2-RE 1], [5.2-RE 2], [5.2-LE], [5.2-LA].

Bei der diskontinuierlichen Fertigung sind mehrere weitgehend autonom arbeitende, räumlich getrennte Arbeitsplätze an der Herstellung eines Erzeugnisses beteiligt. Zwischen den Arbeitsplätzen werden die Teile transportiert. Am selben Arbeitsplatz werden nacheinander unterschiedliche Bearbeitungsaufgaben an unterschiedlichen Teilen durchgeführt.

Die Funktionen der Steuerung des Qualitätsflusses, des Teileflusses, des VWL-Flusses und des Femi-Flusses können als weitgehend entkoppelte Funktionen behandelt werden. Sie sind aber nicht unabhängig voneinander. Durch diese Eigenschaften unterscheiden sich Mehrebenenmodelle von diskontinuierlichen Fertigungssystemen sehr wesentlich von Mehrebenenmodellen kontinuierlicher Produktionssysteme.

Es ist zweckmäßig, Prozesse der diskontinuierlichen Fertigung durch mehrere in Wechselwirkung stehende Mehrschichtenmodelle zu beschreiben. Der prinzipielle Aufbau, Eigenschaften und Wirkungsweise von Mehrschichtenmodellen wird am Beispiel eines Modells der Fertigungssteuerung gezeigt. Die Grobstruktur des Modells ist in Abb. 5.2-1 dargestellt.

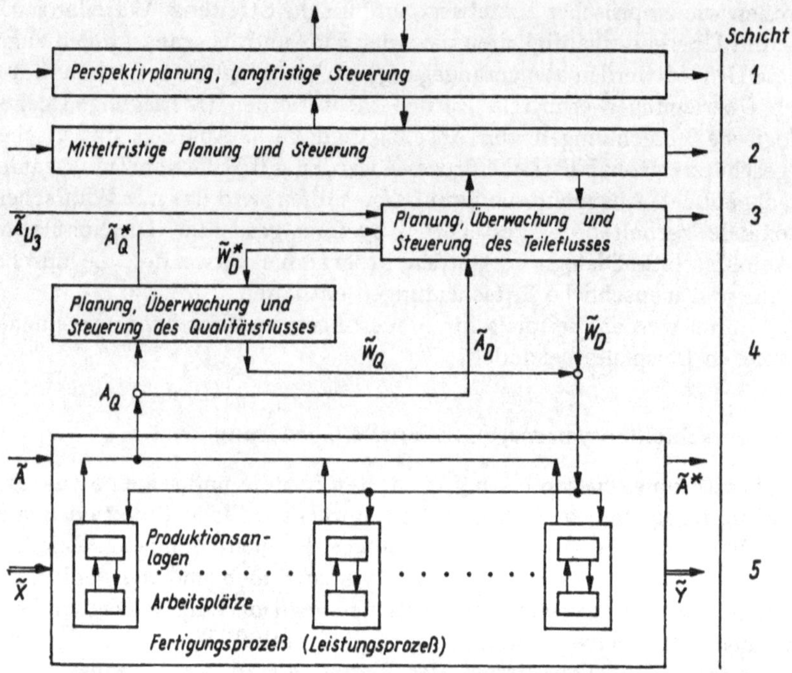

Abb. 5.2-1
Zweischichtenmodell einer Fertigungssteuerung

In der Schicht 1 werden langfristig wesentliche Entwicklungsvorgänge, wie Strukturveränderungen, Investitionen, Sortimentsveränderungen usw., geplant und ausgelöst.

Die Jahresziele werden in ihren Grundparametern und Toleranzen geplant. Die Planung geschieht in mehreren Planungsrunden zusammen mit der Schicht 2. Die Planung ist ein Iterationsprozeß. Unter Berücksichtigung erzielter Ergebnisse und der aktuellen Situation wird der Plan jährlich oder bei Bedarf aktualisiert. Von der Schicht 1 werden Maßnahmen zur Realisierung langfristiger Prozesse ausgelöst und der Schicht 2 einmal jährlich die Aufgaben vorgegeben. Die Vorgabe geschieht mit Toleranzen und so, daß der Schicht 2 ein eigener Entscheidungsspielraum belassen wird. Es werden Etappenziele für Monate oder Quartale und mittelbare Steuerungsmaßnahmen vorgegeben.

Die Schicht 2 präzisiert die Jahresaufgaben und legt kurzfristigere Etappenziele fest. Die Etappen können Quartale, Monate oder Dekaden sein. In Planungsrunden mit der Schicht 3 legt sie für die nächste Etappe Aufgaben und Strategien der 3. Ebene fest. Dabei wird der 3. Ebene wiederum eigener Entscheidungs- und Handlungsspielraum belassen. Die Schicht 2 kann selbst eine Mehrschichtenstruktur haben.

Die Schicht 3 besitzt intern die in Abb. 5.2-2 dargestellte Mehrschichtenstruktur. In der Schicht 3.1 werden im Mensch-Maschine-Dialog Varianten für die Planung der Fertigung durchgespielt.

Dazu gehören Reihenfolgen für die Bearbeitung von Losen, Termine, Maschinenbelegungen, Vorrangsstrategien für die Bearbeitung, Strategien für die Auslösung,

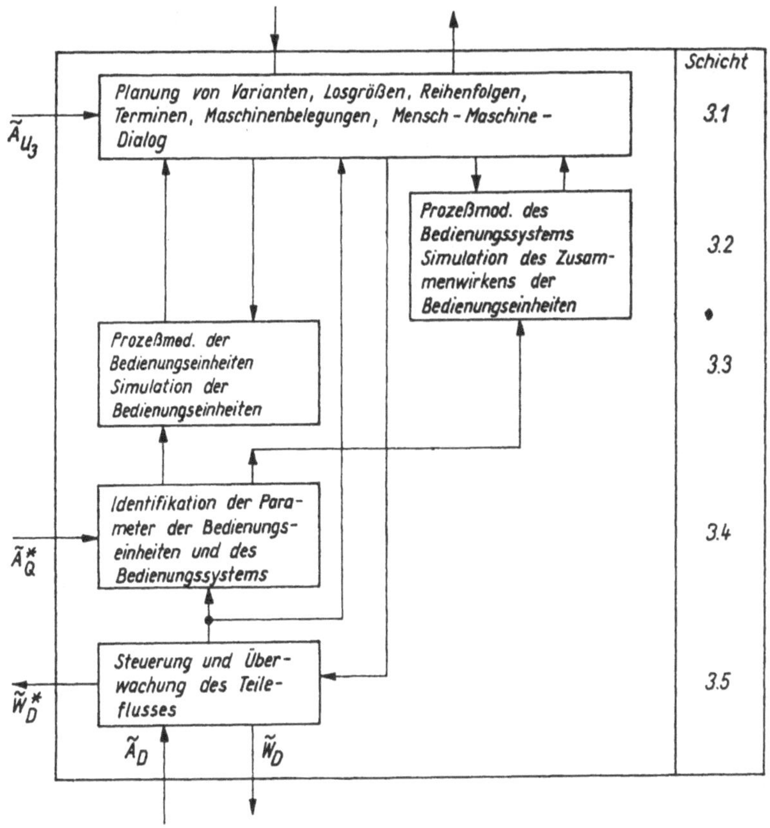

Abb. 5.2-2
Innere Struktur der dritten Schicht

Steuerung und Durchführung von Transportvorgängen usw. Die Arbeit wird wiederum zusammen mit den Schichten 3.2 und 3.3 in mehreren Iterationsschritten durchgeführt. Dabei werden die Ergebnisse der von der Schicht 3.4 ständig durchgeführten Identifikation der Prozeßparameter genutzt. In der Schicht 3.4 wird gleichzeitig die Produktionsfortschrittskontrolle und die Verfügbarkeitskontrolle für Teile, VWL, Fertigungsmittel und Arbeitsplätze vorgenommen. In mehreren Planungsrunden wird ein Plan für die tägliche Arbeit erhalten, der gemeinsam mit mittelbaren Steuerungsmaßnahmen an die Schicht 3.5 weitergeleitet wird. In der Schicht 3.5 wird die operative Steuerung des Teileflusses durchgeführt.

Die Schichten 3.3 und 3.2 realisieren Simulationsvorgänge von Bedienungsanlagen und Bedienungsmetzen (s. Abschnitt 2.3.4. und 2.4.1.). Die Parameter, Wartedisziplinen, Reihenfolgen für den Durchlauf der Erzeugnisse durch die Bedienungssysteme, Kopplungsbedingungen usw. werden von Schicht 3.1 vorgegeben. Es werden in der Regel mehrere mit Hilfe von Netzplantechniken berechnete Varianten vorgegeben, für die in den Schichten 3.2 und 3.3 eine Anzahl von Realisierungen simuliert werden. Aus den Realisierungen wird das mit Wahrscheinlichkeit eintretende Verhalten der Schicht 5 geschätzt. Die zu simulierenden Prozesse sind i. allg. nicht stationär.

Die Schicht 4 ist ebenfalls intern mehrschichtig strukturiert und realisiert die Planung, Überwachung und Steuerung der Arbeitsweise der Arbeitsplätze und das Zusammenwirken der Arbeitsplätze zur Erzielung vorgegebener technischer Parameter der Erzeugnisse. Ihre Struktur ist in Abb. 5.2-3 angegeben. Die Schichten 4.1 und 4.3 erhalten über $\tilde{W}_D^*$ die Forderungen an die Arbeitsplätze. Zu ihnen gehören Angaben über die zu produzierenden Erzeugnisse, Losgrößen und Termine. Mit Hilfe von in den Schichten 4.1 und 4.3 gespeicherten auf jedes Teil und jedes Erzeugnis bezogenen Prozeßmodellen werden die Strategien $\tilde{W}_0$ für die Arbeitsweise der Elemente der Schicht 5 ermittelt. Zu ihnen gehören Arbeitsvorschriften und Signale für die Einstellung der Parameter der Automatisierungsmittel. Sie veranlassen, verbunden mit generellen Regelungen und Stimulierungen, eine relativ selbständige Arbeit der Teilsysteme der Ebene 5. Die in 4.1 und 4.3 gespeicherten Prozeßmodelle werden von der Technologie mit Hilfe eines CAM-Systems aufgestellt und an 4.1 und 4.3 für bestimmte Perioden (etwa 1 Jahr) vorgegeben. Sie werden durch ständige Prozeßüber-

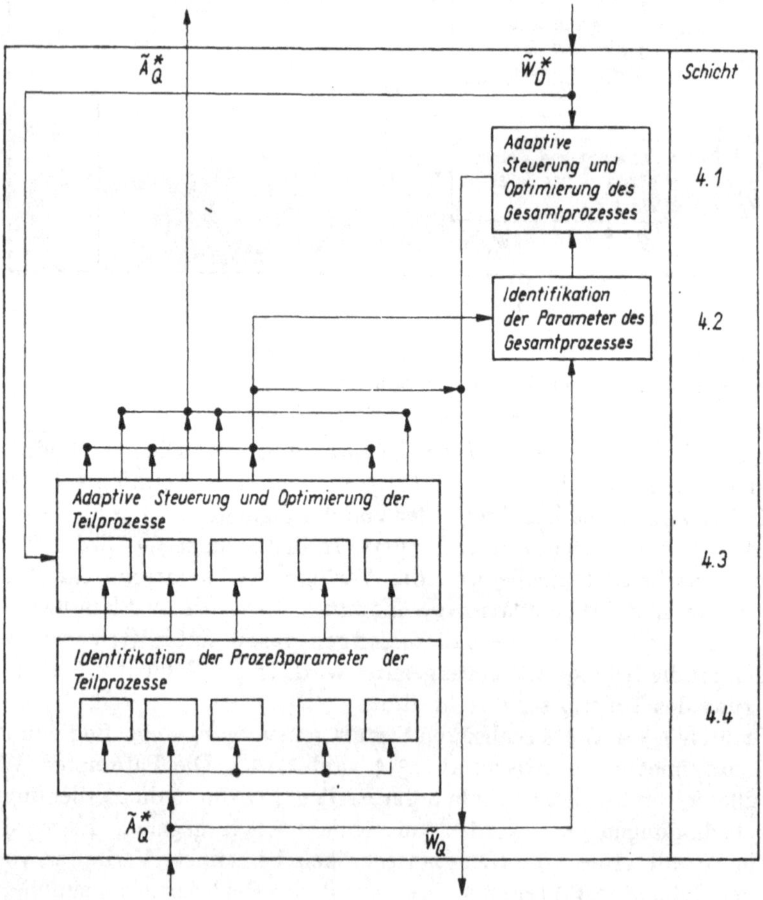

Abb. 5.2-3
Innere Struktur der vierten Schicht

wachung und durch Identifikationsvorgänge verbessert und an sich ändernde Prozeßeigenschaften angepaßt. Diese Identifikationsprozesse beschränken sich nicht nur auf die Ermittlung von Eigenschaften technischer Einrichtungen, sondern auch auf die Ermittlung von Verhaltensweisen der in der Schicht 5 tätigen Menschen.

Die Schicht 5 verkörpert die unmittelbare Produktion, d. h. die Bearbeitung, den Transport und die Lagerung von Teilen und Finalerzeugnissen. In ihr sind technologische Parameter auf Sollwerten zu halten und nach zeit- oder situationsabhängigen Programmen von Automatisierungsmitteln oder Menschen zu steuern. Es sind Transportprozesse auszulösen und nach vorgegebenen, situations- und zeitabhängigen Programmen zu steuern. Von Menschen und technischen Einrichtungen sind Bearbeitungs- und Transportvorgänge auszuführen.

Die Gesetzmäßigkeiten und Methoden der automatischen Steuerung von Parametern technischer Einrichtungen in dieser Schicht werden in der Theorie der Automatisierung behandelt. Sie sind nicht Gegenstand dieses Buches. Beispiele von Mehrschichtensystemen sind im Beispiel des 7. Kapitels enthalten.

5.3. Gliederung nach Abstraktionsebenen bzw. Sprachen

Für die Bearbeitung bestimmter Probleme insbesondere der Gestaltung von Informationsbeziehungen in einem Fertigungssystem ist die Gliederung des Systems nach Abstraktionsebenen bzw. Sprachen zweckmäßig. Da die Gestaltung von Informationsbeziehungen in diesem Buch nicht explizit behandelt wird, soll die Gliederung nach Abstraktionsebenen oder Sprachen hier nur gestreift werden.

Interessieren in der 5. Schicht z. B. Probleme der Steuerung bestimmter technologischer Parameter der Produktionseinrichtungen, die Einhaltung von Erzeugnisparametern, Stückzahlen, Bearbeitungszeiten, Transportoperationen, so werden in der Schicht 2 Erzeugnistypen, Losgrößen, Auslieferungstermine für Finalerzeugnisse, Kosten, Gewinne usw. von Interesse sein. In unterschiedlichen Schichten und Ebenen werden unterschiedliche Mengen von Begriffen und Verknüpfungen von Begriffen zu Sätzen und Texten, d. h. unterschiedliche Sprachen verwendet, und es existieren vor allem durch ihren Abstraktionsgrad unterschiedliche Modelle. Oft ist es sehr uneffektiv, mehrere Ebenen mit denselben, nicht an die in der jeweiligen Ebene verwendeten Sprache angepaßten, Informationen zu versorgen. Zur Stimulierung der Arbeit der 5. Schicht sind Informationen, die nur Ziele und Probleme der 2. Schicht enthalten, wirkungslos. Beim Informationsaustausch zwischen Ebenen bzw. Schichten ist es nötig, die Informationen an die Ziele und Aufgaben der empfangenden Ebene bzw. Schicht anzupassen und in deren Sprache zu übersetzen. Uneffektive Systeme und Leitungen entstehen oft dadurch, daß sich die Ebenen bzw. Schichten untereinander nicht verstehen. Wissenschaftliche Untersuchungen dieses Problemkreises und eine sinnvolle Anwendung zur Steuerung von Fertigungsprozessen lassen sehr große Rationalisierungseffekte erwarten.

6. Anwendung automatisierter Systeme der Informationsverarbeitung zur Steuerung diskontinuierlicher Prozesse

In den vorangehenden Kapiteln, insbesondere im Kapitel 5, wurde begründet, daß die Planung, Überwachung und Steuerung der Fertigung größerer Fertigungseinheiten nur arbeitsteilig in Teilsystemen und Hierarchieebenen unter Nutzung moderner technischer Hilfsmittel, vor allem elektronischer Informationsverarbeitungseinrichtungen, geschehen kann. In diesem Kapitel wird ein kurzer Überblick über die Probleme der Anwendung automatisierter Systeme der Informationsverarbeitung (ASIV) zur Überwachung und Steuerung der Fertigung unter Einbeziehung der Mensch-Maschine-Kommunikation gegeben. Dabei soll die automatische Informationsverarbeitung ausführlicher betrachtet werden. Auf Fragen der Informationsverarbeitung in anderen Hierarchieebenen und Bereichen des Produktionsprozesses, wie z. B. in der Planung und Leitung, wird nur insoweit eingegangen, wie es zum Verständnis der Anschlußbedingungen, der Informationsbereitstellung und der Informationsanforderungen dieser Einheiten erforderlich ist.

6.1. Automatisierte Informationsverarbeitung im Fertigungsbetrieb

6.1.1. Aufgaben der automatisierten Informationsverarbeitung im Betrieb

Die Anwendung automatisierter Systeme der Informationsverarbeitung [6.1-CR 1], [6.1-CR 2], [6.1-RE] mit elektronischen Datenverarbeitungsanlagen (EDVA), Klein- und Mikrorechnern als Rationalisierungsmittel zielt darauf ab, die Lieferfristen für Fertigerzeugnisse zu verkürzen, die Ausstoßstückzahlen zu erhöhen sowie eine kontinuierliche Fertigung zu gewährleisten und gleichzeitig die Produktionskosten zu senken. Damit sind wesentliche Bedingungen für die Steigerung des Betriebsergebnisses zu schaffen. Ein Fertigungsbetrieb besteht aus vielen verschiedenen Teilgebieten, die die Anwendung unterschiedlicher Informationsverarbeitungsmethoden erforderlich machen. Die automatisierte Informationsverarbeitung in einem Betrieb läßt sich nach Rembold grundsätzlich in vier verschiedene Untergruppen einteilen [6.1-RE], die selbst auch an Rechnertypen und Rechnerkonfigurationen verschiedene Anforderungen stellen. Um aber den Betrieb als eine Einheit planen und leiten zu können, müssen Daten und ggf. auch Programme zwischen diesen Rechnern ausgetauscht werden.

1. Die Informationsverarbeitung in der Leitung und Planung umfaßt vor allem übergeordnete Aufgaben des Betriebsablaufs. Ihr sind im wesentlichen folgende Teilgebiete zuzuordnen: ökonomische, technologische und technische Prognosen, langfristige Produktionsplanung, Auftragsabwicklung, Materialwirtschaft, Lagerhaltung, Absatz, Abrechnung und Analyse.

2. Die Betriebsinformationsverarbeitung beschäftigt sich vorwiegend mit innerbetrieblichen Aufgaben, wie Produktionsplanung, Fertigungsvorbereitung, Material-

disposition, Auftragsfreigabe, Produktionskontrolle und -lenkung, Lagerhaltung und Maschinenwartung.

3. Die Prozeßinformationsverarbeitung ist dort erforderlich, wo der Prozeßablauf on-line überwacht werden muß und schnelle Korrektureingriffe in den Prozeß erforderlich sind. Dabei sind zugleich Prozeßdaten zu erfassen, ggf. aufzubereiten und an die Betriebs- und kommerzielle Informationsverarbeitung weiterzuleiten. Im Rahmen der Prozeßinformationsverarbeitung sind im wesentlichen folgende Aufgaben zu lösen: die Überwachung und Steuerung von Maschinen und Bearbeitungseinrichtungen, automatisches Prüfen, direkte Steuerung von Teilprozessen sowie die Überwachung und Steuerung des Fertigungsablaufes.

4. Die Informationsverarbeitung in der technischen Entwicklung umfaßt viele unterschiedliche Aufgaben, wie das Erstellen von Zeichnungen, die Durchführung technischer Berechnungen, Entwurf und Simulation von Erzeugnissen, Ermittlung und Ausgabe von Werkstückdaten, Erstellen von Stücklisten, automatisches Prüfen, Programmerstellung für automatisch gesteuerte Fertigungseinrichtungen u. a.

Diese sehr grobe Darstellung der Aufgaben der automatisierten Informationsverarbeitung im Betrieb in vier Untergruppen läßt bereits eine hierarchische Struktur erkennen, die einmal durch die Komplexität der Aufgaben und ihrer Wertigkeit für den Betrieb und zum anderen durch die zeitlichen Anforderungen an die Bearbeitung der Aufgaben bestimmt wird.

6.1.2. Hierarchische Struktur des automatisierten Systems der Informationsverarbeitung im Betrieb

Die betrieblichen Organisationsprozesse werden durch eine Leitungshierarchie geleitet, die im wesentlichen in 3 Ebenen zu untergliedern ist. Deshalb ist es auch sinnvoll, das Informationsverarbeitungssystem entsprechend zu konzipieren und jede dieser Ebenen mit geeigneten Rechnern zu unterstützen. Auf der obersten Ebene werden vor allem langfristige Entscheidungen von großer Bedeutung für den Betrieb getroffen. Die Information bleibt über längere Zeit aktuell, z. B. können Entscheidungen und Rückmeldungen einen mehrwöchigen Zyklus haben. Es sind Aufgaben der kommerziellen Informationsverarbeitung. Als sogenannter „Strategierechner“ wird eine EDVA eingesetzt, auf der vor allem übergeordnete Planungsaufgaben gelöst werden. In vielen Fällen wird dieser Rechner den Ingenieurabteilungen durch Terminalzugriff für technische Berechnungen zugänglich.

In der mittleren Leitungsebene liegt der Entscheidungszyklus zur Planung und Leitung von Teilsystemen des Reproduktionsprozesses bei ein bis zwei Tagen. Es werden Aufgaben der Betriebsinformationsverarbeitung von einem „Dispositionsrechner“ übernommen. Hier wird entsprechend geeigneter Steuerstrategien ein optimaler Ablauf der Produktion insgesamt angestrebt; bei Bedarf ist die Fertigung auf andere Aufgaben umzustellen.

Auf der untersten Leitungsebene (Fertigungsbereich oder Fertigungslinien) nimmt die Aktualität der Information sehr schnell ab. Bei einer von der Planvorgabe (Norm) abweichenden Betriebsbedingung wird eine schnelle Rückmeldung und ein schneller Korrektureingriff in den Prozeß gefordert. So sind z. B. Qualitätsprobleme an einem Fließband nur bei Reaktionszeiten von einigen Minuten zu erkennen und zu korri-

Tab. 6.1-1
Hierarchische Struktur eines Rechnersystems mit drei Ebenen nach [6.1-RE]

Rechner	Objekt	Leitungsebene	Informationsinhalt	Datei	Aufgaben
Strategierechner (EDVA)	Betrieb Produktionsbereich Abteilung	Betriebsleitung Produktionsleiter Direktor	Faktoren — ökonomische — Markt — Prod.-spektrum — Wettbewerb — Produktivität — Vorhersage	Zentr. Datenbank — verwalten — aktualisieren — auswerten — verknüpfen — verdichten — sichten	Leitung und zentrale Planung
Dispositionsrechner (Kleinrechner od. Prozeßrechner)	Betriebsteile, Betriebsbereiche	Leiter	Betriebsinformation: — Produktionsablauf — Produktivität	Betriebsdaten — verwalten — auswerten — aktualisieren — verdichten — verbreiten	Planung Koordinierung Optimierung
Operativrechner (Prozeß- od. Mikroprozeßrechner)	Fertigungsprozeß Fertigungslinie Fertigungseinrichtung/-maschine	Fertigungsingenieur Meister	Grunddaten — Produkte — Fertigungseinrichtungen — Arbeitskräfte — Material u. Rohstoffe — Energie	Datenlisten — sammeln — prüfen — auflisten	Steuerung — in offener Kette — in teilw. geschlossenem Kreis Eingabe von Istwerten u. Zuständen, Ausgabe von Sollwerten u. Anweisungen

gieren. Zur Leitung dieser einzelnen Fertigungsprozesse oder Fertigungslinien werden „Operativrechner“ eingesetzt. Es sind Prozeßrechner oder Mikroprozeßrechner. Sie steuern im sogenannten Echtzeitbetrieb Maschinen und Prüfanlagen, sammeln Fertigungsdaten, bereiten diese auf und geben geeignete Steueranweisungen aus (s. Tab. 6.1-1). Die dargestellten Aufgaben und Informationsverarbeitungsebenen müssen nicht in jedem Falle gesonderten Rechnersystemen übertragen werden. Selbstverständlich sind Aufgabenkomplexe aus unterschiedlichen Ebenen einem Rechnersystem oder einem Mehrrechnersystem zuzuordnen. Die Anzahl der Ebenen in einem hierarchischen ASIV (Automatisiertes System der Informationsverarbeitung), realisiert in einer Rechnerhierarchie, hängt von dem gewünschten Auflösungsvermögen und den Sicherheitsanforderungen ab. Es ist auch durchaus möglich, eine Ebene in weitere Unterebenen zu unterteilen. Damit das aufzubauende hierarchische Rechnersystem überschaubar und effektiv bleibt, sind folgende Regeln zu beachten [6.1-RE]

— Rechner sollen möglichst standardisiert und aufwärts kompatibel sein.
— Datenformat, Kommunikationsprotokolle, Ein-/Ausgabe-Anforderungen sollen möglichst gleich sein, um Programmieraufgaben zu minimieren.
— Datenauswertung und Datenmanipulation müssen den Fähigkeiten des Rechners auf jeder hierarchischen Ebene angepaßt werden. Duplikation auf verschiedenen Ebenen ist zu vermeiden.
— Die Hierarchie des Steuersystems muß derjenigen der Organisation angepaßt werden, um Konflikte zu vermeiden.
— Bei Betriebsunterbrechungen muß die untere Rechnerebene unabhängig von der oberen weiterarbeiten können.
— Dateien müssen so strukturiert sein, daß jede Ebene reibungslos arbeiten kann und keine unnötigen zeitlichen Verzögerungen auftreten. Duplikation von Dateien ist zu vermeiden.
— Rechner auf höherer Ebene müssen in der Lage sein, die Funktion der Rechner auf der niedrigeren Ebene auszutesten.
— Im Hinblick auf spätere Erweiterungen oder Änderungen ist auf Flexibilität und Ausbaufähigkeit des Systems zu achten.

Gegenwärtig erfolgt eine rechnergestützte Automatisierung von Teilprozessen des betrieblichen Reproduktionsprozesses. Die Fertigung der Erzeugnisse von der Erzeugnisentwicklung, seiner konstruktiven und technologischen Vorbereitung über die rechnergestützte Teilefertigung und Montage bis zum Versand erfolgt in unterschiedlichen Ebenen, wie in Abb. 6.1-1 gezeigt ist. Durch ein automatisiertes Informationsverarbeitungssystem ist deren Verbindung und rationelle Ausführung zu unterstützen.

Diese anzustrebende durchgängige Automatisierung der Aktivitäten in allen Ebenen, wie sie für die durchgehende automatisierte bedienarme Fertigung notwendig wird, ist derzeit nicht möglich. Es müssen zunächst Teilsysteme dieser Ebenen automatisiert werden, das erfordert [6.1-FR]:

— die automatische Steuerung der Fertigungseinrichtungen,
— die durchgängige Automatisierung des Operanden-/Werkstück- und Werkzeugflusses (einschließlich Entsorgung),
— die automatische und automatisierte Erfassung wesentlicher Prozeßdaten,

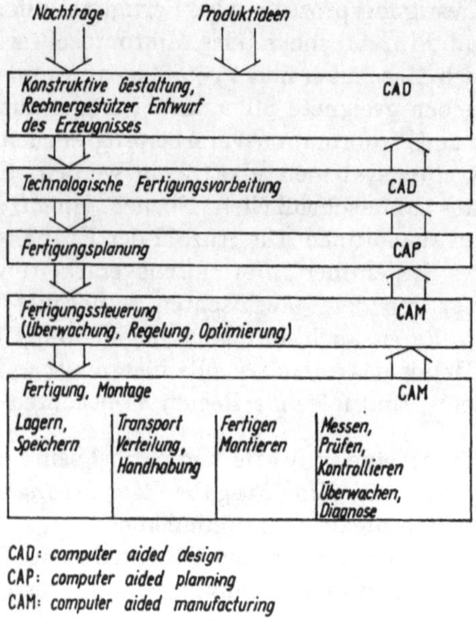

Abb. 6.1-1
Ebenenstruktur und Hauptfunktionen eines Produktionsprozesses

— die Bereitstellung rechnergestützter Hilfsmittel für die technische und technologische Fertigungsvorbereitung (CAD-System),
— die Verkopplung aller Prozesse aller Ebenen durch ein automatisiertes Informationssystem zur Planung, Disposition und Abrechnung,
— die Integration verschiedener Ebenen durch ein Rechnerverbundsystem zur Bereitstellung von Daten (Modellen) für die weitere Verwendung in anderen Bereichen und Sicherung eindeutig definierter Schnittstellen, um den Modellaustausch zwischen unterschiedlichen Rechnern zu gewährleisten,
— die dabei entstehenden strukturierten, räumlich verteilten und funktionell hierarchisch gegliederten großen Systeme müssen zu beschreiben, zu analysieren und zu entwerfen sein,
— Erfahrungen, Wissen und Können des Menschen müssen durch „künstliche Intelligenz" (Bilderkennung, Sprachein- und -ausgabe) und durch Nutzung von Expertensystemen in das Prozeßführungskonzept und in das Prozeßmodell einzubeziehen sein,
— die globale ökonomische Zielstellung des Produktionssystems muß so formuliert werden, daß die Zielstellungen (Kriterien) für Teil- und Untersysteme (lokale Steuerungssysteme) sich aus einer logischen Dekomposition der globalen Zielstellung ableiten lassen.

Dabei sind folgende Bedingungen zu berücksichtigen:

— die mikroelektronischen Informationsverarbeitungsgeräte ermöglichen eine sehr hohe Funktionsdichte,
— der Mensch wird zunehmend aus dem unmittelbaren Fertigungsprozeß herausgelöst; ortsfeste und mobile Roboter übernehmen bisherige Handhabungen des Menschen,

- Bediener von Fertigungseinrichtungen und Dispatcher von Fertigungsbereichen operieren verstärkt von zentralisierten Steuerständen und Warten aus,
- die automatische Überwachung aller technischen Einrichtungen im gesamten Automatisierungssystem (Diagnostik) ist unbedingt zu sichern.

6.2. Automatisierte Informationsverarbeitung zur Steuerung des Fertigungsprozesses

6.2.1. Das Prozeßautomatisierungssystem

Das automatisierte Steuerungssystem für Produktionsprozesse, kurz Prozeßautomatisierungssystem genannt, ist ein Teilsystem im automatisierten Leitungssystem des Betriebes.

Das Ziel des Prozeßautomatisierungssystems besteht darin, unter gegebenen technischen, technologischen und ökonomischen Bedingungen entsprechend den Vorgaben durch die kurzfristige Produktionsplanung, auch Feinplanung genannt, nach technologischen und technisch-ökonomischen Kriterien den Produktionsablauf optimal zu steuern.

Mögliche zu optimierende Zielgrößen können sein:

- maximaler Wirkungsgrad einer Fertigungsanlage,
- maximale Produktionsmenge bei Einhaltung bestimmter Qualitätskennziffern und technischer, technologischer sowie ökonomischer Bedingungen,
- minimale Durchlaufzeiten des zu fertigenden Teilesortiments,
- maximale Kapazitätsauslastung der Bearbeitungs- und Transporteinrichtungen,
- unbedingte Zwischentermin- und Endtermintreue,
- minimale Bearbeitungs- und Zwischenlagerzeiten.

Das konkrete Ziel des Prozeßautomatisierungssystems sowie dessen detaillierte Ausführung wird durch den vorliegenden Produktionsprozeß unmittelbar bestimmt. Die gegenstandsspezialisierte Fertigung (Teilefertigung) für die Serienproduktion mit zugeordneten Montagebetrieben und die Fließfertigung für die Massenproduktion stellen offensichtlich unterschiedliche Ziele.

Die Sicherung dieser Zielgrößen erfordert die Übernahme bestimmter Planungsvorgaben und technologischer Bedingungen durch das Automatisierungssystem. Es ist außerdem die Erfassung von Prozeßdaten, deren Verarbeitung nach bestimmten Algorithmen der Prozeßüberwachung, -steuerung und -abrechnung notwendig. Es folgt die anschließende Ausgabe von Informationen an das Prozeß- und Leitungspersonal bzw. an das übergeordnete Leitungssystem des Bereiches oder Betriebes sowie die Ausgabe von Stellsignalen an den Prozeß innerhalb einer vom Prozeß bestimmten Reaktionszeit.

Diese Reaktionszeit ist definiert als die Differenz der Zeitpunkte zwischen dem vom Prozeß abgegebenen Initialereignis (vom Prozeß her gemeldetes oder von außen am Prozeß abgefragtes Ereignis) und einem möglichen Schadenereignis im Prozeß (erfaßbare negative Veränderung des Prozeßzustandes oder Überschreiten vorgegebener Grenzwerte der Prozeßgrößen).

Die Reaktionszeiten liegen für die Steuerung von Bearbeitungsmaschinen und -zentren in der Größenordnung von Millisekunden und können Minuten betragen bei Erteilung von Anweisungen an das Prozeßpersonal.

Die somit erforderliche Informationsverarbeitung einer Vielzahl von Prozeßdaten im Echtzeitbetrieb gewährleistet ein Automatisierungssystem mit Prozeßrechner.

Ein Prozeßrechner ist eine frei programmierbare elektronische Datenverarbeitungsanlage, die über eine Prozeßkoppeleinrichtung mit dem technischen Prozeß zwecks Überwachung oder Steuerung verbunden ist. Sie gewährleistet die Informationserfassung aus dem Prozeß, deren Verarbeitung zu Steuerwerten oder Anweisungen oder Anzeigen für die Prozeßführung sowie deren Ausgabe unmittelbar an den technischen Prozeß oder an das Prozeßpersonal innerhalb der vom Prozeß bestimmten Reaktionszeit, d. h., sie arbeitet im Echtzeitbetrieb. Demzufolge verfügt der Prozeßrechner über folgende spezielle Eigenschaften:

— Echtzeitorganisation (Programmunterbrechung, Abarbeitung der Programme nach Priorotäten, Speicherschutz, Echtzeitsteuerprogrammsystem, Echtzeituhr),
— rechenzeit- und speicherplatzoptimale vorgefertigte Programme,
— Kurzwortverarbeitung (Wortlänge zwischen 8 und 32 bit),
— Einzelbitverarbeitungsmöglichkeit,
— Einrichtungen zur Ein- und Ausgabe von Prozeßsignalen.

Die Sollvorgaben für das Prozeßautomatisierungssystem erfolgen durch die kurzfristige Produktionsplanung. Dabei sind zwei Grundaufgaben dieser Feinplanung zu realisieren [6.2-ST]:

1. die Disponierbarkeit der geforderten Aufträge nach vorhandenem Material,
2. die Berücksichtigung von Prioritätsfestlegungen der Aufträge nach Rapportlisten, erfaßtem Arbeitsfortschritt und Nachholebedarf.

Diese Sollvorgaben enthalten Datenbestände als

— Listen zu realisierender, materialgedeckter Aufträge (Typen, Stückzahl, Qualitätsparameter und Termine),
— Angaben zur Materialbereitstellung (Ausfalllisten für Material, Fehlteillisten),
— Angaben zur Bereitstellung von Vorrichtungen, Werkzeugen und Prüfmitteln,
— technische Arbeitsunterlagen,
— Vorbereitungslisten für die Produktionsabrechnung,
— Belegungsplan für Bearbeitungseinrichtungen, Maschinen und Arbeitsplatzgruppen,
— Arbeitsfortschrittsplan.

Dabei können verschiedene Varianten für einige bestimmte möglicherweise auftretende Störungen vorgegeben werden. Die konkreten Aufgaben des Prozeßautomatisierungssystems werden von der Fertigungsart und dem Fertigungsprinzip bestimmt. Es sind vor allem Aufgaben der Überwachung, Steuerung sowie der Feinstplanung.

Entsprechend den hier grob umrissenen Aufgaben besteht das Prozeßautomatisierungssystem aus drei wesentlichen Teilen:

1. dem zu automatisierenden Produktionsprozeß,
2. der Gesamtheit der Gerätetechnik zur
   — Informationserfassung,
   — Informationsverarbeitung,

— Informationsübertragung,

— Informationsnutzung,

3. den Systemunterlagen, d. h. theoretischen und programmtechnischen Unterlagen zum Betrieb der Gerätetechnik gemäß der Zielstellung des Systems und der damit verbundenen Aufgaben.

Der Mensch übernimmt in diesem Automatisierungssystem vor allem die kontrollierende Funktion und vermag infolge seiner Erfahrungen, seines Denkvermögens und Verantwortungsbewußtseins korrigierend und lenkend einzugreifen.

Entwurf und Betrieb eines solchen Automatisierungssystems setzen genaue Kenntnis des Prozeßverhaltens, der zur Verfügung stehenden Automatisierungsmittel, das sind neben der BMSR-Technik vor allem die technischen Mittel der Informationsverarbeitung sowie die erforderlichen mathematischen, kybernetischen und programmtechnischen Methoden und Verfahren voraus.

Die anzustrebende durchgängige Automatisierung des Fertigungsprozesses in der Klein- und Mittelserienfertigung führt zu automatisierten flexiblen Fertigungssystemen (AFFS), die durch mehrstufige Bearbeitung der Fertigungsgegenstände, Operanden genannt, und automatisierten Materialfluß charakterisiert sind. Kennzeichnend ist die ungetaktete Außenverkettung der Fertigungseinrichtungen (Operatoren). Unterschiedliche Bearbeitungszeiten an den Einzelstationen können durch zentrale oder dezentrale Operandenpuffer ausgeglichen werden. Dafür ist ein hohes technologisches Niveau der materielltechnischen Basis des Produktionsprozesses erforderlich. Es werden numerisch gesteuerte Bearbeitungseinrichtungen, Bearbeitungszentren und Fertigungszellen eingesetzt. Das automatische Transportsystem umfaßt Manipulatoren, Industrieroboter und andere Transportmittel. Zuverlässige Qualitäts- und Gütesicherungssysteme sowie ein Versorgungssystem mit NC-Programmen für die NC-gesteuerten Operatoren sind erforderlich.

Aus bisherigen Erfahrungen im Maschinenbau beginnt die komplexe Automatisierung in der Fertigung mit der arbeitsplatzbezogenen Automatisierung, die die weitgehende Komplettbearbeitung der Operanden in wenigen Arbeitsgängen im automatischen Zyklus beinhaltet.

So ist zunächst die Entwicklung der Produktionsausrüstungen auf automatisch arbeitende und auf zunehmend selbst überwachende Einheiten gerichtet, die unabhängig von manuellen Eingriffen über längere Zeiträume unterschiedliche Teilesortimente fertigen. Ausgehend von numerisch gesteuerten Werkzeugmaschinen führte im Maschinenbau der Weg über Bearbeitungszentren zu flexiblen Fertigungszellen; das sind automatisch arbeitende technologische Einheiten, die aus modular aufgebauten, weitgehend automatisch arbeitenden Teilsystemen bestehen. Sie sichern in vorgegebenem Umfang die Bearbeitung, die Handhabung, das Messen und Prüfen der Werkstücke, die Werkzeugüberwachung und den Werkzeugwechsel.

Bei der prozeßbezogenen Automatisierung sind die Fertigungseinrichtungen (Operatoren) durch den automatisierten Material- und Informationsfluß miteinander verkettet, wobei die Hilfsprozesse unmittelbar integriert sind. Technologisch-organisatorische Grundlage ist das Gegenstandsprinzip unter Nutzung der konstruktiv-technologischen Ähnlichkeit der Einzelteile und Baugruppen sowie der Typung technologischer Prozesse. Dabei sind verschiedene Ausbaustufen der Fertigungskonzepte möglich von der rechnerunterstützten Fertigungsdisposition über integrierte gegenstandsspezialisierte Fertigungsabschnitte (IGFA) und flexible Montageabschnitte (FMA) bis zur komplex automatisierten Fertigungsstätte.

So ermöglichen integrierte gegenstandsspezialisierte Fertigungsabschnitte (IGFA) in der Metallbearbeitung nach Einschätzung in [6.2-SP] die bedienarme Fertigung für die rationelle Bearbeitung breiter Teilesortemente von ca. 200 bis 2000 verschiedenen Teilepositionen mit Fertigungslosgrößen ab 6 bis 10 Werkstücke im Maschinenbau.

Sie sind nach der Gegenstandsstruktur und dem Reihenverlauf der Fertigung gegliederte Produktionseinheiten zur weitgehenden Komplettbearbeitung konstruktiv und technologisch ähnlicher Einzelteile.

In einem IGFA des Maschinenbaus werden hochproduktive numerisch gesteuerte Werkzeugmaschinen, Bearbeitungszentren und Fertigungszellen, aber auch konventionelle Werkzeugmaschinen, entsprechend den realen Investitionsbedingungen, eingesetzt. Ein IGFA verfügt über ein eigenes Transport- und Lagersystem, bestehend aus einem zentralen Speicher, einem Transportpunkt zur werkstückflußbezogenen Kopplung mit dem übergeordneten Transportsystem, Übergabeeinrichtungen zwischen Transportpunkt zur Bedienung der Speicherplätze, Übergabeeinrichtungen zwischen dem Speicher und den Arbeitsplätzen sowie Industrieroboter zur Bedienung der Werkzeugmaschinen.

Mehrere Terminals der dezentralen Datentechnik, ein Datensammelsystem sowie Prozeßrechner zur zentralen Datenverarbeitung und -speicherung bilden die systeminterne Technik zur Steuerung der Bearbeitungs-, Transport- und Lagerprozesse sowie anderer Hilfsprozesse.

Bezogen auf die Transport- und Lagerprozesse und zum anderen bezogen auf die Fertigungssteuerungssysteme sind nach [6.2-UM] für IGFA mehrere Automatisierungsstufen definierbar, die sich vor allem hinsichtlich der Einbeziehung von Rechnern zur Lösung der anstehenden Aufgaben und bezüglich der prozeßbezogenen Detailliertheit der automatisch gelösten Aufgaben unterscheiden.

Die Erkenntnisse bei der komplexen Automatisierung, insbesondere bei der Realisierung automatisierter flexibler Fertigungssysteme im Maschinenbau sind trotz der Spezifik auch in anderen Zweigen der Fertigungsindustrie anwendbar. Im elektronischen Gerätebau mit Serienfertigung dominieren Montage- und teilweise recht komplizierte Prüfprozesse, die bisher der Automatisierung relativ schwer zugänglich waren. Die zunehmende Miniaturisierung und der steigende Integrationsgrad mikroelektronischer Baugruppen stellen sehr hohe Anforderungen an die Produktionsbedingungen sowie an die Exaktheit auszuführender komplizierter Arbeitsgänge durch Fertigungseinrichtungen, deren Automatisierungsgrad demzufolge bedeutend erhöht werden müßte. Die geforderte technische Zuverlässigkeit und der hohe Wert der elektronischen Baugruppen bedingen eine eingehende und häufige Prüfung der Operanden und Überwachung der Operatoren im Fertigungsprozeß, wodurch sowohl fehlerhafte Operanden zu erkennen als auch Schlußfolgerungen für Maßnahmen zur Steuerung der Teilprozesse abzuleiten sind.

Die Gütesicherung und Qualitätssteuerung haben in der Fertigung der elektronischen Industrie eine besondere Bedeutung. Mit der arbeitsplatzbezogenen Automatisierung durch teilautomatisierte und automatische Fertigungs- und Prüfeinrichtungen beginnend, wird die durchgehende Automatisierung der Fertigung in flexiblen Fertigungssystemen auch in der elektronischen Industrie angestrebt.

6.2.2. Aufgaben des Prozeßrechners im Prozeßautomatisierungssystem

Außer der Übernahme, Aufbereitung und Verteilung von Sollvorgaben, Sollwerten und Programmen von der Feinplanung und technologischen Vorbereitung über das zu erzielende Produktionsergebnis, den geforderten Fertigungsprozeßablauf, die zu verwendenden Kapazitäten und deren Belegung sind dem Prozeßrechner zwei grundsätzliche Funktionen zuzuschreiben:

1. die Prozeßüberwachung,
2. die Prozeßsteuerung.

In jedem dieser Fälle ist der Prozeßrechner mit dem Prozeß gekoppelt (On-line-Betrieb).

6.2.2.1. Prozeßüberwachung

Zur Überwachung des Fertigungsprozesses hat der Prozeßrechner (PR) folgende Aufgaben zu erfüllen:

- die Prozeßdatenerfassung,
- die Prozeßdatenaufbereitung,
- die Prozeßdatenberechnung,
- die Zustandsüberwachung der Ausrüstungen,
- die Grenz- und Tendenzwertkontrolle einschließlich Alarmmeldung,
- die Arbeitsfortschrittskontrolle,
- die Kapazitätsverfügbarkeitskontrolle,
- die Kenngrößenberechnung und Bilanzierung,
- die Protokollierung und Berichterstattung.

Dabei ist der PR mit dem zu überwachenden Prozeß nur eingangsseitig über die Prozeßkoppeleinrichtung (PKE) und über Informationseingabegeräte am Prozeß verbunden (On-line-Betrieb, open loop). Die Beeinflussung der Steuergröße $\underline{x}_s$ am Prozeß zur Steuerung des Prozesses wird durch den Menschen vorgenommen.

Die Prozeßdatenerfassung zur Ermittlung des Prozeßzustandes ist eine Hauptaufgabe des PR und zugleich die Voraussetzung für dessen Steuerungsfunktionen. Sie erfolgt entweder als automatische Erfassung metrischer Größen (Messung) über Meßwertgeber, nominaler oder ordinaler Größen über Sensoren oder automatisiert durch

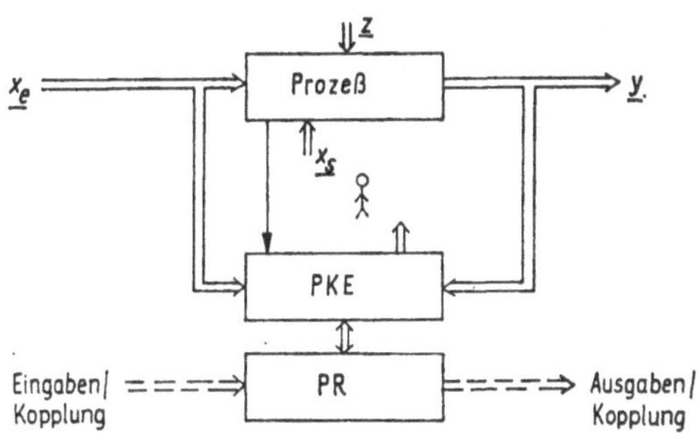

Abb. 6.2-2
Eingangsseitige Prozeßkopplung des Prozeßrechners

die Eingabe der Prozeßdaten über Datenendplätze (Terminale) durch das Prozeßpersonal. Die Ermittlung des Prozeßzustandes erfordert,

- den Zustand der Instrumente oder Prozeßbedingungen der Prozeßvariablen,
- den Zustand der Ausrüstungen bzw. Fertigungseinrichtungen, Operatoren genannt, das sind Geräte, Maschinen, Apparate und Transporteinrichtungen, sowie
- den Zustand der Fertigungsgegenstände, Operanden genannt, festzustellen.

Darüber hinaus ist in Fertigungsprozessen, vor allem in der Serienfertigung, der örtliche und zeitliche Ablauf des Prozesses zu überwachen und der Durchlauf der zu fertigenden Erzeugnisse (Positionen) entsprechend den Sollvorgaben nach Plan zu kontrollieren.

Zur Prozeßdatenerfassung ist die Abfrage der Meßstellen oder der Datenendplätze durch den PR erforderlich. Sie kann nach Programm in regelmäßigen Zeitabständen (getaktete Abfrage vom PR) mit einem für verschiedene Meßstellen unterschiedlichen Abfragezyklus erfolgen oder auch durch bestimmte Ereignisse im Prozeß ausgelöste Prozeßsignale (ungetaktete Prozeßmeldungen) angeregt werden.

Durch die Prozeßdatenerfassung sind folgende Größenklassen aus dem Fertigungsprozeß zu erhalten, die zur situativen und schichtkumulativen Überwachung sowie für die Abrechnung und Prozeßanalyse erforderlich sind:

- Ereigniszeitpunkt (Prozeßmeldezeitpunkt),
- Auftragsbezeichnung und Merkmale, wie Stückzahl, Priorität, Qualität u. a.,
- Bezeichnung der Fertigungseinrichtung und Merkmale, wie Ausfallursachen, Vor- und Nachbereitungszustände,
- Angaben zur Arbeitskraft.

Die Berücksichtigung des auftragsbezogenen Aspekts hierbei vermeidet Lücken in der durchzuführenden Arbeitsfortschrittskontrolle. Datenendstellen, die in unmittelbarer Nähe der Fertigungseinrichtungen installiert sind, gewährleisten dabei sowohl eine möglichst direkte Übernahme von Maschinenzuständen und Stückzahlen und damit die Erfassung echter situativer Primärdaten.

Die analogen Meßwertsignale der Meßwertgeber werden automatisch in digitale Signale umgewandelt. Danach erfolgt eine Prüfung der Meßwerte daraufhin, ob Instrumentenfehler oder Alarmwerte vorliegen, indem die abgefragten Werte mit einprogrammierten Werten verglichen werden. Erst danach erfolgt die Prozeßdatenaufbereitung mit Umrechnung der Daten in physikalische Einheiten (Dimensionierung) und Meßwertglättung. In Fertigungsprozessen erfolgt ein nicht geringer Teil der Prozeßdatenerfassung über Terminals. So werden über Datenerfassungs- oder Datenendplätze die Kenndaten des jeweiligen Fertigungsauftrages, die Personalkenndaten des Arbeiters und andere quantitative (metrische) und qualitative (komparative und klassifikatorische) Prozeßmerkmale erfaßt. Bei der Prozeßdatenberechnung sind nicht gemessene oder nicht meßbare Prozeßgrößen aus direkt erfaßten Größen quantitativ entsprechend den bekannten mathematischen Zusammenhängen (mathematische Gleichung) zu berechnen. Die erfaßten Prozeßdaten werden in geeigneter Form weiterverarbeitet oder zu Protokollen und Berichten zusammengestellt und ausgegeben. Ermittelte Störwerte werden gesondert ausgedruckt und ggf. auch dem Prozeßpersonal übermittelt.

Nicht unwesentlich für die Produktionsdurchführung ist die Überwachung des Zustandes der Ausrüstungen. Die Erfassung der Maschinenzustände und der Verfügbarkeit der Bearbeitungsmaschinen im Fertigungsprozeß ist für die Ableitung manueller Lenkungsmaßnahmen von Bedeutung. Die Erfassung von Größen, die den mechanischen oder elektrischen Zustand der Ausrüstungen charakterisieren (Lagertemperatur, Stromaufnahme von Motoren), gestattet es, den Verschleiß der Ausrüstungen zu kontrollieren, Störungen und deren Ursachen sowie die Stillstandszeiten der Produktionseinrichtungen zu ermitteln.

Für die Überwachung des Operanden- oder Erzeugniszustandes sind nicht nur die erfaßten Prozeßdaten notwendig, sondern zugleich auch Daten von Prüfplätzen. Diese Daten sind nicht immer entsprechend den zeitlichen Anforderungen des Produktionsprozesses zu ermitteln. Durch gesonderte rechnergesteuerte Prüfautomaten in der Fertigungsindustrie, die mit dem eigentlichen Prozeßrechner gekoppelt sind,konnten die Echtzeitbedingungen für die Produktionsüberwachung verbessert werden.

Aus den erfaßten Prozeßdaten von wesentlichen Prozeßgrößen, Prozeßbedingungen, Ausrüstungszuständen und Merkmalen des Produktes selbst sind durch deren Vergleich mit einprogrammierten vorgegebenen Werten Grenzwert- und Tendenzwertkontrollen ständig durch den PR durchzuführen und deren Verletzung als Alarmsignale mit unterschiedlicher Wertigkeit auszugeben. Entsprechend der Wertigkeit wird die Verarbeitung der Alarme unterschiedlich gestaltet. Auf prozeßwichtige Alarmgrößen wird das Prozeßpersonal durch optische und akustische Signale aufmerksam gemacht. Außerdem können Alarmfunktionen anlaufen, die z. B. den PR durch Vorrangunterbrechungen (interrupts) auf die Verfolgung der Alarmgrößen orientieren, spezielle Ausgabeeinrichtungen des PR-Systems (Störwertdrucker, Trendschreiber, Bildschirmgeräte) ansteuern oder Alarmeinrichtungen im Prozeß aktivieren.

Die Überwachung des Fertigungsablaufes geschieht durch

- die Arbeitsfortschrittskontrolle als fertigungsgegenstandsbezogene Überwachung der Aufträge, Teile, Lose usw.,
- die Kapazitätsverfügbarkeitskontrolle als fertigungseinrichtungsbezogene Überwachung der Maschinen, sonstigen Bearbeitungseinrichtungen, Handarbeitsplätze, Prüfplätze, Zwischenlager, Transportmittel usw.

Weitere Kontrollen der Material- und Belegbereitstellung der Arbeitskräftezuordnung sind aufgabenbedingt hinzuzufügen. Eine solche duale operationsanalytische Betrachtungsweise (fertigungsgegenstands- und fertigungseinrichtungsorientiert) erleichtert die Beschreibung der Fertigungsoperationen durch Ereignisfolgen, ihre stochastische Behandlung, datenorganisatorische Festlegungen und die Aufstellung von Simulationsmodellen der Fertigung mit „beweglichen" und „festen" Elementen [6.2-ST].

Bei den Arbeitsfortschritts- und Kapazitätsverfügbarkeitskontrollen sind aus der Sicht des zeitlichen Ablaufes situative (momentane) und schichtkumulative Aufgaben zu unterscheiden. So hat der Schichtdispatcher über Anzeige- und Dialogeinrichtungen vorwiegend situative Kontrollen auszuwerten und Sofortentscheidungen zu treffen. Mitarbeiter der Abteilung Fertigungslenkung führen mittels Fortschrittslisten und Abteilungsabrechnungsbögen unter Nutzung von Dispotafeln eine schichtkumulative Auswertung durch. Eine algorithmierbare und damit rechnergestützte Fertigungsüberwachung muß die Art der Prozeßgrößen und ihren komponentenmäßigen Vergleich beachten.

So unterliegen

— Zeiten und Stückzahlen als metrische Größen Summen- und Differenzbildungen,
— Prioritäten und Qualitäten als ordinale Größen Rangvergleichen,
— Auftrags-, Einrichtungs- und Zustandsbezeichnungen als nominale Größen der Bestimmung einer Hamming-Distanz in Zuordnungs- und Zustandstabellen.

Durch auftragsbezogene situative Überwachung werden ermittelt:

— Anarbeitungsstufe und -wert, Fortschrittszahlen,
— Aufenthaltsort eines Auftrages (Teileverfolgung),
— Verspätungen bzw. Fertigungsrestzeiten aus einem Vergleich von Fortschrittsplan und -verlauf,
— Mengen-, Qualitäts- und Prioritätsparameter.

Durch einrichtungsbezogene situative Überwachung werden ermittelt:

— realisierte Auftragsfolgen an den Maschinen,
— Stör- und Unterbrechungsursachen,
— Zuordnung der Arbeitskräfte,
— Belegungstrend aus einem Vergleich von Belegungsplan und -verlauf.

Die Fertigungsüberwachung muß schichtverbindende Maßnahmen garantieren. Zu Schicht- bzw. Tagesabschluß werden die periodischen Arbeitsfortschritts- und Verfügbarkeitskontrollen durchgeführt. Mit Hilfe von Kumulationslisten werden die ereignisindizierten „Zeitstücke" zu produktionsabrechnenden Kategorien der Zeitinanspruchnahme zusammengefügt:

— Durchlaufzeiten fertiggesteller Aufträge; für prozeßanalytische Untersuchungen können Wartezeiten ausgewiesen werden,
— Kapazitätsauslastung pro Schicht,
— Störursachenprotokoll mit Auflistung der jeweiligen Zeitdauer.

Der Anarbeitungsstand unfertiger Aufträge gibt für die Fertigungssteuerung und Feinplanung Hinweise für notwendige Prioritätenänderungen. Ebenso können Schätzungen über die voraussichtliche Reparaturzeit ausgefallener Einrichtungen für die Fertigungssteuerung und die Feinplanung genutzt werden. Aus programmtechnischer Sicht sind deshalb im Prozeßrechnersystem Situations-, Verlaufs- und Kumulationsdateien zu führen.

Die Berechnung von Kenngrößen über den Zustand des Prozesses und des Produktes sowie über den Prozeßverlauf wird nach bekannten mathematischen Beziehungen aus den erfaßten und berechneten Prozeßdaten vom PR vorgenommen. Dazu ist zunächst häufig die Aufbereitung der Prozeßdaten zu Mittelwerten, Streuungen und anderen statistischen Größen erforderlich, die sowohl für die Prozeßbilanzierung als auch für die Prozeßanalyse Verwendung finden können und für die Kennzeichnung der Produktqualität herangezogen werden.

Erfaßte wesentliche Prozeßdaten und durch Informationsverdichtung ermittelte Kenngrößen ermöglichen eine gezielte Information für das Prozeßpersonal und für übergeordnete Leitungsebenen.

Die Zusammenstellung der erforderlichen Daten und Kenngrößen zu Protokollen (Schichtprotokoll, Störungsprotokoll u. a.) und Bericht verschiedenen Inhalts mit unterschiedlich verdichteten Kennwerten nimmt der PR vor und gibt über die jeweiligen peripheren Geräte als Druck oder als Sichtanzeige auf Bildschirm die Informationen aus. Das Prozeßpersonal erhält einen ausführlichen Prozeßbericht; der Dispatcher oder der zuständige Leiter erhält jeweils entsprechend dem notwendigen Informationsbedürfnis spezielle Berichte mit Angaben von Mittelwerten, Material- und Energiebilanzen, Störwerten, Produktionsergebnissen und anderen Kenngrößen. Diese Berichte sind zu bestimmten Zeiten (pro Stunde, Schicht, Tag u. ä.), auf Anforderung oder infolge eines bestimmten Prozeßereignisses auszugeben. Auf ihrer Grundlage werden Entscheidungen für Lenkungsmaßnahmen getroffen.

6.2.2.2. Prozeßsteuerung

Die für die Prozeßautomatisierung wesentliche Funktion des Prozeßrechners, die Prozeßsteuerung, umfaßt außer der Prozeßdatenerfassung und -verdichtung im wesentlichen folgende Aufgaben:

- die automatische Steuerung von Maschinen und technischen Einrichtungen,
- die direkte digitale Regelung technischer Einrichtungen,
- die Steuerung des Prozeßablaufes.

Die zu realisierenden Algorithmen dieser unmittelbaren Steuerung wurden bereits im Kapitel 4. und 5. erörtert.

Der Prozeßrechner (PR) ist ein- und ausgangsseitig über die Prozeßkoppeleinheit (PKE) unmittelbar an Meßwertgeber und Stellglieder oder an Prozeßterminals unter Einbeziehung des Prozeßpersonals mit dem zu steuernden Prozeß verbunden (On-line-Betrieb, closed loop) (Abb. 6.2-3). Bei der automatischen Steuerung von Maschinen und technischen Einrichtungen übernimmt der PR teilweise oder ganz die Aufgabe einer Schütz-, Relais- oder elektronischen Steuerung.

Dabei sind zwei Steuerungsgrundarten zu unterscheiden:

1. die Programmsteuerung,
2. die Bedingungssteuerung (auch Folgesteuerung).

Programmsteuerungen werden realisiert in Form von

- Ablaufsteuerungen, auch prozeßsynchronisierte Taktsteuerungen genannt. Diese umfassen eine Folge von Schaltvorgängen, die taktweise, abhängig vom Ergebnis

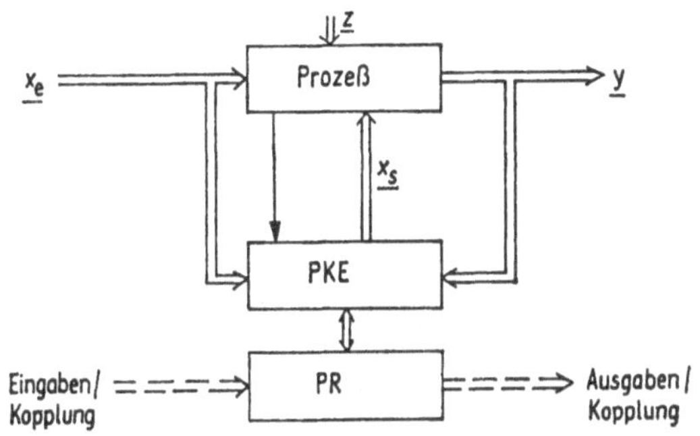

Abb. 6.2-3
Ein- und ausgangsseitige Prozeßkopplung des Prozeßrechners

des jeweils vorigen Taktes oder Schrittes, abläuft. Die Ausgabe des jeweils nächsten Steuerbefehls erfolgt nach entsprechender Rückmeldung vom Prozeß an den Rechner über Programmunterbrechungssignale.

— Zeitplansteuerungen, die eine Folge von Schaltvorgängen nach einem Zeitplan auslösen, z. B. die Realisierung eines zeitlichen Temperaturprofils bei der thermischen Behandlung von Metallen.
— Wegplansteuerungen, die eine Folge von Schaltvorgängen nach einem Wegplan auslösen. Zu dieser Gruppe gehören die für den Prozeßrechnereinsatz wichtigen numerischen Werkzeugmaschinensteuerungen.

Programmsteuerungen sind auf Grund ihres vorbestimmten Ablaufs gut vom PR auszuführen. Der jeweils nächste Schritt kann über die Alarmsignale, einen durch die Echtzeituhr bedingten Alarm oder als Programmverzweigung nach periodischer Eingabe und Prüfung von Binärsignalgruppen ausgelöst werden.

Die zweite Steuerungsgrundart, die Bedingungssteuerung, enthält keinen festen Ablauf; Bedingungssteuerungen verknüpfen überwiegend unbestimmt auftretende Handbefehle oder Meldungen mit anderen Prozeßsignalen, um Fehlhandlungen und Fehlmeldungen zu vermeiden. Diese Art von Steuerungen ist schwieriger auszuführen. Infolge der Unbestimmtheit der Signale und der Notwendigkeit, diese schnell zu erfassen und zu verarbeiten, sowie ihrer relativ großen Häufigkeit werden besondere Anforderungen an die Betriebssicherheit und Programmgestaltung des PR-Systems gestellt.

Die rasche Erfassung kann durch ein besonderes Peripheriegerät erfolgen, das jede Signaländerung summarisch erfaßt und eine Binärsignalabfrage über die Digitaleingabe veranlaßt.

Die Übernahme von Steuerungsaufgaben durch den PR bewirkt unter anderem eine größere Flexibilität der Steuerungen, d. h., es sind wesentlich einfacher Änderungen des Steueralgorithmus vorzunehmen als bei konventionellen Steuereinrichtungen.

Komplizierte Steuerungsalgorithmen sind relativ einfach zu realisieren. Zwischen den einzelnen Steuersignalen sind praktisch unbegrenzt große Zeitabstände einzuhalten. Bei der direkten digitalen Regelung (DDC — direct digital control) übernimmt der Prozeßrechner die Aufgabe der örtlichen Regler. Die Istwerte der Regelgrößen in verschiedenen Regelkreisen werden zeitzyklisch abgefragt, mit den Sollwerten verglichen und die Stellgrößen entsprechend den programmierten Regelalgorithmen ermittelt und über die Steuerwertausgabe an die jeweiligen Stellglieder ausgegeben. Die jeweiligen Regelungssysteme arbeiten im Abtastbetrieb. Der PR ist hierbei in einen Wirkungskreis einbezogen, der Elemente verschiedener Schwierigkeitsgrade, bedingt durch Komplexität, Nichtlinearität, verteilte Parameter, vorgeschriebene Gütekriterien usw., enthält.

Durch den PR werden sowohl die bekannten einfachen linearen Standardalgorithmen (PID-, PI-, PD-Algorithmen) als auch komplizierte nichtlineare Algorithmen für Ein- und Mehrgrößensysteme realisiert. Die Einstellung der Parameter der programmierten Regelungsalgorithmen ist in relativ weiten Grenzen und ohne gegenseitige Beeinflussung möglich. Auch die Anpassung der Struktur der Algorithmen an veränderte Prozeßbedingungen kann automatisch vom PR selbst vorgenommen werden.

Beim Entwurf der digitalen Regelungsalgorithmen ist darauf zu achten, daß maximal mögliche Abtastperioden eingehalten werden, um den PR durch Regelungsaufgaben zeitlich nicht zu sehr zu belasten; andererseits sind bei der Festlegung der Abtastperioden Prozeßanforderungen und wirkende Störungen einschließlich deren Zeitverlauf im Prozeß zu beachten.

Die Steuerung des Prozeßablaufs erfolgt durch den PR mit dem Ziel, die operative Fertigungsprozeßsteuerung durch den Menschen so zu unterstützen, daß unter Berücksichtigung aller wesentlichen Einflüsse ein optimales Produktionsergebnis entsprechend den Planvorgaben erzielt wird. Die Prozeßablaufsteuerung oder auch Durchlaufsteuerung erfolgt demzufolge als eine übergeordnete Steuerung, die auch adaptive Steueralgorithmen umfaßt.

Zunächst sind die Planvorgaben (Fortschritts- und Belegungsplan) auf kleinere Einheiten und Zeitabschnitte aufzuschlüsseln und an die Hand- und Maschinenarbeitsplätze auszugeben. Bei häufig gestörten Prozessen erfolgt allerdings keine so detaillierte Aufschlüsselung des Durchlaufplanes. Steuereingriffe, die entsprechend den erfaßten Zuständen und der Verfügbarkeit der Fertigungseinrichtungen, Handarbeitsplätze und Transportmittel ermittelt werden, sind in kürzeren Zeitabständen erforderlich. Diese operative Steuerung, deren Steuerwerte und Steueranweisungen nach einer durchgeführten Postoptimierung unter Beachtung bestimmter Prioritätsregeln am vorliegenden Prozeßmodell berechnet oder mit Hilfe von Suchroutinen ermittelt werden, gewährleistet ggf. auch durch Umdispositionen die Einhaltung der technologischen Reihenfolge, der Qualitätsparameter und der Fälligkeitstermine in bestimmten Grenzen. Sind Störungen direkt erfaßbar, so werden bestimmte bereits programmierte Störroutinen vom PR veranlaßt.

Der ständige zyklische Vergleich von Soll- und Istzuständen des Prozesses gestattet auch, die Anpassung des Prozeßmodells durch den PR vorzunehmen, insbesondere dann, wenn nicht direkt erfaßbare Störungen im Prozeß vorhanden sind (vgl. Kap. 4). Treten außergewöhnliche Störungen auf, so werden dem Dispatcher vom PR Steuerempfehlungen ausgegeben oder direkt von ihm operative Entscheidungen gefordert, die durch die Kommunikation zwischen PR und Dispatcher und/oder zwischen PR und Meister über Terminal mit alpha-numerischer Bildschirmeinheit für den Dispatcher ggf. zu konkretisieren sind. In besonderen Fällen, die umfangreiche Änderungen im Prozeß erfordern bzw. vorangehende oder nachfolgende Bereiche betreffen, werden neue Sollvorgaben von der Feinplanung abgefordert.

Im Interesse eines kontinuierlichen Fertigungsablaufes wird oft vom PR auch die Überwachung des Lagerbestandes durchgeführt sowie evtl. auch die Lenkung der Wartung und Instandhaltung der Fertigungseinrichtungen.

Die konkreten auszuführenden Aufgaben der Prozeßsteuerung im automatisierten Informationsverarbeitungssystem sind nach unterschiedlichen Gesichtspunkten zu untergliedern; nach Hierarchie-Ebenen, nach den erforderlichen Funktionen im Basisprozeß und nach den Automatisierungsstufen des Fertigungssystems.

Unterhalb der Planungsebene sind nach [6.2-PE] drei hierarchisch angeordnete Aufgaben-Ebenen zu definieren.

Sie unterscheiden sich hinsichtlich der zeitlichen Zuordnung der auszuführenden Steuerungsprozesse zum Fertigungsablauf und hinsichtlich der Detailliertheit bzw. Komplexität der Steuerungsfunktionen, vgl. Abb. 6.2-4. In der Steuerungsebene 1 ist der Ablauf der Teilefertigung und der Montage zu koordinieren. Auf der Grundlage einer Arbeitsplatzgruppenbelegung werden unter Berücksichtigung der Kapazitäts-

Ebene	Aufgabenkomplex	Detaillierungsgrad	
		Zeit	Operand
Planungs-ebene	kurzfristige Planung	Quartal/Monat	Erzeugnis
Steuerungs-ebene 1	zentrale Steuerung/Lenkung	Monat/Plan-abschnitt	Fertigungs-auftrag
2	dezentrale Steuerung	Planabschnitt/ Schicht	Fertigungs-auftrag/Los
3	Steuerung technolog. Gruppe/ Fertigungs-abschnitt	Echtzeit entspr. Prozeß-anforderungen	Transport-einheit (Teil, Palette)

Abb. 6.2-4
Hierarchie-Ebenen der Fertigungssteuerung

bilanz die Reihenfolgen, Dringlichkeiten und Termine der Fertigungsaufgaben ermittelt.

Die Koordinierung der Teilefertigung in einem Fertigungsbereich erfolgt in der Steuerungsebene 2. Entsprechend der Arbeitsplatzbelegung wird die Reihenfolge der Fertigungslose für die Arbeitsplätze oder Arbeitsplatzgruppen aufgestellt.

In der 3. Ebene werden auf der Basis dieser Vorgaben Steuergrößen gebildet. Sie legen die notwendige aktuelle Fortführung des Fertigungsprozesses fest unter Berücksichtigung der aktuellen Verfügbarkeit, des aktuellen Arbeitsfortschritts und vorliegender Störungen. Damit muß in dieser Ebene die Informationsverarbeitung entsprechend den zeitlichen Bedingungen und Anforderungen des zu steuernden Basisprozesses erfolgen.

Durch die automatisierte Fertigungssteuerung ist der räumlich-zeitliche Fertigungsablauf zu fixieren (organisatorische Fertigungssteuerung) und sind technische Abläufe im Fertigungsprozeß zu steuern (technische Fertigungssteuerung).

Diese beiden Funktionsgruppen sind weiter zu untergliedern [6.2-PE]. Die dabei entstehenden Funktionen (vgl. Abb. 6.2-5) sind auf unterschiedlichen Steuerungsebenen und auch mit unterschiedlichen Automatisierungsstufen zu realisieren. Die automatisierte bedienarme Fertigung erfordert die On-line-Kopplung zwischen den Steuerungsebenen 2 und 3 und gestattet damit, die organisatorische mit der technischen Fertigungssteuerung im Echtzeitbetrieb informationell zu verbinden. Der dadurch entstehende bidirektionale Informationsfluß zwischen den Funktionseinheiten beider Funktionsgruppen führt zu den in Abb. 6.2-5 dargestellten Funktionskomplexen FK 1 bis FK 7 [6.2-KE], die auch im wesentlichen den Funktionsinhalt des Automatisierungssystems für die automatisierte Fertigung charakterisieren.

Für die Fertigung in dei elektronischen Industrie, aber auch für die Serienfertigung im Maschinenbau, wird der Funktionskomplex „Qualitätssteuerung" (FK 6) perspektivisch an Bedeutung zunehmen. Dabei ist bei der Herstellung elektronischer Baugruppen auch die zunehmende Verflechtung des rechnergestützten Operanden-Ent-

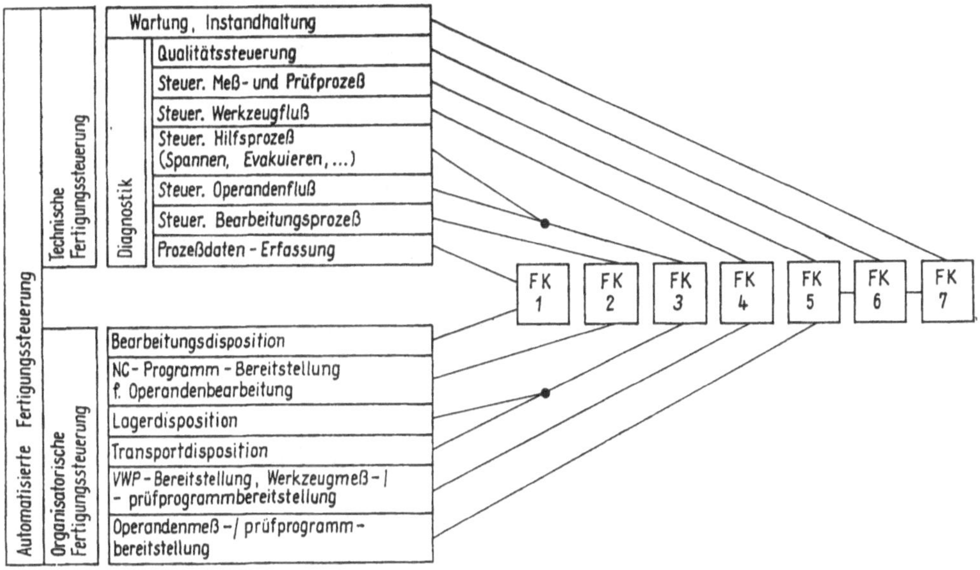

Abb. 6.2-5

Funktionskomplexe der automatisierten Fertigungssteuerung

FK 1: Prozeßdatenerfassung, Disposition und Fertigungslenkung, Belegungsoptimierung,

FK 2: NC-Operandenprogrammbehandlung, Optimierung und Anpassung lokaler Steuerungsprozesse in Fertigungseinrichtungen,

FK 3: Lager- und Transportsteuerung für Werkstücke/Operanden, Werkstück-/Operandenmanipulationsprogrammbehandlung,

FK 4: Lager- und Transportsteuerung für Werkzeuge/Vorrichtungen und Hilfseinrichtungen, deren Prüf-/Meßprogrammbehandlung,

FK 5: Qualitätskontrolle, Operandenmeß-/prüfprogrammbehandlung (Voraussetzung für FK 6),

FK 6: Qualitätssteuerung des Erzeugnisses, basierend auf FK 5 und unter Beachtung der Diagnostik-Ergebnisse aus FK 7 mit Vorgaben für FK 1 und 2,

FK 7: Diagnostik, Wartung, Instandhaltung

wurfsprozesses mit dem im integrierten automatisierten CAD-CAM-System zu erkennen (vgl. [6.2-IBM]). Für ein solches System werden weitere Funktionskomplexe, die auf Funktionseinheiten der „automatisierten technischen Vorbereitung" basieren, erforderlich. Die dargestellten Funktionseinheiten als Bestandteil der Funktionsgruppen bzw. neuer Funktionskomplexe sind weiter zu untergliedern in Funktionselemente, die eigenständig oder untereinander kombiniert zu Funktionsmodulen der Funktionskomplexe die Basis für die Bildung von Programmodulen darstellen können, vgl. [6.2-PE].

Bei der Bildung von Funktionsmodulen und bei deren programmtechnischer Realisierung ist die Abarbeitungsebene (2. oder 3. Steuerungsebene) im System zu beachten, auf der die Module zum Einsatz kommen.

Außerdem werden durch die angestrebte Automatisierungsstufe des Fertigungssteuerungssystems Prämissen gesetzt, zugleich sind auch die Forderungen einer perspektivischen Weiterentwicklung des Steuerungssystems zu einer höheren Automatisierungsstufe zu berücksichtigen.

6.2.3. Struktur des Prozeßautomatisierungssystems

Im Prozeßautomatisierungssystem ist eine hierarchische Gliederung der Informationsverarbeitungsaufgaben zu erkennen, die von einfachen Aufgaben des Sinnfälligkeitstestes, der Dimensionierung und Korrektur von Prozeßdaten über die Berechnung von Steuerwerten und Steueranweisungen bis hin zu Aufgaben der optimalen Prozeßsteuerung reicht. Diese Aufgabenhierarchie sowie das relativ große Leistungsvermögen des Prozeßrechners im Vergleich zur Leistungsfähigkeit des Menschen sowie zur BMSR- und einfachen Organisationstechnik führte zu einer zentralen Informationsverarbeitung aller algorithmierbaren Aufgaben in einem PR. Die Aufgaben werden hierbei ihrer Priorität nach seriell abgearbeitet.

Der PR selbst muß dabei den höchsten Echtzeitanforderungen des Prozesses genügen, und sein Geräte- und Programmsystem müssen eine hohe Betriebszuverlässigkeit aufweisen. Zur Erhöhung der Betriebszuverlässigkeit des Systems wurden für besonders wichtige Informationsverarbeitungsaufgaben redundante dezentrale Ersatzgeräte (Back-up-Geräte) vorgesehen.

Auch Doppelrechner- oder Mehrrechnersysteme wurden zu diesem Zwecke geplant.

Die Zuverlässigkeit des Automatisierungssystems ist schließlich durch Einführung eines dezentralen Prozeßrechnersystems mit weitgehend paralleler Informationsverarbeitung am wirkungsvollsten zu sichern. Die Entwicklung von Prozeßrechnern unterschiedlicher Größe und Leistung bietet Möglichkeiten für die Gestaltung von Prozeßautomatisierungssystemen mit dezentraler Informationsverarbeitung.

Die dezentrale Informationsverarbeitung in einer hierarchisch untergliederten Gerätestruktur hat den Vorteil einer höheren Betriebszuverlässigkeit des Systems. Einzelfehler wirken sich weitestgehend nur lokal aus. Dezentrale Verarbeitungsstrukturen, insbesondere unter Einbeziehung von Mikroprozeßrechnern (MPR), gewinnen vor allem dort an Bedeutung, wo sich der zu automatisierende Prozeß aus mehreren Teilprozessen aufbaut. Dabei bewirkt die Einführung von Mikroprozeßrechnern in das Automatisierungssystem zugleich auch eine weitere Untergliederung der Hierarchie der Aufgabenstruktur. Funktionen der festverdrahteten BMSR-Geräte sind zum Teil zweckmäßigerweise von Mikroprozeßrechnern zu übernehmen (Algorithmen einfacher Regler, von Mehrgrößenreglern und logische Steuerungen). Zugleich können diesen auch bisherige zentrale Aufgaben des Prozeßrechners (digitale Mehrfachregelung, Meßwertkorrektur, Prozeßdatenverdichtung, Fehlerlokalisierung in Teilsystemen, Optimierung von Teilprozessen hinsichtlich des Prozeßablaufs, Sollwertberechnung für lokale Regelkreise in Teilprozessen u. a.) übertragen werden. Die MPR übernehmen damit eine Koordinierung lokaler Steuerungs- und Regelungssysteme. Auch die Prüfung elektronischer Geräte ist durch MPR zu steuern. Die für die Fertigungsüberwachung und -steuerung erforderliche Kommunikation zwischen Prozeßpersonal und Prozeßrechner ist über Bildschirmterminals mit installiertem Mikrorechner, sogenannte „intelligente Terminals", zu führen. Der Mikrorechner nimmt hierbei sowohl die Aufbereitung erfaßter Informationen als auch gewisse Verarbeitungsaufgaben wahr (z. B. Erfassung der Anarbeitungsstufen, Erkennen von Stör- und Unterbrechungsursachen, sofortige Ermittlung von Störroutinen, Berechnung statistischer Größen u. a.).

Es entsteht somit eine zusätzliche dezentrale Koordinierungsebene. Damit wird die bisher recht große Entfernung zwischen der Instrumentierung im Prozeß und dem zentralen PR bedeutend reduziert. Die bisherige Struktur mit einem zentralen PR mit Leitungsmultiplexer wird durch diese verteilte Intelligenz sowohl funktionell als auch räumlich verändert. Zugleich werden die Möglichkeiten und Bedingungen der Kommunikation des Prozeßpersonals mit dem PR-System wesentlich verbessert. Der größere Anteil serieller Informationsübertragung sowie die Ausführung einer Ringstruktur der MPR-Anordnung erfordern aber auch eine veränderte Anschlußsteuerung an den zentralen Prozeßrechner. Abb. 6.2-6 zeigt die veränderte prinzipielle hierarchische Struktur. Der sternförmige Anschluß der dezentralen Mikroprozeßrechnersysteme in Prozeßnähe an zentrale übergeordnete Prozeßrechner erfordert dennoch relativ hohe Verkabelungskosten. Durch den Anschluß über eine offene oder geschlossene Sammelleitung (Bus) wird dieser Nachteil der Sternstruktur vermieden. Über diese Sammelleitung erfolgt der Austausch von Daten, Adressen und Steuerinformationen. Dadurch ist ein Simultanbetrieb der an die Sammelleitung angeschlossenen Geräte möglich. An diese Sammelleitung können über standardisierte Schnittstellen (Buskoppeleinheiten (BK)) in beliebiger Weise weitere Verarbeitungseinheiten angeschlossen werden. Wenn für den Bus-Betrieb eindeutig festgelegt ist, welches Gerät Nachrichten sendet und welches Gerät Nachrichten empfängt, sind für den Nachrichtenverkehr über den Bus keine gesonderten Steuergeräte erforderlich. Werden im

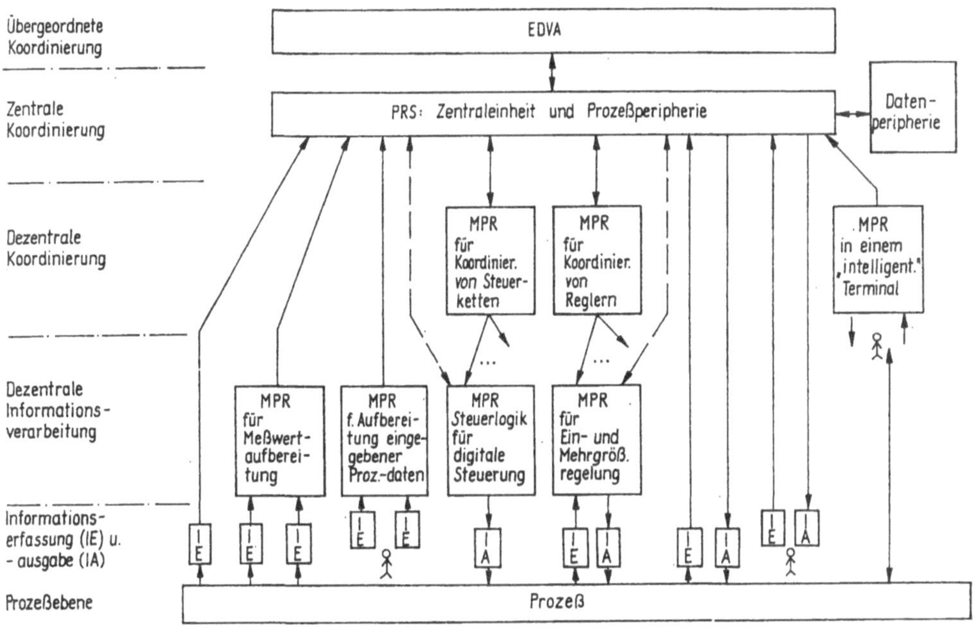

Abb. 6.2-6
Prozeßautomatisierungssystem mit dezentraler Informationsverarbeitung in Sternstruktur

System jedoch Geräte angeschlossen, die sowohl Nachrichten senden als auch empfangen, so ist ein Steuergerät für den Bus-Verkehr erforderlich. Diesem Bus-Prozessor obliegt die ständige Steuerung der Datenübertragung auf dem Bus. Hierbei tritt ein Nachrichten-Sender mit einem Nachrichten-Empfänger durch Aussenden von dessen Adresse über die Steuerung in Verbindung.

Die Realisierung eines Informationsverarbeitungssystems in Bus-Struktur erfordert die Einhaltung standardisierter Schnittstellenbedingungen durch alle anzuschließenden Geräte.

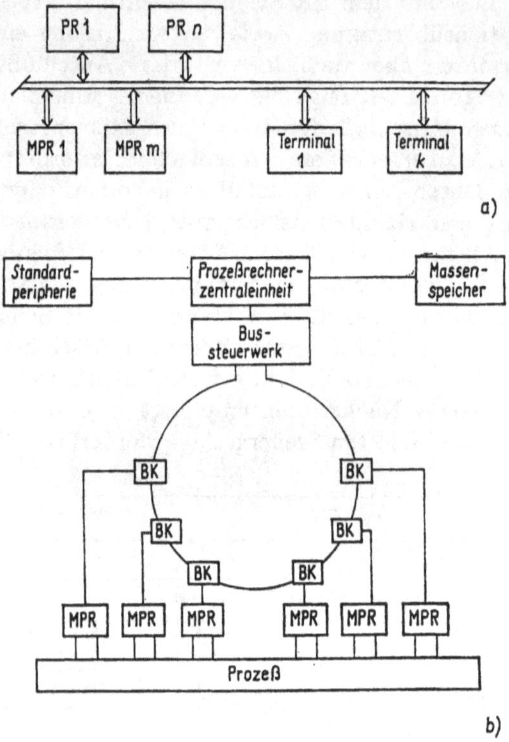

Abb. 6.2-7
Prozeßautomatisierungssystem mit dezentraler Informationsverarbeitung in Bus-Struktur a) Linienbus b) Ringbus

Nachteilig ist jedoch die leichte Verwundbarkeit der Sammelleitung. Bei Unterbrechungen, Kurzschlüssen und anderen Störungen auf dieser Sammelleitung kann es zu einem Totalausfall des Systems kommen. Diesen Nachteilen ist durch geeignete Redundanzmaßnahmen (z. B. zwei getrennte Sammelleitungen) zu begegnen. Eine weitere Dezentralisierung wird erreicht, indem die bei der Sternstruktur dem zentralen Prozeßrechner vorbehaltenen übergeordneten Verarbeitungsaufgaben auf dezentrale Mikroprozeßrechner mit Massenspeichern und erforderlichen Bedienungsgeräten aufgeteilt werden. Es entsteht damit ein dezentrales vermaschtes Rechnernetzwerk (Abb. 6.2-8). Jedoch ergeben sich dabei einige Probleme, z. B. die der Datenübertragung zwischen den Netzwerkknoten und die der Koordinierung der Rechner, deren Lösung Gegenstand der Forschung ist. Dennoch bieten diese vermaschten MPR-Netzwerke hinsichtlich Zuverlässigkeit, Flexibilität und Verarbeitungsleistung Vorteile, die für die effektive praktische Anwendung zu einer Lösung drängen. Die Geräte-Struktur des zur Prozeßautomatisierung eines flexiblen Fertigungssystems erforderlichen Informationsverarbeitungssystems wird wesentlich von der Struktur und der konkreten Gestaltung des technologischen Basisprozesses und von den zu realisierenden Funktionsgruppen entsprechend der jeweiligen Automatisierungsstufe bestimmt.

Bei der Modularisierung des Steuerungskonzepts entsprechend den herausgestellten Funktionskomplexen in Abschn. 6.2.2.2. sind nachstehende Forderungen an das Informationsverarbeitungssystem (IV-System) zu beachten:

- Es ist eine hohe Systemverfügbarkeit (technische Zuverlässigkeit) zu sichern.
- Ein funktionsreduzierter Systembetrieb ist auch bei Ausfall einzelner Teilsysteme und damit eine relative Selbständigkeit von Anlagenteilen zu gewährleisten.
- Die Erweiterung oder der Ausbau des installierten Systems muß möglich sein.

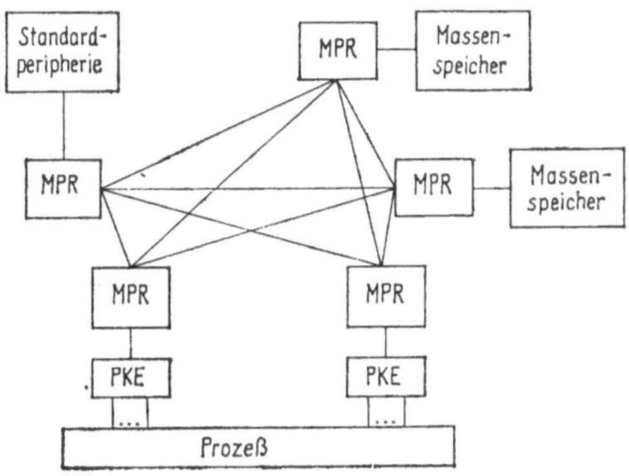

Abb. 6.2-8
Dezentrales Mikroprozeßrechnernetzwerk

Diese Forderungen werden weitestgehend durch „dezentralisierte Informationsverarbeitungssysteme" erfüllt; in ihnen sind informationsverarbeitende Funktionen möglichst am Ort des Entstehens oder des Bedarfs von Steuerdaten konzentriert. Zur Bearbeitung der spezifischen Algorithmen sollen diese weitgehend auf dezentrale Dateisysteme zurückgreifen können, damit der Informationsfluß zwischen den dezentralen Informationsverarbeitungsgruppen auf ein sinnvolles Maß begrenzt bleibt. Die Menge der anfallenden Daten beeinflußt natürlich die Strukturierung. Grundsätzlich sind zwei Strukturen für modulare dezentralisierte IV-Systeme möglich: Sternstruktur und Bus-Struktur. Es fehlen eindeutige Gütekriterien, die bei Erfüllung der Gesamtzielstellung für das automatisierte flexible Fertigungssystem den Aufwand an Hard- und Software, die Nutzerfreundlichkeit, die Zuverlässigkeit und die Anlagensicherheit zu vergleichen gestatten, [6.1-FR].

Dennoch ist der Trend zur Bus-Struktur mit verteilten gleichberechtigten IV-Einheiten, die die hierarchisch gegliederten Aufgaben im Steuerungssystem arbeitsteilig realisieren, zu erkennen. Diese Bus-Struktur bietet relativ günstige Möglichkeiten der Erweiterung zum lokalen Rechnernetz und erscheint auch aus der Sicht der Zuverlässigkeit und der Fehlertoleranz vorteilhafter.

6.3. Geräte- und Programmsystem eines Prozeßrechners

6.3.1. Prozeßrechnergerätesystem

Ein PR muß in der Lage sein, zum Zwecke der Prozeßüberwachung und Prozeßsteuerung Informationen mit dem technischen Prozeß, mit dem Prozeßbedienungspersonal und mit dem Rechnerbedienungspersonal auszutauschen. Der PR verkehrt mit der

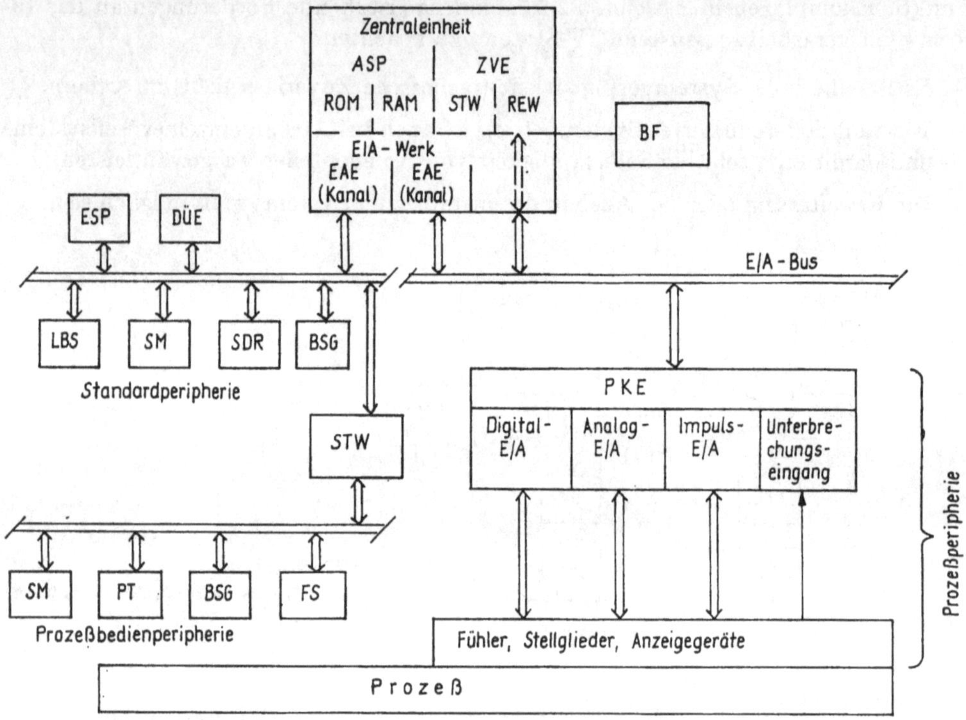

Abb. 6.3-1
Prozeßrechnergerätesystem

ASP: Arbeitsspeicher
BF: Bedienfeld
BSG: Bildschirmgerät
E/A: Ein- und Ausgabe
ESP: Externspeicher
EAE: Ein-Ausgabeeinheit
FS: Fernschreiber
DÜE: Datenübertragungseinrichtung
LBS: Lochbandstation
PT: Prozeßterminal
ROM: read only memory = Nur-Lese-Speicher
RAM: random access memory = Schreib-Lese-Speicher
REW: Rechenwerk
SM: Schreibmaschine
STW: Steuerwerk
ZVE: Zentrale Verarbeitungseinheit

„Umwelt" über Peripheriegeräte. Das Prozeßrechnergerätesystem umfaßt damit folgende Gerätekomplexe (s. auch Abb. 6.3-1):

1. Die Prozeßrechnerzentraleinheit besteht aus 3 Funktionseinheiten:

   a) die zentrale Verarbeitungseinheit (ZVE), die durch den Zentralprozessor gebildet wird. Sie enthält:
      - das Steuerwerk zur Befehlsdekodierung und Steuersignalerzeugung,
      - das Rechenwerk oder die Arithmetik-Logik-Einheit zur digitalen Verarbeitung (arithmetische und logische Verknüpfungen) von Datenwörtern,
      - mehrere Register zur Daten- und Adressenspeicherung
      - ein internes Bus-System,

   b) der Arbeitsspeicher mit einer Kapazität von 32 bis mindestens 256 k Worten (1 k = 2^{10}, 1 Wort = 8 bis 32 Bit) der aufzuteilen ist, in:
      - den Programmspeicher, ausgeführt als Festwertspeicher mit wahlfreiem Zugriff als sogenannter Nur-Lese-Speicher (ROM — read only memory),
      - den Datenspeicher, ausgeführt als Zwischenspeicher für veränderliche Daten (Operativspeicher) als sogenannter Lese-Schreibe-Speicher (RAM — random access memory).

   c) das Ein-Ausgabewerk zur Organisation des Austausches von Daten zwischen der Zentraleinheit und peripheren Geräten. Wird der Datenverkehr durch einen selbständigen E/A-Prozessor abgewickelt, so erfolgt das ohne Inanspruchnahme der ZVE.
   Das E/A-Werk umfaßt verschiedene E/A-Einheiten zum Anschluß externer Geräte an unterschiedliche Funktionsabläufe und Schnittstellen nach dem
      - Interfaceverfahren für Geräte der Benutzer- und Prozeßperipherie,
      - Direkten-Speicherzugriff-Verfahren (DMA — direct memory access) für den Datentransfer zwischen verschiedenen Rechnereinheiten und Speicher, ohne die ZVE zu beanspruchen,
      - Interruptverfahren.

   Der Prozessor selbst ist eine hochintegrierte Schaltung (LSI-Schaltung), derzeit in der Regel in MOS-Technik ausgeführt.
   Die Befehlszykluszeit eines Rechners mit einem solchen Prozessor als ZVE beträgt einige Mikrosekunden, sie ist also relativ langsam. Für leistungsfähige Prozeßrechner werden Mehrprozessorsysteme eingesetzt.

2. Das Bus-System dient zur informationellen Kopplung aller Geräteeinheiten des Prozeßrechnersystems, vor allem zur Ein- und Ausgabe von Daten zwischen peripheren Geräten und Zentraleinheit des Prozeßrechners. Es besteht aus einem Leitungsbündel zur Übertragung von Daten, Adressen und internen Steueranweisungen.

3. Die Prozeßperipherie umfaßt im wesentlichen die Prozeßkoppeleinrichtungen (PKE) mit ihren Funktionseinheiten (Prozeßsignalformer für die Ein- und Ausgabe von analogen, digitalen und impulsförmigen Signalen) und zugehörigem Verteiler sowie der Erfassung von Programmunterbrechungssignalen (PU-Signale) aus dem Prozeß. Die PKE hat die Aufgabe, die zwischen Prozeß und PR auftretenden Informationen in Form von elektrischen Signalen mit entsprechenden Amplituden-,

Frequenz- oder Phasenwerten zu puffern, anzupassen, umzuformen und zur Ein- bzw. Ausgabe vorzubereiten.

4. Prozeßbedienperipherie zur Kommunikation zwischen Prozeßpersonal und PR. Die dafür eingesetzten Datenendgeräte, wie Schreibmaschine, Drucker u. a. weisen eine besonders hohe Zuverlässigkeit auf. Spezielle Prozeßterminals mit mehreren Informationsein- und ausgabemöglichkeiten wurden für die relativ rauhen Umgebungsbedingungen entwickelt. Mehrere Baueinheiten, wie Leuchtanzeigen, Drukker, Drehknöpfe, Lochkartenleser für Personalkarten sind in einem Gerät zusammengefaßt. Bildschirmterminals für die Kommunikation zwischen PR und Meister gewinnen an Bedeutung.
5. Prozeßrechnerbedienperipherie oder Standardperipherie zur Kommunikation zwischen dem PR-Bedienungspersional und dem PR. Sie umfaßt
   - Geräte für Ein- und Ausgabe mit Hilfe von Datenträgern,
   - Geräte für die Ausgabe lesbarer Belege (Schreibmaschine, Schnelldrucker, Kurvenschreiber u. a.),
   - Geräte für den Dialog mit dem PR ohne Datenträger und ohne Belege (alphanumerische Bildschirmgeräte, in Zukunft auch die Sprachausgabe u. a.),
   - Geräte zur Kopplung weiterer Rechner zum Rechnerverbundsystem.
6. Speicherperipherie zur Aufnahme größerer Datenmengen (Prozeßdaten, Anwenderprogramme, die nicht ständig benötigt werden, Hintergrundprogramme).
   Die wichtigsten externen Speicher für PR sind z. Z.:
   - Magnettrommelspeicher (Kapazität bis zu ca. $5 \cdot 10^7$ bit)
   - der Magnetplattenspeicher mit festen und mit beweglichen positionierbaren Köpfen (Kapazität bis zu ca. 10^9 bit),
   - der Floppy-disc-Speicher, bestehend aus einer flexiblen Kunststoffscheibe als Träger der Magnetschicht, der für kleine PR verwendet wird,
   - der Magnetbandspeicher oder Magnetbandkassettenspeicher, letzterer für kleine PR (Kapazität bis zu ca. 10^{10} bit),
   - optische Speicher.

6.3.2. Prozeßrechnerprogrammsystem

Das Programmsystem ist die Menge aller Programme, die zur Ausführung der Automatisierungsaufgaben am Prozeß erforderlich sind. Dabei ist jedes dieser Programme eine zur Lösung einer Aufgabe/Teilaufgabe vollständige Anweisung einschließlich aller erforderlichen Vereinbarungen.

Entsprechend den Prozeßanforderungen (Echtzeitforderungen) ist das PR-Programmsystem ein Echtzeitoperationssystem (EOS). Die Programme dieses EOS lassen sich in zwei Arten unterteilen:

1. Anwenderprogramme oder Automatisierungsprogramme, deren Gesamtheit das Anwenderprogrammsystem (APS) ist, sind Programme, die die Automatisierungsfunktionen ausführen oder am Prozeß verursachen, z. B. aus Meßwerten nach vorgegebenen Regelungsalgorithmen Stellgrößen berechnen, Steuersignale berechnen, Grenzwertüberschreitungen feststellen.

   Das Anwenderprogrammsystem (APS) besteht aus mehreren Anwenderprogrammen (AP), einer Bibliothek von Unterprogrammen, zu denen mehrere Anwenderprogramme Zugriff haben, und aus Datenfeldern und Dateien. Das APS ist in seiner Zusammensetzung den Aufgaben des konkreten Automatisierungssystems angepaßt und gewährleistet die Durchführung der Automatisierungsaufgaben.

2. Betriebsprogramme oder Organisationsprogramme, deren Gesamtheit das Betriebssystem (BS) ist, sind Programme, die die Durchführung der Anwenderprogramme im PR, d. h. den erforderlichen „Betriebsablauf" im Rechner, organisieren bzw. steuern.
   Von den Betriebsprogrammen sind jedoch nur einige zur Steuerung des PR-Betriebsablaufs entsprechend den Prozeßanforderungen im Automatisierungssystem erforderlich, die sogenannten Steuerprogramme, deren Gesamtheit das Echtzeitsteuerprogrammsystem (ESPS) ist.
   Entsprechend den zu übernehmenden Aufgaben verfügt das ESPS über folgende Programmgruppen:
   1. Organisation des Ablaufs der Anwenderprogramme (Einplanung, Synchronisierung und Durchführung der Anwenderprogramme).
   2. Ein-/Ausgabeorganisation (Datenaustausch zwischen ZE und Peripheriegeräten).
   3. Kommunikation Mensch—Rechner (Ermöglichen von Eingriffen in den Betriebsablauf durch den Bediener beim Start von Programmen, Aufruf von Testhilfsfunktionen u. a.).
   4. Organisation des Verkehrs mit Externspeichern (Ablage und Wiederauffinden von Programmen und Daten).
   5. Organisation des Betriebsablaufs bei Fehlern und Ausfällen (Erkennen von Geräte- und Programmfehlern und Anstoß erfroderlicher Reaktionen).

   Die Programmgruppen 1. bis 4. gewährleisten den normalen, ungestörten Rechnerbetrieb im Automatisierungssystem. Ein anderer Teil der Betriebsprogramme, die sogenannten Systemprogramme, sind zur Vorbereitung und Unterstützung des Betriebsablaufs notwendig. Das sind Dienst- und Hilfsprogramme sowie Übersetzungs- und Testprogramme und ähnliche; sie sind also nicht unmittelbar zur Durchführung des PR-Betriebes bei der Ausübung der Automatisierungsaufgaben erforderlich (vgl. auch [6.3-LAU], [6.3-FR]).

Die ständig benötigten Programme des Echtzeitoperationssystems sind im Hauptspeicher oder im Hauptspeicher und in einem externen Speicher mit wahlfreiem Zugriff abgespeichert. Die Mikroprozeßrechner-Software ist weniger komfortabel. Die vom Rechnerhersteller mitgelieferten Betriebssysteme sind oft auf ein Aufgabengebiet eng zugeschnitten, z. B. für Laborautomatisierung. Für Geräte-Steuerrechner wird häufig ein generierungsfähiges Steuerprogrammsystem und eine Reihe von Geräteroutinen für die anschließbaren peripheren Geräte und evtl. Standardmodule für gewisse Anwenderaufgaben vom Lieferer bereitgestellt. Die Anpassung der bereitgestellten Programmkomponenten an die jeweilige Mikrorechner-Konfiguration muß vom Anwender selbst auf einem sogenannten „Mikrorechnerentwicklungssystem" oder m. H. von Wirtsrechner-Systemunterlagen auf einem anderen leistungsfähigen Rechner (Wirtsrechner) vorgenommen werden.

Die zu erarbeitenden Anwenderprogramme für Mikrorechner, denen in unmittelbarer Prozeßnähe an Operatoren spezielle Aufgaben der Datenerfassung und -aufbereitung, der Steuerung u. ä. obliegen, sind prozeß- oder aufgabenspezifisch.

Die Programmierung erfolgt häufig in einer Assemblersprache, die auf den Elementaroperationen des speziellen Mikroprozeßrechners (MPR) basiert. Die Erarbeitung von effektiven Anwenderprogrammen für eine aufgabenspezifische Mikroprozeßrechnerkonfiguration erfordert die Kenntnis der Hardware-Struktur des MPR und der in dieser ablaufenden Vorgänge. Dafür wird vor der Programmierung ein Programmierersatzschaltbild des Mikrorechners (MR) erstellt, aus dem die Vorgänge der Befehlsabarbeitung im MR zu verfolgen sind. Die Notierung der MR-Programme kann auch in einer problemorientierten Sprache erfolgen. Dadurch werden jedoch Programme erzeugt, die bedeutend weniger zeit- und speicherplatzeffektiv sind.

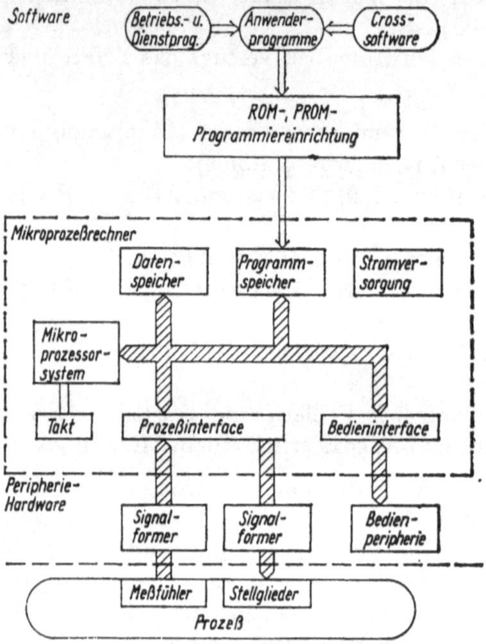

Abb. 6.3-2
Komponenten eines Mikroprozeßrechnersystems

Als Dienstprogramme zur Programmerstellung auf einem Mikrorechner werden als programmierte Festwertspeicher oder als Lochstreifen Assembler, Test- und Korrekturprogramme angeboten. Für eine Programmerstellung auf einem Wirtsrechner, meist Kleinrechner, steht Cross-Software zur Verfügung. Das ist ein Cross-Assembler für eine maschinenorientierte Sprache oder ein Cross-Compiler für eine problemorientierte Sprache und außerdem ein Simulator zum Test der Programme auf dem Wirtsrechner. Der Simulator vermag jedoch nur die logische Richtigkeit der Programme zu prüfen, da das Zeitverhalten des Mikrorechners nicht simuliert wird. Das endgültige Austesten der auf einem Wirtsrechner erarbeiteten Programme muß auf dem Mikrorechner selbst erfolgen.

6.4. Einsatzvorbereitung eines Prozeßrechnersystems

6.4.1. Zielstellung und Durchführung der Einsatzvorbereitung

Das Ziel der Einsatzvorbereitung (EV) eines Prozeßrechnersystems (PRS) besteht darin, die materiell-technischen, personellen und organisatorischen Voraussetzungen zur effektiven Nutzung eines einzusetzenden PRS für die Realisierung der vorgesehenen Aufgaben in einem Prozeßautomatisierungssystem zu schaffen. Die EV umfaßt also alle Maßnahmen, die erforderlich sind, um aus den zur Verfügung stehenden Prozeßrechnersystemen, das sind Gerätetechnik und Systemunterlagen von Prozeßrechnern unterschiedlicher Größe und Leistung, ein funktionsfähiges PR-Anwendungssystem entsprechend der Zielstellung des Automatisierungssystems zu erarbeiten. Dabei kann das zu gestaltende Prozeßrechnersystem als Einrechner- oder Mehrrechnersystem auszuführen sein. Das Prinzip der Entwicklung der gerätetechnischen und programmtechnischen Basis zeigt Abb. 6.4-1. Zur rationellen EV sind die vorge-

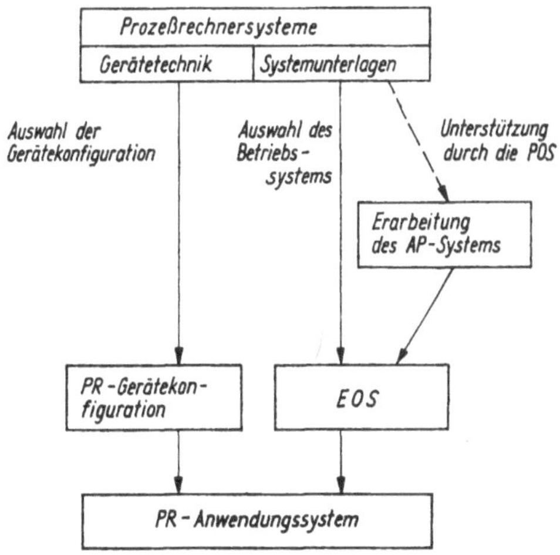

Abb. 6.4-1
Entwicklung der Gerätekonfiguration und des Programmsystems eines Prozeßrechner-Anwendungssystems

fertigten und vom Rechnerhersteller mitzuliefernden Systemunterlagen zu nutzen. Auch die Nachnutzungsmöglichkeit von Projekten sowie von Programmen anderer Anwender muß im Interesse einer rationellen EV entsprechend gesetzlichen Bestimmungen geprüft werden. Des weiteren sind geltende Standardisierungsvorschriften für die Rechner-Einsatzvorbereitung, z. B. die Gestaltung der Dokumentation, unbedingt zu beachten [6.4-ROB].

Die Durchführung der EV umfaßt 5 Hauptkomplexe. Die drei wesentlichen davon sind:

- die gerätetechnische EV (Projektierung der gerätetechnischen Ausrüstung sowie Auswahl und Generierung des erforderlichen Betriebssystems),
- die algorithmisch-programmtechnische EV zur Schaffung des AP-Systems,
- die ideologische und leitungsmäßige EV (Vorbereitung der Kader und Klärung aller Probleme der sozialistischen Menschenführung).

Diese drei Komplexe stehen in enger Wechselwirkung. So beeinflußt die Arbeit mit den Werktätigen die übrigen beiden. Zugleich müssen Gerätetechnik und EOS und innerhalb des Echtzeitoperationssystems das ESPS und das AP-System aufeinander abgestimmt sein. Zu den Vorklärungen gehören die folgenden Arbeiten:

— Ermittlung des technischen Weltstandes des Prozeßrechnereinsatzes auf dem jeweiligen Anwendungsgebiet,
— Untersuchung der Automatisierungswürdigkeit des Prozesses, d. h. erste Vorstellungen über das etwaige Aufgabenspektrum und erste Überlegungen zu den Problemen des Informationsaustausches,
— Formulierung der ökonomischen und technischen Aufgabenstellung.

Die leitungsmäßige EV betrifft sowohl die ausführliche Information und Einbeziehung der Werktätigen in das Vorhaben als auch die Qualifizierung und Gewinnung der geeigneten und erforderlichen Kader.

Bei der Inbetriebnahme wird mit dem schrittweisen Laden, Erproben und Einfahren der einzelnen Anwenderprogramme zunächst bei einseitiger Kopplung des Prozeßrechners mit dem Prozeß begonnen und nach dem Probebetrieb mit zweiseitiger Kopplung die Übergabe des PR-Anwendungssystems vorgenommen.

Der zeitliche Ablauf des Investitionsgeschehens, dem sich die gesamte EV unterordnen muß, gliedert sich in drei Phasen:

— Planung der Investition mit der Investitionsvorentscheidung (IVE) als Abschluß,
— Vorbereitung der Investition mit der Grundsatzentscheidung (GE) als Abschluß,
— Durchführung der Investition mit der Übergabe der Investitionsleistung.

In der Planungsphase liegt der Schwerpunkt der EV in der Erarbeitung einer Studie über den Einsatz des Prozeßrechnersystems (Einsatzstudie). Sie enthält alle wesentlichen in der Planungsphase entstehenden Arbeitsergebnisse der einzelnen Hauptkomplexe der EV. Außerdem wird von einem Auftragnehmer (AN), der zur Realisierung des gesamten Automatisierungssystems gebunden werden soll, ein Informationsangebot eingeholt, das zusammen mit der Einsatzstudie die Grundlage für die IVE über den PR-Einsatz bildet.

Während der Investvorbereitung wird auf der Basis der Studie vor allem ein präzisierter Entwurf für das PR-Anwendungssystem erstellt, der zusammen mit einem verbindlichen Angebot des Auftragnehmers die wesentliche Grundlage für die GE darstellt. In der Durchführungsphase werden die Installationsbedingungen bereitgestellt, das PRS projektiert und gerätetechnisch realisiert sowie das zugehörige EOS entworfen und erprobt. Schließlich erfolgt die Inbetriebnahme und Übergabe des gesamten PR-Anwendungssystems. Die ideologische und leitungsmäßige Vorbereitung zieht sich kontinuierlich durch alle drei Phasen des Investitionsgeschehens hindurch.

6.4.2. Einsatzstudie

Die Erarbeitung einer Studie zur Einsatzvorbereitung von Prozeßrechnern dient der Vorbereitung einer wissenschaftlich begründeten Entscheidung über die Durchführung eines Automatisierungsvorhabens. Sie hat zum Ziel,

— die Aufgabenstellung auf der Grundlage der Vorklärungen zu präzisieren,
— die Aufgaben des PRS und die entsprechenden Lösungswege zu untersuchen und zu fixieren; wobei Aufgaben anderer konventioneller Automatisierungseinrichtungen abzugrenzen sind;
— die mögliche räumliche Aufgabenverteilung des Automatisierungssystems entsprechend der Struktur und Spezifik des technologischen Basisprozesses vorzu-

nehmen und damit Voraussetzungen für den Entwurf des dezentralisierten PRS als Mehrrechnersystem zu schaffen,
- die grundsätzliche Struktur der Gerätekonfiguration, des Programm- und Dateisystems sowie deren Organisation and Kommunikation festzulegen, wobei die Auslastung des PRS und der Einzelrechner hinsichtlich Speicherplatz und Rechenzeit abzuschätzen ist unter Berücksichtigung einer hohen Systemzuverlässigkeit,
- die weiteren Etappen der Einsatzvorbereitung des PRS aufzuzeigen,
- den Kosten-Nutzen-Nachweis zu führen,
- die Auswirkungen auf den Produktions-, Leitungs- und Entscheidungsprozeß und vor allem auf den arbeitenden Menschen herauszustellen,
- die weiteren erforderlichen wissenschaftlich-technischen Aktivitäten zur Lösung des Automatisierungsvorhabens zusammenzustellen.

Der Entwurf des dezentralisierten PRS muß von den Wechselbeziehungen zwischen Zielfunktion und Anlagendekomposition ausgehen [6.4-TÖ 1] und erfordert besonders für große hierarchisch strukturierte Automatisierungssysteme die Anwendung rechnergestützter Simulationsverfahren, deren Erarbeitung weltweit von Interesse ist. Auf diesem Wege ist der iterative Entwurfs- und Projektierungsprozeß dezentralisierter PRS effektiv und rationell auszuführen.

Die Einsatzstudie bildet die Grundlage für alle weiteren Arbeiten der EV. Sie dient dazu, die optimalen Lösungsmöglichkeiten für das PRS in einem ersten Ansatz zu finden, und liefert bereits auch endgültige Ergebnisse für die Realisierung des Vorhabens. Die in der Studie behandelten Probleme umfassen dabei sowohl das PRS als auch den zu automatisierenden Produktionsprozeß, die BMSR- und übrige Informationstechnik. Die in der Einsatzstudie unbedingt anzustellenden Wirtschaftlichkeitsbetrachtungen über den Einsatz des PR-Anwendungssystems müssen die aufzuwendenden Kosten (einmaliger und laufender Aufwand) sowie den zu erwartenden Nutzen (einmaliger und laufender Nutzen) ausweisen und die daraus ermittelte Rückflußdauer der Investition klar und exakt begründet angeben. Da diese Untersuchungen gegenwärtig noch nicht auf der Grundlage allgemein anerkannter, objektiver und eindeutig quantifizierbarer Kriterien durchzuführen sind, sei hier nur auf entsprechende Literatur verwiesen, z. B. [6.1-RE], [6.4-ROB] und [6.9-BE].

6.4.2.1. Prozeßanalyse

Die klare Definition der Aufgaben für das PRS setzt umfangreiche Prozeßkenntnisse voraus, die zum Teil aus vorhandenen Unterlagen zu gewinnen und außerdem durch eingehende Prozeßuntersuchungen zu vervollständigen sind. Zunächst ist durch eine Istzustandsanalyse des Produktionsprozesses der gegenwärtige Prozeßablauf und seine organisatorische Eingliederung im Betrieb zu beschreiben. Der in Teilprozesse zu zerlegende Gesamtprozeß wird in seinen Wirkungszusammenhängen und entsprechend dem Ablauf durch ein Anlagenschema dargestellt. Die vorhandenen Meß-, und Steuerungs-, Informationserfassungs- und -ausgabe- sowie Übertragungseinrichtungen, im MSR-Schema zusammengestellt, ergänzen das Anlagenschema zum technologischen Schema, das als übersichtliches Blockschema, evtl. bereits unter Einbeziehung des zur Lenkung des Produktionsprozesses erforderlichen Informationsflusses, die äußeren Zusammenhänge des Prozesses widerspiegelt. Dabei sind Bedienvorschriften und Arbeitsanweisungen für den Betrieb der Produktionsausrüstungen sowie quantitative Angaben (Leistung, Durchsatz, Arbeitskräfte u. a.) und qualitative Angaben (prozeßbestimmende Parameter, kritische Probleme im Prozeßablauf, Maßnahmen bei Havariesituationen, vorhandene Kenntnisse zu einem Prozeßmodell) einzuholen. Schwachstellen und Reserven des Prozesses sowie spezifische Probleme der Steuerung des Prozesses sind oft auf diesem Wege aufzudecken. Gleichzeitig sind technologische Kriterien und Kenngrößen über das statische und dynamische Verhalten des Prozesses zu ermitteln.

Die Ausgangsgrößen des Prozesses sowie dessen Einflußgrößen werden definiert. Auch die Stellen im technologischen Ablauf, an denen ein Informationsaustausch (Umfang und Form) zwischen Mensch und PR erfolgen soll, werden festgelegt.

So werden alle Informationserfassungsstellen und Möglichkeiten der Informationsnutzung im Prozeß (Prozeßdatenquellen und -senken) und die dazu erforderlichen technischen Angaben angeführt. Die bereits vorhandene automatische Prozeßdatenerfassung wird in Form einer Meßstellenliste, deren Erweiterungsmöglichkeit von vornherein vorgesehen ist, dokumentiert.

Die Festlegung der Aufgaben des Prozeßrechnersystems erfordert die Kenntnis der funktionellen Zusammenhänge zwischen Ausgangs- und wesentlichen Einflußgrößen, wie sie durch ein mathematisches statisches Prozeßmodell beschrieben werden. Das im Rahmen der Prozeßanalyse ermittelte mathematische statische Prozeßmodell wird zunächst nur relativ grob sein.

Es werden Schlußfolgerungen für die weitere Modellermittlung mit Hilfe des Prozeßrechnersystems abgeleitet, damit ein Prozeßmodell entsteht, das mit hoher Signifikanz das Verhalten des Prozesses widerspiegelt. Ausführlicher wird die Modellermittlung im Kap. 3 behandelt.

Die Kenntnis der äußeren und der wesentlichen inneren Zusammenhänge des Prozesses gestattet schließlich, Methoden und Verfahren zur Überwachung, Steuerung und Optimierung des Prozesses, die damit verbundenen Aufgaben des Prozeßrechnersystems zu formulieren und Aufgabenkomplexe bereits grob abzugrenzen. Dabei werden auch Schlußfolgerungen für einen evtl. veränderten technologischen Ablauf und für das künftig zu gestaltende Informationssystem gezogen.

6.4.2.2. Entwurf des Prozeßrechnersystems

Die in der Prozeßanalyse erarbeiteten Anforderungen an das Automatisierungssystem sowie das ermittelte Prozeßmodell gestatten, die Aufgaben für das PRS abzuleiten und entsprechend der Aufgabenhierarchie und der Prozeßstruktur eine Aufgabendekomposition vorzunehmen. Diese vertikale und horizontale räumliche Aufgabenentflechtung ermöglicht, Teilsysteme des PRS zu bilden, deren parallele Bearbeitung nach einer zu erarbeitenden Gesamtkonzeption für das PRS erfolgen kann.

Für jedes Teilsystem ist wiederum eine vertikale Aufgabengliederung vorzunehmen in

— Informationserfassung,
— Informationsausgabe,
— Informationsverarbeitung in einer ersten Stufe, wobei vom PR Aufgaben übernommen werden, deren Algorithmen keine detaillierten Kenntnisse über Statik

und Dynamik des zu automatisierenden technischen Prozesses erfordern. (Primärverarbeitung, Grenz- und Tendenzwertkontrolle von Prozeßgrößen u. a.),
— Informationsverarbeitung in einer zweiten Stufe, wobei die abzuarbeitenden Algorithmen Kenntnisse über die inneren Prozeßzusammenhänge erfordern (Berechnung von Steuerwerten von Führungsgrößen für lokale Regelkreise, Prozeßoptimierung u. a.).

Das Aufgabenkonzept wird außerdem durch eine Reihe von Bedingungen beeinflußt, wie Echtzeitforderungen des Prozesses (Zeitzyklen bestimmter Prozeßereignisse, für Informationserfassung und Steuerinformationsausgabe), Genauigkeit der Informationserfassung und Steuerinformationsausgabe, Kommunikation zwischen Mensch und PR, Zuverlässigkeit des Prozeßrechnersystems, Maßnahmen bei Ausfall des Prozeßrechners oder einzelner peripherer Geräte, Aufstellungsbedingungen u. a.
Die Erarbeitung der PR-Aufgaben und deren Koordinierung setzt außer Prozeßkenntnissen zugleich gute Sachkenntnisse der Gerätetechnik und der Systemunterlagen des Prozeßrechnersystems voraus.
Im Rahmen der Einsatzstudie ist ein grober Entwurf des Echtzeitoperationssystems vorzunehmen, der die Festlegung der PR-Gerätekonfiguration mit beeinflußt. Dazu sind notwendig

— der Entwurf des Anwenderprogrammsystems (APS) und
— die Zusammenstellung des erforderlichen Betriebssystems (BS).

Die Grundlage für den Entwurf des Anwenderprogrammsystems bilden die technologischen Probleme und die daraus resultierenden Aufgaben für das PRS, die mit der Prozeßüberwachung und -steuerung verbunden sind. Dabei werden die Aufgaben eingeteilt in

— direkte Prozeßaufgaben, die die Prozeßsteuerung durch den PR betreffen. Dazu sind Angaben über die Art der zu erfassenden Prozeßdaten (analoge oder binäre) sowie über deren zeitliche Erfassung und Weiterverarbeitung zu machen,
— indirekte Prozeßaufgaben, wie wissenschaftlich-technische Berechnungen, statistische Berechnungen für die Modellermittlung und ähnliche Aufgaben sowie sogenannte Rechenzentrumsarbeiten (Übersetzen und Testen von Programmen). Auch hierzu sind die zu erfassenden Prozeßdaten und deren Weiterverarbeitung anzugeben.

Die fixierten Aufgaben werden zu Aufgabenblöcken zusammengestellt (z. B. Verarbeitung der Analogwerte, Bildung von Regelalgorithmen u. a.). Dabei weist das darzustellende technologische Schema die zur Ausführung notwendige Gerätetechnik (Prozeß, PR-Peripherie) aus. Der Informationsflußplan (auch Datenflußplan) ergänzt das Schema mit Angaben zu Informationswegen, Darstellungen der Prozeßdaten und zur Informationsrichtung. Im Rahmen der Aufgabenklärung sind auch künftige Aufgabenerweiterungen zu berücksichtigen.
Als nächstes sind für die programmtechnische Lösung der anstehenden Aufgaben brauchbare Bestandteile der vom Rechnerhersteller angebotenen anwendungsorientierten Systemunterlagen, auch problemorientierte Systemunterlagen (POS) genannt, sowie Standardprogramme aus den maschinenorientierten Systemunterlagen zu ermitteln.

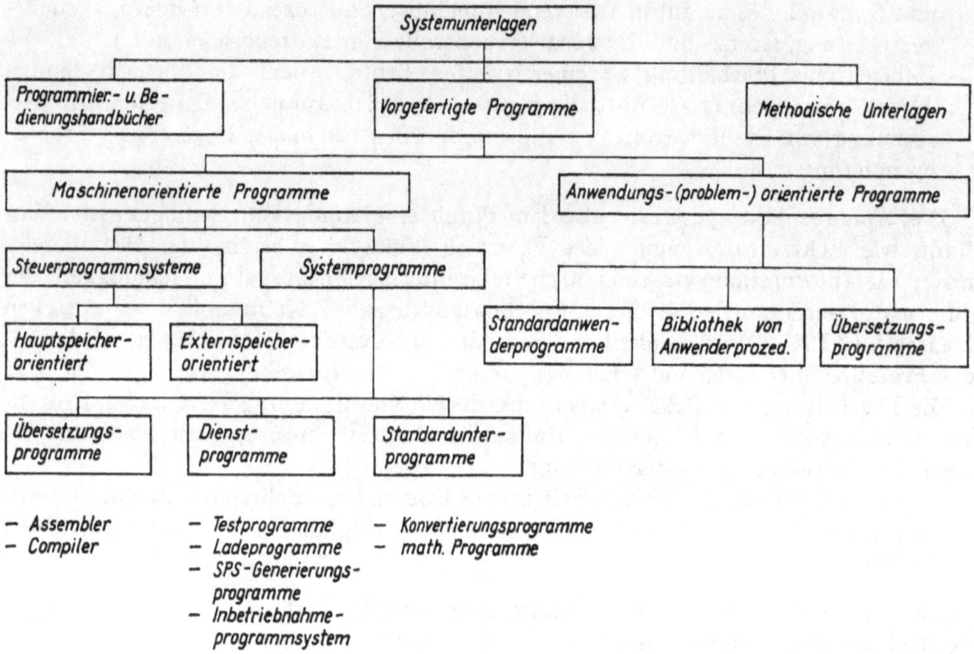

Abb. 6.4-2
Systemunterlagen für die Prozeßrechnereinsatzvorbereitung

Für die einzelnen Anwenderprogramme sind im Rahmen der Studie grobe Programmablaufpläne so detailliert zu erarbeiten, daß daraus erste Anforderungen an die Gerätetechnik des Prozeßrechnersystems abzuleiten sind und die Auslastung des einzelnen PR abzuschätzen ist.

Die Zusammenstellung des Betriebssystems (BS) erfolgt aus den vom Hersteller bereitgestellten maschinenorientierten Systemunterlagen. Ausgangspunkt ist stets das erforderliche Steuerprogrammsystem, das wiederum die erforderlichen Systemprogramme bestimmt. Das APS und die PR-Gerätekonfiguration bestimmen wesentlich die generierbaren Teile des Betriebssystems.

Die PR-Gerätekonfiguration wird vor allem durch die vom PR zu übernehmenden Aufgaben zur Automatisierung des technischen Prozesses bestimmt. Dabei sind das APS des Prozeßrechners und die im Prozeß installierte BMSR-Technik mit zu beachten. Die Auswahl des Gerätesystems erfolgt nach technischen und ökonomischen Gesichtspunkten.

Für die Auswahl der möglichen Geräte für das PRS sind zunächst Informationen über technische Daten einzelner Geräte vom Hersteller einzuholen:

— zur Zentraleinheit des jeweiligen Prozeßrechners: Operationsgeschwindigkeit, Arbeitsspeicherkapazität, Vorrangsystem, E/A-Kanäle u. a.,
— zum externen Speicher: Speicherkapazität, Zugriffzeit, Übertragungsgeschwindigkeit,
— zur Prozeßkoppeleinrichtung: Zahl und Art der E/A-Kanäle, Abfragegeschwindigkeit u. ä.,

— zu peripheren Geräten: Art der Geräte, z. B. Schreibmaschine, Drucker, Lochstreifen- und Lochbandstation, Anzeigegeräte, Prozeßterminale.

Des weiteren sind Angaben über Einsatzbedingungen und Zuverlässigkeit der Geräte und nicht zuletzt Auskünfte über zur Verfügung stehende Systemunterlagen sowie über Instandhaltungsaufwand und möglichen Kundendienst des Herstellers erforderlich. Zur Festlegung der PR-Gerätekonfiguration sind vom Anwender folgende Angaben entsprechend den anstehenden Automatisierungsaufgaben zu ermitteln:

— erforderliche Größe des Hauptspeichers aus der Speicherplatzabschätzung des Echtzeitoperationssystems unter Berücksichtigung möglicher Erweiterungen,
— maximal mögliche Operationsgeschwindigkeit aus der Rechenzeitabschätzung und unter Berücksichtigung der Echtzeitforderungen des Prozesses,
— Forderungen an das Unterbrechungssystem,
— Rechnerkopplungen,
— Anzahl und Art der peripheren Geräte, der Funktionsblöcke der PKE, der eventuellen Zusatzspeicher u. ä.

Hierzu gehören auch Angaben zur erforderlichen Zuverlässigkeit der einzelnen Geräte und eine vorgesehene spätere Erweiterung des Prozeßrechnersystems. Diese Informationen sind in der Einsatzstudie zu erarbeiten. Dabei ist zu beachten, daß auch Erweiterungsmöglichkeiten des Prozeßrechnersystems mit Speicher, Informationsaustauschkanälen, Unterbrechungskanälen und Reservefunktionsblöcke der PKE für weitere künftige Aufgaben beachtet werden.

Wird eine Auslagerung von Programmen auf externe Speicher vorgesehen, muß man den dadurch entstehenden Zeitzuwachs für die Echtzeitverarbeitung berücksichtigen. (PR wird dabei langsamer.) Es ist eine dezentrale Informationsverarbeitung unter Einbeziehung weiterer PR, evtl. von MPR-Systemen, zu erörtern.

Von besonderer Bedeutung ist die Auswahl der Geräte für die Kommunikation zwischen Mensch und Rechner. Grundsätzlich sollte dabei von den durch den Menschen gegebenen Forderungen ausgegangen werden. Die spezifische Leistungsfähigkeit, die Belastbarkeit sowie die Freude und das Interesse des Menschen an der Arbeit sind ausschlaggebende Faktoren bei der Auswahl oder Neuentwicklung geeigneter Kommunikationsgeräte. Schreibmaschinen als Eingabegeräte können für Büros geeignet sein; robuste und leicht bedienbare Tastaturen sind unmittelbar im Prozeß einzusetzen. Informationen, die nicht unbedingt registriert werden müssen, sollten über Bildschirme angezeigt werden. Dabei bietet die Bildschirmtechnik günstige Möglichkeiten für den Dialogbetrieb und für die Ausgabe bildlicher Darstellungen.

Aus Gründen der Zuverlässigkeit sind für besonders wichtige Peripheriegeräte Reservegeräte anzuschließen (heiße Reserve) oder für stark belastete Geräte, z. B. Protokollschreibmaschine, Reservegeräte für den Anschluß bereitzustellen (kalte Reserve). Eine effektive Lösung der PR-Gerätekonfiguration erfordert die Untersuchung verschiedener Varianten und eine eingehende Analyse der Auslastung sowie der Aufstellungsbedingungen einschließlich der Klima- und sonstigen Umweltbedingungen.

Der Entwurf von aufgabenspezifischen Mikroprozeßrechnersystemen, z. B. als Gerätesteuerrechner, hat seine Besonderheiten. Die Hardware- und Software-Komponenten des Systems sind dem jeweiligen Einsatzfall anzupassen.

Die Entwicklung von Mikroprozeßrechnersystemen erfolgt vorteilhaft mit Hilfe von Entwicklungssystemen, die sowohl Geräte für die Hardware-Entwicklung als auch

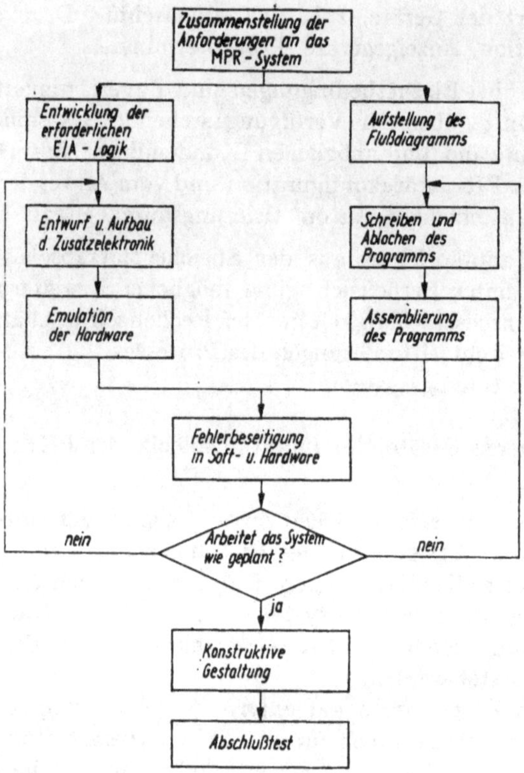

Abb. 6.4-3
Ablauf der Entwicklung eines Mikroprozeßrechnersystems

Hilfsprogramme für die Software-Entwicklung (Cross-Software oder residente Software, das sind Standardprogramme für das eingesetzte spezielle Mikroprozeßrechnersystem) enthalten. Die Gerätemodule (Monitor-, Mikroprozessor-, Arbeitsspeicher- und E/A-Modul) sind als Steckeinheiten ausgeführt und ermöglichen die Zusammenstellung verschiedener Mikrorechnerkonfigurationen. Der Entwicklungsablauf eines Mikroprozeßrechnersystems ist in Abb. 6.4-3 dargestellt. In jedem Falle ist vor der Entwicklung selbst eine eingehende Problemanalyse des Anwendungsfalls erforderlich, und die von der Anwendung her stehenden Anforderungen sind exakt zu formulieren. Danach ist immer ein Vergleich zwischen Mikrorechner und fest verdrahteten Logikschaltungen hinsichtlich der technisch und ökonomisch effektiven Lösung durchzuführen.

Die Anforderungen an das Mikroprozeßrechnersystem bezüglich Speicherplatzbedarf und Speicherplatzeinteilung für ROM und RAM, E/A-Verfahren, Zeitbedingungen u. a. werden formuliert, und auf ihrer Grundlage wird das Mikroprozessorsystem ausgewählt. Beim Entwurf des Mikroprozeßrechnersystems ist zu beachten, daß Hardware und Software sich gegenseitig beeinflussen. So kann die Entwicklung der E/A-Logik je nach E/A-Verfahren und E/A-Schaltkreisen wesentlichen Einfluß auf die Programmentwicklung haben.

Die Mikroprozeßrechnersystem-Entwicklung ist ein iterativer Prozeß gerade bei komplizierten Aufgaben, die dem Mikrorechner zu übertragen sind. Die Vorbereitung und die Entwicklung des Mikroprozeßrechnersystems setzen Kenntnisse über den zu automatisierenden Prozeß, Erarbeitung digitaler Logikschaltungen und Programmiererfahrungen mit Echtzeitsprache, insbesondere Assemblersprache, voraus.

6.4.2.3. Besonderheiten des Entwurfs dezentralisierter Automatisierungssysteme

Die seit Ende der 70er Jahre realisierten dezentralen Automatisierungssysteme sind als Mehrprozeßrechnersysteme aufgebaut und enthalten Klein- und Mikrorechner unterschiedlicher Leistung und Konfiguration für verschiedenartige Funktionen im räumlich und funktionell dezentralisierten Automatisierungssystem. Der Entwurf dieser hierarchisch strukturierten dezentralisierten Prozeßrechnersysteme (PRS) ist besonders für umfangreiche Automatisierungslösungen nicht mehr als ein selbständiger Prozeß vorab auszuführen. Der Entwurfsprozeß erfolgt iterativ und ist mit der Projektierung des PRS verbunden [6.4-TÖ 1]. Zunächst wird in der ersten Entwurfsphase von einer relativ geringen Vorab-Information über den zu automatisierenden Prozeß und über das gesamte Automatisierungssystem, die in Form von Modellen vorliegt, ausgegangen. Diese Information wird nach Inbetriebnahme einer ersten Ausbaustufe des PRS präzisiert. Die Entwurfsphasen des PRS zeigt Abb. 6.4-4 [6.4-TÖ 2]. Der daraus resultierende umfangreiche und recht komplizierte Entwurfsprozeß erfordert die Anwendung rechnergestützter Entwurfsmethoden für das Gesamtsystem von Hard- und Software und die rechnergestützte Erprobung des Automatisierungssystems als Träger der ablaufenden Informationsprozesse, z. B. mit Mitteln der Simulation.

Entsprechend einer Funktionsanalyse [6.2-PE] des Informationsverarbeitungsprozesses im automatisierten Fertigungssystem ist unabhängig vom konkreten Gerätesystem eine Grundstruktur des Informationsverarbeitungssystems aufzustellen. Zen-

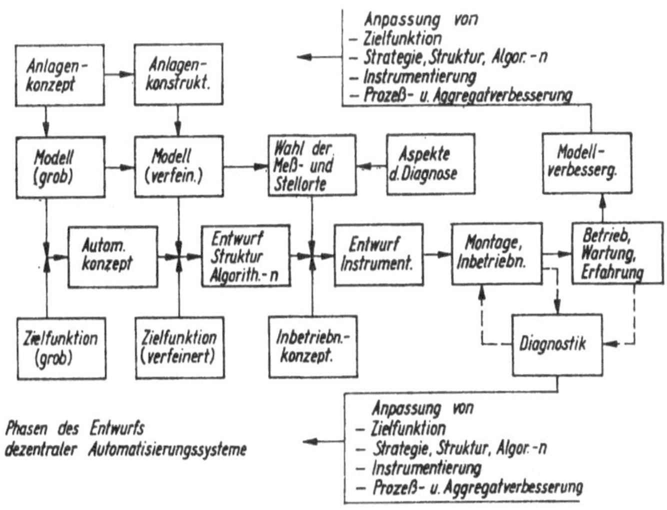

Abb. 6.4-4
Phasen des Entwurfs dezentraler Automatisierungssysteme

trales Element dieser Grundstruktur ist das Dateisystem. Das Dateisystem ist die Gesamtheit

- der Steuerdaten, das ist die Menge aller Steuerinformationen, die für einen bestimmten Zeitraum die durchzuführenden Aktionen des Fertigungssystems determinieren,
- der Zustandsdaten, d. i. die Menge der Zustände des Fertigungsprozesses über einen bestimmten Zeitraum der Vergangenheit,
- der Stammdaten, das ist der invariable Teil der Datei, der u. a. die Fertigungsmittel und die Art ihrer Anordnung und Kopplung charakterisiert.

Die zweite Komponente des IV-Systems ist ein Programmsystem. Es hat die Aufgabe, die Datei der Steuerdaten zu modifizieren und über die aktuellen Zeiträume fortzuerntwickeln. Die Steuerdaten beschreiben zu jedem aktiven Zeitpunkt die vom Basisprozeß auszuführenden Aktionen; sie determinieren damit diesen nach der zeitlich-räumlichen und funktionellen Struktur. Die Steuerdaten werden modifiziert oder erneuert bei

- Änderung der Vorgaben aus der Umgebung,
- Änderung des Systemzustandes,
- Bedienungseingaben.

Demnach ist das Programmsystem in folgende Hauptgruppen zu unterteilen:

- Übernahme- und Übergabeprogramme zur Einführung und Adaptierung von Vorgaben aus der Umgebung,
- Übergabe- und Übernahmeprogramme zu den Steuerbaugruppen im Fertigungssystem,
- Bedien- (Service-) Programme,
- Steuerprogramme zur systeminternen Verarbeitung und Verknüpfung der Eingaben sowie zur Fixierung der Ausgaben.

Beim Entwurf des PRS ist sowohl die spätere Erweiterungsmöglichkeit des vorliegenden Systems als auch eine mögliche Wiederholung des PRS oder Anpaßfähigkeit des PRS an eine ähnliche Automatisierungslösung vorzusehen.

So ist die Wiederholbarkeit von Automatisierungslösungen für flexible Fertigungssysteme gegenwärtig äußerst begrenzt; wobei wesentliche Restriktionen durch die geschaffene Software gegeben sind [6.4-LA]. Diese Tatsache resultiert einerseits aus der Notwendigkeit, in jedem konkreten betrieblichen Einsatzfall sortiments-, anlagen- und organisationsspezifische Lösungen zu installieren, um solche Fertigungsanlagen organisch in vorhandene Betriebsstrukturen einzuordnen, andererseits aber auch aus der inneren Struktur der Lösungen selbst, d. h. aus dem Charakter der funktionalen Verknüpfungen und der Abgrenzung der korrespondierenden Programmteile.

Die Lösung dieses Widerspruchs kann durch die Betrachtung der Organisations-, Steuerungs- und Programmstruktur als Einheit erreicht werden [6.2-PE], wenn u. a.

- die Modularstruktur konsequent durchgesetzt wird,
- die Projektierbarkeit bei unterschiedlichen Anforderungen durch die Kombination funktionsorientierter Programmodule gesichert wird,
- der objektbezogene Vorbereitungsaufwand durch Nutzung verbesserter Entwurfs- und Testverfahren zu senken ist.

Ein anderes Problem bietet die Datenorganisation. Die Konzentration der Arbeiten auf ein Projekt (z. B. Produktionsplanung) löste in der Vergangenheit die Aufgabe mit dem geringsten Hard- und Software-Aufwand, führte aber für nachfolgende Projekte im System zu Wiederholungen der Datenbestände. Diese zunächst scheinbare „optimale" Anpassung der Daten an ein Projekt ergab Widersprüche, wenn die gleichen Daten auch als Bestandteile anderer Projekte benötigt wurden. Die Mehrfachabspeicherung von Daten kann zu unterschiedlichen Änderungszuständen der Daten in den verschiedenen Dateien führen. Es besteht somit eine Datenabhängigkeit gegenüber Programmänderungen bzw. eine Programmabhängigkeit gegenüber Änderungen der Datenstruktur. Die erstellte Software ist dann kaum in eine andere Anwendungsumgebung übertragbar und nur mit großem Aufwand anzupassen. Die geforderte „Datenunabhängigkeit" der Software wird gewährleistet durch ein geeignetes Datenbankverwaltungssystem, das die Schnittstelle zwischen Anwenderprogrammen und Daten bildet; sowie durch die geeignete Strukturierung und Verwaltung der Daten. Bei der Darstellung der Daten wird dem logischen Aspekt gegenüber dem funktionellen Aspekt unbedingt der Vorzug gegeben. Dieses Konzept der logischen Daten in einer sogenannten „relationalen" Datei ist auch auf verteilte Datenbanken anwendbar. Die hierbei wenig voneinander abhängigen Datenbestände sind auf Externspeichern verschiedener Rechner abgelegt, dennoch ist bei geeigneter Konzeption des verteilten Datenbanksystems die zentrale Sicht auf den Gesamtbestand der Daten gewährleistet, und zugleich wird eine Flexibilität des Systems erreicht [6.4-NAU].

Die Erarbeitung der System-Software erfordert international heutzutage einen bedeutend höheren Kostenaufwand als die Beschaffung der Gerätetechnik. Für den Entwurf der Software steht dem Anwender ein standardmäßiges Funktionsangebot vom Rechnerhersteller zur Verfügung, dessen Programme auch Raum für anwenderspezifische Erweiterungen und auch für die Eliminierung nicht benötigter Funktionen bieten sollten. Der erkennbare Trend der zunehmenden Modularisierung und Strukturierung der Standardprogramme kommt den Wünschen der Anwender entgegen. Gleichzeitig werden verstärkt durch die Anwender Forderungen nach Erweiterungsmöglichkeiten von Software um anwenderspezifische Funktionen und zugleich nach der Bereitstellung von Software-Hilfsmitteln zur Erstellung anwendereigener Programmodule erhoben. Dabei muß die Portabilität oder Übertragbarkeit der Programme von einem Rechner auf einen anderen oder von einem Betriebssystem zu einem anderen gewährleistet sein. Hohe Programmportabilität kann durch die Anwendung höherer Programmiersprachen, hohe Flexibilität (d. h. leichte Änderbarkeit, einfache Wartung und Implementierungsfreundlichkeit) sowie durch eine geeignete Programmstrukturierung mit klaren Schnittstellen zu Betriebssystemen und Datenbank- bzw. Dateiverwaltungssystemen und mit zentralen Definitionen von Umgebungsparametern erreicht werden.

Der Anwender wird unter den aktuellen Bedingungen vor allem bei der Erweiterung des Automatisierungssystems Anwendersoftware zunehmend selbst erarbeiten, anpassen oder generieren. Dazu sind die bekannten Aktivitäten der Software-Entwicklung [6.4-HO] zu beherrschen und rationell auszuführen:

— Ist-Analyse: Untersuchung des zu automatisierenden technischen Prozesses und der Durchführbarkeit der Automatisierung hinsichtlich technischer, ökonomischer, gesetzlicher, soziologischer und ökologischer Randbedingungen (vgl. Abschn. 6.4.2.1.),

— Anforderungsdefinition: Beschreibung, was das System leisten soll ohne Aussagen über die Realisierung,
— Strukturentwurf: Beschreibung, wie die Systemstruktur aus Bausteinen konstruiert wird (Modul- und Schnittstellenfestlegung) und was die Bausteine leisten sollen,
— Komponentenentwurf: Beschreibung, wie die einzelnen Bausteine realisiert werden (Ablauf- und Datenstruktur),
— Implementierung: Übertragung von Struktur- und Komponentenentwurf in eine Programmiersprache,
— Integration: Zusammenfügen der Hardware- und Software-Bausteine,
— Installation: Inbetriebnahme des Systems unter realen Bedingungen,
— Wartung: Beseitigung von Fehlern und Durchführung kleinerer Änderungen.

Für eine rationelle Software-Erstellung sind geeignete Werkzeuge und Hilfsmittel erwünscht, die die Erarbeitung, Analyse, Veränderung und Verwaltung der erzeugten Dokumente unterstützen, wobei auch die gleichzeitige Existenz mehrerer Versionen und Varianten von Dokumenten berücksichtigt werden muß. Solche Software-Werkzeuge für den Entwurf, die Projektierung, Inbetriebnahme, Wartung und Handhabung eines PRS sind z. B. EPOS (entwurfsunterstützendes PEARL-orientiertes Spezifikationssystem) [6.4-BIE] und RESEM (rechnergestützte Software-Entwurfsmethode) [6.4-DET] neben anderen.

Wesentliche Funktionen dieser Systeme sind:

— Unterstützung der Prozeßanalyse und Prozeßbeschreibung,
— Erzeugung eines hierarchischen Strukturentwurfs von Hard- und Software für das Automatisierungssystem auf der Basis vorab definierter Funktionsmodule und Datentypmodule,
— Unterstützung der Komplettierung und Modifizierung des Strukturentwurfs in wechselnden „top-down-“ und „bottom-up“-Schritten,
— Generierung eines dem endgültigen Strukturentwurf entsprechenden Programmsystems aus Programmodulen,
— Unterstützung der Überprüfung und der Dokumentation (Erstellung und Änderung von Dokumenten) in allen Phasen der Software-Entwicklung.

Neben diesen Software-Entwicklungssystemen, die fachgebietsorientiert für den Entwurf und die Projektierung neuer Informationsverarbeitungssysteme, z. B. Prozeßautomatisierungssysteme, entwickelt werden, zeichnet sich international besonders für die Vorbereitung und den Betrieb automatisierter flexibler Fertigungssysteme der Bedarf an Software-Systemen zur Unterstützung von Problemlösungsprozessen ab, mit deren Hilfe Programme aus Programmodulen, die in einer Bank vorliegen, rationell generiert und unter Einbeziehung der Simulation zur Lösung des anstehenden fachspezifischen Problems abgearbeitet werden, wobei der Zugriff zu den aktuellen realen Daten, z. B. des automatisierten Fertigungssystems unbedingt gesichert sein muß.

Die Entwicklung dieser rechentechnischen Hilfsmittel erfordert u. a. die Lösung noch vorhandener Speicherungs-, Organistaions- und Kommunikationsprobleme im Rechnersystem, aber auch die Bereitschaft der Anwender, an der systematischen Gestaltung solcher volkswirtschaftlich effektiven Systeme mitzuarbeiten und sie zu nutzen.

6.4.3. Vorbereitung und Durchführung der Investition

Die in der Einsatzstudie enthaltenen Aussagen als Grundlage für die weitere EV werden in der Phase der Investitionsvorbereitung weiter präzisiert, damit für die zu treffende Grundsatzentscheidung verbindliche Aussagen und Angaben vorliegen. Der präzisierte Entwurf des PR-Anwendungssystems umfaßt vor allem die Konfiguration des Prozeßrechnersystems und die Struktur des AP-Systems und sieht auch den Entwurf der Anwenderprogramme sowie die Erarbeitung des Aufstellungsplanes für das PRS vor.

Während der Planungsphase und der Vorbereitung des PR-Einsatzes ist die ideologische und leitungsmäßige Vorbereitung immanenter Bestandteile aller Vorbereitungsarbeiten. Die rechtzeitige Information der unmittelbar oder mittelbar beteiligten Werktätigen über das Vorhaben sichert zugleich deren Bereitschaft und aktive Mitarbeit an Prozeßanalysen und bei der Erstellung des präzisierten Entwurfs des Prozeßrechnersystems. Insbesondere ist in der Vorbereitungsphase ein Maßnahmeplan zu den kaderpolitischen Konsequenzen zu erarbeiten, in dem die notwendigen Umsetzungen, Umschulung und Qualifizierungsmaßnahmen für die Werktätigen festzulegen sind. Auch das künftige Personal für Bedienung und Wartung des Prozeßrechnersystems ist zweckmäßig aus dem eigenen Betrieb zu gewinnen.

Für die zum Abschluß der Vorbereitungsphase zu treffende Grundsatzentscheidung müssen der präzisierte Entwurf des PR-Anwendungssystems und ein verbindliches Angebot vom künftigen Auftragnehmer (häufig der Rechnerhersteller) vorliegen. Die Durchführungsphase der Investition umfaßt auf gerätetechnischem Gebiet die Bereitstellung der Warte sowie die Projektierung, Montage und Installation der gesamten Automatisierungstechnik einschließlich PR. Die Algorithmierung und Programmierung, zumindest aller Aufgaben einer ersten Einsatzetappe, z. B. für Meßwerterfassung und -verarbeitung sowie Überwachung ausgewählter Prozeßgrößen, muß fertiggestellt werden. Dabei ist der Test des Anwenderprogrammsystems auf einer Testanlage im simulierten Betrieb möglichst abzuschließen. Nach Abschluß des Funktionsnachweises des Prozeßrechners mit dem für den geplanten Einsatzfall generierten Betriebssystem erfolgt das schrittweise Einfahren der einzelnen Anwenderprogramme im Prozeß. In der Durchführungsphase, insbesondere in der Einfahretappe, ist eine enge Zusammenarbeit zwischen dem Anwenderpersonal, dessen erste Qualifizierung bereits erfolgte, und dem Auftragnehmerkollektiv auf vertraglicher Basis erforderlich.

7. Rechnergestützte Planung, Überwachung und Steuerung der Produktion in einem Betrieb mit diskontinuierlicher Fertigung

7.1. Aufgabenstellung, Charakterisierung des Betriebes

In diesem Kapitel wird an einem komplexen Beispiel die Planung, Überwachung und Steuerung der Produktion eines Betriebes mit diskontinuierlicher Fertigung dargestellt. Der Betrieb stellt Finalerzeugnisse in kleinen Serien her. Die Finalerzeugnisse umfassen eine kleine Anzahl der Größenordnung 10 von Grundtypen. Jeder Grundtyp kann in einer Größenordnung von 100 verschiedenen Varianten angeboten werden. Einzelteile und Halbfertigungserzeugnisse werden z. T. in Losen der Größenordnung von 1000 Stück bearbeitet.

Es wird das Vorgehen beim Entwurf, beim Aufbau, bei der Realisierung und bei der Rationalisierung von Steuerungssystemen und die Durchführung von Planungs-, Überwachungs- und Steuerungsvorgängen mit einem existierenden Steuerungssystem behandelt. Gleichzeitig wird demonstriert, wie die in den Kapiteln 1 bis 6 vermittelten Grundlagen koordiniert zur Lösung komplexer Steuerungsprobleme eingesetzt werden.

Dem Beispiel liegen Untersuchungen in einem Betrieb zur Fertigung elektronischer Geräte zugrunde. Der Abstraktionsgrad der Darstellungen wurde so gewählt, daß sie ohne wesentliche Schwierigkeiten auf die Bearbeitung von Steuerungsproblemen in Betrieben der metallverarbeitenden Industrie, der Bekleidungsindustrie, der chargenweisen Herstellung chemischer und pharmazeutischer Produkte usw. übertragen werden können.

Ein Eingehen auf — dann notwendig betriebsspezifische — Details erweist sich als unzweckmäßig. Erstens würde eine Übertragung der Ergebnisse und Methoden auf andere Betriebe sehr erschwert. Zweitens würde eine detaillierte Behandlung der Steuerungsvorgänge in einem Betrieb notwendig einen so großen Umfang annehmen, daß sie den diesem Buch gegebenen Rahmen sprengen würde. Die wissenschaftliche Analyse, die Projektierung und Realisierung des Steuerungssystems, die Programmierung, die Programmtestung und die Erfassung der notwendigen Daten erfordern i. allg. eine mehrjährige Arbeit eines größeren Kollektivs.

Umfang und Tiefe der Darstellung der Probleme und Methoden wurde so gewählt, daß ausreichende Grundlagen für eine selbständige Bearbeitung komplexer Steuerungsprobleme geschaffen werden. Bei der Lösung der Aufgaben ist natürlich der koordinierte Einsatz der in den Kapiteln 1 bis 6 und in der Spezialliteratur beschriebenen Erkenntnisse und Methoden erforderlich.

Es gibt eine große Anzahl von Veröffentlichungen, die Steuerungssysteme unterschiedlicher Komplexität und spezielle Probleme der Steuerung beschreiben. Darstellungen von Steuerungssystemen bestimmter Betriebe sind i. allg. in der für den jeweiligen Industriezweig (Maschinenbau, Metallurgie usw.) zuständigen Fachliteratur zu finden. Allgemeine Grundlagen und Anwendungen werden unter anderem beschrieben in [7.1-SCHR 1], [7.1-SCHR 2], [7.1-SCHR 3], [7.1-ME 1], [7.1-HE],

[7.1-OE], [7.1-WI], [7.1-JU], [7.1-BA], [7.1-KN], [7.1-KÜ], [7.1-ZE], [7.1-BO], [7.1-LA], [7.1-LI], [7.1-VA], [7.1-CHI], [7.1-CHE], [7.1-SO], [7.1-VO], [7.1-RU], [7.1-SP], [7.1-RUS], [7.1-IN], [7.1-WA].

Dem Beispiel werden einige Annahmen und Voraussetzungen unterlegt, die nur für dieses Beispiel gelten. Sie sind jedoch in ähnlicher Form für viele Betriebe typisch und können leicht durch andere Annahmen und Voraussetzungen ersetzt werden.

7.2. Ziele, Aufgaben, Aufbau und Arbeitsweise des Betriebes

7.2.1. Langfristige Konzeptionen und Strategien

Die Behandlung langfristiger Konzeptionen und Strategien eines Betriebes ist nicht Gegenstand dieses Buches. Da sie Ausgangspunkte und Grundlagen für die Gestaltung des Steuerungssystems und die Durchführung von Steuerungsprozessen liefern, ist es erforderlich, auf einige Probleme insoweit einzugehen, wie das für die Bearbeitung der Steuerungsprobleme nötig ist.

Grundlagen für langfriste Konzeptionen sind von übergeordneten Systemen vorgegebene Zielstellungen und Richtlinien und systeminterne Ziele, Motive und Interessen.

Ausgehend von diesen Grundlagen und einer gründlichen Analyse und Einschätzung der nationalen und internationalen Entwicklung des Marktes, dei Technik und der Technologie, werden in mehreren Varianten Strategien des Betriebes ausgearbeitet. Es sind Strategien auszuarbeiten

- zur technischen Entwicklung der Erzeugnisse,
- zur Entwicklung der Technologie,
- zur Entwicklung des Produktionsumfanges (Wert, Sortiment, Qualität),
- zur Entwicklung der Kapazität (Investitionen, personelle Entwicklung, Entwicklung der Qualifikationsstruktur),
- und zur Entwicklung des Systems der Leitung und Steuerung des Betriebes (Leitungs- und Steuerungsmethoden, technische Ausstattung).

Die Strategien sind in Varianten so früh wie möglich zu erarbeiten und ständig zu aktualisieren und zu verbessern. Die Entscheidungen sind so früh wie notwendig zu treffen, um den erforderlichen Vorlauf z. B. in der Grundlagenforschung, der Qualifikation der Beschäftigten, der technischen und technologischen Entwicklung schaffen zu können.

7.2.2. Mittelfristige Planung, Struktur, Aufgaben und Arbeitsweise des Betriebes

Ausgehend von den langfristigen Strategien des Betriebes, Weisungen und Richtlinien der übergeordneten Ebene wird die *mittelfristige Planung* etwa für einen Planungszeitraum von 5 Jahren durchgefühıt. Der mittelfristige Plan legt mit relativ hoher Verbindlichkeit für jedes Jahr fest

- welche Erzeugnistypen gefertigt werden,
- welche technischen und Qualitätsparameter die Erzeugnisse haben sollen,
- welche Kapazitäten, d. h. welche Produktionsmittel, personellen und materiellen Ressourcen zur Verfügung stehen,

- welche Technologien verwendet werden und
- welche Methoden und technischen Hilfsmittel zur Steuerung der Produktion verwendet werden.

Für den als Beispiel dienenden Betrieb gilt das Folgende. Der Betrieb fertigt 5 Erzeugnistypen. Diese Erzeugnisse werden in etwa 100 kundenwunschabhängigen Varianten je Typ angeboten. Das Erzeugnissortiment, einschließlich der kundenwunschabhängigen Varianten, liegt im Mai des Vorjahres für die Jahresproduktion des Folgejahres im wesentlichen fest. Sortimentsverschiebungen und Berücksichtigungen geänderter oder neue Kundenwünsche sollen operativ im Verlauf von vier Monaten durchgesetzt werden können. In diesen vier Monaten geschieht die technische und technologische Vorbereitung und die Durchführung der Produktion. Die Sortimentsverschiebungen sollen in einem Monat maximal $\pm 15\%$ des Produktionsumfanges irgendeiner der 5 Erzeugnistypen nicht übersteigen.

Der Kapazitätsbedarf in Stunden (h) für die Produktion soll durch die Sortimentsverschiebung nicht geändert werden. Für den im Mai des Vorjahres noch nicht spezifizierten Anteil der Produktion geschehen die Planung der Produktion und die Bestellung von Materialien, Teilen und Kooperationsleistungen nach der *Typenvertretermethode* [7.2-MÜ].

Der Betrieb setzt sich die Ziele

- Erfüllung der Planaufgaben und Lieferverträge nach Sortiment und Termin,
- flexible Reaktion auf Kundenwünsche,
- möglichst hohe und gleichmäßige Kapazitätsauslastung,
- hohe Effektivität der Arbeit des Betriebes.

Hieraus ergeben sich als Folgeziele

- minimaler Umlaufmittelbestand und
- minimale Durchlaufzeit.

Die genannten Ziele stehen zum Teil in Konkurrenz. Es sind im Sinne der Polyoptimierung Kompromisse zu suchen [7.1-PE 2]. [7.2-PE 2].

Das *Erzeugnissortiment* ist *modular* aufgebaut. Die Erzeugnisse werden aus einem Grundsortiment von multivalent verwendbaren Baugruppen und einer relativ kleinen Anzahl von auftragsbezogenen Spezialbaugruppen kombiniert. Das Grundsortiment enthält

- Baugruppen, die in mehreren Erzeugnistypen verwendet werden,
- Baugruppen für einen Erzeugnistyp,
- Baugruppen für Varianten eines Types, die durch unterschiedliche Kombinationen von Standardbaugruppen zustande kommen.

Die Spezialbaugruppen werden nur in einer Variante oder in einer kleinen Anzahl von Varianten eines Erzeugnistypes eingesetzt. Die speziellen Teile und Baugruppen werden in sehr flexiblen Spezialwerkstätten angefertigt. Nur einige verfahrensspezialisierte Arbeitsgänge, wie Oberflächenbearbeitung, werden in den Fertigungsabschnitten durchgeführt, in denen auch die Standardteile bearbeitet werden. Die Steuerung der Material- und Bauteilebeschaffung und des Fertigungsdurchlaufs wird getrennt von der der Standardteile durchgeführt.

Die Vorbereitung, Steuerung und Überwachung der Produktion erfolgt mit Hilfe eines durchgängigen Informationssystems. Die Grundstruktur des Systems ist in

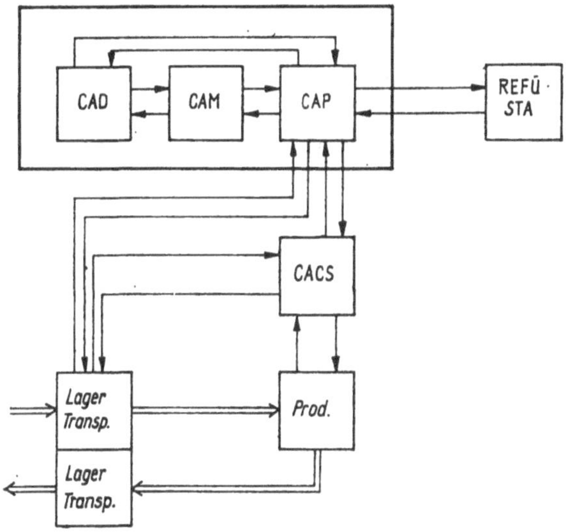

Abb. 7.2.2-1
Grundstruktur eines durchgängigen Informationssystems zur Vorbereitung, Steuerung und Überwachung der Produktion

CAD	Computer Aided Design
CAM	Computer Aided Manufacturing
CAP	Computer Aided Planning
CACS	Computer Aided Control and Supervising
REFÜSTA	Rechnungsführung Statistik, kaufmännische Aktivitäten

Abb. 7.2.2-1 dargestellt. Die miteinander in enger Wechselwirkung stehenden und nicht streng voneinander abgrenzbaren Teilsysteme des durchgängigen Informationssystems haben die folgenden Eigenschaften und Aufgaben.

CAD: Das System dient der rechnergestützten Erstellung der konstruktiven technischen Unterlagen für die Fertigung. Es werden die Eigenschaften (Abmessungen, Material, technische Parameter) der Bauteile festgelegt und die erforderlichen konstruktiven Unterlagen für die Montage der Baugruppen und Finalerzeugnisse erarbeitet.

Für die Beschaffung von Material, Teilen und Kooperationsleistungen werden auf jede Materialposition, jedes Teil, jede Baugruppe und jedes Finalerzeugnis aufgeschlüsselte Stücklisten aufgestellt. Für noch nicht spezifizierte Typenvarianten werden nach der Typenvertretermethode vorläufige, nicht vollständig spezifizierte und später zu präzisierende Stücklisten erstellt. Die Stücklisten werden für die Standardteile präzise festgelegt. Der Bedarf an den auftragsabhängigen Spezialteilen wird geschätzt und präzisiert, sobald die Entscheidung über die gewünschte Variante gefallen ist. Das System ist so aufgebaut, daß zwischen dem Eingang des Kundenwunsches und dem Abschluß der technischen Vorbereitung nur einige Tage verstreichen. Ein für den Vertragsabschluß nötiges Angebot soll in etwa 24 Stunden erarbeitet werden können.

CAM: Das System dient der rechnergestützten Erstellung der technologischen Unterlagen für die Fertigung der Einzelteile, Baugruppen und Finalerzeugnisse. Diese

Arbeit wird auf der Basis der von CAD gelieferten Unterlagen und von aus einer zentralen Datenbank des Betriebes abrufbaren Unterlagen über die Eigenschaften, Kapazitäten und die Zuverlässigkeit jedes Arbeitsplatzes durchgeführt. Arbeitsplätze sind, das sei hier nochmals ausdrücklich betont, Handarbeitsplätze, Maschinenarbeitsplätze, Automaten und autonome Fertigungszellen für die Bearbeitung, die Prüfung, den Transport und die Lagerung von Material, Bauteilen, Baugruppen, Finalerzeugnissen und von Vorrichtungen, Werkzeugen und Prüfmitteln (VWP).

CAM stellt für die Steuerung der Produktion folgende Unterlagen zur Verfügung:

- Angabe des Arbeitsplatzes bzw. von möglichen Ausweicharbeitsplätzen mit Rangkennziffern für jeden Arbeitsgang,
- Angabe der technologischen Reihenfolge bzw. von mehreren Varianten möglicher technologischer Reihenfolgen für jedes Teil, jede Baugruppe und jedes Finalerzeugnis,
- Zeitaufwand für die Bearbeitung jedes Loses auf jedem Arbeitsplatz bzw. für jeden Arbeitsgang,
- Liste der für jedes Los und jeden Arbeitsgang benötigten VWP,
- Bearbeitungsvorschriften und Steuerungsprogramme für die Bearbeitung und Prüfung jedes Teiles, jeder Baugruppe und jedes Finalerzeugnisses auf jedem Arbeitsplatz und für jeden Arbeitsgang,
- Angaben über Transporttechnologien.

Die Arbeitszeitaufwände und Arbeitsvorschriften werden mit Hilfe von Simulationsprozessen (s. Abschnitt 2.3.3.) und von Methoden der theoretischen und experimentellen Systemanalyse erarbeitet (Kapitel 3). Die Bearbeitungszeiten werden in der Form

$$\mathsf{E}T_{ij} = \mathsf{E}TA_{ij} + \mathsf{E}TS_{ij} \cdot ST_{ij} \tag{7.2.2-1}$$

angegeben. Dabei sind

$\mathsf{E}T_{ij}$ Erwartungswert der Bearbeitungszeit des Loses i auf dem Arbeitsplatz j,
$\mathsf{E}TA_{ij}$ Erwartungswert des stückzahlunabhängigen Anteils der Bearbeitungszeit,
$\mathsf{E}TS_{ij}$ Erwartungswert des stückzahlabhängigen Anteils der Bearbeitungszeit eines Teiles aus dem Los i auf dem Arbeitsplatz j,
ST_{ij} Stückzahl der Teile im Los i, die auf dem Arbeitsplatz j bearbeitet werden.

Neben den Erwartungswerten ist es oft für später bei der Planung durchzuführende Simulationsprozesse nötig, die Streuungen der Werte T_{ij} usw. bzw. die geschätzten Wahrscheinlichkeitsverteilungen $\mathsf{P}(T_{ij} = \tau_{ijl})$, $\forall l \in \{1, \ldots, L\}$, für L Zeitklassen $\tau_{ijl} \in \mathscr{T}_{ij}$ anzugeben. Die Bearbeitungszeiten und Bearbeitungsvorschriften können zum Teil als unscharfe Mengen von Ereignissen, Strategien und Forderungen angegeben werden (s. Abschnitt 2.2.3. und Kapitel 4).

CAP: Das System dient der rechnergestützten Erarbeitung der Jahres-, Quartals-, Monats-, Dekaden- und Tagespläne für die Produktion. Diese enthalten die Planwerte für die Bearbeitung, die Prüfung, den Transport, die Lagerung und die Beschaffung für alle Teile, Baugruppen, Finalerzeugnisse und VWP. Sie enthalten Sollwerte für einzusetzende materielle, personelle und finanzielle Ressourcen. Die Pläne sind hierarchisch auf die Struktureinheiten jeder Ebene und die Funktionen jeder Schicht (s. Kapitel 5) aufgeschlüsselt.

Bei der Planung wird das *Prinzip der schrittweisen Präzisierung und Aktualisierung* und *stufenweisen Detaillierung* der Pläne angewendet.

Mit wachsendem Erkenntniszuwachs werden die Pläne in für jede Hierarchieebene festzulegenden Abständen präzisiert und aktualisiert. Die Pläne werden von oben nach unten von Leitungsebene zu Leitungsebene detailliert. Das Vorgehen bei der Planung wird im nächsten Abschnitt eingehender beschrieben.

Das System der rechnergestützten Planung nutzt für seine Arbeit Informationen von CAD und CAM und Informationen von REFÜSTA über finanzielle Größen und kaufmännische Ergebnisse und Vorhaben. Von CAP werden zur Aufstellung, Präzisierung und Aktualisierung der Pläne Informationen von einem *System der rechnergestützten Steuerung und Überwachung* CACS über die aktuelle Situation in den Lagern und in der Produktion und über Verbrauch an Ressourcen verwendet. Diese Angaben beziehen sich auf aktuelle Bewegungsgrößen, kumulative Größen und auf zu erwartende Ereignisse und Ergebnisse (Vorschau). Sie werden jeweils auf die geplanten Sollgrößen bezogen. Die Aufschlüsselung bzw. Aggregation dieser Größen ist von Ebene zu Ebene bzw. von Schicht zu Schicht unterschiedlich.

CACS: Das System steuert und überwacht alle Aktivitäten des Fertigungssystems. Dazu gehören die Steuerung und Überwachung des Teile- und Qualitätsflusses. Es löst alle Aktivitäten der Beschaffung (Auslösung von Bestellungen) von Materialien, Teilen, Kooperationsleistungen, VWP, der Bereitstellung des Transportes usw. aus und überwacht ihre Erledigung.

Es steuert die Durchführung aller Arbeitsgänge in den Lagern und steuert und regelt die Transport-, Bearbeitungs- und Prüfvorgänge und die Transport-, Bearbeitungs- und Prüfanlagen. Es erfaßt die jeweilige aktuelle Situation und vergleicht mit Planwerten. Es arbeitet in enger Wechselwirkung mit CAP. Die Arbeit von CAM und CACS kann nicht streng voneinander abgegrenzt werden. In CACS wird eine Hierarchie von im Dialogbetrieb arbeitenden und automatisch arbeitenden Rechnern und Automatisierungsmitteln eingesetzt.

Statistik-Lern- und Adaptionsprozesse: In jedem der genannten Systeme muß ein Statistikteil enthalten sein, in dem statistische Kennwerte wie Mittelwerte, Streuungen und Häufigkeitsverteilungen von Ereignissen und Prozessen erfaßt werden. Mit Hilfe dieser Daten werden für CAD, CAM, CAP und CACS die Modelle und Strategien verbessert und angepaßt, d. h. Lern- und Adaptionsprozesse durchgeführt. Es werden Erfahrungen, Methoden, Reaktionsweisen erfaßt, aufbereitet und in einer zentralen Datenbank gespeichert.

Das Produktionssystem soll die in Abb. 7.2.2-2 dargestellte Grobstruktur besitzen. Das zugehörige Steuerungssystem ist in der Abbildung nicht eingetragen. Als Beispiel wurde ein Betrieb zur Herstellung elektronischer Geräte gewählt. Die Bearbeitung erfolgt in 4 Stufen

- Bearbeitung von Einzelteilen,
- Herstellung von Baugruppen der ersten Stufe (z. B. Kartenbaugruppen),
- Herstellung (Montage) von Baugruppen der zweiten Stufe (z. B. Einschübe),
- Endmontage der Finalerzeugnisse.

Die Einlagerung der Teile und Baugruppen erfolgt in den Lagern LM, LE, LMH, LEH, LB. Die Lagerung kann z. B. in einem zentralen Hochregallager oder in dezentralen Lagern erfolgen. Wesentlich ist, daß die Lagersteuerrechner für die als dezentral

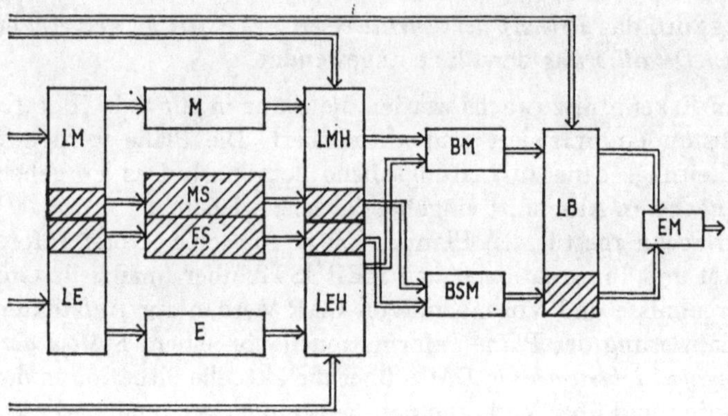

Abb. 7.2.2-2
Grobstruktur des Produktionssystems

LM	Lager für Materialien und mechanische Einzelteile
LE	Lager für elektronische Einzelteile
M	Mechanische Fertigung (Bearbeitung von Einzelteilen, Herstellung von Baugruppen der ersten Stufe)
E	Elektronische Fertigung (Bearbeitung von Einzelteilen, Herstellung von Baugruppen der ersten Stufe)
MS, ES	Sonderfertigungen (Spezialteile und Spezialbaugruppen)
LMH, LEH	Lager für Einzelteile und Baugruppen der ersten Stufe
BM, BSM	Montage für Baugruppen und Spezialbaugruppen der 2. Stufe
LB	Lager für Baugruppen der 2. Stufe und Kaufteile, die direkt in der Endmontage verwendet werden
EM	Endmontage

in Abb. 7.2.2-2 gezeichneten Lager getrennte Dateien führen. Einlagerungen in LMH, LEH, LB können aus der Fertigung oder direkt vom Lieferanten erfolgen. Ein i. allg. vorhandener zentraler Wareneingang mit Eingangskontrolle wurde in der Abb. nicht eingezeichnet.

Die Grobstruktur des Steuerungssystems der Produktion ist in Abb. 7.2.2-3 dargestellt. Sie stellt ein hierarchisch gegliedertes System dar, das ein hierarchisches Rechnerverbundsystem enthält. Alle Daten, Dateien und Programme, die von mehreren Rechnern des Systems verwendet werden, sind in einer zum zentralen Betriebsrechner ZBR gehörenden zentralen Datenbank gespeichert. Die Informationen werden in einigen Fällen einzeln, i. allg. blockweise übertragen. Die dezentralen Rechner speichern die Daten und Programme, die nur von ihnen verwendet werden und für den jeweiligen Verarbeitungsprozeß aus ZDB abgerufene Daten und Programme.

Der Austausch und die Speicherung von formalisierbaren Informationen wird weitgehend von den Rechnern vermittelt und durchgeführt. Persönliche Notizen, Listen, Zeichnungen, Telefonate usw. sollen, soweit das ökonomisch vertretbar ist, durch Informationsaustausch zwischen Rechnern und Informationsausgaben auf Anforderung ersetzt werden. Für Informationsabforderungen stehen Menü-Systeme zur Verfügung.

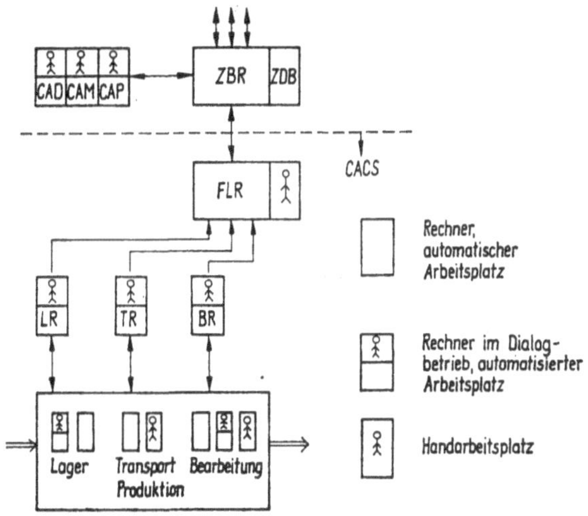

Abb. 7.2.2-3
Grobstruktur des Steuerungssystems der Produktion

ZBR Zentrale Betriebsrechner
ZDB Zentrale Datenbank
FLR Fertigungsleitrechner, Fertigungsleitstand
LR Lagerrechner
TR Transportsteuerrechner
BR Steuerrechner für Fertigungsabteilungen

Die technische und technologische Vorbereitung und die Planung vom Perspektivplan bis zum Monatsplan wird mit Hilfe eines durchgängigen von ZBR gesteuerten CAD-CAP-CAM-System durchgeführt. Die operative Planung, Überwachung und Steuerung der Produktion wird von einem rechnergestützten System der Steuerung und Überwachung (Computer-Aided-Control and Supervising CACS) durchgeführt. Dieses System enthält eine Hierarchie von im Verbund arbeitenden Prozeßrechnern und Mikrorechnern die von einem Fertigungsleitrechner geführt werden. Das Mensch-Maschine System Fertigungsleitrechner ↔ Fertigungsleitpersonal ist der Fertigungsleitstand. Zu dem System CACS gehören Einrichtungen zur Informationserfassung und Informationsausgabe. Sie erfassen an jedem Arbeitsplatz zu vorgegebenen Taktzeiten die für die Steuerung der Produktion notwendigen Informationen, z. B. kann ein Zählwerk für jeden Arbeitsplatz und jedes Los die bearbeiteten Teile oder Baugruppen zählen und die Abschlußzeitpunkte der Bearbeitung, die Arbeitsplatznummer und die Schlüsselnummer der Baugruppe registrieren. Gleichzeitig gibt der Rechner die entsprechenden Sollgrößen am Arbeitsplatz aus.

Weitere zu erfassende Informationen sind solche über den Zustand eines jeden Arbeitsplatzes (Arbeitszustand, Wartezustand, Vorbereitungszeit, Ausfall, voraussichtliche Reparaturzeit). Die Informationen über technologische und technische Parameter werden in den automatisierten und automatischen Arbeitsplätzen erfaßt, verarbeitet und intern direkt zur Steuerung verwendet. Aufbereitete Informationen werden nur dann an zentrale Einheiten weitergeleitet, wenn sie für die Realisierung von Lern- und Adaptionsprozessen verwendet werden sollen.

7.2.3. Prozesse der Jahres-, Monats- und Tagesplanung

Durch die *mittelfristige Planung* (Planungszeitraum etwa 5 Jahre) sind für jedes Jahr

- die zu produzierenden Erzeugnistypen mit ihren technischen Parametern und möglichen Varianten,
- die anzuwendenden technologischen Prozesse,
- die Kapazitäten der Fertigungsbereiche (M, MS, E, ES, BM, BSM, EM in Abb. 7.2.2-2) in effektiv verfügbaren Stunden und
- die verfügbaren personellen, materiellen und finanziellen Ressourcen

festgelegt. Die Kapazitäten und Ressourcen sind für den Gesamtbetrieb mit Toleranzen von wenigen Prozent angegeben. Verschiebungen der Kapazitäten zwischen den Fertigungsbereichen sind begrenzt möglich.

Für die zu Gruppen zusammengefaßten Arbeitsplätze APL sind die Bereiche festgelegt, in denen die Kapazitäten durch Kapazitätsausgleich verändert werden können. Zu Arbeitsplatzgruppen APG werden die Arbeitsplätze zusammengefaßt, auf denen dieselben Arbeitsgänge durchgeführt werden können oder die zu einem Prozeßschritt, wie z. B. zur Prüfung, gehören. Durch Kapazitätsausgleich werden die Anzahlen der Arbeitsplätze in den Arbeitsplatzgruppen und die Arbeitsintensität und evtl. die Arbeitsorganisation in den APG verändert. Alle APL sind relativ flexibel. Von ihnen können eine größere Anzahl unterschiedlicher Arbeitsgänge an unterschiedlichen Bauteilen oder Baugruppen durchgeführt werden. Die Umstellung der APL geschieht manuell oder automatisch mit geringem Aufwand in kurzen Zeiten. Bei der mittelfristen Planung werden für eine Anzahl von Varianten des Erzeugnissortimentes Fertigungspläne ausgearbeitet. Diese weisen für jede Planvariante die Kapazitätsbindungen der Fertigungsbereiche, den Ressourcenbedarf und Gewinn aus. Die Varianten unterscheiden sich durch die Sortimentsstruktur, d. h. durch unterschiedliche Anteile der Erzeugnistypen an der Gesamtproduktion.

Die *Jahresplanung* erfolgt in mehreren Etappen. Von Etappe zu Etappe erfolgt schrittweise eine Präzisierung der Pläne.

Die erste Planung erfolgt etwa im Frühjahr des Vorjahres. Diese Festlegung auf das Frühjahr ist nicht zwingend. Sie muß den betrieblichen Bedingungen angepaßt werden. Sie soll für das hier behandelte Beispiel gelten. Die Planung geht davon aus,

- daß der Wert der Gesamtproduktion für das Folgejahr festliegt,
- der Kapazitätsbedarf für die Jahresproduktion pro Erzeugnistyp i und pro Fertigungsbereich j für die Fertigungsbereiche M, E, BM, EM bekannt ist und für die Fertigungsbereiche MS, ES, BSM durch Anwendung der Typenvertretermethode geschätzt werden kann und
- daß die Fertigung serienparallel so erfolgt, daß täglich im Mittel die gleiche Stückzahl jedes Erzeugnistypes ausgeliefert wird.

Den Berechnungen in dieser Planungsetappe werden (nicht zufällige) Erwartungswerte des Kapazitätsbedarfs zugrunde gelegt. Diese Erwartungswerte werden aus Erfahrungen in früheren Jahren, durch experimentelle Systemanalyse, durch theoretische Systemanalyse oder durch Simulation, z. B. des Verhaltens der Fertigungszellen, geschätzt. Ist a_{ji} der Aufwand für ein Erzeugnis des Types i im Fertigungsbereich j, dann ist

$$\mathbf{A}\mathbf{a} = \mathbf{b}_S \tag{7.2.3-1}$$

der Kapazitätsbedarf für die Gesamtproduktion des Jahres. Dabei sind

$$\mathbf{A} = ((a_{ji})) \tag{7.2.3-2}$$

die Aufwandsmatrix,

$$\mathbf{a} = \begin{pmatrix} a_1 \\ \vdots \\ a_I \end{pmatrix} \tag{7.2.3-2}$$

der Sortimentsvektor und

$$\mathbf{b}_S = \begin{pmatrix} b_{S1} \\ \vdots \\ b_{SJ} \end{pmatrix} \tag{7.2.3-3}$$

der Kapazitätsbedarfsvektor. In a_{ji} und $\mathbf{b}_S$ sind die Erwartungswerte der Stückzeiten

$$\mathsf{E}TS_{ji} = a_{ji} \tag{7.2.3-4}$$

erfaßt. Es wird angenommen, daß die Stückzeiten losgrößenunabhängig sind. Der Kapazitätsbedarf wird für unterschiedliche Sortimentsvektoren **a**, d. h. für unterschiedliche Sortimentsstrukturen, berechnet. Wird angenommen, daß die Anzahl der für jeden Erzeugnistyp zu fertigenden Lose von **a** unabhängig ist, dann sind die Erwartungswerte der Vorbereitungs- und Abschlußzeiten

$$\mathsf{E}TA_{ij} = b_{Aj} \tag{7.2.3-5}$$

konstant. Der Kapazitätsbedarf wird dann

$$\begin{aligned} \mathbf{b} &= \mathbf{b}_S + \mathbf{b}_A \\ &= \mathbf{Aa} + \mathbf{b}_A \,. \end{aligned} \tag{7.2.3-6}$$

Die Komponenten b_{Aj} von $\mathbf{b}_A$ geben den Kapazitätsbedarf im Fertigungsbereioh j an. $\mathbf{b}^K$ ist der Kapazitätsvektor für die verfügbaren Zeitfonds der Bereiche j.

b_j^K wird erhalten, wenn von der Kalenderzeit alle arbeitsfreien Zeiten (Sonn- und Feiertage, nicht genutzte Schichten), die Erwartungswerte für Ausfallzeiten von Maschinen und Arbeitskräften einschließlich der Zeiten für Reparatur und Wartung abgezogen werden. Für alle zulässigen Planvarianten muß $\forall_j$ gelten

$$b_j \leqq \alpha_j b_j^K \,, \tag{7.2.3-7a}$$

$$b_{ju}^K \leqq b_j^K \leqq b_{j0}^K \,, \tag{7.2.3-7b}$$

$$\sum_{\forall j} b_j^K = b_G^K = \text{const} \,. \tag{7.2.3-7c}$$

(7.2.3-7a) legt den maximalen Kapazitätsauslastungsgrad fest. α_j ist eine von der Technologie und Organisation im Bereich j abhängige Größe. Nach internationalen Erfahrungen bei der Klein- und Mittelserienfertigung im Maschinenbau [7.1-SP] liegen die α_j zwischen 0,7 und 0,9. (7.2.3-7b) gibt für jedes j die durch Kapazitätsausgleich möglichen Verschiebungen an. (7.2.3-7c) bringt zum Ausdruck, daß die Gesamtkapazität des Betriebes durch den Kapazitätsausgleich nicht geändert werden soll. Durch (7.2.3-7) werden die möglichen Varianten von **a** begrenzt. Ist m_{li} der Bedarf an Material, Kaufteilen oder Kooperationsleistungen der Art l für den Erzeugnistyp i, dann ist

$$\mathbf{Ma} = \mathbf{c} \tag{7.2.3-8}$$

mit

$$\mathbf{M} = ((m_{li}))_{LI} \tag{7.2.3-9}$$

und

$$\mathbf{c} = \begin{pmatrix} c_1 \\ \vdots \\ c_L \end{pmatrix}. \tag{7.2.3-10}$$

Die Komponente c_l gibt den Jahresbedarf der Position l an. Die m_{li} sind für Standardteile der Nummern $l \in \{1, \dots, l^*\}$ bekannt und für Spezialteile $l \in \{l^* + 1, \dots, L\}$ geschätzt. Sind k_l die Materialkosten für die Position l, dann gilt für Materialkosten im Planjahr

$$\mathrm{MK} = (k_1, \dots, k_L) \begin{pmatrix} c_1 \\ \vdots \\ c_L \end{pmatrix} = \mathbf{k}^{\mathrm{T}}\mathbf{c}\,. \tag{7.2.3-11}$$

Werden die Lohnkosten, die Kosten für VWP, die Amortisationskosten und die Zinsen für Lohn und Fondsvorschuß für Grundmittel als im Jahr konstante, von **a** unabhängige Größen KK angesehen, dann gilt für die Gesamtkosten GK

$$\mathrm{GK} = \mathrm{KK} + \mathrm{MK} + \mathrm{UK}\,. \tag{7.2.3-12}$$

Die Kosten UK für Umlaufmittel hängen von der Durchlaufzeit und damit von der Steuerstrategie ab. Die erzielten Einnahmen EE hängen, wenn d_i die Einnahmen für ein abgesetztes Erzeugnis des Types i sind, nach

$$\mathrm{EE} = \mathbf{d}^{\mathrm{T}}\mathbf{a} = (d_1, \dots, d_I) \begin{pmatrix} a_1 \\ \vdots \\ a_I \end{pmatrix} \tag{7.2.3-13}$$

von **a** ab. Der erzielte Gewinn ist

$$\begin{aligned} \mathrm{G} = \mathrm{EE} - \mathrm{GK} &= \mathrm{EE} - \mathrm{MK} - \mathrm{KK} - \mathrm{UK} \\ &= \mathbf{d}^{\mathrm{T}}\mathbf{a} - \mathbf{k}^{\mathrm{T}}\mathbf{M}\mathbf{a} - \mathrm{KK} - \mathrm{UK}\,. \end{aligned} \tag{7.2.3-14}$$

Aus den Kundenwünschen und den Beziehungen (7.2.3-6), (7.2.3-7), (7.2.3-11), (7.2.3-12) und (7.2.3-13) sind durch Leitungsentscheidungen Varianten zulässiger und für den Betrieb günstiger Pläne festzulegen. Die Planung ist in dieser Etappe noch relativ grob und dient nur zur ersten Orientierung.

In einer zweiten Etappe, in der ebenfalls mit Erwartungswerten gerechnet wird, wird für die ausgewählten Varianten eine präzisierte Planung durchgeführt. In ihr werden die Erzeugnisse auf Varianten und die Kapazitäten und der Kapazitätsbedarf auf Arbeitsplatzgruppen aufgeschlüsselt. Diese Pläne bieten eine relativ detaillierte Übersicht über die Kapazitätsauslastung und den Bedarf an Teilen, Baugruppen, Kooperationsleistungen und VWP und über Kosten und Gewinne. Sie ermöglichen durch Leitungsentscheidungen eine gut begründete Auswahl günstiger Varianten. Sie erlauben, Konsequenzen, die sich aus Veränderungen der Sortimentsstruktur ergeben, relativ sicher und mit relativ hoher Genauigkeit abzuschätzen.

Da bei der Planung mit im Planjahr statischen, also von der Zeit unabhängigen Erwartungswerten gerechnet wurde, berücksichtigen die in der ersten und zweiten Etappe gewonnenen Pläne die Durchlaufzeiten der Erzeugnisse durch den Betrieb, das Auftreten von Beständen und Warteschlangen und die stochastischen Einflüsse nicht. Durch *Simulation* der bei der Produktion ablaufenden *Lagerungs-, Transport-, Bearbeitungs-* und *Prüfprozesse* sind Pläne für das Jahr, für Monate und Tage auszuarbeiten, die den dynamischen Sollablauf der Produktion mit Terminen für die einzelnen Aufgaben usw. in Abhängigkeit von den verwendeten Steuerstrategien wiedergeben. Dabei wird noch mit Erwartungswerten gerechnet. Es wird eine determinierte Simulation durchgeführt.

Um den für die Simulation des Verhaltens eines komplexen Systems nötigen Programmier-, Rechenzeit- und Speicherplatzaufwand in ökonomisch vertretbaren Grenzen zu halten, sind für die *Jahres-, Monats-* und *Tagesplanung* mit Hilfe der Simulation einige vereinfachende Voraussetzungen und einige Annahmen über die zu verwendenden Steuerstrategien nötig. Diese Voraussetzungen und Annahmen sind für das gewählte Beispiel spezifisch, können aber leicht variiert werden.

Die Pufferwirkungen der Lager LM, LE, LMH, LEH und LB sind so groß, daß die Simulationen der Verhaltensweisen von M, MS, E, ES, BM, BSM und EM unabhängig voneinander durchgeführt werden können. Die Simulation wird für E betrachtet. Für ES, M usw. werden analoge Verfahren angewendet.

Der Ausstoß der Finalprodukte soll serienparallel erfolgen. Im Mittel werden gleichmäßig über das ganze Jahr verteilt täglich die gleichen Anzahlen von Finalerzeugnissen jedes Types ausgeliefert. Die Endmontage erfolgt in fünf parallel arbeitenden Montagelinien.

Die in E herzustellenden Baugruppen werden zu I Losen $i = 1, \dots, I$ zusammengefaßt.

Das Los Nummer i enthält die untereinander gleichen Baugruppen, die in 20 Arbeitstagen benötigt werden.

Das heißt, der Monatsbedarf für alle Finalerzeugnisse an Baugruppen mit der Typennummer i wird zu einem Los zusammengefaßt. i numeriert die unterschiedlichen Baugruppen der ersten Stufe. i ist nicht mit dem i in $\mathbf{a}$ (7.2.3-2), das die Typen der Finalerzeugnisse numeriert, zu verwechseln. Zur Herstellung der Lose $i = 1, \dots, I$ werden J Positionen von Teilen, Baugruppen oder Kooperationsleistungen $j = 1, \dots, J$ benötigt. Künftig sollen diese Teile, Baugruppen und Kooperationsleistungen Teile genannt werden.

Für die monatlich in E zu fertigenden Lose der Nummern $i = 1, \dots, I$ soll eine *Dispositionsspanne* von einem Monat bestehen. Das bedeutet, daß die Bearbeitung eines Loses der Nummer $i \in \{1, \dots, I\}$ an jedem beliebigen Tage des Monats abgeschlossen werden kann. Innerhalb eines Monats ist also die Reihenfolge der Lose beliebig wählbar. Die Anlieferung der Teile der Position $j = 1, \dots, J$ soll so geschehen, daß der Monatsbedarf einmal im Monat angeliefert wird. Ist TMLVZ_j die maximale auf den Termin der planmäßigen Lieferung bezogene Lieferzeitverzögerung, dann ist die Anlieferung TMLVZ_j Tage vor Ende des Vormonats zu planen. Die Bereitstellung der Teile j für E soll so erfolgen, daß der Gesamtbedarf für ein Los i gleichzeitig von LE ausgeliefert wird. Für eine Position j und das Los i wird der Lagerbestand LEB_{ij} durch Abb. 7.2.3-1a und Abb. 7.2.3-1b dargestellt. Die Auslieferung der Teile j aus LE für ein Monatslos i erfolgt einmal im Monat. Einmal im Monat sollen Teile j an LE geliefert werden. Für die maximale Lieferzeitverzögerung soll gelten

$$\text{TMLVZ}_j < 20 \text{ Arbeitstage} . \qquad (7.2.3\text{-}15)$$

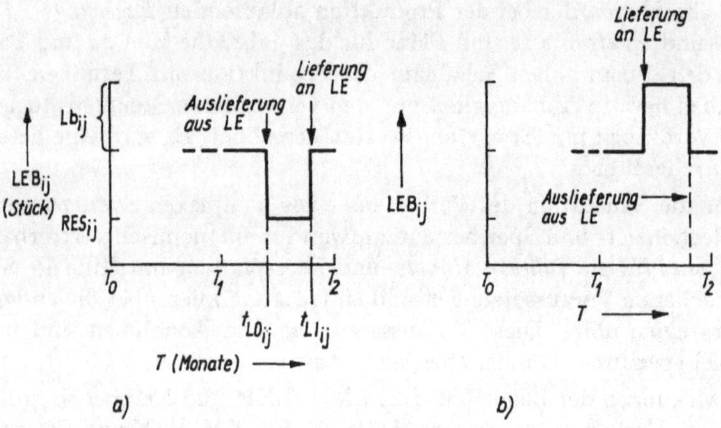

Abb. 7.2.3-1
Lagerbestand für eine Position j und das Los i im Lager LE

Abb. 7.2.3-1 a stellte den Fall dar, daß die Teileauslieferung für das im 1. Monat zu fertigende Los vor der Teileanlieferung für den Folgemonat erfolgt. In Abb. 7.2.3-1 b erfolgt die Lieferung der Teile für den Folgemonat bereits vor der Auslieferung der Teile für den laufenden Monat. Für den mittleren Lagerbestand $\overline{\text{LEB}_{ij}}$ ergibt sich aus Abb. 7.2.3-1

$$\overline{\text{LEB}_{ij}} = \frac{1}{T_2 - T_1} \{(T_2 - T_1) + (t_{LOij} - t_{LIij})\} \, \text{Lb}_{ij} + \text{RES}_{ij} \,. \qquad (7.2.3\text{-}16)$$

Lb_{ij} ist die Losgröße der Teileposition j für das Los i an gleichen Baugruppen. t_{LIij} kann durch

$$t_{LIij} = T_2 - \text{TMLVZ}_j \qquad (7.2.3\text{-}17)$$

ersetzt werden. Damit wird aus (7.2.3-16)

$$\overline{\text{LEB}_{ij}} = \frac{1}{T_2 - T_1} \{t_{LOij} + \text{TMLVZ}_j - T_1\} \, \text{Lb}_{ij} + \text{RES}_{ij}. \qquad (7.2.3\text{-}18)$$

Der mittlere Gesamtbestand $\overline{\text{LEB}}$ im Lager LE ist

$$\overline{\text{LEB}} = \frac{1}{T_2 - T_1} \sum_i \sum_j \{(t_{LOij} + \text{TMLZ}_j - T_1) \, \text{Lb}_{ij} + \text{RES}_{ij}\} \,. \qquad (7.2.3\text{-}19)$$

An das Lager LEH werden die in E gefertigten Baugruppen losweise geliefert. Die Montage im BM soll so erfolgen, daß täglich mit der Montage der gleichen Anzahl von Baugruppen der zweiten Stufe begonnen wird. Es werden täglich Baugruppen der ersten Stufe bereitgestellt. Der Lagerbestand in LEH an Baugruppe i der ersten Stufe für die Baugruppe l der zweiten Stufe wird in Abb. 7.2.3-2 dargestellt. Die durch die täglich einmal erfolgende Auslieferung entstehende Treppenfunktion wird durch eine Gerade angenähert. Die Anlieferung der Lose mit gleicher Nummer i soll in gleichbleibenden Abständen von 20 Arbeitstagen erfolgen. Aus Abb. 7.2.3-2 ergibt sich ein mittlerer Lagerbestand der Baugruppe i der ersten Stufe für die Baugruppe l

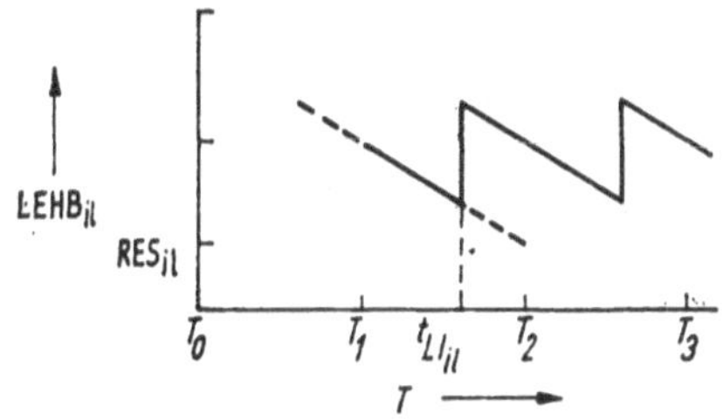

Abb. 7.2.3-2
Lagerbestand der Baugruppe i der ersten Stufe für die Baugruppe l der zweiten Stufe im Lager LEH

der zweiten Stufe von

$$\overline{\text{LEHB}}_{ij} = \frac{1}{T_2 - T_1}\left(\frac{1}{2}(T_2 - T_1)\,\text{Lb}_{il} + (T_2 - t_{LIil})\,\text{Lb}_{il}\right) + \text{RES}_{il}$$

$$\doteq \left(\frac{1}{2} + \frac{T_2 - t_{LIil}}{T_2 - T_1}\right)\text{Lb}_{il} + \text{RES}_{il}\,. \qquad (7.2.3\text{-}20)$$

Für den mittleren Gesamtbestand gilt

$$\overline{\text{LEHB}} = \sum_i \sum_l \left\{\left(\frac{1}{2} + \frac{T_2 - t_{LIil}}{T_2 - T_1}\right)\text{Lb}_{il} + \text{RES}_{il}\right\}. \qquad (7.2.3\text{-}21)$$

Durch ähnliche Überlegungen erhält man für den Lagerbestand LBB_{lm} der Baugruppe l der zweiten Stufe für das Finalerzeugnis m die Abb. 7.2.3-3. Es wird

$$\text{LBB}_{lm} = \text{RES}_{lm} \qquad (7.2.3\text{-}22)$$

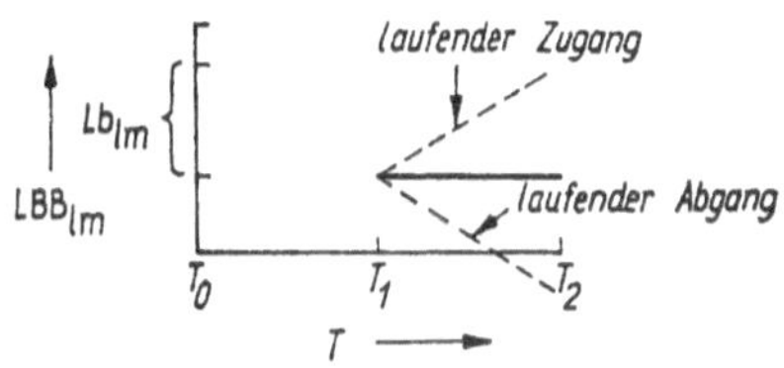

Abb. 7.2.3-3
Lagerbestand der Baugruppe l der zweiten Stufe für das Finalerzeugnis m im Lager LB

und damit der gesamte Lagerbestand im Lager LB

$$\text{LBB} = \sum_l \sum_m \text{RES}_{lm}\,. \qquad (7.2.3\text{-}23)$$

Es wird die *Jahres-*, *Monats-* und *Tagesplanung* mit Hilfe der *determinierten Simulation* für den Bereich E behandelt.

Die Planung für E soll so erfolgen, daß der Jahresplan 13 gleiche Zyklen mit einer Zyklusdauer von 20 Arbeitstagen enthält. Die Korrektur auf die wirkliche Anzahl der im Jahr verfügbaren Arbeitstage möge durch Vortrag auf den Plan des Folgejahres erfolgen. Die Bearbeitung soll in 4 Arbeitsplatzgruppen APG1, APG2, APG3, APG4 erfolgen. Die Struktur von E und der Durchlauf dei Lose durch E ist in Abb. 7.2.3-4 wiedergegeben.

Die monatlich zu bearbeitenden Lose und ihre Bearbeitungszeiten in den einzelnen Arbeitsplatzgruppen sind in einer Tabelle der Form Tab. 7.2.3-1 eingetragen. Die Fertigung wird so gesteuert, daß die Bearbeitungszeit pro Los und pro Kanal in der Arbeitsplatzgruppe q die Zeit von $1050 \cdot \alpha_q$ Minuten nicht übersteigt.

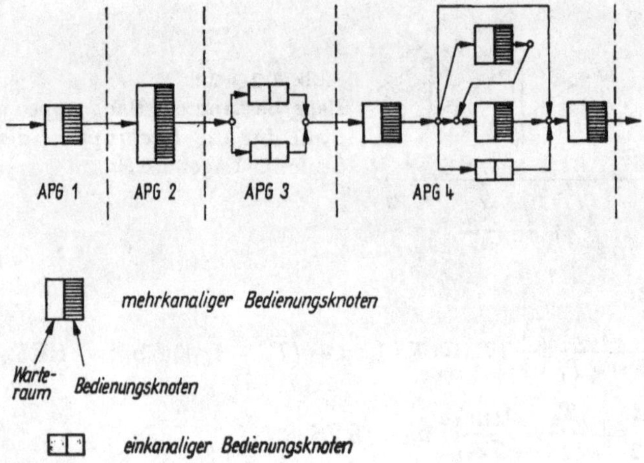

Abb. 7.2.3-4
Struktur von E und Losdurchlauf durch E

Tab. 7.2.3-1
Fertigungslose, Losgrößen und Bearbeitungszeiten (konstruiertes Beispiel)

i	LG_i	$t_{i1} =$ $t_{Ai1} + t_{Si1} \cdot \mathrm{LG}_i$	$t_{i2} =$ $t_{Ai2} + t_{Si2} \cdot \mathrm{LG}_i$	$t_{i3} =$ $t_{Ai3} + t_{Si3} \cdot \mathrm{LG}_i$	$t_{i4} =$ $t_{Ai4} + t_{Si4} \cdot \mathrm{LG}_i$
1	120	105	660	30	490
2	120	35	405	8	605
3	360	220	7200	190	6800
4	120	330	8020	210	9040
5	480	120	630	40	830
⋮	⋮	⋮	⋮	⋮	⋮
200	240	140	320	80	600
Σ		90000	666500	36000	612000

i Losnummer
LG_i Losgröße des Loses i in Stück
t_{Aiq} stückzahlunabhängiger Anteil der Losbearbeitungszeit in der Arbeitsplatzgruppe q in Minuten
t_{Siq} Stückzeit für eine Baugruppe des Loses i in der Arbeitsplatzgruppe q in Minuten

In diesem Beispiel wird $1050 \cdot \alpha_q = 900$ für jedes q benutzt. 1050 Minuten ist die Arbeitszeit für zwei Schichten. Die Anzahl der mit einem Los zu belegenden Kanäle ist dann der auf eine ganze Zahl aufgerundete Quotient Q_{iq}. Es ist

$$Q_{iq} - 1 < \frac{t_{Aiq} + t_{Siq}\mathrm{Lb}_i}{1050\alpha_q} \leqq Q_{iq}\,, \qquad Q_{iq} \text{ ganz}\,. \tag{7.2.3-24}$$

Damit ist

$$t_{Aiq} = t^*_{Aiq} \cdot Q_{iq} \tag{7.2.3-25}$$

zu setzen, wenn t^*_{Aiq} der losgrößenunabhängige Anteil der Bearbeitungszeit ist, der benötigt wird, wenn das gesamte Los in einem Kanal bearbeitet wird. Diese Festlegung der maximalen Bearbeitungszeit der Lose hat wesentlichen Einfluß auf die Durchlaufzeiten. Kleinere maximale Bearbeitungszeiten müssen wegen der Verteilung einzelner Lose auf mehrere Arbeitsplätze (Kanäle in Abb. 7.2.3-4) mit größeren t_{Aiq} erkauft werden.

Es muß jeweils ein Kompromiß gefunden werden, mit dem eine möglichst gute Erfüllung der Ziele des Betriebes (s. S. 188) gesichert wird.

Die Aufteilung der Lose auf mehrere Arbeitsplätze muß arbeitsorganisatorisch abgesichert werden. Das erfordert eine arbeitsplatzbezogene Bereitstellung der Teile, der VWP usw. und eigenverantwortliche Dispositionsmaßnahmen durch die Meister.

Die Arbeitsweise in der Fertigung wird wesentlich durch die Steuerstrategie bestimmt. Ein wichtiger Bestandteil der Steuerstrategie ist die Strategie zur Festlegung der Reihenfolge für die Einsteuerung der Lose. Es ist nicht möglich, für eine größere Anzahl von Losen und Arbeitsplätzen eine optimale Reihenfolge durch Enumeration zu lösen [7.2-VA]. Man ist gezwungen nach heuristischen Regeln die Reihenfolge festzulegen. Es gibt hierzu eine Anzahl von Regeln. Eine Möglichkeit, die von LIPPOLD [7.2-LI] näher untersucht und in einem Betrieb erprobt wurde, besteht darin, daß die Lose in zufälliger Reihenfolge eingesteuert werden. Sehr oft wird die SHOPT-Regel oder KFZ-Regel verwendet. Sie besteht darin, daß jeweils der Fertigungsauftrag mit der kürzesten Bearbeitungszeit zuerst bearbeitet wird. Diese Regel führt meist zu einer relativ hohen und gleichmäßigen Auslastung der Arbeitsplätze, hat aber den Nachteil, daß für Aufträge mit langen Bearbeitungszeiten sehr große Liegezeiten und damit Durchlaufzeiten entstehen.

Liegen Netzpläne (z. B. CPM-Pläne) für alle Lose vor, dann kann die SLACK-Regel verwendet werden. Sie besteht darin, daß der Fertigungsauftrag mit der geringsten Schlupfzeit oder mit dem größten Rückstand zum geplanten Termin für den Fertigungsbeginn zuerst bearbeitet wird. Rückstände spielen natürlich erst bei der operativen Steuerung und nicht bereits bei der Planung eine Rolle. Es werden auch Kombinationen verschiedener Regeln angewendet [7.2-VA]. Es gibt keine für alle Fälle günstige und ungünstige Regel. Die Eignung der Regel hängt von den jeweiligen im System herrschenden Bedingungen und den Zielen des Systems ab und muß im konkreten Falle experimentell oder durch Simulation erprobt werden.

Unter den für das Beispiel geltenden Bedingungen soll die Reihenfolge der Einsteuerung der Lose so ermittelt werden, daß die APG2 eine möglichst gleichmäßige tägliche Auslastung hat. Dabei wird die folgende Strategie verwendet.

Im Monat sind 200 durch die Tabelle 7.2.3-1 auszugsweise beschriebene Lose zu bearbeiten. Die Lose werden wie in Tab. 7.2.3-2 durch einen Rechner in Zeitklassen eingeteilt und nach diesen Zeitklassen geordnet und numeriert. In Abb. 7.2.3-5 sind die Anzahlen der jeweils in eine Zeitklasse fallenden Lose über den Zeitklassen eingetragen. Die Bearbeitungszeit $t_{55,2}$ des Loses mit der Nummer $i^{**} = 200$; $i = 55$ wird als Arbeitszeitaufwand $\text{AZA}_j\,2$ dem Arbeitstag AT_1 zugeordnet. Anschließend wird die Bearbeitungszeit des Loses $i^{**} = 199$ dem Arbeitstag AT_2 zugeordnet. Dieses Verfahren wird bis $j = 20$ fortgesetzt. Es folgt die Zuordnung der Lose nacheinander zu den Arbeitstagen $j = 20$, $j = 19$ bis $j = 1$, $j = 1$, $j = 2$ bis $j = 20$ usw. (s. Abb. 7.2.3-6). Die Arbeitsaufwände werden jeweils zu dem Bestand für den betreffenden Tag addiert. Es wird geprüft, ob der kumulative Bestand kleiner ist als die Kapazität KA 2 (in Abb. 7.2.3-6 ist sie 33350 Minuten). Ist $\text{KA}\,2 < \sum \text{AZA}_j\,2$ dann wird der zuletzt addierte AZA wieder abgezogen und dem folgendem Tag $j := j + 1$ bzw.

Tab. 7.2.3-2
Nach Zeitklassen geordnete Lose

ZKL	NZL	i^*	i^{**}	i	t_{i2}
0– 500	1	101	1	2	405
		102	2	37	210
		…			…
		111		200	170
500–1000	2	201		1	630
		202		5	660
⋮		⋮			
8500–9000	18	1801	199	40	8730
		1802	198	130	8610
		1803	199	83	8900
		1804	200	55	8590
$\sum_{\forall i} t_{i2}$					666500

ZKL Zeitklasse
NZL Nummer der Zeitklasse
i Losnummer
i^* Ordnungsnummer
i^{**} laufende Nummer der geordneten Lose
t_{i2} Bearbeitungszeit des Loses i in der AGP2

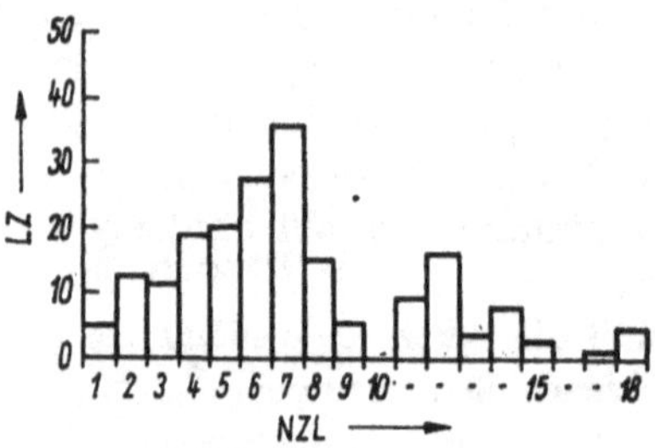

Abb. 7.2.3-5
Anzahl von Losen einer Zeitklasse in Abhängigkeit von den Zeitklassennummern
NZL Nummer der Zeitklasse
LZ Anzahl der Lose in einer Zeitklasse

$j := j - 1$ zugeordnet. Ist in den folgenden 20 Arbeitstagen keine Zuordnung möglich, mit der die Kapazität nicht überschritten wird, wird der Tag mit der geringsten Auslastung gesucht und das Los diesem Tag zugeordnet. Es erfolgt anschließend die Zuordnung des nächsten Loses usw. Abb. 7.2.3-6 zeigt das Ergebnis einer solchen Zuordnung. Im allg. führt sie zu einer relativ gleichmäßigen Auslastung der Kapazität und nur an einigen Tagen zu geringfügigen Überschreitungen der Kapazität.

Anschließend an die Reihenfolgefestlegung erfolgt die Simulation des Fertigungsprozesses.

Das Fertigungssystem stellt dabei ein Bedienungsnetzwerk dar. Die Eigenschaften des Netzwerkes, wie Bearbeitungszeiten, Wartedisziplinen usw., sind im Modell abgebildet.

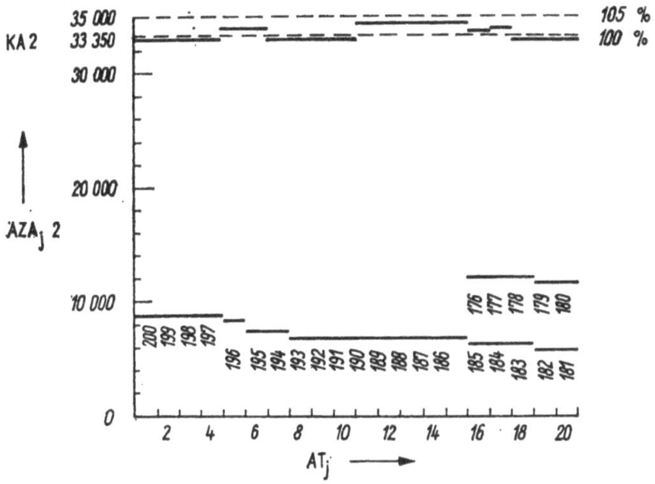

Abb. 7.2.3-6
Zuordnung von Losen zu Arbeitstagen

AT$_j$ Arbeitstag
AZA 2 Arbeitszeitaufwand (kumulativ) in der APG 2

Die APG1 und APG2 stellen zwei in Reihe zu durchlaufende, jeweils aus mehreren gleichen Bedienungskanälen bestehende Bedienungssysteme dar. Die APG3 besteht aus zwei Bedienungskanälen. Durch die Baugruppenart i ist eindeutig festgelegt, welche Baugruppe welchen Kanal durchläuft. Der Ausgang von APG2 dient als Forderungsquelle für APG3. APG3 wird als gesondertes Bedienungsnetzwerk behandelt. Als Beispiel eines Bedienungsnetzwerkes dient das im Anhang 3 betrachtete. Mit der vorgegebenen Reihenfolge werden Lose in APG1 eingesteuert und zwar täglich soviel, daß die APG1 ausgelastet oder durch das letzte Los geringfügig überlastet ist. Sämtliche an einem Tag bearbeiteten Lose werden gemeinsam am Ende der zweiten Schicht zur APG2 transportiert. Auch zwischen APG2 und APG3 und APG3 und APG4 sollen einmal täglich die bearbeiteten Lose transportiert werden. Wird mit der Einsteuerung in das leere Netzwerk begonnen, dann stellt sich bei der vorgesehenen zyklischen Einsteuerung im 20-Tagezyklus nach einer Simulationszeit von wenigen Zyklen ein Gleichgewichtszustand ein. In diesem Zustand bilden sich zyklisch Warteschlangen aus.

Werden im Simulator die Nummern der einzelnen Lose und ihre Standorte in Abhängigkeit des Zeitabstandes vom Zyklusbeginn in kurzen Abständen registriert, dann können die Planwerte der Warteschlangenlänge, die Zeiten für den Bearbeitungsbeginn und das Bearbeitungsende jedes Loses an jeder Arbeitsplatzgruppe erfaßt werden. Die Größen können für unterschiedliche Strategien der Steuerung der Fertigung durch verschiedene Simulationsläufe ermittelt werden. Die Strategien unterscheiden sich z. B. durch den Auslastungsgrad der APG, durch die Einsteuerstrategie, durch die Wartedisziplin. Die Simulationsergebnisse unterscheiden sich insbesondere durch die Durchlaufzeiten, den Produktionsausstoß pro Monat und die Kapazitätsauslastung der APG. Durch Leitungsentscheidung ist aus den durch Simulation erhaltenen Varianten ein Jahresplan auszuwählen. Für einen Maschinenbaubetrieb wird von FRIEDRICH und SAELTZER in [7.2-VA] ein Simulationsbeispiel ausführlich behandelt.

Werden im Planjahr durch Auftragsänderungen die Anforderungen an den Betrieb geändert, ist durch neue Simulationsläufe ein neuer Plan für den Rest des Jahres zu erarbeiten.

7.2.4. Die operative Planung, Steuerung und Überwachung der Produktion im Bereich E

Durch ein Informationserfassungssystem wird der aktuelle Stand der Produktion ständig erfaßt. Diesem System gehören automatische Zählwerke für die bearbeiteten Teile und Baugruppen, Meßgeräte zur Erfassung von Erzeugnisparametern und Informationseingabeeinrichtungen zur manuellen Eingabe von Informationen durch die Produktionsarbeiter, die Meister und das Überwachungspersonal an. Die in jedem Produktionsabschnitt vorhandenen Steuerrechner bereiten die Informationen auf, vergleichen sie mit Planwerten, lösen Steuereingriffe aus oder geben Informationen zur Vorbereitung von Steuerungsmaßnahmen durch Menschen aus. Es werden z. B. in kurzen Zeitabständen die an jedem APL oder jeder APG bearbeiteten Erzeugnisse, die verbrauchten Teile und Materialien und die verbrauchte Arbeitszeit registriert. Der Steuerrechner berechnet die Abstände zwischen Soll- und Istterminen, zwischen Soll- und Istverbrauch an Teilen und Materialien und zwischen geplanter und verbrauchter Arbeitszeit. Er berechnet, abhängig von der festgelegten Wartedisziplin, die voraussichtlichen Abschlußtermine für jeden Arbeitsgang und jedes Los und ermittelt den noch nötigen Aufwand an Bearbeitungs- und Liegezeit der Lose.

Gegen Ende eines Monates wird unter Berücksichtigung des aktuellen Standes durch Simulation der Plan des Folgemonates aufgestellt. Es werden die bereits eingesteuerten Lose, ihre voraussichtlichen Fertigstellungstermine und die bereits gebundenen Kapazitäten beachtet.

Bevor die Einsteuerungsreihenfolge und die Einsteuerungstermine ermittelt werden, werden vom Fertigungsleitrechner die Verfügbarkeit der Materialien, Teile, Kooperationsleistungen, Produktionsmittel und Arbeitskräfte geprüft. Dabei werden die geplanten und voraussichtlichen Liefertermine, Reparaturzeiten usw. berücksichtigt. Diese Vorbereitungsarbeiten zur eigentlichen operativen Planung erfordern einen hohen Aufwand für die Datenerfassung, die Programmierung und Programmtestung. Sie führen jedoch zu Plänen, die eine hohe Sicherheit dafür bieten, daß in den laufenden Fertigungsprozeß nur selten korrigierend eingegriffen werden muß. Unter Beachtung der sich aus den genannten Prüfungen ergebenden Restriktionen wird, wie das im Abschnitt 7.2.3. gezeigt wurde, die Einsteuerungsreihenfolge festgelegt. Anschließend wird der Produktionsablauf für den Folgemonat simuliert. Hierbei werden bei der operativen Planung Wahrscheinlichkeitsverteilungen für die Ausfallzeitpunkte und die Ausfalldauer von APL verwendet. Für die Bearbeitungszeiten werden ebenfalls Wahrscheinlichkeitsverteilungen eingesetzt. Diese Verteilungen sind aus in vergangenen Zeiträumen ermittelten Daten, aus theoretischen Systemanalysen und Simulationen geschätzt. Sind keine Ausfälle von APL vorhanden, ist die Einsteuerung so vorzunehmen, daß in der Fertigung ein Vorlauf erreicht wird, der bei späteren Ausfällen wieder abgebaut werden kann, ohne daß ein wesentlicher Planverzug eintritt.

Es sind eine größere Anzahl von Simulationsläufen für diese stochastische Simulation durchzuführen. Aus diesen Simulationen werden Erwartungswerte, Streuungen und Wahrscheinlichkeitsverteilungen für voraussichtliche Termine und Aufwände geschätzt. Auf diese Weise wird ein Plan für den Folgemonat erhalten, der Erwartungswerte und mit Wahrscheinlichkeit auftretende Abweichungen von diesen Erwartungswerten angibt. Es ist eine Strategie der Planung zu suchen, die sichert, daß der Monatsplan in seinen wesentlichen Kennziffern mit den im Jahresplan für den Monat vorgesehenen hinreichend genau übereinstimmt. Solche Kennziffern sind beispielsweise die spätesten Abschlußtermine für die Bearbeitung der Baugruppen in E, die nötig sind, um zu sichern, daß in LEH der Bestand pro Los i nicht unter den Mindestbestand sinkt. Ist das nicht möglich, ist die Simulation bis zum Jahresende so fortzusetzen, daß in zulässigen Zeiträumen eine Aufholung der Rückstände erreicht wird. Hierzu sind Leitungsentscheidungen über zu verwendende Strategien und zulässige Zeiträume für Verschiebungen von Auslieferungsterminen von Finalerzeugnissen nötig. Die operative Planung ist unter Einbeziehung von Vorschlägen der Meister und Produktionsarbeiter zur Aufholung von Rückständen durchzuführen. Die Verteilung der täglich eingesteuerten und zu bearbeitenden Lose auf die APL einer APG und die Festlegung der Reihenfolgen für die Bearbeitung gehören zum Aufgabengebiet der Meister. Sie werden nicht zentral vorgeschrieben.

Die Entscheidungen der Meister werden über Rechner und Ausgabeeinrichtungen an die Produktionsarbeiter weitergeleitet. Die Hauptaufgabe der Meister ist jedoch die fachliche Anleitung der Arbeiter seines Bereiches. Durch die Rechnerstützung seiner Dispositions- und Abrechnungsarbeiten sollen seine Möglichkeiten dazu wesentlich verbessert werden.

Den Produktionsarbeitern werden die operativen Tagesziele und stündlich der Soll- und Iststand der Fertigung bekanntgegeben. Die Stimulierung ist so einzusetzen, daß selbständig eine tägliche Planerfüllung angestrebt wird. Die Bearbeitungsreihenfolgen und Arbeitsgeschwindigkeiten der Automaten und Fertigungszellen werden direkt durch die Steuerrechner eingegeben. Die operativen Tagespläne berücksichtigen notwendige Aufholungen von Rückständen. Vom Fertigungsleitrechner werden den Meistern und produktionsleitenden Ingenieuren die Rückstände zum Monats- und Jahresplan, der geplante und erreichte Material-, Teile- und Zeitverbrauch, die für den Monat und den Rest des Jahres verfügbare Kapazität und der noch bestehende Kapazitätsbedarf täglich zur Verfügung gestellt.

Neben dem Teilefluß ist der Qualitätsfluß zu überwachen und zu steuern. Die Überwachung und Steuerung der Qualitätsparameter ist mit Hilfe weitgehend dezentralisierter Meßwerterfassungs- und Steuerungssysteme durchzuführen.

Die Steuerungssysteme realisieren unmittelbar steuernde Eingriffe in die Automaten und Fertigungszellen oder stellen den Produktionsarbeitern Informationen zur Verfügung, die ihnen eine qualitätsgerechte Durchführung und Steuerung der Arbeitsgänge ermöglichen. Die Probleme der Steuerung des Qualitätsflusses werden ausführlich in der Literatur zur Theorie und Technik der Automatisierung behandelt.

Parallel zur operativen Planung, Steuerung und Überwachung läuft ein *Statistikprogramm*, das Informationen sammelt und aufbereitet. Diese Informationen dienen der Modellverbesserung, der Parameteridentifikation, der Resultatsspeicherung von Steuerstrategien usw. Dadurch wird eine sich ständig verbessernde und aktualisierte Informationsbasis für die künftige Planung, Steuerung und Überwachung des Betriebes geschaffen.

8. Schlußbemerkungen

In den nächsten Jahren und Jahrzehnten werden entscheidende Veränderungen der diskontinuierlichen Produktion vor allem von Klein- und Mittelserien durchgesetzt werden. Sie werden eine ständig steigende Flexibilität und Automatisierung der Fertigung bewirken. Der Trend führt zum Aufbau von flexiblen, weitgehend automatisierten, bedienerarmen Fabriken, in denen beispielsweise die Nachtschichten als fast voll automatische „Geisterschichten" durchgeführt werden. Beim Aufbau solcher Fabriken sind, wie wir hoffen, die in diesem Buch vermittelten Grundlagen von Nutzen. Die mit hoher Wahrscheinlichkeit in allen fortgeschrittenen Industrieländern zu erwartenden Umwälzungen in der Produktion werden zu tiefgreifenden Veränderungen in der Arbeitsweise und Arbeitsorganisation der Werktätigen führen müssen. Der Anteil an körperlicher Arbeit wird zugunsten des Anteils an geistiger Arbeit mit hohen Anforderungen an Fähigkeiten und Kreativität sehr stark abnehmen. Die Intensität der geistigen Arbeit, die i. allg. im Dialog mit Rechnern geleistet wird, wird dadurch, daß viele Routinearbeiten von Rechnern übernommen werden, sehr stark anwachsen. Das erfordert Veränderungen in der Ausbildung in den allgemeinbildenden Schulen, den Hochschulen und Universitäten und langfristig angelegte Qualifizierungsprogramme in den Betrieben. Darüber hinaus sind in den Betrieben umfangreiche wissenschaftliche Vorbereitungen der Veränderungen und langfristig vorbereitete Investitionen nötig.

9. Anhang

A 1. Wahrscheinlichkeitsrechnung und mathematische Statistik diskret verteilter vektorieller Größen

Dieser Anhang enthält wesentliche Definitionen und Rechenoperationen, die im Text als bekannt vorausgesetzt werden. Er ist orientiert auf die Probleme der Wahrscheinlichkeitsrechnung und mathematischen Statistik, die sich auf vektorielle, diskret verteilte Größen beziehen. Er soll und kann nicht die einschlägige Literatur ersetzen wie z. B. [A-BE], [A-FI], [A-WU], [A-DR], [A-MÜ], [A-MO], [A-SC], [A-DA], [A-MA], [A-WO].

Algebra (von Mengen) [A-MÜ]: Ein (nichtleeres) System $\mathfrak{A}^*$ von Teilmengen einer Menge Ω^* heißt eine Algebra, wenn

1. Ω^* und die leere Menge $\emptyset$ zu $\mathfrak{A}^*$ gehören,
2. zu je zwei Mengen E^* und F^* des Systems $\mathfrak{A}^*$ deren Vereinigung $E^* \cup F^*$, deren Durchschnitt $E^* \cap F^*$ und deren Differenz $E^* \setminus F^*$ zu $\mathfrak{A}^*$ gehören.

Gilt außerdem

3. für jede Folge $A_1^*, A_2^*, \ldots, A_n^*, \ldots$ von Mengen aus $\mathfrak{A}^*$ auch $\bigcup_{n=1}^{\infty} A_n^* \in \mathfrak{A}^*$ (und damit auch $\bigcap_{n=1}^{\infty} A_n^* \in \mathfrak{A}^*$), so heißt $\mathfrak{A}^*$ eine *σ-Algebra.*

Zu jeder Menge $\Omega = \{E_1, E_2, \ldots, E_n\}$ von *Elementarereignissen* E_i und jedem System A von Teilmengen von Ω läßt sich eine Menge Ω^* und eine Algebra $\mathfrak{A}^*$ so angeben, daß sich die Elemente von $\mathfrak{A}$ und $\mathfrak{A}^*$ in eineindeutiger Weise entsprechen. Das System $\mathfrak{A} = \mathfrak{E}$ heißt *Ereignisalgebra* oder *Ereignisfeld* (Satz von M. H. STONE). In diesem Buch werden Algebra, Ereignisalgebra und Ereignisfeld als synonyme Begriffe verwendet. Anstelle von Ω^* und $\mathfrak{A}^*$ wird im allgemeinen Ω und $\mathfrak{A}$ bzw. $\mathfrak{E}$ geschrieben.

Beispiel A 1-1: Eine Menge Ω^* von 12 Erzeugnissen wird durch die Farben rot und grün und die Oberflächenqualitäten gut und schadhaft ihrer Elemente beschrieben. Jedes Element ist durch einen der Vektoren $\mathbf{a} = \begin{pmatrix} \text{rot} \\ \text{gut} \end{pmatrix}$, $\mathbf{b} = \begin{pmatrix} \text{rot} \\ \text{schadhaft} \end{pmatrix}$, $\mathbf{c} = \begin{pmatrix} \text{grün} \\ \text{gut} \end{pmatrix}$, $\mathbf{d} = \begin{pmatrix} \text{grün} \\ \text{schadhaft} \end{pmatrix}$ charakterisiert.

$\mathfrak{A}^*$ enthält z. B. die Mengen

- aller Elemente $\Omega^* = \{\mathbf{a}, \mathbf{a}, \mathbf{a}, \mathbf{b}, \mathbf{b}, \mathbf{c}, \mathbf{c}, \mathbf{c}, \mathbf{d}, \mathbf{d}, \mathbf{d}, \mathbf{d}\}$,
- aller roten Elemente $A_1^* = \{\mathbf{a}, \mathbf{a}, \mathbf{a}, \mathbf{b}, \mathbf{b}\}$,
- aller grünen Elemente $A_2^* = \{\mathbf{c}, \mathbf{c}, \mathbf{c}, \mathbf{d}, \mathbf{d}, \mathbf{d}, \mathbf{d}\}$,
- aller guten Elemente $A_3^* = \{\mathbf{a}, \mathbf{a}, \mathbf{a}, \mathbf{c}, \mathbf{c}, \mathbf{c}\}$,
- aller schadhaften Elemente $A_4^* = \{\mathbf{b}, \mathbf{b}, \mathbf{d}, \mathbf{d}, \mathbf{d}, \mathbf{d}\}$,
- aller roten guten Elemente $A_5^* = \{\mathbf{a}, \mathbf{a}, \mathbf{a}\}$,
- aller roten schadhaften Elemente $A_6^* = \{\mathbf{b}, \mathbf{b}\}$,
- aller grünen guten Elemente $A_7^* = \{\mathbf{c}, \mathbf{c}, \mathbf{c}\}$,

– aller grünen schadhaften Elemente $A_8^* = \{\mathbf{d}, \mathbf{d}, \mathbf{d}, \mathbf{d}\}$,
– aller Elemente die von **a**, **b**, **c** oder **d** verschiedene Eigenschaften besitzen $A_9^* = \emptyset$.

Es gilt

$$A_1^* \cup A_2^* = \Omega^* \in \mathfrak{A}^*,$$

$$A_1^* \cap A_2^* = \emptyset \in \mathfrak{A}^*,$$

$$A_1^* \setminus A_2^* = A_1^* \in \mathfrak{A}^*,$$

$$A_1^* \cup A_2^* \cup A_3^* \cup A_4^* = \Omega^* = \in \mathfrak{A}^*,$$

$$A_1^* \cap A_2^* \cap A_3^* = \emptyset \in \mathfrak{A}^*.$$

Beispiel A 1-2: Gegeben ist dieselbe Menge Ω^* von Erzeugnissen wie im Beispiel A 1-1. Dieser Menge wird ein Erzeugnis entnommen. Diese Entnahme ist ein *Versuch*. Ergebnisse dieses Versuches können die Elementarereignisse E_1 (es wurde ein Element **a** entnommen), E_2 (es wurde ein Element **b** entnommen), E_3 (es wurde ein Element **c** entnommen), E_4 (es wurde ein Element **d** entnommen) sein.

Ein Ereignisfeld $\mathfrak{E}$ wird durch die Ereignisse (Versuchsergebnisse) definiert:

– $\Omega = \{E_1, E_2, E_3, E_4\}$:= es wurde eines der Elemente **a**, **b**, **c** oder **d** erhalten,
– $A_1 = \{E_1, E_2\}$:= es wurde ein rotes Element erhalten,
– $A_2 = \{E_3, E_4\}$:= es wurde ein grünes Element erhalten,

⋮

– $A_9 = \emptyset$:= es wurde ein Element mit von **a**, **b**, **c**, oder **d** verschiedenen Eigenschaften erhalten.

Für A_i von $\mathfrak{A}$ gelten dieselben Beziehungen

$$A_1 \cup A_2 = \Omega \in \mathfrak{A} = \mathfrak{E}$$

⋮

wie für A_i^* von $\mathfrak{A}^*$ im Beispiel A 1-1.

Relation [A-gE]: In der *mathematischen Logik* ist eine Relation eine Widerspiegelung von Beziehungen zwischen Dingen, Sachverhalten usw. Relationen werden durch Aussageformen bzw. Prädikate beschrieben.

In der Mengenlehre ist eine Relation im engeren Sinne eine zweistellige oder binäre Relation. Sind $\xi^i \in \mathcal{X} = \{\xi^1, \ldots, \xi^n\}$, $\eta^j \in \mathcal{Y} = \{\eta^1, \ldots, \eta^m\}$ Elemente der Mengen $\mathcal{X}$ und $\mathcal{Y}$, dann wird durch die Relation $\mathbf{R}$ eine Teilmenge $\mathbf{R} \subseteq \mathcal{X} \times \mathcal{Y}$ der Produktmenge $\mathcal{X} \times \mathcal{Y}$ definiert. $\mathbf{R}$ enthält die geordneten Paare (ξ^i, η^j) aus (ξ^i, η^j), $\forall i$, $\forall j$ zwischen denen eine durch $\mathbf{R}$ definierte Beziehung besteht.

$\mathcal{X}$ und $\mathcal{Y}$ sind endliche Mengen aus verschiedenen Elementen. Sie werden *abstrakte Alphabete* genannt. Die Beziehungen zwischen ξ^i und η^j werden durch $\xi^i\mathbf{R}\eta^j$ ausgedrückt. Falls zu jedem ξ^i höchstens ein η^j existiert, das zu ξ^i in der Relation $\mathbf{R}$ steht, dann ist $\mathbf{R}$ eindeutig und definiert eine Funktion $\eta^j = \mathbf{f}(\xi^i)$ für alle $(\xi^i, \eta^j) \in \mathbf{R}$.

Beispiel A 1-3: Auf ein System wirken mögliche äußere Einflüsse $\xi^i \in \mathcal{X} = \{\xi^1, \xi^2\}$. Die möglichen Systemreaktionen sind $\eta^j \in \mathcal{Y} = \{\eta^1, \eta^2, \eta^3, \eta^4\}$. Gilt $\mathbf{R}_1 = \{(\xi^1, \eta^1), (\xi^1, \eta^3), (\xi^1, \eta^4), (\xi^2, \eta^1), (\xi^2, \eta^4)\}$, dann kann das System auf ξ^1 mit η^1, η^3 oder η^4 und auf ξ^2 mit η^1 und η^4 reagieren.

Gilt $\mathbf{R}_2 = \{(\xi^1, \eta^1), (\xi^2, \eta^4)\}$, dann wird durch $\mathbf{R}_2$ eine eindeutige Relation oder eine Funktion $\eta^j = \mathbf{f}(\xi^i)$, $i = 1, 2$, $j = 1, 4$ definiert.

$\mathbf{R}_1$ kann durch den *Relationsgraphen*

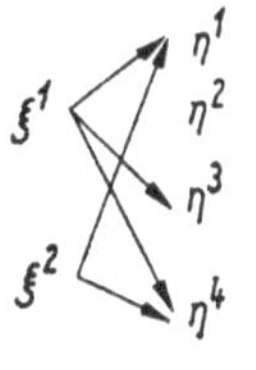

Abb. A 1-1
Relationsgraph

oder die *Relationsmatrix*

$$\mathbf{R}_1 = \begin{pmatrix} 1 & 0 & 1 & 1 \\ 1 & 0 & 0 & 1 \end{pmatrix}$$

beschrieben werden. Die Elemente r_{ij} von $\mathbf{R}_1$ sind 1, wenn $(\xi^i, \eta^j) \in \mathbf{R}_1$ und 0, wenn $(\xi^i, \eta^j) \notin \mathbf{R}_1$.

Eine n-stellige Relation $\mathbf{R} \subseteq \mathcal{X}_1 \times \mathcal{X}_2 \ldots \times \mathcal{X}_n$ definiert analog zur zweistelligen Relation eine Teilmenge der Produktmenge $\mathcal{X}_1 \times \mathcal{X}_2 \ldots \times \mathcal{X}_n$.

Zufälliger Versuch: Vorgang, der sich (zumindest gedanklich) beliebig oft wiederholen läßt und dessen Ergebnis im Rahmen verschiedener Möglichkeiten bei jeder Wiederholung ungewiß ist. Das Ergebnis eines zufälligen Versuches ist ein *zufälliges Ereignis*. Die betrachtete Gesamtheit der möglichen Ereignisse definiert ein Ereignisfeld $\mathfrak{E}$.

Beispiel A 1-4: Gegeben ist die Menge Ω^* von Erzeugnissen aus Beispiel A 1-1. Es wird ein Erzeugnis z. B. mit den Eigenschaften $\mathbf{a}$ aus dieser Mengen entnommen. Diese Entnahme ist ein Versuch, sein Ergebnis ein Ereignis. Wird willkürlich ein Erzeugnis so entnommen, daß jedes Erzeugnis dieselbe Chance hat, entnommen zu werden, dann wird ein *zufälliger Versuch* durchgeführt. Das Ergebnis des Versuches ist ein *zufälliges Ereignis*. Wird nach jedem Versuch das entnommene Erzeugnis zurückgelegt, dann kann der zufällige Versuch „Entnahme eines Erzeugnisses aus Ω^*" beliebig oft wiederholt werden. Die Gesamtheit der betrachteten Versuchsergebnisse wird durch die Algebra $\mathfrak{A}^*$ (aus Beispiel A 1-1) oder das ihr eineindeutig zugeordnete Ereignisfeld $\mathfrak{E} = \mathfrak{A}$ (aus Beispiel A 1-2) definiert.

Ereignisfelder und Wahrscheinlichkeitsalgebren: Die Gesamtheit der betrachteten möglichen Ergebnisse (Ereignisse) eines zufälligen Versuches definiert ein Ereignisfeld $\mathfrak{E}$. Diesem Ereignisfeld $\mathfrak{E}$ ist in eineindeutiger Weise eine Menge Ω^* und eine σ-Algebra $\mathfrak{A}^*$ von Teilmengen von Ω^* zugeordnet. Die zufälligen Ereignisse (die Ergebnisse eines zufälligen Versuches) werden als Teilmengen einer Menge Ω aufgefaßt. Es gelten folgende Axiome:

(1) Es ist eine nichtleere Menge $\Omega = \{E_1, \ldots, E_n\}$ gegeben. Die Elemente E_i, $i = 1 \ldots n$ von Ω werden *Elementarereignisse* genannt.
(2) Es wird eine Algebra $\mathfrak{A}$ von Teilmengen von Ω betrachtet. Die Elemente A_j, $j = 1, \ldots, m$ von $\mathfrak{A}$ heißen zufällige Ereignisse.
(3) $\mathfrak{A}$ ist eine σ-Algebra, d. h., für jede Folge $A_1, A_2, \ldots, A_j, \ldots$ von Elementen aus $\mathfrak{A}$ gilt $\bigcup_{i=1}^{m} A_j \in \mathfrak{A}$.

Zwischen Teilmengen von $\mathfrak{A}$ gelten folgende Beziehungen:

Zwei Teilmengen $A_1, A_2 \in \mathfrak{A}$ können verknüpft werden durch:

$A_1 \cap A_2$ es ist „sowohl A_1 als auch A_2" bzw. „A_1 und A_2" eingetreten,
$A_1 \cup A_2$ es ist „A_1 oder A_2" eingetreten,
$A_1 \subset A_2$ „A_1 zieht A_2 nach sich".

Ist sowohl $A_1 \subset A_2$ als auch $A_2 \subset A_1$, so heißen die Ereignisse A_1 und A_2 einander gleich, d. h. $A_1 = A_2$.

Ist $I = \Omega$ das „sichere Ereignis", dann gilt $A_j \cap I = A_j, \forall A_j \in \mathfrak{A}$.

Ist $\emptyset$ das „unmögliche Ereignis", dann gilt $A_j \cup \emptyset = A_j, \forall A_j \in \mathfrak{A}$.

$\overline{A}_j$ ist das *„komplementäre Ereignis"* von A_j, wenn $A_j \cup \overline{A}_j = I$ und $A_j \cap \overline{A}_j = \emptyset$ gilt.

A_1 und A_2 heißen „unvereinbar", wenn $A_1 \cap A_2 = \emptyset$ gilt.

$A \in \mathfrak{A}$ heißt „atomares Ereignis", wenn sich A nicht in der Form $A = A_1 \cup A_2$ mit $A_1, A_2 \in \mathfrak{A}$ und $A_1 \neq A$, $A_2 \neq A$ darstellen läßt.

Als Maß für den Grad der Sicherheit des Eintretens eines zufälligen Ereignisses, wird in der Wahrscheinlichkeitstheorie jedem Ereignis A_j einer Ereignisalgebra $\mathfrak{A}$ eine reelle Zahl $\mathsf{P}(A_j)$ die *Wahrscheinlichkeit des Ereignisses* A_j zugeordnet.

Die Zuordnung erfolgt so, daß die folgenden Axiome (Axiomensystem von KOLMOGOROW) erfüllt werden.

(4) Jedem Element A_j von $\mathfrak{A}$ ist eine Zahl $\mathsf{P}(A_j)$, die Wahrscheinlichkeit von A_j, mit $0 \leqq \mathsf{P}(A_j) \leqq 1$ zugeordnet.

(5) Es gilt $\mathsf{P}(\Omega) = 1$ (Normierungsaxiom).

(6) Für jede Folge $A_1, A_2, \ldots, A_j \ldots$ paarweise disjunkter Mengen ($A_i \cap A_j = \emptyset$ $\forall i \neq j$), die zu $\mathfrak{A}$ gehören, gilt $\mathsf{P}(A_1 \cup A_2 \cup \ldots \cup A_j \cup \ldots) = \mathsf{P}(A_1) + \mathsf{P}(A_2) + \ldots + \mathsf{P}(A_j) + \ldots$ (Axiom oder σ-Additivität von P).

Eine Ereignisalgebra $\mathfrak{A}$, versehen mit einer Wahrscheinlichkeit P, heißt eine *Wahrscheinlichkeitsalgebra* $[\mathfrak{A}, \mathsf{P}]$.

Das Tripel $[\Omega, \mathfrak{A}, \mathsf{P}]$ heißt *Wahrscheinlichkeitsraum.*

Aus (1) bis (6) ergeben sich folgende Aussagen:

1. Es gilt $\mathsf{P}(\overline{A}_j) = 1 - \mathsf{P}(A_j)$.
2. Aus $A_1 \in \mathfrak{A}$, $A_2 \in \mathfrak{A}$, $A_1 \subset A_2$ folgt $\mathsf{P}(A_1) \leqq \mathsf{P}(A_2)$.
3. Für beliebige Ereignisse $A_1, A_2 \in \mathfrak{A}$ gilt $\mathsf{P}(A_1 \cup A_2) = \mathsf{P}(A_1) + \mathsf{P}(A_2) - \mathsf{P}(A_1 \cap A_2)$.

Das Ereignis $A_j \in \mathfrak{A}$ heißt fast sicher, wenn $\mathsf{P}(A_j) = 1$ gilt, und fast unmöglich, wenn $\mathsf{P}(A_j) = 0$ gilt.

Beispiel 1-5: Es ist eine Menge Ω^* von Erzeugnissen, wie im Beispiel A 1.1, gegeben. Es werden, wie im Beispiel A 1.4, zufällig Erzeugnisse aus Ω^* entnommen. Wie im Beispiel A 1.3 wird die zufällige Entnahme eines Erzeugnisses mit den Eigenschaften **a**, **b**, **c** oder **d** durch die zufälligen Ereignisse E_1, E_2, E_3 oder E_4 beschrieben. Die betrachteten Ergebnisse des Versuches „zufällige Entnahme eines Erzeugnisses aus Ω^*" definieren ein Ereignisfeld $\mathfrak{A} = \mathfrak{E}$. Hat Ω^* dieselbe Zusammensetzung wie im Beispiel A 1-1, dann werden bei n wiederholten zufälligen Entnahmen (wie sie im Beispiel A 1-4 definiert wurden) $h_a(n)$ mal Erzeugnisse der Art **a**, $h_b(n)$ mal Erzeugnisse der Art **b** usw. erhalten.

Die Erfahrung zeigt, daß unter den gegebenen Voraussetzungen

$$\lim_{n\to\infty} \frac{h_a(n)}{n} = p_a = \frac{3}{12}, \qquad \lim_{n\to\infty} \frac{h_b(n)}{n} = p_b = \frac{2}{12}$$

$$\lim_{n\to\infty} \frac{h_c(n)}{n} = p_c = \frac{3}{12} \quad \text{und} \quad \lim_{n\to\infty} \frac{h_d(n)}{n} = p_d = \frac{4}{12}$$

gilt.

Wird $p_a = \mathsf{P}(E_1)$, $p_b = \mathsf{P}(E_2)$, $p_c = \mathsf{P}(E_3)$ und $p_d = \mathsf{P}(E_4)$ gesetzt, dann ist $\mathsf{P}(E_i)$ ein Maß für die Sicherheit des Eintretens der Ergebnisse E_i. Wird z. B. weiterhin $\mathsf{P}(A_1) = \frac{5}{12}$, $\mathsf{P}(A_2) = \frac{7}{12}$, $\mathsf{P}(A_3) = \frac{6}{12}$, $\mathsf{P}(A_4) = \frac{6}{12}$, $\mathsf{P}(A_5) = \frac{3}{12}$, $\mathsf{P}(A_6) = \frac{2}{12}$, $\mathsf{P}(A_7) = \frac{3}{12}$ und $\mathsf{P}(A_8) = \frac{4}{12}$ gesetzt, dann ist das durch $\Omega, A_1, \ldots, A_8, \emptyset$ gebildete System $\mathfrak{A}$ eine *Ereignisalgebra* und das Dupel $[\mathfrak{A}, \mathsf{P}]$ eine *Wahrscheinlichkeitsalgebra.* $\mathfrak{A}$ und $[\mathfrak{A}, \mathsf{P}]$ erfüllen die Axiome (1), ... , (6). $\lim\limits_{n\to\infty} \frac{h_a(n)}{n} = p_a = \mathsf{P}(E_1)$ usw. ist die klassische Wahrscheinlichkeitsdefinition.

Definitionen und Rechenregeln für Ereignisalgebren und Wahrscheinlichkeitsalgebren:

1. $\Omega :=$ das sichere Ereignis.

Abb. A 1-2
Sicheres Ereignis

2. $A \subseteq B :=$ A zieht B nach sich.

Abb. A 1-3
A zieht *B* nach sich; $A \subseteq B$

3. $C = A \cup B :=$ C tritt dann ein, wenn A „oder" B eintritt.

$C = \bigcup\limits_{i=1}^{n} A_i :=$ C tritt dann ein, wenn A_1 „oder" A_2 ... „oder" A_n eintritt.

Abb. A 1-4
A „oder" *B*; $A \cup B$

4. $C = A \cap B :=$ C tritt genau dann ein, wenn sowohl A als auch B, d. h., wenn A „und" B eintreten. Analog zu 3. gilt $C = \bigcap\limits_{i=1}^{n} A_i$.

Abb. A 1-5
A „und" *B*; $A \cap B$

5. $A \cap B = \emptyset :=$ A und B schließen einander aus.

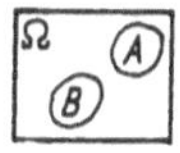

Abb. A 1-6
A und *B* schließen einander aus; $A \cap B = \emptyset$

6. $C = A \setminus B :=$ C tritt dann ein, wenn A eintritt, aber nicht gleichzeitig B.

Abb. A 1-7
$A \setminus B = C$; *C* tritt ein, wenn *A* aber nicht gleichzeitig *B* eintritt

7. $C = \overline{A} :=$ C tritt ein, wenn A nicht eintritt.

Abb. A 1-8
$\overline{A}$ tritt ein, wenn A nicht eintritt

9. Es gelten die Beziehungen

$$A \cup A = A\,, \qquad A \cap A = A\,,$$
$$A \cup B = B \cup A\,, \qquad A \cap B = B \cap A\,,$$
$$A \cup (B \cup C) = (A \cup B) \cup C\,, \qquad A \cap (B \cap C) = (A \cap B) \cap C\,,$$
$$A \cup (B \cap C) = (A \cup B) \cap (A \cup C)\,,$$
$$A \cap (B \cup C) = (A \cap B) \cup (A \cap C)\,,$$
$$A \cup \overline{A} = \Omega\,, \qquad A \cap \overline{A} = \emptyset\,,$$
$$A \cup \emptyset = A\,, \qquad A \cap \Omega = A\,,$$
$$A \cup \Omega = \Omega\,, \qquad A \cap \emptyset = \emptyset\,.$$

10. Für jedes $A \in \mathfrak{A}$ gilt
$$0 \leqq \mathsf{P}(A) \leqq 1\,.$$

11. $\mathsf{P}(\Omega) = 1\,.$

12. $\mathsf{P}(A \cup B) = \mathsf{P}(A) + \mathsf{P}(B)$ falls $A \cap B = \emptyset$.

13. Schließen die $A_i \in \mathfrak{A}$, $i = 1, \dots, n$ paarweise einander aus, dann gilt
$$\mathsf{P}\Big(\bigcup_{i=1}^{n} A_i\Big) = \sum_{i=1}^{n} \mathsf{P}(A_i)\,.$$

14. $\mathsf{P}(\emptyset) = 0$

15. $\mathsf{P}(\overline{A}) = 1 - \mathsf{P}(A)$

16. $\mathsf{P}(A \cup B) = \mathsf{P}(A) + \mathsf{P}(B) - \mathsf{P}(A \cap B)$

17. Die Ereignisse A_i, $\forall i = 1, \dots, n$ bilden ein *vollständiges System von Ereignissen, wenn* $\sum_{i=1}^{n} \mathsf{P}(A_i) = 1$ gilt.

18. Gilt $A \in \mathfrak{A}$, $B \in \mathfrak{A}$ und $A \subseteq B$, dann ist $\mathsf{P}(A) \leqq \mathsf{P}(B)$.

19. Sind $A, B \in \mathfrak{A}$ und $\mathsf{P}(A) > 0$, dann gilt $\mathsf{P}(B \mid A) = \dfrac{\mathsf{P}(A \cap B)}{\mathsf{P}(A)} :=$ B tritt mit der Wahrscheinlichkeit $\mathsf{P}(B \mid A)$ unter der Bedingung ein, daß A eintritt (eingetreten ist). $\mathsf{P}(B \mid A)$ heißt bedingte Wahrscheinlichkeit.

20. Ist $\mathfrak{A} = \{A_1, \dots, A_n\}$ ein vollständiges System mit $\mathsf{P}(A_i) > 0$, $\forall A_i$, dann heißt $\mathsf{P}(B) = \sum_{i=1}^{n} \mathsf{P}(B \mid A_i)\, \mathsf{P}(A_i)$ *totale Wahrscheinlichkeit* $B \in \mathfrak{A}$.

21. Ist $A, B \in \mathfrak{A}$ und $\mathsf{P}(B \mid A) = \mathsf{P}(B)$, dann heißt B *unabhängig* von A.

22. Sind $A, B \in \mathfrak{A}$ voneinander unabhängig, dann gilt $\mathsf{P}(A \cap B) = \mathsf{P}(A)\, \mathsf{P}(B)$.

23. $A, B, C \in \mathfrak{A}$ heißen *(vollständig) unhabängig*, wenn $\mathsf{P}(A \cap B \cap C) = \mathsf{P}(A)\, \mathsf{P}(B)\, \mathsf{P}(C)$ ist. Gilt nur $\mathsf{P}(A \cap B) = \mathsf{P}(A_i)\, \mathsf{P}(B)$, $\mathsf{P}(A \cap C) = \mathsf{P}(A)\, \mathsf{P}(C)$, $\mathsf{P}(B \cap C) = \mathsf{P}(B)\, \mathsf{P}(C)$, dann heißen A, B, C paarweise unabhängig.

Zufälliger Vektor: Vektor $\boldsymbol{X}$, der je nach Ausgang eines zufälligen Versuches, d. h. in Abhängigkeit vom Zufall, verschiedene Symbole eines *abstrakten Alphabetes* $\mathscr{X} = \{\xi^1, \xi^2, \dots, \xi^E\}$ annehmen kann. Der zufällige Vektor wird charakterisiert durch die Gesamtheit der Symbole ξ^i, $i = 1, \dots, E$ und die den ξ^i zugeordneten Wahrscheinlichkeiten $p_i = \mathsf{P}(\boldsymbol{X} = \xi^i)$, $i = 1, \dots, E$. Die Gesamtheit $p_i = \mathsf{P}(\boldsymbol{X} = \xi^i)$, $\forall i = 1, \dots, E$ heißt *Wahrscheinlichkeitsverteilung* (*oder Verteilung der Einzelwahrscheinlichkeiten*). Eine Realisierung des zufälligen Vektors $\boldsymbol{X}$ wird mit $\mathbf{x}$ bezeichnet. Der „Wertevorrat" von $\mathbf{x}$ ist $\mathscr{X} = \{\xi^1, \dots, \xi^E\}$. Dem zufälligen Vektor $\boldsymbol{X}$ entspricht in eineindeutiger Weise ein vollständiges System $\mathfrak{A}$ von Ereignissen A_i, $i = 1, \dots, E$. Die A_i sind den ξ^i eineindeutig zugeordnet.

Beispiel A 1-6: Die zufällige Entnahme eines Erzeugnisses aus der Menge Ω^* (Beispiel A 1-1) entspricht einem Elementarereignis E_i, $i \in \{1, \dots, 4\}$ (Beispiel A 1-2). Den Elementarereignissen sind Vektoren der Erzeugniseigenschaften eineindeutig zugeordnet. Entsprechen einander E_1 und $\mathbf{a}$, E_2 und $\mathbf{b}$, E_3 und $\mathbf{c}$, E_4 und $\mathbf{d}$, dann ist eine eineindeutige Zuordnung zwischen $\Omega = \{E_1, E_2, E_3, E_4\}$ und $\mathscr{X} = \{\xi^1, \xi^2, \xi^3, \xi^4\} = \{\mathbf{a}, \mathbf{b}, \mathbf{c}, \mathbf{d}\}$ gegeben.

Eine andere mögliche Definition der Ergebnisse der zufälligen Versuche kann z. B. gegeben werden durch Y mit den möglichen Werten $v^1 =$ rot, $v^2 =$ grün. Entsprechen einander „$A_1 = \{E_1, E_2\}$ und v^1", „$A_2 = \{E_3, E_4\}$ und v^2", dann ist eine eineindeutige Zuordnung zwischen $\mathfrak{A} = \{\Omega, A_1, A_2, \emptyset\}$ und Y gegeben. Dabei entsprechen einander $\Omega = A_1 \cup A_2$ und „alle roten und grünen Erzeugnisse"; A_1 und v^1; A_2 und v^2; $A_1 \cap A_2 = \emptyset$ und „allen Erzeugnissen, die weder rot noch grün sind". A_1, A_2 ist ein vollständiges System von Ereignissen.

Für die Wahrscheinlichkeiten gilt

$$\begin{aligned}
\mathsf{P}(\Omega) &= \mathsf{P}(E_1 \cup E_2 \cup E_3 \cup E_4) = \mathsf{P}(E_1) + \mathsf{P}(E_2) + \mathsf{P}(E_3) + \mathsf{P}(E_4) \\
&= \mathsf{P}(\boldsymbol{X} = \xi^1 \cup \boldsymbol{X} = \xi^2 \cup \boldsymbol{X} = \xi^3 \cup \boldsymbol{X} = \xi^4) \\
&= \mathsf{P}(\boldsymbol{X} = \xi^1) + \mathsf{P}(\boldsymbol{X} = \xi^2) + \mathsf{P}(\boldsymbol{X} = \xi^3) + \mathsf{P}(\boldsymbol{X} = \xi^4) = 1\,, \\
\mathsf{P}(E_1) &= \mathsf{P}(\boldsymbol{X} = \xi^1) = \tfrac{3}{12}\,, \\
\mathsf{P}(E_2) &= \mathsf{P}(\boldsymbol{X} = \xi^2) = \tfrac{2}{12}\,, \\
\mathsf{P}(E_3) &= \mathsf{P}(\boldsymbol{X} = \xi^3) = \tfrac{3}{12}\,, \\
\mathsf{P}(E_4) &= \mathsf{P}(\boldsymbol{X} = \xi^4) = \tfrac{4}{12} \\
\mathsf{P}(E_1 \cap E_2 \cap E_3 \cap E_4) &= \mathsf{P}(\boldsymbol{X} = \xi^1 \cap \boldsymbol{X} = \xi^2 \cap \boldsymbol{X} = \xi^3 \cap \boldsymbol{X} = \xi^4) = 0
\end{aligned}$$

oder

$$\begin{aligned}
\mathsf{P}(\Omega) &= \mathsf{P}(A_1 \cup A_2) = \mathsf{P}(A_1) + \mathsf{P}(A_2) = \mathsf{P}(Y = v^1) + \mathsf{P}(Y = v^2) = 1\,, \\
\mathsf{P}(A_1) &= \mathsf{P}(E_1 \cup E_2) = \mathsf{P}(Y = v^1) = \tfrac{5}{12}\,, \\
\mathsf{P}(A_2) &= \mathsf{P}(E_3 \cup E_4) = \mathsf{P}(Y = v^2) = \tfrac{7}{12}\,, \\
\mathsf{P}(A_1 \cap A_2) &= \mathsf{P}(Y = v^1 \cap Y = v^2) = 0\,.
\end{aligned}$$

Stichprobe: Es sei (siehe Ereignisfelder und Wahrscheinlichkeitsalgebren) $[\Omega, \mathfrak{A}, \mathsf{P}]$ ein Wahrscheinlichkeitsraum. Jede endliche nichtleere Teilmenge A von Ω, $A \in \mathfrak{A}$, heißt *Stichprobe* aus Ω. Die Grundmenge Ω heißt *Grundgesamtheit*. Besteht A aus n Elementen, so ist A eine Stichprobe vom Umfang n. n wird *Stichprobenumfang* genannt.

Beispiel A 1-7: Aus der Menge Ω^* des Beispieles A 1-1 werden nacheinander n Elemente zufällig (Beispiel A 1-4) entnommen. Das geschieht wie folgt:

Ein Element wird zufällig entnommen. Es werden seine interessierenden Eigenschaften registriert. Das Element wird in Ω^* zurückgelegt. Das nächste Element wird zufällig entnommen (*Stichprobe mit Zurücklegen*) usw. Die n entnommenen Elemente (bzw. deren Registrierung) sind eine konkrete Stichprobe vom Umfang n. Es wird stets vorausgesetzt, daß die Entnahme zufällig geschieht, d. h., daß die Stichprobe eine Zufallsstichprobe ist.

Wird h_a mal ein Element **a**, h_b mal ein Element **b**, h_c mal ein Element **c** und h_d mal ein Element **d** erhalten, dann ist die Gesamtheit h_α, $\forall\alpha \in \{\mathbf{a}, \mathbf{b}, \mathbf{c}, \mathbf{d}\}$ die *Verteilung der Häufigkeiten* (*Häufigkeitsverteilung*) in der Stichprobe. Eine Stichprobe z. B. $A = \{\mathbf{aabcc}\} \in \mathfrak{A}$ ist eine Teilmenge von Ω und Teilmenge der Algebra $\mathfrak{A}$. ($\mathfrak{A}$ ist in diesem Falle das System aller Stichproben vom Umfang 5 aus Ω.) Ihre Häufigkeitsverteilung ist $h_a = 2$, $h_b = 1$, $h_c = 2$. Die Verteilung der relativen Häufigkeiten $\frac{h_\alpha}{n}$, $\forall\alpha \in \{\mathbf{a}, \mathbf{b}, \mathbf{c}, \mathbf{d}\}$ kann mit $\hat{p}_\alpha = \frac{h_\alpha}{n}$ als eine *Schätzung* der *Gesamtheit der Einzelwahrscheinlichkeiten* (*Wahrscheinlichkeitsverteilung*) $\hat{p}_\alpha$, $\forall\alpha \in \{\mathbf{a}, \mathbf{b}, \mathbf{c}, \mathbf{d}\}$ benutzt werden. Es gilt $\lim_{n\to\infty} \frac{h_\alpha}{n} = \hat{p}_\alpha = p_\alpha$.

In der mathematischen Statistik werden Stichproben vorwiegend durch Zufallsgrößen (in diesem Buch meist durch zufällige Vektoren) beschrieben.

Es sei $\boldsymbol{X}$ ein zufälliger Vektor über dem Wahrscheinlichkeitsraum $[\Omega, \mathfrak{A}, \mathsf{P}]$. $\boldsymbol{X}$ wird definiert durch das abstrakte Alphabet $\mathcal{X} = \{\xi^1, \dots, \xi^E\}$ und die Wahrscheinlichkeitsverteilung $\mathsf{P}_x := p_i = \mathsf{P}(\boldsymbol{X} = \xi^i)$, $\forall i = 1, \dots, E$. p_i ist die Wahrscheinlichkeit, mit der zufällig ein Element mit der Eigenschaft ξ^i aus der Grundmenge Ω (der Grundgesamtheit) herausgegriffen wird. Die Zufallsgröße $\boldsymbol{X}$ (definiert durch $\mathcal{X}$ und P_x) durch die eine Eigenschaft $\boldsymbol{X}$ beschrieben wird, wird ebenfalls als Grundgesamtheit bezeichnet. Werden nacheinander zufällig mit Zurücklegen z. B. die Größen $\tilde{\mathbf{x}} = \mathbf{x}_1, \mathbf{x}_2, \dots, \mathbf{x}_n = \xi^4, \xi^4, \xi^1, \xi^3, \xi^3, \xi^2, \dots$ erhalten, dann beschreibt die Folge $\tilde{\mathbf{x}}$ eine *konkrete Stichprobe* vom Umfang n. $\mathbf{x}_i$ kennzeichnet die i-te Entnahme. $\mathbf{x}_i = \xi^j \in \{\xi^1, \dots, \xi^E\}$ bringt zum Ausdruck, daß bei der i-ten Entnahme ein Element mit der Eigenschaft ξ^j erhalten wird.

$\tilde{\mathbf{x}}$ kann als Realisierung einer mathematischen Stichprobe $\tilde{\boldsymbol{X}} = \boldsymbol{X}_1, \boldsymbol{X}_2, \dots, \boldsymbol{X}_n$ aufgefaßt werden. $\tilde{\boldsymbol{X}}$ ist ein Ausdruck für das Ergebnis von (vorstellungsweise) unendlich vielen unabhängig voneinander entnommenen Stichproben vom Umfang n. Die $\boldsymbol{X}_i$ sind identisch verteilt, d. h. $\mathsf{P}_{x_i} = \mathsf{P}_x$, $\forall i \in \{1, \dots, n\}$. P_{x_i}, $\forall i \in \{1, \dots, n\}$ ist die Wahrscheinlichkeitsverteilung der Eigenschaften des jeweils als i-tes Element entnommenen Elementes.

Eine *Stichprobenfunktion* ist eine Funktion der Stichprobenvariablen $\boldsymbol{X}_1, \dots, \boldsymbol{X}_n$ (z. B. $\bar{\boldsymbol{X}} = \frac{1}{n} \sum_{i=1}^{n} \boldsymbol{X}_i$, max. $\{\boldsymbol{X}_1, \dots, \boldsymbol{X}_n\}$). Ihre Realisierung, d. h. die entsprechende Funktion der konkreten Stichprobe (z. B. $\bar{\mathbf{x}} = \frac{1}{n} \sum_{i=1}^{n} \mathbf{x}_i = \sum_{j=1}^{E} h_j \xi^j$), heißt konkrete Stichprobenfunktion.

Beispiel A 1-8: Es wird ausgegangen von der Grundmenge Ω^* aus Beispiel A 1-1 bzw. von der ihr gleichwertigen Grundmenge Ω aus Beispiel A 1-2. $\boldsymbol{X}$ soll die Eigenschaften eines Elementes beschreiben. $\boldsymbol{X}$ wird definiert durch $\mathcal{X} = \{\xi^1, \xi^2, \xi^3, \xi^4\} = \{\mathbf{a}, \mathbf{b}, \mathbf{c}, \mathbf{d}\}$ und die Wahrscheinlichkeitsverteilung $\mathsf{P}_x := p_i = \mathsf{P}(\boldsymbol{X} = \xi^i)$, $\forall i \in \{1, \dots, 4\}$. Wird eine Stichprobe (mit Zurücklegen) vom Umfang n entnommen, dann wird die Häufigkeitsverteilung

h_a, h_b, h_c, h_d erhalten. Entnimmt man (gedanklich) nacheinander unendlich viele Stichproben vom Umfang n, so erhält man die Wahrscheinlichkeitsverteilung der h_a, h_b, h_c, h_d

$$\mathrm{P}(h_a, h_b, h_c, h_d) = \frac{n!}{h_a!\, h_b!\, h_c!\, h_d!} p_a^{h_a} p_b^{h_b} p_c^{h_c} p_d^{h_d},$$

$$h_a, h_b, h_c, h_d \in \{0, 1, \dots, n\}; \qquad h_a + h_b + h_c + h_d = n.$$

Diese Verteilung heißt *Polynomialverteilung* und ist für die Untersuchung diskret verteilter vektorieller Größen von besonderer Bedeutung.

p_a, p_b, p_c, p_d sind die (hier als bekannt angenommen) Wahrscheinlichkeiten dafür, daß ein zufällig aus Ω^* entnommenes Element die Eigenschaft $\boldsymbol{X} = \mathbf{a}$, $\boldsymbol{X} = \mathbf{b}$, $\boldsymbol{X} = \mathbf{c}$ oder $\boldsymbol{X} = \mathbf{d}$ hat.

In den meisten praktischen Fällen ist die Verteilung p_a, p_b, p_c, p_d unbekannt. $\mathrm{P}(h_a, h_b, h_c, h_d)$ erreicht seinen Maximalwert für $\frac{h_a}{n} = p_a, \frac{h_b}{n} = p_b, \frac{h_c}{n} = p_c, \frac{h_d}{n} = p_d$. Es werden die $\frac{h_a}{n}, \frac{h_b}{n}, \frac{h_c}{n}, \frac{h_d}{n}$ als Schätzungen $\frac{h_a}{n} = \hat{p}_a, \frac{h_b}{n} = \hat{p}_b, \frac{h_c}{n} = \hat{p}_c, \frac{h_d}{n} = \hat{p}_d$ für p_a, p_b, p_c, p_d benutzt. Aus $\mathrm{P}(h_a, h_b, h_c, h_d)$ läßt sich abschätzen, mit welcher statistischen Sicherheit die „wahren" Werte p_a, p_b, p_c, p_d in einer vorgegebenen Menge möglicher Werte liegen (siehe Beispiel A 1-9).

Beispiel A 1-9: Es wird ausgegangen von den Grundmengen Ω^* bzw. Ω aus den Beispielen A 1-1 bzw. A 1-2. Es soll nur interessieren, ob $\boldsymbol{X} = \mathbf{a}$ oder $\boldsymbol{X} = \mathbf{b} \cup \mathbf{c} \cup \mathbf{d}$ ist. $\boldsymbol{X}$ wird definiert durch $\mathscr{X} = \{\xi^1, \xi^2\} = \{\mathbf{a}, \{\mathbf{b}, \mathbf{c}, \mathbf{d}\}\}$ und die Wahrscheinlichkeitsverteilung p_a und $(1 - p_a) = \mathrm{P}(\boldsymbol{X} = \mathbf{b} \cup \mathbf{c} \cup \mathbf{d})$. Entnimmt man eine Zufallsstichprobe (mit Zurücklegen) vom Umfang n, dann wird h_a mal ein Element a erhalten. Für unendlich viele Stichproben wird die Wahrscheinlichkeitsverteilung für h_a

$$\mathrm{P}(h_a) = \binom{n}{h_a} p^{h_a}(1 - p)^{n-h_a}, \qquad \forall h_a \in \{0, \dots, n\}.$$

Diese Verteilung heißt Binomialverteilung.

Werden Stichproben vom Umfang $n = 10$, $p = 0{,}25$ betrachtet, dann gilt

$$\mathrm{P}(h_a) = \binom{10}{h_a} 0{,}25^{h_a} 0{,}75^{10-h_a}, \qquad \forall h_a = 0, \dots, 10.$$

$\mathrm{P}(h_a)$ ist in Tab. A 1-1 Abb. und A 1-9

Tab. A 1-1
Binomialverteilung von h_a für $p = 0{,}25$, $n = 10$

h_a	0	1	2	3	4	5	6	7	8	9	10
$\mathrm{P}(h_a)$	0,06	0,19	0,28	0,25	0,16	0,06	0,01	0,00	0,00	0,00	0,00

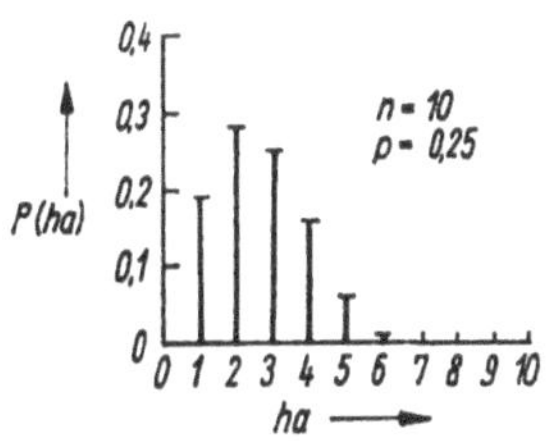

Abb. A 1-9
Binomialverteilung

dargestellt. Tabelle A 1-1 zeigt, daß 87% aller h_a in $1 \leqq h_a \leqq 4$ liegen.

Beispiel A 1-10: Wie im Beispiel A 1-8 wird von den Grundmengen Ω^* bzw. Ω ausgegangen. Als interessierende zufällige Eigenschaften werden mit W, X, Y, Z die zufälligen Häufigkeiten beschrieben mit denen Elemente mit Eigenschaften **a**, **b**, **c** oder **d** in einer Stichprobe enthalten sind. Die W, X, Y und Z zugeordnete (dreidimensionale) Wahrscheinlichkeitsverteilung ist

$$\mathsf{P}(W = h_a, X = h_b, Y = h_c, Z = h_d) = \frac{n!}{h_a!\, h_b!\, h_c!\, h_d!} p_a^{h_a} p_b^{h_b} p_c^{h_c} p_d^{h_d},$$

$$\forall h_a, h_b, h_c, h_d \in \{0, \ldots, n\}, \qquad h_a + h_b + h_c + h_d = n.$$

Anstelle der Zufallsgrößen W, X, Y, Z kann ein zufälliger Vektor

$$\boldsymbol{X} = \begin{pmatrix} X_1 \\ X_2 \\ X_3 \\ X_4 \end{pmatrix}$$ verwendet werden. $\boldsymbol{X}$ wird definiert durch das Alphabet

$$\mathscr{X} = \{\xi^1, \xi^2, \ldots, \xi^E\} = \left\{ \begin{pmatrix} n \\ 0 \\ 0 \\ 0 \\ 0 \end{pmatrix}, \ldots, \begin{pmatrix} 0 \\ 0 \\ 0 \\ 0 \\ n \end{pmatrix} \right\}$$

mit $E = (n + 1)^3$. Die zugehörige Wahrscheinlichkeitsverteilung ist

$$P(\boldsymbol{X} = \xi^m) = P(X_1 = i, X_2 = j, X_3 = k, X_4 = l),$$

$$\forall i, j, k, l \in \{0, \ldots, n\}, \qquad i + j + k + l = n.$$

Parameter zur Charakterisierung der Eigenschaften von Gesamtheiten: Wesentliche Parameter zur Charakterisierung statistischer Gesamtheiten sind in Tab. A 1-2 zusammengestellt.

Beispiel A 1-11: Aus einer Grundgesamtheit von Erzeugnissen werden zufällige Stichproben vom Umfang Eins mit Zurücklegen entnommen. Die sonst gleichen Erzeugnisse unterscheiden sich durch zwei Arten der Oberflächenbearbeitung und zwei Qualitätsniveaus der Oberflächen, die nach einem Alterungsvorgang entstanden sind. Den Arten der Oberflächenbearbeitung seien die Zahlen 0 und 1 und den Qualitätsniveaus die Zahlen 0 und 1 zugeordnet. Die Erzeugnisse werden durch den zufälligen Vektor

$$\boldsymbol{X} = \begin{pmatrix} \text{Art der Oberflächenbearbeitung} \\ \text{Qualitätsniveau} \end{pmatrix}$$

charakterisiert. $\boldsymbol{X}$ kann die Werte $\xi^1 = \begin{pmatrix} 0 \\ 0 \end{pmatrix}$, $\xi^2 = \begin{pmatrix} 0 \\ 1 \end{pmatrix}$, $\xi^3 = \begin{pmatrix} 1 \\ 0 \end{pmatrix}$ und $\xi^4 = \begin{pmatrix} 1 \\ 1 \end{pmatrix}$ annehmen. Es gelte

$$\mathsf{P}(\boldsymbol{X} = \xi^1) = p_1 = \tfrac{1}{4}, \qquad \mathsf{P}(\boldsymbol{X} = \xi^2) = p_2 = \tfrac{1}{4}, \qquad \mathsf{P}(\boldsymbol{X} = \xi^3) = \tfrac{1}{4}$$

und

$$\mathsf{P}(\boldsymbol{X} = \xi^4) = p_4 = \tfrac{1}{4}.$$

Für $\mathsf{E}(\boldsymbol{X})$ wird

$$\mathsf{E}(\boldsymbol{X}) = \frac{1}{4}\begin{pmatrix} 0 \\ 0 \end{pmatrix} + \frac{1}{4}\begin{pmatrix} 0 \\ 1 \end{pmatrix} + \frac{1}{4}\begin{pmatrix} 1 \\ 0 \end{pmatrix} + \frac{1}{4}\begin{pmatrix} 1 \\ 1 \end{pmatrix} = \boldsymbol{\mu}$$

Tab. A 1-2
Parameter zur Charakterisierung statistischer Gesamtheiten

konkrete Stichprobe	Grundgesamtheit
Empirischer Mittelwert von Vektoren $\mathbf{x}_i$ $\bar{\mathbf{x}} = \frac{1}{n}\sum_{i=1}^{n}\mathbf{x}_i = \sum_{j=1}^{X} h_j\xi^j$	**Erwartungswert eines zufälligen Vektors X** $\mathsf{E}(X) = \bar{X} = \sum_{j=1}^{X} p_j\xi^j = \mu$
Empirische Kovarianzmatrix (Streuungsmatrix, Autokovarianzmatrix) von Vektoren $\mathbf{x}_i$ $\mathbf{K_x} = \frac{1}{n-1}\sum_{i=1}^{n}(\mathbf{x}_i - \bar{\mathbf{x}})(\mathbf{x}_i - \bar{\mathbf{x}})^{\mathsf{T}}$ $= \frac{1}{n-1}\sum_{j=1}^{X} h_j(\xi^j - \bar{x})(\xi^j - \bar{x})^{\mathsf{T}}$ $= \begin{pmatrix} \mathsf{k}_{x_1x_1} & \mathsf{k}_{x_1x_2} & \cdots & \mathsf{k}_{x_1x_I} \\ \mathsf{k}_{x_2x_1} & \mathsf{k}_{x_2x_2} & \cdots & \mathsf{k}_{x_2x_I} \\ \vdots & \vdots & & \\ \mathsf{k}_{x_Ix_1} & \mathsf{k}_{x_Ix_2} & \cdots & \mathsf{k}_{x_Ix_I} \end{pmatrix};$ $\mathbf{x}_i = \begin{pmatrix} x_{1i} \\ \vdots \\ x_{Ii} \end{pmatrix}, \quad \xi^j = \begin{pmatrix} \xi_1^j \\ \vdots \\ \xi_I^j \end{pmatrix},$ $\mathsf{k}_{x_kx_l} = \frac{1}{n-1}\sum_{i=1}^{n}(x_{ki} - \bar{x}_k)(x_{li} - \bar{x}_l)$ $= \frac{1}{n-1}\sum_{j=1}^{X} h_j\xi_k^j\xi_l^j - x_k\bar{x}_l$ k_{ii} := empirische Streuung der Komponente x_i	**Kovarianzmatrix** (Streuungsmatrix, Autokovarianzmatrix) eines zufälligen Vektors X $\mathsf{E}\{(X - \mathsf{E}(X))(X - \mathsf{E}(X))^{\mathsf{T}}\} = \mathbf{S}_X$ $= \sum_{j=1}^{X} p_j(\xi^j - \mu)(\xi^j - \mu)^{\mathsf{T}}$ $= \begin{pmatrix} \mathsf{s}_{X_1X_1} & \mathsf{s}_{X_1X_2} & & \mathsf{s}_{X_1X_I} \\ \vdots & \vdots & & \\ \mathsf{s}_{X_IX_1} & \mathsf{s}_{X_IX_2} & \cdots & \mathsf{s}_{X_IX_I} \end{pmatrix}$ $\xi^j = \begin{pmatrix} \xi_1^j \\ \vdots \\ \xi_I^j \end{pmatrix}, \quad \mu = \begin{pmatrix} \mu_1 \\ \vdots \\ \mu_I \end{pmatrix}$ $\mathsf{s}_{X_kX_l} = \sum_{j=1}^{X} p_j(\xi_k^j - \mu_k)(\xi_l^j - \mu_l)$ $= \sum_{j=1} p_j\xi_k^j\xi_l^j - \mu_k\mu_l$ $\mathsf{s}_{ii} = \mathsf{D}^2(X_i)$ = Streuung (Dispersion) der Komponente X_i Besteht kein korrelativer Zusammenhang zwischen den Komponenten ξ_k^j und ξ_l^j, $\forall_j$, dann wird $\mathsf{s}_{X_kX_l} = 0$, $\forall k, l$ mit $k \neq l$.
Empirische Kovarianzmatrix (Kreuzkovarianzmatrix) **von Vektoren $\mathbf{x}_i$, $\mathbf{y}_i$** $\mathbf{K_{xy}} = \frac{1}{n-1}\sum_{i=1}^{n}(\mathbf{x}_i - \mathbf{x})(\mathbf{y}_i - \mathbf{y})^{\mathsf{T}}$ $= \frac{1}{n-1}\sum_{l=1}^{X}\sum_{m=1}^{Y} h_{lm}^*(\xi^l - \bar{\mathbf{x}})(v^m - \bar{\mathbf{y}})^{\mathsf{T}}$ $h_{lm}^* = h(\mathbf{x} = \xi^l \cap \mathbf{y} = v^m)$	**Kovarianzmatrix** (Kreuzkovarianzmatrix) **von zwei zufälligen Vektoren X und Y** $\mathbf{S}_{XY} = \mathsf{E}\{(X - \mathsf{E}(X))(Y - \mathsf{E}(Y))^{\mathsf{T}}\}$ $= \sum_{l=1}^{X}\sum_{m=1}^{Y} p_{lm}^*(\xi^l - \mu_x)(v^m - \mu_y)^{\mathsf{T}}$ $p_{l,m}^* = \mathsf{P}(X = \xi^l \cap Y = v^m)$ $= \mathsf{P}(X = \xi^l \mid Y = v^l)\,\mathsf{P}(Y = v^l)$ Besteht kein korrelativer Zusammenhang zwischen X und Y, dann ist $\mathbf{S}_{XY} = 0$.

erhalten. Für die Autokovarianzmatrix gilt

$$\mathbf{S}_X = \sum_{j=1}^{n} p_j(\xi^j - \mu)(\xi^j - \mu)^\mathsf{T}$$

$$= \frac{1}{4}\begin{pmatrix} -\frac{1}{2} \\ -\frac{1}{2} \end{pmatrix}\left(-\frac{1}{2}, -\frac{1}{2}\right) + \frac{1}{4}\begin{pmatrix} -\frac{1}{2} \\ \frac{1}{2} \end{pmatrix}\left(-\frac{1}{2}, \frac{1}{2}\right) + \frac{1}{4}\begin{pmatrix} \frac{1}{2} \\ -\frac{1}{2} \end{pmatrix} \times$$

$$\times \left(\frac{1}{2}, -\frac{1}{2}\right) + \frac{1}{4}\begin{pmatrix} \frac{1}{2} \\ \frac{1}{2} \end{pmatrix}\left(\frac{1}{2}, \frac{1}{2}\right) = \begin{pmatrix} \frac{1}{4} & 0 \\ 0 & \frac{1}{4} \end{pmatrix}.$$

Gilt z. B. $p_1 = \frac{2}{6}$, $p_2 = \frac{1}{6}$, $p_3 = \frac{1}{6}$, $p_4 = \frac{2}{6}$, dann hängen die Wahrscheinlichkeiten für die Qualitätsniveaus von der Art der Oberflächenbearbeitung ab. Es wird

$$\mathsf{E}(X) = \begin{pmatrix} \frac{1}{2} \\ \frac{1}{2} \end{pmatrix}$$

und

$$\mathbf{S}_X = \frac{2}{6}\begin{pmatrix} -\frac{1}{2} \\ -\frac{1}{2} \end{pmatrix}\left(-\frac{1}{2}, -\frac{1}{2}\right) + \frac{1}{6}\begin{pmatrix} -\frac{1}{2} \\ \frac{1}{2} \end{pmatrix}\left(-\frac{1}{2}, \frac{1}{2}\right) + \frac{1}{6}\begin{pmatrix} \frac{1}{2} \\ -\frac{1}{2} \end{pmatrix}$$

$$\times \left(\frac{1}{2}, -\frac{1}{2}\right) + \frac{2}{6}\begin{pmatrix} \frac{1}{2} \\ \frac{1}{2} \end{pmatrix}\left(\frac{1}{2}, \frac{1}{2}\right) = \begin{pmatrix} \frac{1}{4} & \frac{1}{12} \\ \frac{1}{12} & \frac{1}{4} \end{pmatrix}.$$

Anmerkung: In diesem Beispiel wurde die Methode angewandt, qualitative (klassifikatorische) Argumente durch Zahlen zu bewerten. Diese Methode wird in der Technologie häufig genutzt. Werden die Arten der Oberflächenbearbeitung a und b und die Qualitätsniveaus c und d verwendet, erhält man Vektoren (i. w. S.) $\xi^j \in \left\{\begin{pmatrix} a \\ c \end{pmatrix}, \begin{pmatrix} a \\ d \end{pmatrix}, \begin{pmatrix} b \\ c \end{pmatrix}, \begin{pmatrix} b \\ d \end{pmatrix}\right\}$. Mit diesen Vektoren lassen sich keine Erwartungswerte und Kovarianzmatrizen bilden. Aussagen über gegenseitige Abhängigkeiten lassen sich mit Hilfe der Ereignisalgebra angeben. Für $X \in \{\xi^1, \xi^2, \xi^3, \xi^4\} = \left\{\begin{pmatrix} a \\ c \end{pmatrix}, \begin{pmatrix} a \\ d \end{pmatrix}, \begin{pmatrix} b \\ c \end{pmatrix}, \begin{pmatrix} b \\ d \end{pmatrix}\right\}$ und $p_1 = \frac{2}{6}$, $p_2 = \frac{1}{6}$, $p_3 = \frac{1}{6}$, $p_4 = \frac{2}{6}$ ist z. B. die Wahrscheinlichkeit dafür, daß ein Erzeugnis das Qualitätsniveau c hat unter der Bedingung, daß ein Erzeugnis mit der Eigenschaft a herausgegriffen wurde

$$P(X = \xi^1 \cup X = \xi^3 \mid X = \xi^1 \cup X = \xi^2$$

$$= \frac{P(X = \xi^1 \cup X = \xi^3 \cap X = \xi^1 \cup X = \xi^2)}{P(X = \xi^1 \cup X = \xi^2)} = \frac{P(X = \xi^1)}{P(X = \xi^1 \cup X = \xi^2)}$$

$$= \frac{p_1}{p_1 + p_3} = \frac{2}{3}.$$

Wäre das Qualitätsniveau von der Art der Oberflächenbearbeitung unabhängig, dann würden Erzeugnisse des Qualitätsniveaus c mit der Wahrscheinlichkeit

$$P(\boldsymbol{X} = \xi^1 \cup \boldsymbol{X} = \xi^3) = p_1 + p_3 = \tfrac{1}{2}$$

auftreten.

A 2. Simulation des Verhaltens einer Fertigungszelle

Es wird das Verhalten der in den Beispielen 2.2.2.-1 a und 2.2.2.-1 b beschriebenen und durch Abb. 2.2.2-1 dargestellten Fertigungszelle auf einem Digitalrechner simuliert. Es soll das Vorgehen bei der Durchführung von Simulationsexperimenten, der Aufbau und die Wirkungsweise von Simulationsprogrammen und die Auswertung von Simulationsergebnissen demonstriert werden. Das Beispiel wurde sehr einfach gewählt, um eine relativ übersichtliche Darstellung zu ermöglichen. Es ist ohne Schwierigkeiten auf recht allgemeine Simulationsprobleme erweiterbar. Der Umfang der bearbeitbaren Aufgaben wird im wesentlichen durch den Speicherplatzbedarf und die erforderliche Rechenzeit begrenzt.

Im Eingangspuffer P_1 liegt ein unbegrenzter Vorrat an zu bearbeitenden Gegenständen bereit. Die Bearbeitungszeiten der Gegenstände auf den Automaten A_1, A_2, A_3 werden durch den zufälligen Vektor

$$\boldsymbol{AZ}(k) = \begin{pmatrix} AZ_1(k) \\ AZ_2(k) \\ AZ_3(k) \end{pmatrix} \tag{A2-1}$$

dargestellt. Die möglichen Realisierungen von $\boldsymbol{AZ}$ sind

$$\mathbf{az}(k) \in \left\{ \begin{pmatrix}1\\2\\5\end{pmatrix}, \begin{pmatrix}2\\3\\7\end{pmatrix}, \begin{pmatrix}3\\7\\1\end{pmatrix}, \begin{pmatrix}4\\5\\4\end{pmatrix}, \begin{pmatrix}5\\6\\6\end{pmatrix}, \begin{pmatrix}6\\1\\2\end{pmatrix}, \begin{pmatrix}7\\4\\3\end{pmatrix} \right\} \tag{A2-2}$$

Jede Komponente $az_i(k)$ von $\mathbf{az}(k)$ ist die Bearbeitungszeit eines Erzeugnisses auf dem Automaten A_i, $i \in \{1, 2, 3\}$. Sie wird als ganzzahliges Vielfaches des Taktabstandes angegeben. $\boldsymbol{AZ}(k)$ und $\boldsymbol{AZ}(k+1)$, $\forall k$, $\forall l$ sind unkorreliert.

Es ist

$$\begin{aligned}
&P\left(\boldsymbol{AZ}(k) = \begin{pmatrix}1\\2\\5\end{pmatrix}\right) = p_1 = 0{,}08\,, \qquad P\left(\boldsymbol{AZ}(k) = \begin{pmatrix}2\\3\\7\end{pmatrix}\right) = p_2 = 0{,}1\,,\\
&P\left(\boldsymbol{AZ}(k) = \begin{pmatrix}3\\7\\1\end{pmatrix}\right) = p_3 = 0{,}2\,, \qquad P\left(\boldsymbol{AZ}(k) = \begin{pmatrix}4\\5\\4\end{pmatrix}\right) = p_4 = 0{,}36\,,\\
&P\left(\boldsymbol{AZ}(k) = \begin{pmatrix}5\\6\\6\end{pmatrix}\right) = p_5 = 0{,}12\,, \qquad P\left(\boldsymbol{AZ}(k) = \begin{pmatrix}6\\1\\2\end{pmatrix}\right) = p_6 = 0{,}08\,,\\
&P\left(\boldsymbol{AZ}(k) = \begin{pmatrix}7\\4\\3\end{pmatrix}\right) = p_7 = 0{,}06\,.
\end{aligned} \tag{A2-3}$$

Zur Simulation des Verhaltens der Fertigungszelle werden die Automaten A_1, A_2, A_3 und die Puffer P_2 und P_3 durch Speicherfelder A1, A2, A3, P2 und P3 und durch Zähler ZA1, ZA2, ZA3, ZP2 und ZP3 abgebildet. Für den Roboter R wird ebenfalls ein Zähler ZR eingerichtet. Jedes Erzeugnis E_j (Flußobjekt, Transaction) wird durch einen variablen Vektor $\mathbf{v}_j$ beschrieben. Ein Zähler Z registriert die laufenden Nummern j der erzeugten $\mathbf{v}_j$.

Der Aufenthalt von E_j in einem A_i oder in P_2 wird dadurch nachgebildet, daß das Speicherfeld Ai bzw. P2 durch $\mathbf{v}_j$ belegt wird. Verläßt E_j einen Automaten oder einen Puffer, dann wird das zugehörige Speicherfeld mit Nullen gefüllt. Der so entstehende Zustand soll mit $\langle A_i \rangle = \emptyset$ bzw. $\langle P2 \rangle = \emptyset$ beschrieben werden. $\langle A \rangle$ wird als Inhalt des Speicherbereiches A definiert. Um nicht Zeit und Speicherplatz für die Bereitstellung von sehr vielen Vektoren $\mathbf{v}_j$ in P_1 aufwenden zu müssen, werden diese Vektoren $\mathbf{v}_j$ erst durch den Befehl A1 bes. (A1 besetzen) bzw. A2 bes. (A2 besetzen) in A1 bzw. A2 gebildet. Alle Vektoren $\mathbf{v}_j$ werden nach ihrem Durchlauf durch die Fertigungszellen in P3 gespeichert.

Die Komponenten der Vektoren (sie entsprechen Feldelementen in den Speicherfeldern A1, A2, A3, P2 und P3) $\mathbf{v}_j$ haben die Bedeutungen

$v_j^1 = j \in \{1, 2 \ldots\}$	laufende Nummer des in die Zelle eintretenden Erzeugnisses,
$\begin{pmatrix} v_j^2 \\ v_j^3 \\ v_j^4 \end{pmatrix} = \begin{pmatrix} az_1 \\ az_2 \\ az_3 \end{pmatrix}$	Bearbeitungszeiten auf den Automaten A_1, A_2, A_3
$v_j^5 \in \{0, L\}$	$v_j^5 = L$ das Erzeugnis hat bereits A_1 durchlaufen, $v_j^5 = 0$ das Erzeugnis hat A_1 noch nicht durchlaufen,
$v_j^6 \in \{0, L\}$	$v_j^6 = L$ das Erzeugnis hat bereits A_2 durchlaufen, $v_j^6 = 0$ das Erzeugnis hat A_2 noch nicht durchlaufen,
$v_j^7 \in \{1, \ldots, K\} = \mathcal{K}$	Takt des Eintritts in A_1,
$v_j^8 \in \mathcal{K}$	Takt des Eintritts in A_2,
$v_j^9 \in \mathcal{K}$	Takt des Eintritts in P_2,
$v_j^{10} \in \mathcal{K}$	Takt des Austritts aus A_1,
$v_j^{11} \in \mathcal{K}$	Takt des Austritts aus A_2,
$v_j^{12} \in \mathcal{K}$	Takt des Austritts aus P_2,
$v_j^{13} \in \mathcal{K}$	Takt des Eintritts in A_3,
$v_j^{14} \in \mathcal{K}$	Takt des Austritts aus A_3,
$v_j^{15} = l \in \{1, 2, \ldots\}$	Angabe als wievieltes das Erzeugnis die Zelle verläßt.

In den Zählern ZA1, ZA2, ZA3, ZP2 werden die Takte gezählt, in denen sich A_i bzw. P_2 in den Zuständen b_1, b_2 oder b_3 befinden. Es ist

ZAi^1	Anzahl der Takte, in denen A_i, $i \in \{1, 2, 3\}$ ein Erzeugnis bearbeitet (Zustand b_1)
ZAi^2	Anzahl der Takte, in denen A_i auf die Entnahme eines Erzeugnisses wartet $ZAi^2 = K - ZAi^1 - ZAi^3$
ZAi^3, $ZP2^3$	Anzahl der Takte, in denen A_i bzw. P2 frei ist (Zustand b_3).

Der Zähler ZR zählt die Takte, in denen der Roboter zumindest einen Arbeitsgang durchführt. Ein Zufallszahlengenerator ZZ erzeugt gleichverteilte Zufallszahlen

Tab. A2-1
Befehle bzw. Programmabschnitte im Programmablaufplan der Abb. A2-1

Nr.	Symbol	Bedeutung	Kommentar
1.	Ai∅, $i \in \{1, 2, 3\}$	Ist A_i frei?	Befindet sich A_i im Zustand b_3? Bei erfüllter Bedingung wird gleichzeitig ZAi^3 um 1 erhöht.
2.	P2∅	Ist P2 frei?	Befindet sich P_2 im Zustand b_3? Bei erfüllter Bedingung wird gleichzeitig $ZP2^3$ um 1 erhöht.
3.	$ZZ > A$	Ist $ZZ > A$?	
4.	Ai agb., $i \in \{1, 2, 3\}$	Ist A_i abgabebereit?	Befindet sich A_i im Zustand b_2? Bei nicht erfüllter Bedingung ist ZA_i^1 um 1 zu erhöhen.
5.	Ai a_j ag. $i \in \{1, 2\}$ $j \in \{1, 2\}$ $i \neq j$	Wurde an dem in A_i befindlichen Erzeugnis der Arbeitsgang a_j bereits abgearbeitet?	Bei erfüllter Bedingung kann das Erzeugnis an A_3 abgegeben werden, sonst an P_2 oder A_j.
6.	P2 a_i ag., $i \in \{1, 2\}$	Wurde an dem in P2 befindlichen Erzeugnis der Arbeitsgang a_i, $i \in \{1, 2\}$ bereits abgearbeitet?	Bei erfüllter Bedingung kann das Erzeugnis nicht an A_i weitergegeben werden
7.	$ZZ > A$	Hat die im Takt k erzeugte Zufallszahl einen Wert größer als A?	
8.	$k = K$	Ist $k = K$?	K gibt die Anzahl der im Simulationslauf zu durchlaufenden Takte an. KT_0 ist die zu simulierende Arbeitszeit der Zelle. T_0 ist der Taktabstand auf der Echtzeituhr.
9.	Ai bes., $i \in \{1, 2\}$	Ai ist zu besetzen	Dieser Programmabschnitt wird gesondert erläutert (s. Abb. A2-2)
10.	$\langle Ai \rangle := \langle Aj \rangle$ $i \in \{1, 2, 3\}$ $j \in \{1, 2\}$ $i \neq j$	Umspeichern von $\langle Aj \rangle$ in $\langle Ai \rangle$	$\langle Ai \rangle$ wird durch $\langle Aj \rangle$ ersetzt. $\langle Aj \rangle$ wird mit Nullen gefüllt. $\langle ZAi^1 \rangle$ wird um 1 erhöht. ZAi^3 wird um 1 erniedrigt. ZAj^3 wird um 1 erhöht. Die Austritts- und Eintrittszeitpunkte werden in $\mathbf{v}_j$ eingetragen.
11.	$\langle P2 \rangle := \langle Ai \rangle$, $i \in \{1, 2\}$	Umspeichern von $\langle Ai \rangle$ in $\langle P2 \rangle$	$\langle P2 \rangle$ wird durch $\langle Ai \rangle$ ersetzt. $\langle Ai \rangle$ wird mit Nullen gefüllt. $ZP2^3$ wird um 1 erniedrigt. ZAi^3 wird um 1 erhöht.
12.	$\langle Ai \rangle := \langle P2 \rangle$, $i \in \{1, 2\}$	Umspeichern von $\langle P2 \rangle$ in $\langle Ai \rangle$	$\langle Ai \rangle$ wird durch $\langle P2 \rangle$ ersetzt. $\langle P2 \rangle$ wird mit Nullen gefüllt. ZAi^1 wird um 1 erhöht. $ZP2^3$ wird um 1 erhöht. Die Austritts- und Eintrittszeitpunkte werden in $\mathbf{v}_j$ eingetragen.

Tab. A 2-1 (Fortsetzung)

Nr.	Symbol	Bedeutung	Kommentar
13.	$\langle P3_l \rangle := \langle A3 \rangle$ $l \in \{1, 2 ...\}$	Umspeichern von $\langle A3 \rangle$ in $\langle P3_l \rangle$	$\langle P3_l \rangle$ wird mit $\langle A3 \rangle$ belegt. Die aus der Zelle austretenden Elemente werden nacheinander in die Felder $P3_1$, $P3_2$, ... eingespeichert. $ZA3^3$ wird um 1 erhöht. Der Austrittszeitpunkt wird in $\mathbf{v}_j$ eingetragen.
14.	$k := k + 1$	Erhöhung der Taktnummer um 1	Die Taktnummer wird um 1 erhöht. Hat der Roboter zumindest einen Arbeitsgang in $k \leqq t \leqq k + 1$ durchgeführt, wird ZR um 1 erhöht.
15.	Erg. ber. Erg. drucken	Berechnen und Ausdrucken der Simulationsergebnisse	Aus $\langle P3 \rangle$ und den Inhalten der Zähler ZA1, ZA2, ZA3, ZP2 und ZR werden nach einem speziellen Programm die interessierenden Kenngrößen der Fertigungszelle berechnet, in einem Ergebnisspeicher für den jeweiligen Simulationslauf abgespeichert und ausgedruckt.

$1 \leqq zz \leqq 1000$. Falls A_1 und A_2 gleichzeitig frei sind, wird für $zz > A$ zuerst A_1 und dann A_2 besetzt. Dieser Programmabschnitt hat in dem beschriebenen Programm keine Bedeutung. Er würde erst wirksam, wenn in P_1 eine endliche Warteschlange besteht und die $\boldsymbol{AZ}(k)$ und $\boldsymbol{AZ}(k + l)$ korreliert sein können.

Der Simulationsprozeß läuft nach dem in Abb. A2-1 dargestellten Grobprogrammablaufplan ab. Die in Abb. A 2-1 verwendeten Befehle bzw. Programmabschnitte sind in Tab. A 2-1 definiert. Der Programmabschn:tt Ai, $i \in \{1, 2\}$ besetzen wird für A1 durch den Programmablaufplan in Abb. A 2-2 beschrieben. Für A2 gilt ein analoges Programm.

Auf den Befehl „A1 besetzen" wird im Takt k in A1 ein Vektor $\mathbf{v}_j(k)$ gebildet. $\mathbf{v}_j^1$ wird mit der laufenden Nummer j belegt, v_j^7 erhält den Wert k. Mit der Wahrscheinlichkeit p_1 bzw. p_2 ... bzw. p_7 wird ein Vektor (s. A3-2) und (A3-3))

$$\mathbf{az} = \begin{pmatrix} az_1 \\ az_2 \\ az_3 \end{pmatrix} = \begin{pmatrix} v_j^2 \\ v_j^3 \\ v_j^4 \end{pmatrix} \in \left\{ \begin{pmatrix} 1 \\ 2 \\ 5 \end{pmatrix}, \ldots, \begin{pmatrix} 7 \\ 4 \\ 3 \end{pmatrix} \right\} \tag{A2-4}$$

der Bearbeitungszeiten auf A_1, A_2, A_3 erzeugt. Die zufälligen Bearbeitungszeiten auf den Automaten A_1, A_2, A_3, die sich in der realen Fertigungszelle ergeben und durch Fertigmeldungen beendet werden, werden im Modell durch zufällig den Erzeugnissen zugeordnete Bearbeitungszeitvektoren ersetzt. Alle übrigen Komponenten von $\mathbf{v}_j$ werden mit Nullen belegt. Ist nach mehreren Simulationstakten (nach jedem Takt

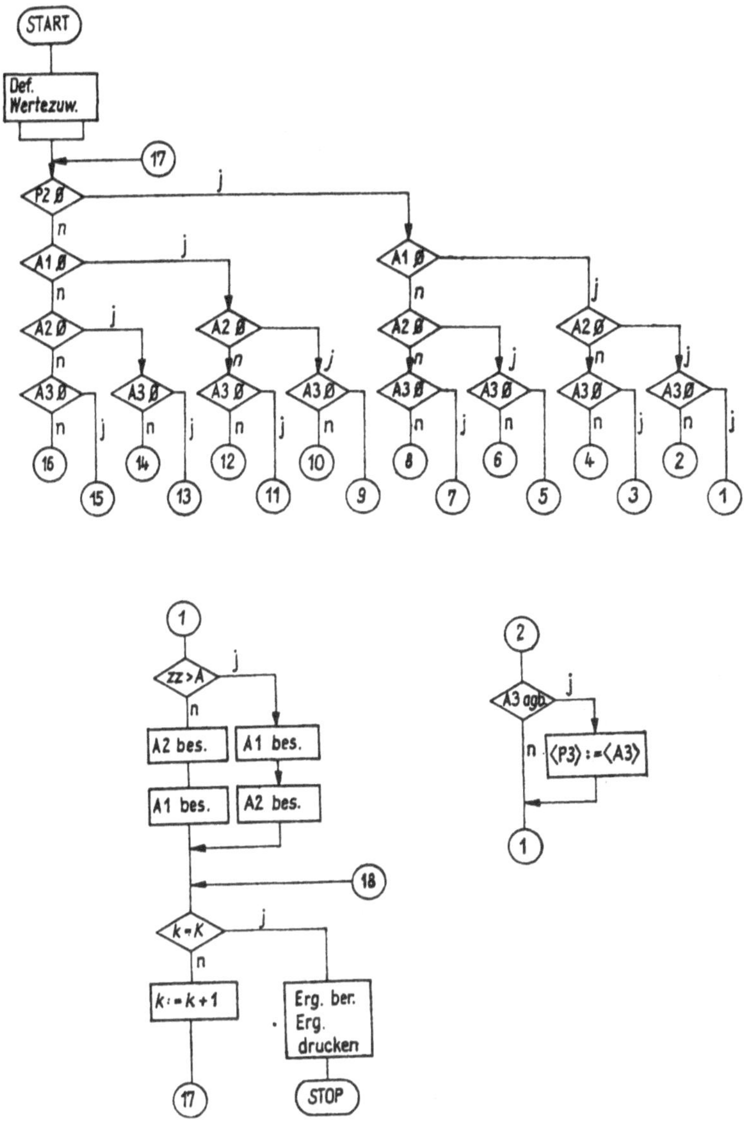

Abb. A 2-1a

wird mit $k := k + 1$ k um 1 erhöht)

$$v_j^7 + v_j^2 > k \,, \tag{A2-5}$$

dann ist A_1 abgabebereit. Erfolgt eine Abgabe, dann wird $v_j^5 = L$ und v_j^{10} = Austrittstakt aus A_1. Die Abgabebereitschaft aus A1, A2, A3 wird dann, wenn sie durch Umspeichern besetzt wurden, in ähnlicher Weise ermittelt.

Bei der Verwendung von Simulationssprachen werden Programmabschnitte zu vorgefertigten Blöcken zusammengefaßt. So kann z. B. Ai besetzen durch einen

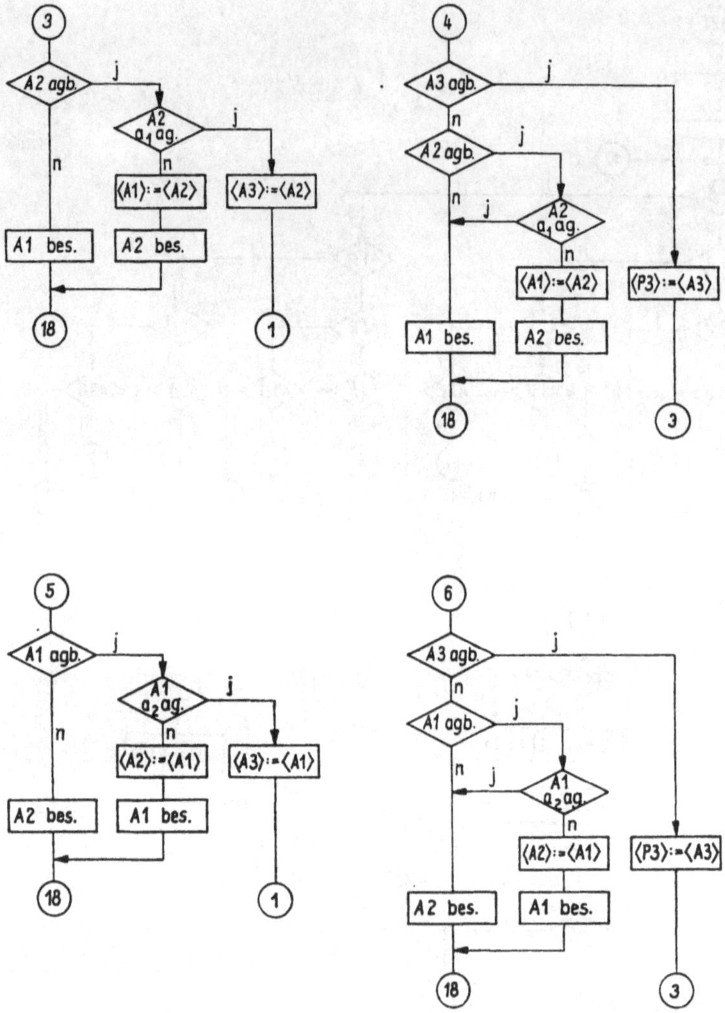

Abb. A 2-1 b

GENEATE-Block und durch FUNCTION-Blöcke, die die zufälligen Bearbeitungszeiten erzeugen, dargestellt werden.

Die Verteilung (A2-3) wird mit einer Definitionskarte eingegeben.

Aus den Ergebnissen des Simulationslaufes werden die interessierenden Kenngrößen (Durchlaufzeiten, Besetztzeiten usw.) und ihre Mittelwerte, ihre empirischen Streuungen, ihre Häufigkeitsverteilungen usw. erhalten.

Zur statistischen Auswertung der Simulationsergebnisse (Berechnung von Konfidenzintervallen usw.) muß eine größere Anzahl von Simulationsläufen durchgeführt und analysiert worden. In diesem Beispiel kann der Prozeß als stationär angesehen werden. Es wurden deshalb nicht mehrere Simulationsläufe durchgeführt, sondern ein langer Simulationslauf (5000 Takte) in Abschnitte zerlegt (Methode der Simulationsabschnitte). In der Tabelle A 2-2 sind ausgewählte Ergebnisse dargestellt, die

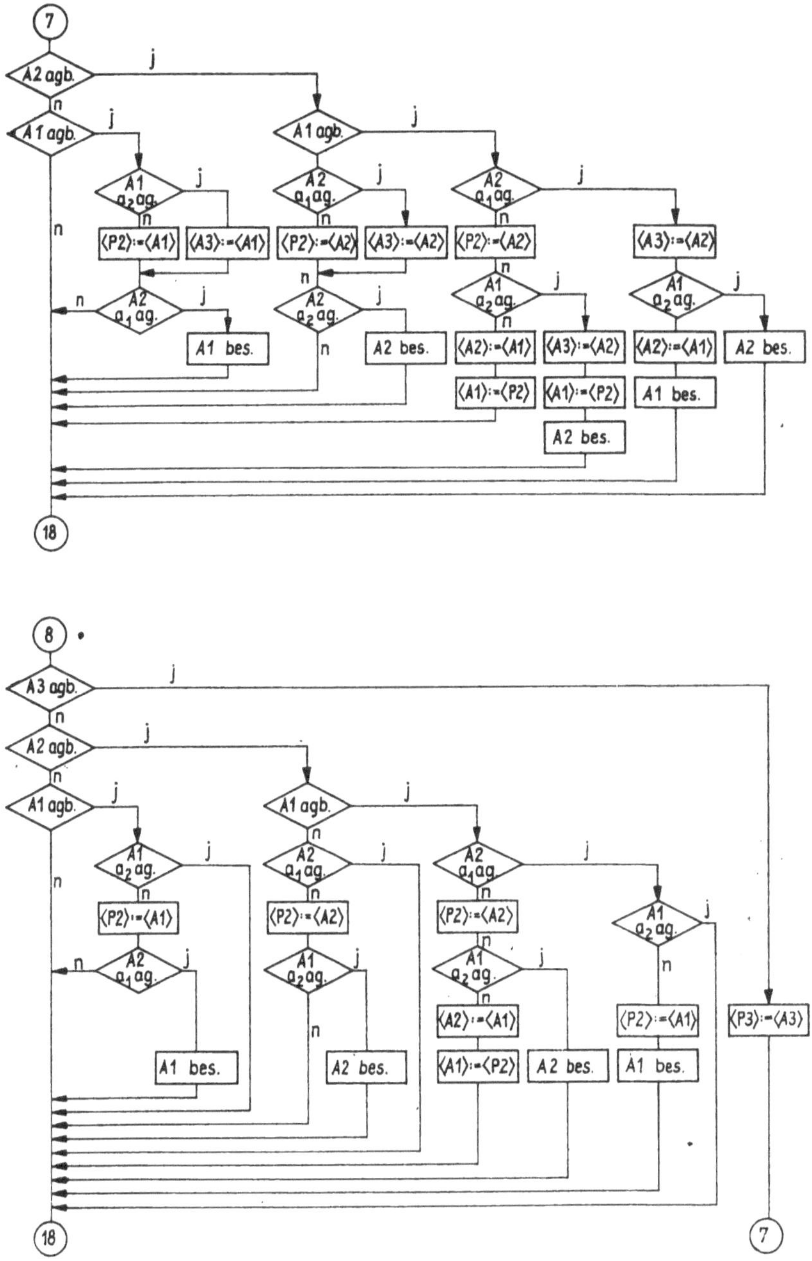
7
A2 agb.
A1 agb.
A1 a₂ag.
A2 a₁ag.
A1 a₂ag.
⟨P2⟩:=⟨A1⟩
⟨A3⟩:=⟨A1⟩
⟨P2⟩:=⟨A2⟩
⟨A3⟩:=⟨A2⟩
⟨A2⟩:=⟨A1⟩
⟨A1⟩:=⟨P2⟩
A1 bes.
A2 bes.
18
8
A3 agb.
⟨P3⟩:=⟨A3⟩
j
n

Abb. A 2-1c

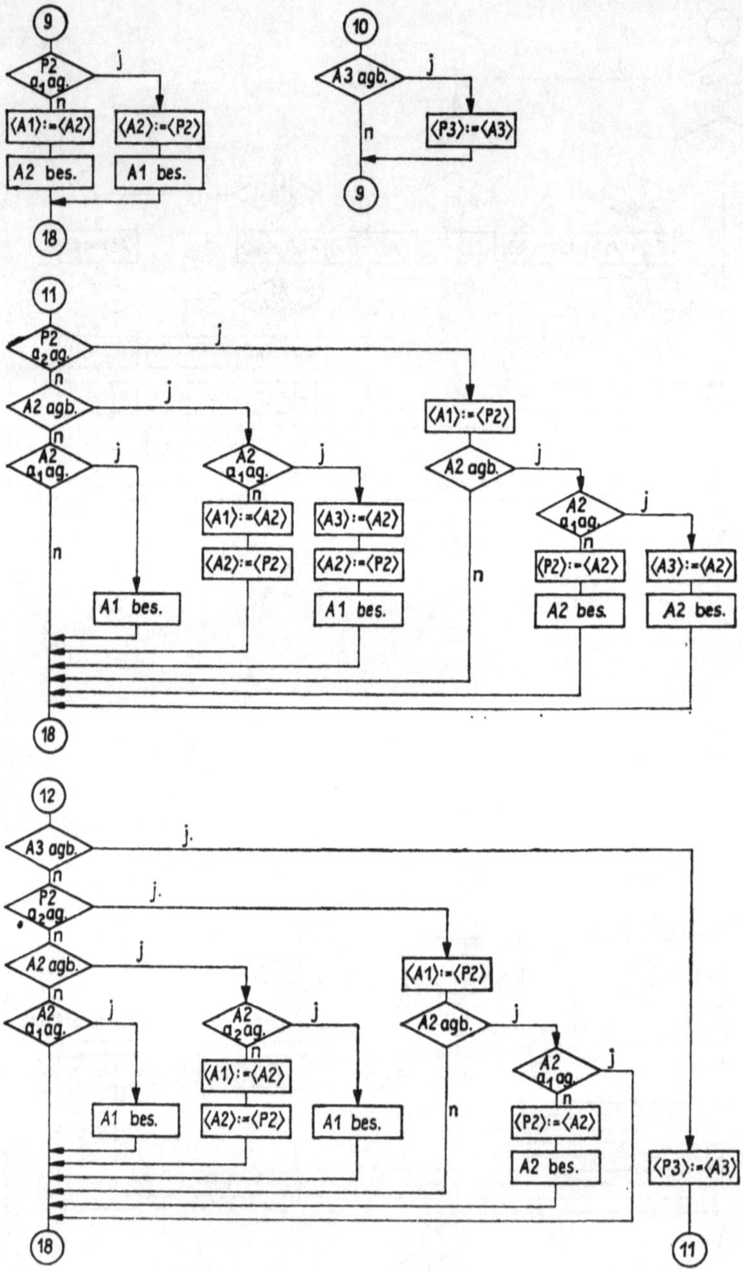
9
P2 a1ag.
j
n
⟨A1⟩:=⟨A2⟩
⟨A2⟩:=⟨P2⟩
A2 bes.
A1 bes.
18
10
A3 agb.
j
n
⟨P3⟩:=⟨A3⟩
9
11
P2 a2ag.
A2 agb.
A2 a1ag.
A2 a1ag.
⟨A1⟩:=⟨A2⟩
⟨A2⟩:=⟨P2⟩
⟨A3⟩:=⟨A2⟩
⟨A2⟩:=⟨P2⟩
A1 bes.
A1 bes.
⟨A1⟩:=⟨P2⟩
A2 agb.
A2 a1ag.
⟨P2⟩:=⟨A2⟩
⟨A3⟩:=⟨A2⟩
A2 bes.
A2 bes.
18
12
A3 agb.
P2 a2ag.
A2 agb.
A2 a1ag.
A2 a2ag.
⟨A1⟩:=⟨A2⟩
⟨A2⟩:=⟨P2⟩
A1 bes.
A1 bes.
⟨A1⟩:=⟨P2⟩
A2 agb.
A2 a1ag.
⟨P2⟩:=⟨A2⟩
A2 bes.
⟨P3⟩:=⟨A3⟩
18
11

Abb. A 2-1d

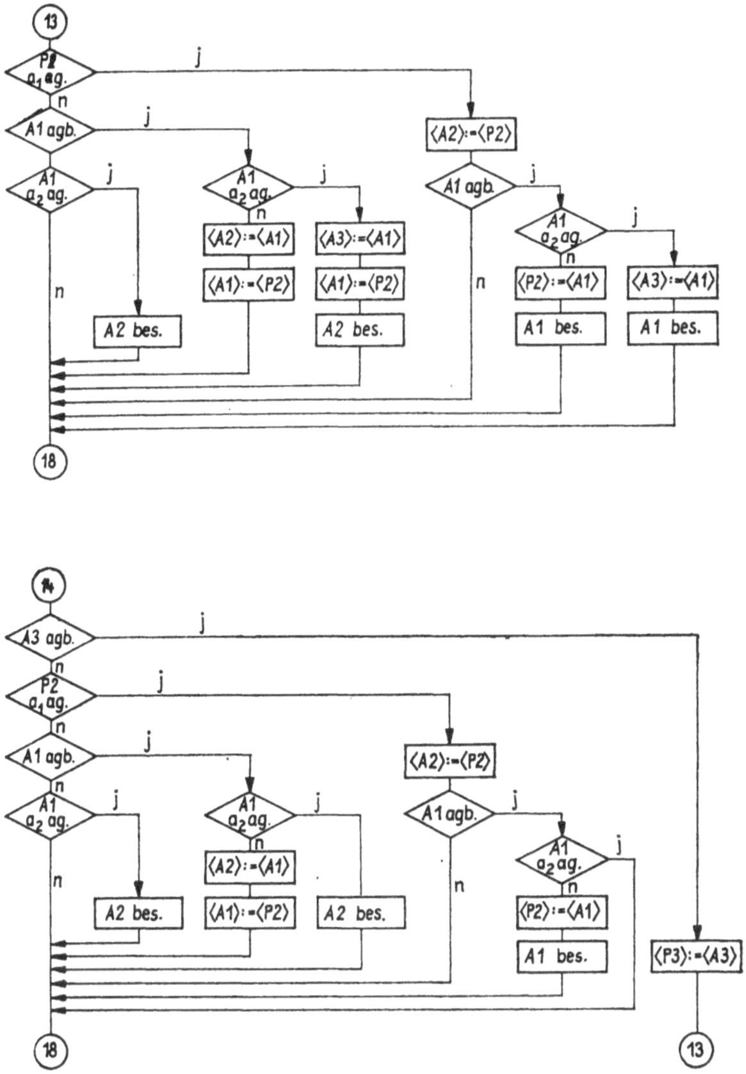

Abb. A 2-1e

durch Simulation des Verhaltens von zwei Varianten einer Fertigungszelle erhalten wurden.

In der Variante 1 wurde das Verhalten der in diesem Beispiel beschriebenen Fertigungszelle simuliert. In der Variante 2 wurde in der Fertigungszelle der Puffer P2 entfernt und ein Zwangslauf $a_1 \rightarrow a_2 \rightarrow a_3$ der Arbeitsgänge bei sonst gleichen Bedingungen durchgesetzt. Die Tabelle A 2-2 zeigt, daß durch die Entfernung des Puffers P2 die mittlere Durchlaufzeit um 24,50% von 19,35 Takten auf 14,61 Takte sinkt. Die Anzahl der in 5000 Takten bearbeiteten Erzeugnisse sinkt um 3,22% von 929 Stück auf 899 Stück.

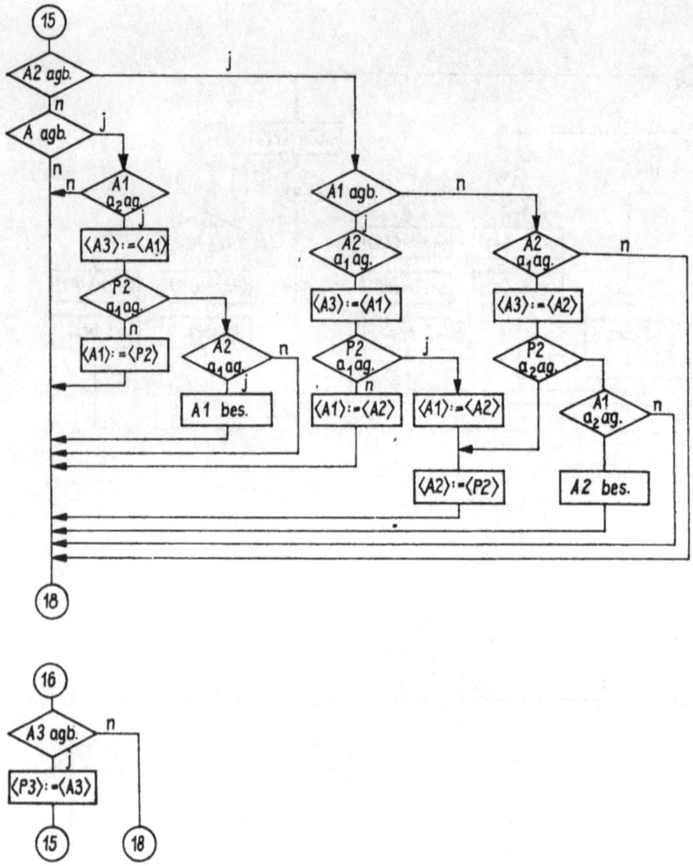

Abb. A 2-1f

Abb. A 2-1a–f
Grobprogrammablaufplan für die Simulation des Verhaltens einer Fertigungszelle

Das bringt quantitativ die qualitativ bekannte und einleuchtende Tatsache zum Ausdruck, daß durch Pufferung eine bessere Auslastung der Arbeitsplätze erreicht wird. Diese bessere Auslastung wird durch Erhöhung der mittleren Durchlaufzeit erkauft. Unter zuhilfenahme von Simulationsexperimenten ist im konkreten Falle festzustellen, welcher Kompromiß zwischen den Forderungen nach kurzen Durchlaufzeiten und hoher, möglichst gleichmäßiger Auslastung der Arbeitsplätze der wirtschaftlich günstigste ist.

In Abb. A 2-3 sind für beide Varianten die Durchlaufzeitverteilungen dargestellt, die bei Simulationsläufen mit Längen von jeweils 5000 Takten erhalten wurden.

Für die Variante 1 wurden 50 Simulationsläufe zu je 100 Takten durchgeführt. Die mittlere Durchlaufzeit aller Erzeugnisse betrug 19,39 Takte. Die Standardabweichung der mittleren Durchlaufzeiten je Simulationslauf (DLM_i, $i = 1 \dots 50$) betrug 1,38. Durch Abzählen wurde festgestellt, daß 90% der mittleren Durchlaufzeiten zwischen

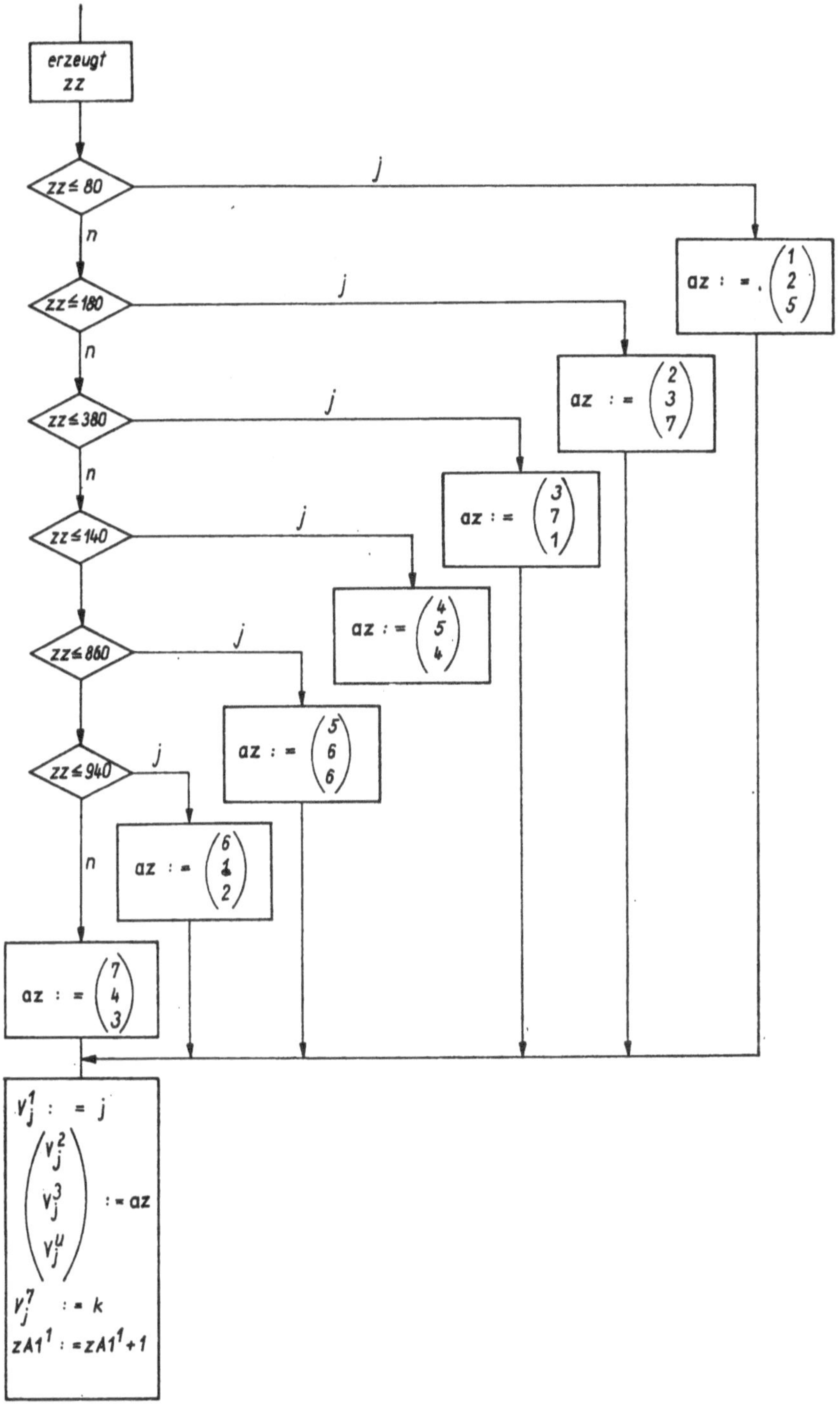

Abb. A 2-2
Programmabschnitt „A1 besetzen"

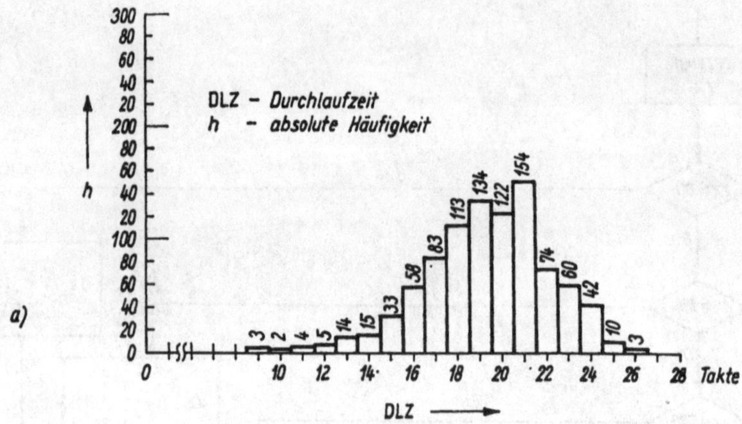

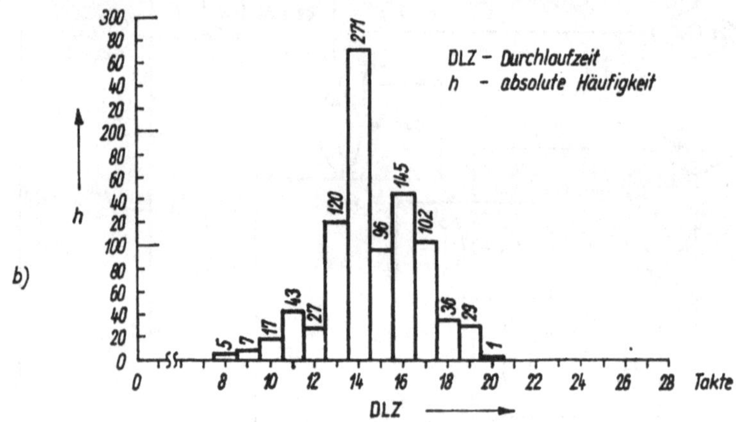

Abb. A 2-3
Durchlaufzeitverteilungen

a) Variante 1:

Mittlere Durchlaufzeit 19,35 Takte
Anzahl der simulierten Takte: 5000

b) Variante 2:

Mittlere Durchlaufzeit 14,612 Takte
Zwangsdurchlauf A1 → A2 → A3 ohne P2
Anzahl der simulierten Takte: 5000

16,81 und 21,67 liegen, das heißt, es wurde auf einem Konfidenzniveau von 0,9 ein Konfidenzintervall 19,39 ± 12,5% erhalten.

Eine ausführliche Darstellung der Simulation des Verhaltens der Fertigungszelle wird in [A-KR] gegeben.

Tab. A 2-2
Ausgewählte Ergebnisse der Simulation des Verhaltens von zwei Varianten einer Fertigungszelle

Variante 1: Im Beispiel 2.2.2-1 definierte Fertigungszelle
Variante 2: Fertigungszelle, wie in Variante 1, aber ohne P_2 und mit der Arbeitsgangfolge $a_1 \to a_2 \to a_3$
Simulierte Taktanzahl 5000; 10 Simulationsabschnitte zu 500 Takten

Kenngröße		Variante 1		Variante 2	
Simulierte Taktanzahl		5000	100,00%	5000	100,00%
Eingetretene Erzeugnisse (Stck.)		933		901	
Bearbeitete Erzeugnisse (Stck.)		929		899	
Bearbeitungszeiten	auf A1 (Takte) (%)	3580	71,60%	3446	68,92%
(Zustand b_1)	auf A2	4394	87,88%	4247	84,94%
	auf A3	3525	70,50%	3419	68,38%
Arbeitstakte des Roboters		1687	33,74%	1625	32,50%
Freizeiten	auf A1 (Takte) (%)	1420	28,40%	0	0%
(Zustand b_3)	auf A2	606	12,12%	266	5,32%
	auf A3	1475	29,50%	1581	31,62%
	in P2	464	9,28%	–	–
Mittlere Durchlaufzeit (Takte)		19,35		14,61	
Standardabweichung der Durchlaufzeit		2,77		2,06	
Standardabweichung der mittleren Durchlaufzeit		0,53*)			

*) Diese Größe bezieht sich auf die Standardabweichung der für jeweils 500 Takte ermittelten mittleren Durchlaufzeiten.

A 3. Beispiele für die Simulation von Bedienungsprozessen

A 3.1. Bedienung von drei unterschiedlichen Arten von Forderungen auf einem Bedienungskanal

Es werden Forderungen der Arten A, B, C auf einem Bedienungskanal bedient. Die Forderungen können z. B. Bauteile, Baugruppen, Geräte oder Lose sein, die in der Bedienungsanlage nicht geteilt werden. Die Bedienungsanlage wird durch Abb. 3.1-1 dargestellt. Die Realisierungen der zufälligen Größen $X(k)$, $Y(k)$, $Z(k)$ können die Werte

$$x(k) \in \{0, \xi_A, \xi_B, \xi_C\}\,, \tag{A3.1-1 a}$$

$$y(k) \in \{0, v_A, v_B, v_C\}\,, \tag{A3.1-1 b}$$

$$z(k) \in \{0, \zeta_A, \zeta_B, \zeta_C\} \tag{A3.1-1 c}$$

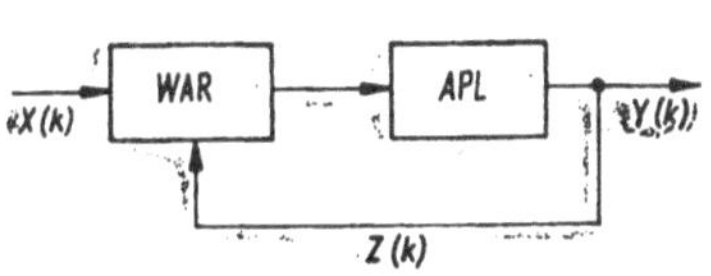

Abb. A 3.1-1
Bedienungsanlage

annehmen. Dabei bedeuten

$x(k) = 0$ es tritt in $(k-1)\,T_0 < t \leqq kT_0$ keine Forderung in die Bedienungsanlage ein,

$x(k) = \xi_A$ es tritt in $(k-1)\,T_0 < t \leqq kT_0$ eine Forderung A in die Bedienungsanlage ein,

$x(k) = \xi_B$ es tritt in $(k-1)\,T_0 < t \leqq kT_0$ eine Forderung B in die Bedienungsanlage ein,

$x(k) = \xi_C$ es tritt in $(k-1)\,T_0 < t \leqq kT_0$ eine Forderung C in die Bedienungsanlage ein,

$\vdots$ $\vdots$

$z(k) = \zeta_C$ es wird in $(k-1)\,T_0 < t \leqq kT_0$ eine bediente Forderung C zur Nacharbeit in den Warteraum zurückgeführt. Die nachzuarbeitende Forderung wird sofort nach Freiwerden des Bedienungskanals abgefertigt.

Der Taktzeitabstand T_0 ist so klein gewählt, daß in einer Taktperiode maximal eine Forderung in die Bedienungsanlage eintreten kann. T_0 wird in Zeiteinheiten ZE gemessen. Es sind

APL Arbeitsplatz (Bedienungskanal)
WAR Warteraum

Die Ankunftsabstände ΔT zwischen zwei beliebigen Forderungen und ihre Wahrscheinlichkeiten sind in Tab. A 3.1-1 zusammengestellt. Tab. A 3.1-2 enthält die Wahrscheinlichkeiten dafür, daß eine Forderung zu der Art A bzw. B bzw. C gehört

Tab. A 3.1-1
Einzelwahrscheinlichkeiten der Ankunftsabstände zwischen zwei beliebigen Forderungen in ZE
$\Delta T = \tau^i$ ZE

τ^i	1	3	5	7
$p(\tau^i)$	0,1	0,2	0,4	0,3
$\mathsf{E}\{\Delta T\}$		4,8		
$\sigma\{\Delta T\}$		1,9		

$\sigma^2\{\Delta T\} = \mathsf{E}\{(\Delta T - \mathsf{E}\{\Delta T\})^2\}$

$\frac{1000}{\mathsf{E}\{\Delta T\}} = 208{,}33\ldots$ Forderungen in 1000 ZE

Tab. A 3.1-2
Objektarten, Wahrscheinlichkeiten ihres Auftretens im Forderungsstrom, Wahrscheinlichkeiten für die Nacharbeit der Objekte

Obj. O	A	B	C
p_O	0,1	0,3	0,6
p_{NO}	0,02	0,01	0,01

$O \in \{A, B, C\}$

Tab. A 3.1-3
Einzelwahrscheinlichkeiten der Bearbeitungszeiten $B_O = \beta_O^i$ einer Forderung O in ZE

Obj.		A		B		C	
β_O^1	$p(\beta_O^1)$	3,33	0,1	6,66	0,1	6,66	0,1
β_O^2	$p(\beta_O^2)$	6,67	0,3	5,00	0,8	3,33	0,3
β_O^3	$p(\beta_O^3)$	21,44	0,6	1,33	0,1	0,078	0,6
$\mathsf{E}\{B_O\}$		15,2		4,8		1,71	
$\sigma\{B_O\}$		7,7		1,26		2,1	

$p_A\mathsf{E}\{B_A\} + p_B\mathsf{E}\{B_B\} + p_C\mathsf{E}\{B_C\} = 3{,}99$
$p_A\sigma^2\{B_A\} + p_B\sigma^2\{B_B\} + p_C\sigma^2\{B_C\} = 9{,}13$
B_O zufällige Bearbeitungszeit des Objektes $O \in \{A, B, C\}$
β_O^i Werte der Bearbeitungszeiten der Objekte O, $i \in \{1, 2, 3\}$
$p(\beta_O^i)$ Wahrscheinlichkeit für β_O^i
B_{NO} Nacharbeitszeit für das Objekt O. Es ist $B_{NO} = 2 \forall O \in \{A, B, C\}$.

und die Wahrscheinlichkeiten dafür, daß die bearbeiteten Forderungen nachzuarbeiten sind. In Tab. A 3.1-3 sind die Bearbeitungszeiten und ihre Wahrscheinlichkeiten angegeben. Für die Wartedisziplinen FIFO und Vorrang von C wurden die in Tab. A 3.1-4 zusammengestellten Simulationsergebnisse erhalten. Es wurde mit leeren Warteräumen begonnen und die Simulation über 1000 ZE durchgeführt.

Es fällt auf, daß bei Vorrang von C z. T. recht große Wartezeiten für A und B auftreten. Wie aus A 3-2 zu erkennen ist, können in Bedienungsnetzwerken durch solche Verzögerungen z. B. vor Montageeinheiten sehr lange Warteschlangen entstehen.

A 3.2. Bedienung unterschiedlicher Objekte in einem Bedienungsnetz

Es werden drei Objektarten A, B, C (Geräte, Baugruppen o. ä.) in einer einkanaligen Bedienungsanlage BA 4 montiert. Jedes Objekt wird aus drei Teilobjekten Ai bzw. Bi bzw. Ci, i $\in \{1, 2, 3\}$ zusammengesetzt. Die Teilobjekte werden in drei Bedienungsanlagen BA i, i $\in \{1, 2, 3\}$ bearbeitet. Das Bedienungsnetz ist in Abb. A 3.2-1 dargestellt.

Eine Erweiterung auf eine größere Anzahl von Objektarten, Teilobjekten und Bedienungsanlagen bereitet keine prinzipiellen Schwierigkeiten. Das Beispiel wird nur aus Gründen der Übersichtlichkeit so einfach gewählt.

In Abb. A 3.2-1 ist

$$\boldsymbol{X}(k) = \begin{pmatrix} X_1(k) \\ X_2(k) \\ X_3(k) \end{pmatrix} \tag{A3.2-1}$$

ein zufälliger Forderungsstrom aus den Elementen A1, A2, A3 B1, B2, B3, C1, C2, C3. Für die Realisierungen von $\boldsymbol{X}(k)$ gilt

$$\boldsymbol{X}(k) = \mathbf{x}(k) \in \left\{ \begin{pmatrix} 0 \\ 0 \\ 0 \end{pmatrix}, \begin{pmatrix} \xi_A^1 \\ \xi_A^2 \\ \xi_A^3 \end{pmatrix}, \begin{pmatrix} \xi_A^1 \\ \xi_A^2 \\ \xi_B^3 \end{pmatrix}, \begin{pmatrix} \xi_A^1 \\ \xi_A^2 \\ \xi_C^3 \end{pmatrix}, \begin{pmatrix} \xi_A^1 \\ \xi_B^2 \\ \xi_A^3 \end{pmatrix}, \dots, \begin{pmatrix} \xi_C^1 \\ \xi_C^2 \\ \xi_C^3 \end{pmatrix} \right\} = \mathscr{X} . \tag{A3.2-2}$$

Tab. A 3.1-4
Simulationsergebnisse für die Wartedisziplinen FIFO und Vorrang von *C* (Angaben in ZE und Stück)

	FIFO *A*	VOR *C* *A*	FIFO *B*	VOR *C* *B*	FIFO *C*	VOR *C* *C*	FIFO Σ	VOR *C* Σ	stationärer Betrieb
Mittlere Warteschlangenlänge	0,1	0,21	0,36	0,59	0,62	0,51	1,08	1,31	
Mittlere Wartezeit	5,1	10,14	6,90	12,18	5,14	4,17			
Mittlere Aufenthaltszeit	19,2	27,0	11,4	17,0	6,8	5,9			
Abgefertigte Objekte	18	20	52	48	120	123	190	191	208,33
Mittlere Auslastung von APL (%)							70,9	77,7	83,5
Wartezeitklassen									
0— 5	63,15	54,99	61,53	46,93	72,49	75,60			
5—10	10,52	—	5,76	6,12	6,66	8,13			
10—15	10,52	4,99	11,53	10,20	8,33	8,13			
15—20	15,78	9,99	9,61	14,28	4,16	5,69			
20—25	—	19,99	7,69	8,16	4,99	2,43			
25—30	—	—	3,84	2,04	1,66	—			
30—35	—	4,99	—	—	1,66	—			
35—40	—	4,99	—	2,04	—	—			
40—45	—	—	—	6,12	—	—			
45—50	—	—	—	4,08	—	—			
	relative Häufigkeiten								

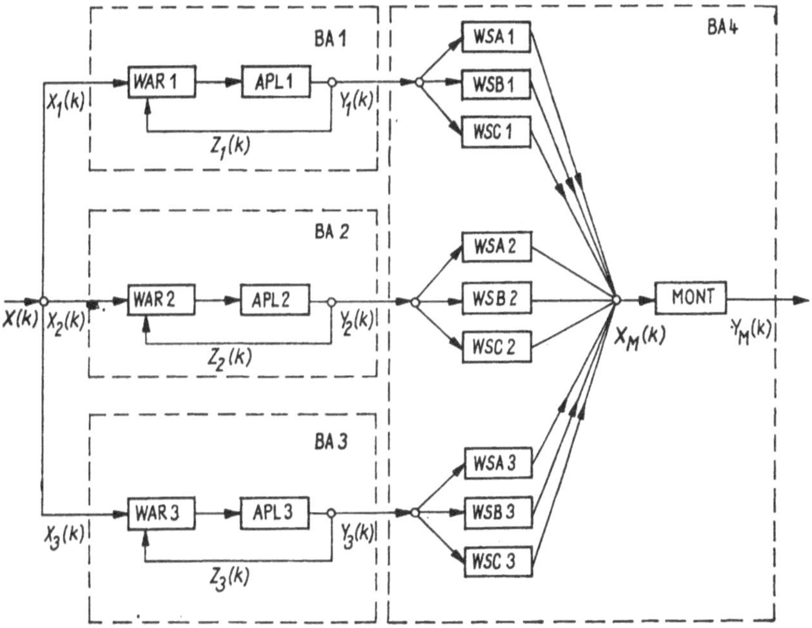

Abb. A 3.2-1
Bedienungsnetz

In (3.2-2) sind die 28 Elemente

$$\begin{pmatrix}0\\0\\0\end{pmatrix} \text{ bis } \begin{pmatrix}\xi_C^1\\ \xi_C^2\\ \xi_C^3\end{pmatrix}$$

enthalten. Die unteren Indizes A, B, C der Komponenten stellen in den Vektoren von oben nach unten gelesen $3^3 = 27$ aus den drei Buchstaben A, B, C bildbare Wörter der Wortlänge drei dar. Entsprechend gilt

$$Y_i(k) = y_i(k) \in \{0, v_A^i, v_B^i, v_C^i\} = \mathcal{Y}_i, \qquad i \in \{1, 2, 3\} \tag{A3.2-3}$$

und

$$Z_i(k) = z_i(k) \in \{0, \zeta_A^i, \zeta_B^i, \zeta_C^i\} = \mathcal{Z}_i, \qquad i \in \{1, 2, 3\}. \tag{A3.2-4}$$

Es bedeuten:

$\mathbf{x}(k) = \begin{pmatrix}0\\0\\0\end{pmatrix}$ in $(k-1)\,T_0 < t \leqq kT_0$ tritt keine Forderung in das Bedienungsnetz ein.

$\mathbf{x}(k) = \begin{pmatrix}\xi_A^1\\ \xi_A^2\\ \xi_A^3\end{pmatrix}$ in $(k-1)\,T_0 < t \leqq kT_0$ treten eine Forderung $A1$ in BA1, eine Forderung $A2$ in BA2 und eine Forderung $A3$ in BA3 ein.

⋮

$\mathbf{x}(k) = \begin{pmatrix}\xi_C^1\\ \xi_C^2\\ \xi_C^3\end{pmatrix}$ in $(k-1)\,T_0 < t \leqq kT_0$ treten eine Forderung $C1$ in BA1, eine Forderung $C2$ in BA2 und eine Forderung $C3$ in BA3 ein.

$y_i(k) = 0$ es verläßt in $(k-1)\, T_0 < t \leqq kT_0$ keine bediente Forderung die Anlage BAi.

⋮

$y_i(k) = v_C^i$ es verläßt in $(k-1)\, T_0 < t \leqq kT_0$ eine bediente Forderung Ci die Anlage BAi.

⋮

$z_i(k) = \zeta_C^i$ es verläßt in $(k-1)\, T_0 < t \leqq kT_0$ eine bediente Forderung den Arbeitsplatz APLi und wird zur Nacharbeit in WARi zurückgeführt.

Weiterhin gilt

$$\boldsymbol{X}_M(k) = \mathbf{x}_M(k) \in \left\{ \begin{pmatrix} 0 \\ 0 \\ 0 \end{pmatrix}, \begin{pmatrix} \xi_{MA}^1 \\ \xi_{MA}^2 \\ \xi_{MA}^3 \end{pmatrix}, \begin{pmatrix} \xi_{MB}^1 \\ \xi_{MB}^2 \\ \xi_{MB}^3 \end{pmatrix}, \begin{pmatrix} \xi_{MC}^1 \\ \xi_{MC}^2 \\ \xi_{MC}^3 \end{pmatrix} \right\} = \mathcal{X}_M \tag{A3.2-5}$$

und

$$Y_M(k) = y_M(k) \in \{0, v_{MA}, v_{MB}, v_{MC}\} = \mathcal{Y}_M\,. \tag{A3.2-6}$$

Die Elemente von $\mathcal{X}_M$ und $\mathcal{Y}_M$ sind in analoger Weise definiert wie die von $\mathcal{X}_i$ und $\mathcal{Y}_i$. Die WAR1, WAR2, WAR3 bezeichnen Warteräume und gleichzeitig Warteschlangenlängen in BA1, BA2 und BA3.

Die Einsteuerung der Ai, Bi, Ci, $i \in \{1, 2, 3\}$ erfolgt nach den Strategien „gleichzeitig" oder „zufällig". Bei der Strategie „gleichzeitig" gilt

$$\boldsymbol{X}(k) = \mathbf{x}(k) \in \left\{ \begin{pmatrix} 0 \\ 0 \\ 0 \end{pmatrix}, \begin{pmatrix} \xi_A^1 \\ \xi_A^2 \\ \xi_A^3 \end{pmatrix}, \begin{pmatrix} \xi_B^1 \\ \xi_B^2 \\ \xi_B^3 \end{pmatrix}, \begin{pmatrix} \xi_C^1 \\ \xi_C^2 \\ \xi_C^3 \end{pmatrix} \right\}. \tag{A 3.2-7}$$

Tab. A 3.2-1
Ankunftsabstände in ZE zwischen Forderungen und ihre Wahrscheinlichkeiten $\Delta T = \tau^j$

τ^j	1	2	4	8	12
$p(\tau^j)$	0,2	0,1	0,2	0,2	0,3
$\mathsf{E}\{\Delta T\}$			6,4		
$\sigma\{\Delta T\}$			4,3		

$$\frac{1}{\mathsf{E}\{\Delta T\}} = 0{,}15625\ \frac{\text{Forderungen}}{\text{ZE}}$$

Es werden in einem Zeitintervall der Länge T_0 entweder keine oder gleichzeitig alle drei zu einem Finalerzeugnis A oder B oder C gehörenden Forderungen Ai bzw. Bi bzw. Ci, $\forall i \in \{1, 2, 3\}$ eingesteuert. Bei der Strategie „zufällig" kann $\mathbf{x}(k)$ jedes Element von $\mathcal{X}$ annehmen. Die Ankunftsabstände ΔT zwischen eingesteuerten Forderungen und ihre Wahrscheinlichkeiten sind in Tab. A 3.2-1 angegeben. Tab. A 3.2-2 enthält die Objektarten A, B, C und die Wahrscheinlichkeiten für ihr Auftreten im Forderungsstrom $\boldsymbol{X}(k)$ und die Wahrscheinlichkeiten dafür, daß eine bearbeitete Forderung Ai bzw. Bi bzw. Ci, $i \in \{1, 2, 3\}$ nachgearbeitet werden muß. Tab. A 3.2-3 enthält die Bearbeitungszeiten $B_{Ol} = \beta_{Ol}^m$, $O \in \{A, B, C\}$, $l \in \{1, 2, 3, 4\}$, $m \in \{1, 2, 3\}$,

Tab. A 3.2-2
Objektarten, Wahrscheinlichkeiten ihres Auftretens im Forderungsstrom, Wahrscheinlichkeiten für die Nacharbeit der Teilobjekte

Obj.	*A*	*B*	*C*
p_O	0,1	0,3	0,6
p_{NO}	0,02	0,01	0,01

Tab. A 3.2-3
Bearbeitungszeiten $B_{Ol} = \beta^m_{Ol}$, ihre Wahrscheinlichkeiten $p(\beta^m_{Ol})$ und Kanalbelastungen

	m	*Ol*											
											MONT		
		A1	A2	A3	B1	B2	B3	C1	C2	C3	A4	B4	C4
β^1_{Ol}	1	3	5	2	4	6	5	4	2	3	5	7	6
$p(\beta^1_{Ol})$		0,2	0,1	0,4	0,3	0,2	0,3	0,8	0,5	0,3	1	1	1
β^2_{Ol}	2	8	7	6	5	9	7	5	4	4			
$p(\beta^2_{Ol})$		0,6	0,3	0,3	0,1	0,2	0,6	0,1	0,2	0,2			
p^3_{Ol}	3	10	9	15	7	10	8	6	7	6			
$p(\beta^3_{Ol})$		0,2	0,6	0,3	0,6	0,6	0,1	0,1	0,3	0,5			
$\mathsf{E}\{B_{Ol}\}$		7,4	8	7,1	5,9	9,0	6,5	4,3	3,9	4,7	5	7	6

Kanalbelastung ohne Nacharbeit

$\text{KBLi} = p_A \mathsf{E}\{B_{Ai}\} + p_B \mathsf{E}\{B_{Bi}\} + p_C \mathsf{E}\{B_{Ci}\}$
KBL 1 = 5,09 KBL 1/$\mathsf{E}\{\Delta T\}$ = 0,795
KBL 2 = 5,84 KBL 2/$\mathsf{E}\{\Delta T\}$ = 0,913
KBL 3 = 5,48 KBL 3/$\mathsf{E}\{\Delta T\}$ = 0,856
KBL MONT = 6,2 KBL MONT/$\mathsf{E}\{\Delta T\}$ = 0,97

Die Bearbeitungszeiten für Nacharbeit sind für alle Teilobjekte 50% der Bearbeitungszeiten.

ihre Wahrscheinlichkeiten und die Kanalbelastungen. l numeriert die Bedienungskanäle APLi, $i = l \in \{1, 2, 3\}$ in denen die Teilobjekte Ai, Bi und Ci, $i \in \{1, 2, 3\}$ bearbeitet werden und den Bedienungskanal MONT $= l = 4$. Der Quotient aus Kanalbelastung und Erwartungswert der Ankunftsabstände der Forderungen ist gleich der Auslastung des Kanals im stationärem Betrieb. Mit WARi, $i \in \{1, 2, 3\}$ und WSOi, $O \in \{A, B, C\}$, $i \in \{1, 2, 3\}$ werden die Warteräume und die über die bisherige Simulationszeit gemittelten Warteschlangenlängen bezeichnet. WSOi ist die mittlere Anzahl der Teilobjekte Oi in der Warteschlange vor dem Arbeitsplatz MONT. In den Tab. A 3.2-4, A 3.2-5 und A 3.2-6 sind einige ausgewählte Simulationsergebnisse zusammengestellt. „gleichzeitig" *ABC* bedeutet, daß die Einsteuerung nach der Strategie „gleichzeitig" erfolgt und die Montagen mit den Vorrangstufen *A* vor *B* vor *C* erfolgen. In „gleichzeitig" *CBA* wird nach der Strategie „gleichzeitig" eingesteuert und mit den Vorrangstufen *C* vor *B* vor *A* montiert. Bei „zufällig" *ABC* bzw. „zufällig"

Tab. A 3.2-4
Simulationsergebnisse für „gleichzeitig“ ABC

Sim.Zeit	500	1000	1500	2000	2500	3000	3500	4000	4500	5000
Mittlere Auslastung										
APL 1	0,76	0,78	0,74	0,75	0,75	0,75	0,75	0,77	0,75	0,76
APL 2	0,88	0,92	0,90	0,89	0,89	0,98	0,90	0,90	0,89	0,90
APL 3	0,79	0,80	0,79	0,79	0,79	0,79	0,79	0,80	0,79	0,80
MONT	0,86	0,90	0,90	0,91	0,91	0,91	0,91	0,92	0,92	0,92
Anzahl der Eintritte in										
APL 1	75	152	221	299	373	448	523	607	673	753
APL 2	72	148	220	299	372	446	524	603	674	752
APL 3	74	152	223	299	373	448	526	609	677	761
MONT	70	146	219	296	370	443	518	597	668	742
Mittlere Warteschlangenlänge										
WAR 1	0,6	1,3	1,0	0,9	0,8	0,8	0,8	0,9	0,9	1,0
WAR 2	1,3	3,0	2,4	2,0	1,7	1,7	1,6	1,8	1,8	2,1
WAR 3	0,5	0,9	0,7	0,6	0,6	0,6	0,6	0,7	0,7	0,7
WSA 1	0,0	0,2	0,2	0,1	0,1	0,1	0,1	0,1	0,1	0,2
WSA 2	0,0	0,0	0,0	0,0	0,0	0,0	0,1	0,1	0,1	0,1
WSA 3	0,1	0,3	0,3	0,2	0,2	0,2	0,2	0,2	0,2	0,3
WSB 1	0,4	0,7	0,6	0,5	0,4	0,4	0,4	0,4	0,4	0,5
WSB 2	0,0	0,1	0,0	0,1	0,1	0,1	0,1	0,1	0,1	0,1
WSB 3	0,4	0,8	0,7	0,5	0,5	0,5	0,4	0,5	0,5	0,5
WSC 1	0,8	1,4	1,4	1,3	1,1	1,2	1,1	1,2	1,3	1,4
WSC 2	0,3	0,4	0,5	0,6	0,5	0,5	0,5	0,6	0,6	0,7
WSC 3	0,7	1,6	1,5	1,4	1,2	1,2	1,1	1,3	1,3	1,5
Σ	2,7	5,5	5,2	4,7	4,1	4,2	4,0	4,5	4,6	5,3
Montierte Objekte										
A	8	17	21	30	39	46	55	65	68	77
B	19	45	63	81	98	119	138	164	182	210
C	42	83	143	184	232	278	324	367	417	454
Gesamt	69	145	218	295	369	443	517	596	677	741
Erwartungswerte der Anzahl montierter Objekte bei stationärem Betrieb										
A	7,8	15,6	23,4	31,3	39	46,9	54,7	62,5	70,3	78,1
B	23,4	46,9	70,3	93,8	117,2	140,7	164,1	187,5	211,0	234,4
C	46,9	93,8	140,6	187,5	234,4	281,3	328,1	375,0	421,9	468,9
Erw. Gesamt	78,1	156,3	234,4	312,5	390,6	468,8	546,9	625,0	703,0	781,3
Gesamt / Erw. Ges.	0,88	0,93	0,93	0,94	0,94	0,94	0,95	0,95	0,96	0,95

Tab. A 3.2-5
Simulationsergebnisse für „zufällig" ABC
Mittlere Auslastung

Sim.Zeit	500	1000	1500	2000	2500	3000	3500	4000	4500	5000
APL 1	0,76	0,76	0,74	0,76	0,74	0,74	0,75	0,76	0,74	0,76
APL 2	0,86	0,90	0,90	0,91	0,92	0,90	0,90	0,90	0,90	0,90
APL 3	0,82	0,85	0,82	0,84	0,83	0,82	0,83	0,84	0,83	0,84
MONT	0,79	0,83	0,83	0,86	0,84	0,85	0,87	0,88	0,87	0,88
Anzahl der Eintritte in										
APL 1	75	152	222	299	374	449	523	607	673	753
APL 2	73	150	223	298	374	450	528	610	678	756
APL 3	74	151	222	298	371	446	522	606	675	762
MONT	64	136	201	278	342	431	492	571	636	712
Mittlere Warteschlangenlänge										
WAR 1	0,5	0,6	0,5	0,5	0,5	0,9	0,5	0,6	0,6	0,8
WAR 2	0,7	1,9	1,5	1,6	1,6	0,8	1,2	1,3	1,2	1,6
WAR 3	0,6	1,1	0,9	0,9	0,9	2,6	0,8	0,9	0,9	0,9
WSA 1	1,4	0,8	0,8	1,1	0,9	0,9	1,5	1,7	1,6	1,4
WSA 2	0,7	1,0	0,8	0,6	0,7	0,8	1,1	1,4	1,5	1,5
WSA 3	1,0	0,8	1,8	2,9	3,1	2,6	2,3	2,0	1,8	1,6
WSB 1	0,1	0,1	0,1	0,3	0,2	0,2	0,2	0,2	0,2	0,2
WSB 2	1,7	3,7	7,2	9,4	11,8	14,4	15,5	16,4	17,6	18,6
WSB 3	4,6	4,7	4,6	3,6	4,1	4,3	4,4	6,0	7,2	8,4
WSC 1	5,7	8,4	10,6	12,3	14,6	17,4	18,1	19,1	20,4	21,7
WSC 2	4,6	3,2	2,4	2,5	2,1	2,3	2,3	2,4	2,3	2,3
WSC 3	1,4	3,1	4,8	6,7	8,0	11,3	12,9	12,7	12,8	13,1
Montierte Objekte										
A	6	15	20	31	40	43	46	56	64	72
B	19	34	53	80	92	112	134	160	175	205
C	38	86	127	166	209	257	311	354	396	434
Gesamt	63	135	200	277	341	402	491	570	635	711
Gesamt / Erw. Ges.	0,81	0,86	0,85	0,89	0,87	0,86	0,90	0,91	0,90	0,91

CBA wird nach der Strategie „zufällig" eingesteuert und mit den Vorrangstufen *A* vor *B* vor *C* bzw. *C* vor *B* vor *A* montiert. Als Simulationsergebnisse werden i. allg. noch die Aufenthaltsdauer in den Warteräumen und in den Bedienungskanälen angegeben. Sie wurden hier nicht eingetragen. Bei entsprechender Programmgestaltung lassen sich die Durchlaufzeiten von der Einsteuerung der Teilobjekte bis zum Abschluß der Montage ermitteln. Es müssen dann die Einsteuerzeitpunkte und die Zeitpunkte des Verlassens der Montage für jedes Teilobjekt vom Rechner registriert werden.

In Tab. A 3.2-4 sind die Erwartungswerte der Anzahl montierter Objekte angegeben. Sie haben für die Varianten „zufällig" *ABC*, „gleichzeitig" *CBA* und „zu-

Tab. A 3.2-6
Simulationsergebnisse für „gleichzeitig" CBA und „zufällig" CBA
Simulationszeit 5000 ZE

Mittlere Auslastung	„gleichzeitig"	„zufällig"
APL1	0,76	0,76
APL2	0,90	0,90
APL3	0,80	0,84
MONT	0,92	0,88
Anzahl der Eintritte in		
APL1	758	753
APL2	752	756
APL3	674	762
MONT	741	713
Mittlere Warteschlangenlänge		
WAR1	1,0	0,8
WAR2	2,1	1,6
WAR3	0,7	0,9
WSA1	0,5	2,2
WSA2	0,4	2,3
WSA3	0,6	2,4
WSB1	0,6	0,9
WSB2	0,2	19,4
WSB3	0,7	9,1
WSC1	1,0	20,1
WSC2	0,3	0,7
WSC3	1,3	11,6
Montierte Objekte		
A	73	70
B	210	202
C	457	440
Gesamt	740	712
Gesamt / Erw. Gesamt	0,95	0,91

fällig" *CBA* die gleichen Werte. Da sich die Ergebnisse von „gleichzeitig" *ABC* und „gleichzeitig" *CBA* und die von „zufällig" *ABC* und „zufällig" *CBA* nicht wesentlich unterscheiden, sind in Tab. 3.2-6 nur die Werte angegeben, die nach einer Simulationszeit von 5000 ZE erhalten wurden. In Abb. A 3.2-2 sind die Warteschlangenlängen

$$\text{WSL} = \sum_{O} \sum_{i} \text{WSO}i \tag{A3.2-8}$$

für „gleichzeitig" *ABC* und „zufällig" *ABC* angegeben. Die Abbildung zeigt, daß bei zufälliger Einsteuerung die Warteschlangenlängen schnell zunehmen und auch nach 5000 ZE noch keine annähernd konstanten Werte erreichen. Abb. A 3.2-3 zeigt den Quotienten aus den Anzahlen montierter Geräte und den Erwartungswert dieser Anzahlen, die bei stationärem Betrieb erhalten würden, in Abhängigkeit von der Simulationszeit für „gleichzeitig" *ABC* und „zufällig" *ABC*.

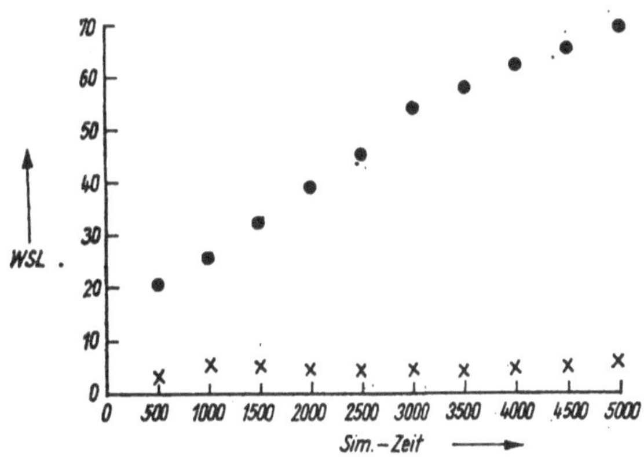

Abb. A 3.2-2
Warteschlangenlängen in Abhängigkeit von der Simulationszeit

× „gleichzeitig" *ABC*
● „zufällig" *ABC*

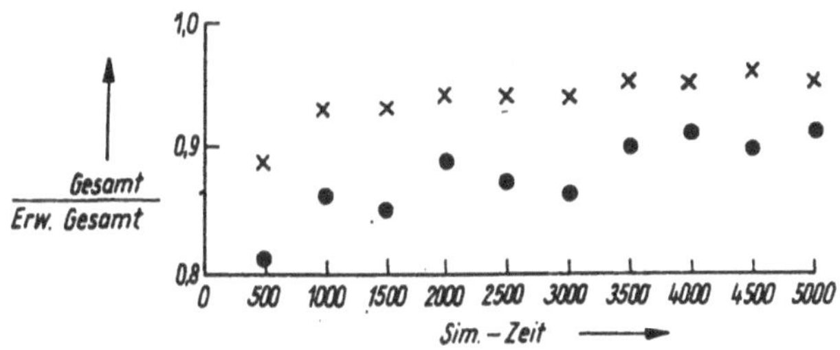

Abb. A 3.2-3
Quotient aus Anzahl montierter Geräte und Erwartungswert der Anzahl montierter Geräte in Abhängigkeit von der Simulationszeit

× „gleichzeitig" *ABC*
● „zufällig" *ABC*

Da nur jeweils eine Realisierung eines nichtstationären Prozesses simuliert wurde, ist es hier nicht möglich, statistische Sicherheiten für die Ergebnisse anzugeben. Um Angaben zur statistischen Sicherheit zu erlangen, müßte eine größere Anzahl von Realisierungen jedes Prozesses simuliert werden, aus denen die Angaben zur Ermittlung der statistischen Sicherheit geschätzt werden. Das Vorgehen wurde im zweiten Kapitel beschrieben.

A 4. Simulation der Produktionsprozesse in einer Betriebsabteilung

Es wird die Einsteuerung von Fertigungslosen und das Verhalten einer Betriebsabteilung simuliert. Es werden Daten aus einer Abteilung eines Betriebes des elektronischen Gerätebaus zugrunde gelegt. Die Abteilung besteht aus den zwei Arbeitsplatzgruppen Montage und Prüfung. Vor und nach der Montage sind Warteräume beliebig großer Kapazität vorhanden.

Tab. A 4-1
Arbeitszeitaufwände pro Los am_n für die Montage und ap_n für die Prüfung

$$\mathbf{a} = \mathbf{a}_1 \mathbf{a}_2 \ldots \mathbf{a}_{150} = \begin{pmatrix} am_1 \\ ap_1 \end{pmatrix} \begin{pmatrix} am_2 \\ ap_2 \end{pmatrix} \ldots \begin{pmatrix} am_{150} \\ ap_{150} \end{pmatrix}$$

=	8,6	17,4	7,48	92	5,16	344,38	26,4	62,64	66,27
	2,8	10,3	1,76	34	4,08	36	9,12	27	23,5
	8,28	24,7	43,52	159,84	14,82	25,41	26,6	5,5	6,64
	4,98	7,6	28,16	31,32	0,85	11,22	20	3,4	2,72
	51,45	73	55,3	38,38	47	209,44	32,56	0,77	5
	4,9	6,12	4,34	7,14	23,12	142,8	14,06	0,22	19,7
	28,83	14,03	17,4	49,4	82,04	4,98	3,5	9,15	8,41
	19,7	11,5	16,24	46,6	182	7,56	16,6	7,5	8,47
	20,7	36	62,5	26,39	36,8	17,42	4,62	22,08	5,16
	6,3	40,5	59,7	12,74	8,8	1,82	1,54	5,28	4,08
	4,3	201,74	39	80,3	62,7	4,13	17,4	141	121,36
	3,4	52,36	21,75	37,96	46,42	2,8	7,5	5	23,78
	21	17,05	25,01	53,04	9,24	7,7	40,32	1,65	8,25
	20,25	16,08	11,59	27,54	5,24	3,4	10,88	0,32	5,1
	32,37	32,34	14,2	14,74	7,6	8,28	24,2	19,8	106,64
	13,26	3,08	6,8	7,48	5,32	3,96	16,5	8,6	14,62
	131,08	5,85	1,32	1,38	6,27	4,55	5,56	27,9	4,27
	18,08	1,71	1,02	0,38	0,99	1,65	8,44	4,2	3,5
	14,5	6,37	2,04	7,62	13,2	39,52	45,12	17,5	7,04
	12,28	6,5	1,05	4,02	13,36	37,28	109,28	26,46	8
	12,25	7,2	12	32,16	61,2	4,1	5,76	5,52	26,66
	24,5	7,7	13,5	33,2	14,4	1,4	2,28	1,32	13,64
	5,16	2,6	106,11	34,72	30,68	10,45	13,25	7,2	38,94
	4,08	6,8	27,54	34,74	17,11	15,34	6,5	10,4	32,29
	10,7	7,6	5,31	27,84	32,88	87,32	16,52	11,04	1,54
	10	5	3,6	12	12	17,11	20,06	6	0,84
	23,19	26	2,97	18,48	2,46	4,08	1,1	5,5	2,49
	15,34	13,5	2,97	8,16	6,8	2,72	0,99	3,4	1,02
	28,8	17,04	16,08	26,98	3,6	31,34	143,49	51,04	69,96
	2,8	8,16	8,16	36,21	1,4	15,18	63,58	34,8	30,21
	2,2	1,8	15	210,8	171,68	42,25	1,16	3,42	2,67
	1,8	0,84	10,5	28,9	23,68	12,35	0,5	0,99	0,15
	20,68	1,19	15,12	12,65	3,96				
	14	2,38	16,17	39,1	2,64				

Auf Grund von berechneten Arbeitsgangdauern und von aus Erfahrungen gewonnenen Schätzungen wurden für die in einem Monat zu bearbeitenden 150 Lose mit den Losnummern $n = 1, \ldots, 150$ die Arbeitszeitaufwände für Montage am_n und für Prüfung ap_n ermittelt. Die Arbeitszeitaufwände sind in Tab. A 4-1 und Abb. A 4-1 zusammengefaßt. Sie sind miteinander korreliert. Der korrelative Zusammenhang kann durch die Regressionsgerade

$$ap = 7{,}22 + 0{,}25\ am \qquad \text{(A4-1)}$$

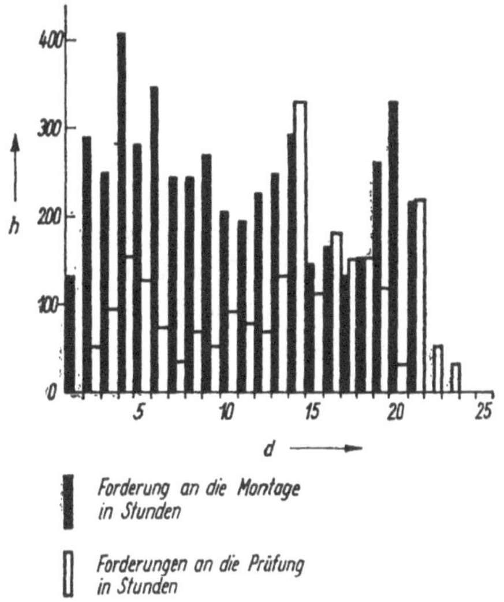

Abb. A 4-1
Geplante Arbeitszeitaufwände für die Montage und für die Prüfung

Tab. A 4-2
Einplanungsmatrix $\mathbf{x} = ((x_{ij}))$, x_{ij} Nummer des j-ten Loses, das für den Tag i eingeplant wird

i	j								
	1	2	3	4	5	6	7	8	9
1	1	41	42	79	80	110	111	138	139
2	2	40	43	78	81	109	112	137	140
3	3	39	44	77	82	108	113	136	
4	4	38	45	76	83	107	114	135	141
5	5	37	46	75	84	106	115	134	
6	6								
7	7	36	74						
8	8	35	73						
9	9	34	72						
10	10	33	50	71	85	105	116	133	142
11	11	32	51	70	86	104	117	132	143
12	12	31	52	69	87	103	118	131	144
13	13	30	53	68	88				
14	14	29	54	67	89	102			
15	15	28	55	66	90	101	119	130	145
16	16	27	56	65	91	100	120	129	146
17	17	26	57	64	92	99	121	128	147
18	18	25	58	63	93	98	122	127	148
19	19	24							
20	20	23	59	62	94	97	123	126	149
21	21	22	60	61	95	96	124	126	150

und den empirischen Korrelationskoeffizienten

$$r = \frac{K_{\text{am, ap}}}{s_{\text{am}} s_{\text{ap}}} = 0{,}53 \tag{A4-2}$$

dargestellt werden. Die Arbeitszeitaufwände wurden vollständig angegeben, um es dem Leser zu ermöglichen, die Simulation des determinierten Prozesses mit einem Rechner oder zumindest teilweise per Hand nachzuvollziehen. Das letztere führt zu einem tieferen Verständnis der ablaufenden Wirkungsmechanismen.

Die planmäßige Bereitstellung der Montageaufträge und der zugehörigen Unterlagen und Materialien erfolgt nach der folgenden Strategie. Das Los Nummer 1 wird für den Arbeitstag 1 eingeplant, ... , das Los Nummer 21 für den Arbeitstag 21, das Los Nummer 22 für den Arbeitstag 21, das Los Nummer 23 für den Arbeitstag 20, ... Die Bearbeitungszeiten der für jeden Tag i eingeplanten Lose werden addiert. Die Einplanung wird so lange fortgesetzt, bis ein Los den Arbeitszeitfonds von 238 Stunden erreicht oder überschreitet. Das nächste Los wird für den Arbeitstag eingeplant, der als nächster noch nicht ausgelastet ist. Auf diese Weise wird die Einplanungsmatrix der Tab. A 4-2 erhalten. Aus den Tab. A 4-1 und A 4-2 werden die für die Tage 1 bis 21 eingeplanten Arbeitszeitaufwände für die Montage (Forderungsstrom an Montagezeiten) erhalten. Die Forderungen werden auf die folgende Art abgearbeitet. Es werden täglich soviele Forderungen (ganze Lose) in die Montage eingesteuert, bis durch das letzte Los die Kapazität der Montage für den betreffenden Tag erreicht oder überschritten wird. Der Restaufwand für das letzte Los (Forderungsüberhang) wird am folgenden Tage als erster abgearbeitet. Das Los wird am Ende des Tages als ganzes weitergeleitet. Auf diese Weise wird die Matrix **Y** der Nummern der täglich montierten Lose in Tab. A 4-3 erhalten. Vergleicht man mit der Einplanungsmatrix, so werden die nicht gekennzeichneten Lose am selben Tage, an dem sie eingeplant wurden, fertiggestellt (Durchlaufzeit = 1 Tag), die mit $\_$ gekennzeichneten Lose werden am folgenden Tage weitergeleitet (Durchlaufzeit = 2 Tage) und die mit $=$ gekennzeichneten Lose verlassen am übernächsten Tage die Montage (Durchlaufzeit = 3 Tage). Es wird eine mittlere Durchlaufzeit von 1,95 Tagen erhalten. Die Matrix **Y** ist die Einplanungsmatrix für die Prüfung. Aus der Fertigstellungsmatrix **Y** und den Prüfzeiten (Tab. A 4-1) wird der Forderungsstrom an Prüfstunden erhalten. Die Forderungsströme an Montage- und an Prüfstunden sind in der Abb. A 4-1 dargestellt. In analoger Weise wie die Matrix **Y** wird eine Matrix **Z** der Nummern der täglich geprüften Lose erhalten. Sie ist in der Tab. A 4-4 angegeben. In den Elementen z_{ij}/d ist z_{ij} die Nummer des am Tage i geprüften Loses und d die Durchlaufzeit dieses Loses durch die Prüfung. Für die mittlere Durchlaufzeit durch die Prüfung werden 2,74 Tage erhalten.

Bei der verwendeten Einsteuerstrategie wurden die in Tab. A 4-1 enthaltenen Lose vor dem Planungsprozeß nicht geordnet. Das führte zu starken Schwankungen der Forderungen an Montagezeiten im Verlauf der 21 Arbeitstage. Es liegt nahe, zu versuchen, durch eine andere Einsteuerstrategie die Montage gleichmäßiger auszulasten. Eine Möglichkeit ist die folgende. Die Lose, deren Montagezeiten größer als die Hälfte der täglichen Montagekapazität sind, werden solange in zwei, vier usw. gleiche Teillose geteilt, bis die Montagezeiten aller Lose kleiner oder gleich der halben täglichen Montagekapazität sind. Anschließend werden die Lose nach absteigenden

Tab. A 4-3
Matrix $\mathbf{Y} = ((y_{ij}))$, y_{ij} Nummer des j-ten Loses, dessen Montage am Tage i abgeschlossen wird

i	j = 1	2	3	4	5	6	7	8	9	10	11	12	13	14	15	16
1	1	41	42	79	80	110	111	138	139							
2	2	40	43	78	81	109	112	137								
3	140	3	39	44	77	82	108	113								
4	136	4	33	45	76	83	107									
5	114	135	141	5												
6	37	46	75	84	106	115										
7	134															
8	6	7	36													
9	47	74	8	35												
10	48	73	9	34												
11	49	72	10	33												
12	50	71	85	105	116	133	142	11								
13	32	51	70	86	104	117	132	143	12	31	52	69				
14	87	103	118	131	144											
15	13	30	53	68	88	14	29									
16	54	67	89	102	15	28	55	66								
17	90	101	119	130	145	16	27	56	65	91	100	120	129	146	17	26
18	57	64	92	99	121	128	147	18	25	58	63	93	98			
19	122	127	148	19												
20	24	20	23	59	62	94	97	123								
21	126	149	21	22	60											
22	61	95	96	124	125	150										

Tab. A 4-4
Matrix $\mathbf{Z} = \left((z_{ij}/d)\right)$ der täglich geprüften Lose, z_{ij} Nummer eines Loses, dessen Prüfung am Tage i abgeschlossen wurde

i	j 1	2	3	4	5	6	7	8	9	10	11	12	13	14
2	1/1	41/1	42/1	79/1	80/1	110/1	111/1	138/1	139/1					
3	2/1	40/1	43/1	78/1	81/1	109/1	112/1	137/1						
4	140/1	3/1	39/1	44/1	77/1	82/1								
5	108/2	113/2	136/1	4/1										
6	38/2	45/2	76/2	83/2	107/2	114/1	135/1							
7	141/2	5/2	37/1	46/1	75/1	84/1	106/1	115/1						
8	134/1													
9	6/1	7/1	36/1											
10	47/1	74/1	8/1	35/1										
11	48/1	73/1	9/1	34/1										
12	49/1	72/1	10/1	33/1										
13	50/1	71/1	85/1	105/1	116/1	133/1								
14	142/1	11/2												
15	32/2	51/2	70/2											
16	86/3	104/3	117/3	132/3	143/3	12/3	31/3							
17	52/4	69/4	87/3	103/3	118/2									
18	131/4	144/4	13/3	30/3	53/3	68/3								
19	88/4	14/4	29/4	54/3	67/3									
20	89/4	102/4	15/4	28/4	55/4	66/4								
21	100/4	101/4	119/4	130/4	145/4	16/4	27/4	56/4	65/4	91/4	100/4			
22	120/5	129/5	146/5	17/5	26/5	57/4	64/4	92/4	99/4	121/4	128/4	147/4	18/4	25/4
23	58/5	63/5	93/5	98/5	122/4	127/4	148/4	19/4						
25	24/4													
25	20/5	23/5	59/5	62/5	94/5	97/5	123/5	126/4						
26	149/5	21/5	22/5	60/5	95/4	96/4	124/4	125/4	150/4					

Montagezeiten geordnet. Die so geordneten Lose werden dann nach der oben beschriebenen Strategie zur Montage eingeplant. Damit wird eine nahezu gleichmäßige Verteilung der Forderungen an Montagezeiten erreicht. Die mittlere Durchlaufzeit durch die Montage sinkt auf 1,46 Tage. Die mittlere Durchlaufzeit durch die Prüfung wird 1,5 Tage.

Im Dialogbetrieb lassen sich weitere Strategien durchrechnen. So kann z. B. der Überhang an Arbeitszeitforderungen am Ende eines Monats als Vorlast für den nächsten Monat einkalkuliert werden. Es lassen sich auch leicht andere Strategien der Reihenfolgeplanung durchspielen.

10. Literaturverzeichnis

[1.1-AU] Autorenkollektiv: Konzeption der Grundlagenforschung des Ministeriums für das Hoch- und Fachschulwesen der DDR zur komplexen Forschungsaufgabe „Automatische bedienungsarme Produktion"

[1.1-BA] BAUER, E.; GANS, G.: Einsatz der Mikroelektronik in flexiblen Fertigungssystemen für die Flugzeugindustrie, VDI-Berichte 379, VDI-Verlag, Düsseldorf 1980

[1.1-JU] JUNGMANN, E.: Leistungseigenschaften und Einsatzbereiche von Bausteinen und Systemen der Mikroelektronik, VDI-Berichte 379, VDI-Verlag, Düsseldorf 1980

[1.1-LA] LAUENROTH, H.-G.; WEBER, M.: Inahlt, Prinzipien und Methoden der Systemanalyse von Innovationsprozessen, msr, **26** (1983) 10, msr, **26** (1983) 11

[1.1-VO] VOIGT, G.: Entwicklungstendenzen bei der Analyse, Planung, Überwachung und Steuerung technologischer Prozesse im Gerätebau, Feingerätetechnik, **32** (1983)

[1.1-WI] WIRTH, S.; RUDOLPH, H., J.: Zu ausgewählten Problemen integrierter Fertigungen — hierarchische Einordnung, Strukturierungstheorie, Arbeitsbegriffe und rechnergestützte Projektierung, Wiss. Zeitschrift der Techn. Hochschule Karl-Marx-Stadt 1/1982

[1.2-ST] STROBEL, H.: Experimentelle Systemanalyse, Akademie-Verlag, Berlin 1975

[1.2-VO 1] VOIGT, G.: Kybernetische Grundlagen der ökonomischen Datenverarbeitung, Habilitationsschrift, Hochschule für Ökonomie „Bruno Leuschner", Berlin 1969

[1.2-VO 2] VOIGT, G.: Einige Probleme der Analyse, Synthese und Beherrschung komplizierter Systeme, msr, **5**, (1973)

[1.2-VO 3] VOIGT, G.: Organisationsformen komplizierter Systeme, msr, **9** (1975)

[1.2-VO 4] VOIGT, G.: Kombiniert zentral-dezentral organisierte Systeme, msr, **12** (1975)

[1.3-AM] AMBOS, FOTH, SCHAARSCHMIDT: Expertenbefragung als Prognosemethode, Die Wirtschaft, **27** (1970)

[1.3-AU] Autorenkollektiv: Zielplanung in Forschung und Entwicklung, VEB Verlag Die Wirtschaft, Berlin 1973

[1.3-BA] [1.1-BA]

[1.3-BE] Бешелев, С. Г., Гурвня, Ф. Т.: Экспертные оценки, Москва, 1973

[1.3-BO] BODEN, K.; EBERT, CH.; SOMMER, G.: Kurzfristige Planung und operative Steuerung der mechanischen Vorfertigung, rd, Beiheft 1/1979

[1.3-BÖ] BÖHRET, C.; NAGEL, A.: Politisches Entscheidungshilfsmittel Systemanalyse, Politische Vierteljahreszeitschrift, Zeitschrift der Deutschen Vereinigung für Politische Wissenschaft, Köln, 1969, Heft 4

[1.3-BG] Berg, M.; Chen, K.; Zissis, G.: ,,The Methodologies in Perspective" in ,,Perspective and Technology Assesment" by Arnstein, S. R., Cristakis, A. N.: Science and Technology Publishers, Jerusalem 1975

[1.3-BS] Bernstein, K.: Konzipierung und Realisierung von Informationssystemen in der naturwissenschaftlichen Forschung und Entwicklung unter Berücksichtigung wesentlicher Gesichtspunkte zur Erhöhung der Effektivität der Leitungstätigkeit in Wissenschaft und Forschung und des wissenschaftlichen Arbeitsprozesses, Dissertation (B), Bergakademie Freiberg 1978

[1.3-BY] Beyer, O.; Hackel, H.; Pieper, V.; Tiedge, J.: Wahrscheinlichkeitsrechnung und mathematische Statistik, BSB B. G. Teubner, Leipzig 1976

[1.3-GL] Глушков, В. М.: О прогнозировании на основе экспертных оценок, Кибернетика No. 2/1969

[1.3-GO] Golenko, D. I.; Lauenroth, H.-G.; Schultze, H.; Schulze, G.: Kybernetik zur Steuerung ökonomischer Prozesse, Akademie-Verlag, Berlin 1977

[1.3-GR] Grochla, E.: Handbuch der Organisation, C. E. Poeschel Verlag, Stuttgart 1969

[1.3-GV] Gvisiani, D. M.: Management, Akademie-Verlag, Berlin 1974

[1.3-HA] Haustein, H.-D.: Prognoseverfahren in der sozialistischen Wirtschaft, VEB Verlag Die Wirtschaft, Berlin 1970

[1.3-HI] Hitsch, Ch. J.; McKean, R. N.: The Economics of Defence in the Nuclear Age, Harward University Press, Cambridge, Mass. 1960

[1.3-IR] Irmer, H.: Qualifizierung der Leitung der Entwicklung und Einführung neuer Erzeugnisse durch Anwendung der entscheidungsbezogenen Systemanalyse und rationelle Gestaltung des Entwicklungsablaufes am Beispiel von Büromaschinen und peripheren Geräten der mittleren Datentechnik, Dissertation, Ingenieurhochschule Mittweida 1977

[1.3-JU] [1.1-JU]

[1.3-KA] Kahn, H.; Mann, I.: Techniques of System Analysis (The RAND Corporation, RM-1829-1 PR), Santa Monica 1957

[1.3-KL] Klaus, G.; Buhr, M.: Philosophisches Wörterbuch, VEB Bibliographisches Institut Leipzig 1969

[1.3-KN] Knebel, K.-H.; Spiess, W.; Thiel, L.: Von automatisierter Teileplanung zur automatisierten Fertigungssteuerung, rd, Beiheft 1/1979

[1.3-KÜ] Kühn, R.; Neubert, H.; Zeidler, B.: Automatisierte Prozeßüberwachung und -steuerung, rd, Beiheft 1/1979

[1.3-LA] Lauenroth, H.-G.; Böhm, K.: Kybernetik in der industriellen Organisation, VEB Verlag Technik, Berlin 1979

[1.3-LI] Lippold, J.: Rechnergestützte Prozeßführung der Teilefertigung zur störungsfreien Belieferung der Fließmontage, dargestellt am Beispiel des VEB Robotron Buchungsmaschinenwerk Karl-Marx-Stadt, Dissertation TH Ilmenau 1981

[1.3-NO] Noack, U.: Rationalisierung der Leitung und Planung der Forschung und Entwicklung in den sozialistischen Industriebetrieben der DDR durch die Anwendung der Kybernetik und der EDV auf ausgewählte Teilbereiche der Leitung und Planung, Dissertation, Hochschule für Ökonomie ,,Bruno Leuschner", Berlin 1973

[1.3-PE 1] Peschel, M.; Riedel, C.: Polyoptimierung, VEB Verlag Technik, Berlin 1976

[1.3-PE 2] PESCHEL, M.: Ingenieurtechnische Entscheidungen, Modellbildung und Steuerung mit Hilfe der Polyoptimierung, VEB Verlag Technik, Berlin 1980

[1.3-WI] WISE, K. D.; KAN, CH.; JOKELY, R. E.: Mikrocomputers: A Technology Forecast and Assessment to the Year 2000, J. Wiley a. Sons, London, New York, Sydney, Toronto 1980

[1.3-ZE] ZEIDLER, B.: Steuerung der Dispositionsprozesse großer Hochregallager, rd, Beiheft 1/1979

[1.3-ZG] ZEIGER, G.: Untersuchung von Meßverfahren und Meßstrategien zur Fehlerdiagnose an elektrischen Geräten bei der quantitativen Ermittlung des Zuverlässigkeitsverhaltens, Dissertation, Ingenieurhochschule Mittweida 1977

[2.1-MÜ] MÜLLER, P. H. u. a.: Lexikon der Stochastik, Akademie-Verlag, Berlin 1980

[2.2-AS] ASHBY, W. R.: An Introduction to Cybernetics, Chapman and Hall, London 1961

[2.2-BY 1] [1.3-BY]

[2.2-BY 2] BEYER, O.; GIRLICH, H.-J.; ZSCHIESCHE, H. U.: Stochastische Prozesse und Modelle, BSB B. G. Teubner, Leipzig 1976

[2.2-DO] DOBESCH, H.: Laglace-Transformationen von Abtastfunktionen, VEB Verlag Technik, Berlin 1970

[2.2-DU] DUBOIS, D.; PRADE, H.: Fuzzy Sets and Systems: Theory and Applications, Academic Press, New York 1980

[2.2-FR] FRITSCH, W.; LIPP, H.-P.: Anwendung von unscharfen Steueroperationen zum Führen eines Zellstoffprozesses, msr, **22** (1979) 6

[2.2-FU] FU, K. S.; WEE, W. G.: A Formulation on Fuzzy Automata and its Application as a Model of Learning Systems, I EEE Transactions SSC-3, 1969

[2.2-GÖ] GÖLDNER, K.: Mathematische Grundlagen für Regelungstechniker, VEB Fachbuchverlag, Leipzig 1970

[2.2-KA] KAUFMANN, A.: Introduction to the Theory of Fuzzy Subsets, Vol. 1: „Fundamental Theoretical Elements", Academic Press, New York 1973

[2.2-LA] LAMPERTI, J.: Stochastic Processes, Springer Verlag, Berlin, Heidelberg, New York 1977

[2.2-MA] MAMDANI, E. H.; GAINES, B. R.: Fuzzy Reasoning and its Applications, Academic Press, London 1981

[2.2-MY] MAYBECK, P. S.: Stochastic Models, Estimation and Control, Bd. 1. Bd. 2, Academic Press, New York 1979

[2.2-MÜ] [2.1-MÜ]

[2.2-NE] NEGOITA, C. V.; RALESCU, D. A.: Applications of Fuzzy Sets to System Analysis (Interdisciplinary Systems Research, ISR, Vol. 11), Birkhäuser Verlag, Basel 1975

[2.2-PA] PARIKH, R.: The Problem of Vague Predicates, Res. Rep. No. 1-77 Lab. Comp. Sci., MIT, Cambridge, Massachusetts 1977

[2.2-RO] ROSANOW, I. A.: Stochastische Prozesse, Akademie-Verlag, Berlin 1975

[2.2-PE] PESCHEL, M.: Modellbildung für Signale und Systeme, VEB Verlag Technik, Berlin 1978

[2.2-SW] SCHWARZ, H.: Zeitdiskrete Regelungssysteme, Akademie-Verlag, Berlin 1979

[2.2-WE] WENTZELL, A. D.: A Course in the Theory of Stochastic Processes, McGraw-Hill, London, New York 1981

[2.2-WU] WUNSCH, G.; SCHREIBER, H.: Systemanalyse, Bd. 2, Statistische Systemanalyse, VEB Verlag Technik, Berlin 1970

[2.2-YA] YAGER, R. R.: Multiple objektive decision-making using fuzzy Sets, Int. J. Man-Machine Studies 9/1977

[2.2-ZA 1] ZADEH, L. A.: Outline of a new approach to the analysis of complex systems and decision processes, I EEE Trans. Syst. Man Cybern. 3/1973

[2.2-ZA 2] ZADEH, L. A.: Fuzzy Sets, Memo ERL, No. 64-44, Univ. of California, Berkeley 1964

[2.2-ZA 3] ZADEH, L. A.; FU, K. S.; TANAKA, K.; SHIMURA, M.: Fuzzy Sets and their Applications to Cognitive and Decision Processes, Academic Press, New York 1975

[2.3-BA] BAUKNECHT, K.; KOHLAS, J.; ZEHNDER, C. A.: Simulationstechnik, Springer Verlag, Berlin, Heidelberg, New York 1976

[2.3-BL] BLASER, A.; HACKL, C.: Interactive Systems, Proc., 6 th Inf. Sym., IBM Germany, Bad Homburg 1976, Springer-Verlag Berlin, Heidelberg, New York 1976

[2.3-FA] LA FAVE, L. J.; MILBRANDT, G. D.; GARTH, D. W.: Problem Solving — The Computer Approach (CAN), McGraw-Hill, New York 1972

[2.3-FI] FITZSIMMONS, J. A.; SULLIVAN, R. S.: Service Operations Management, McGraw-Hill, New York 1982

[2.3-GN] GNEDENKO, W.; KÖNIG, D.: Handbuch der Bedienungstheorie, Bd. 1, Akademie-Verlag, Berlin 1983

[2.3-IB] General Purpose Simulation System/360, Users Manual, IBM GH 20-0326-3, New York 1968

[2.3-KO] KOSTEN, L.: Stochastic Theory of Service Systems, Perg. Press., Oxford 1973

[2.3-KÖ] KÖNIG, D.; STOYAN, D.: Methoden der Bedienungstheorie, Akademie-Verlag, Berlin 1976

[2.3-KR] KRAMPE, H.; KUBAT, J.; RUNGE, W.: Bedienungsmodelle, VEB Verlag Die Wirtschaft, Berlin 1974

[2.3-MÜ] [2.1-MÜ]

[2.3-NI] NIE, N. H.; HULL, C. H.: SCSS: A User's Guide to the SCSS Conversational System, McGraw-Hill, New York 1979

[2.3-PY] PAYNE, J. A.: Introduction to Simulation, Programming Techniques and Methods Analysis, McGraw-Hill, New York 1982

[2.3-RB 1] VEB KOMBINAT ROBOTRON: PS SIMDIS-Anwenderhandbuch, Dresden 1974

[2.3-RB 2] VEB KOMBINAT ROBOTRON: H. 4313-2002-1, PS SIMDIS 05/ES, Anwendungsbeschreibung, Dresden 1977

[2.3-SC] SCHASSBERGER, R.: Warteschlagen, Springer Verlag, Heidelberg 1973

[2.3-SO] SOURC, K.: SCSS Short Guide, An Introduction to the SCSS Conversational System, McGraw-Hill, New York 1982

[2.3-TE] TEBBS, D.; COLLINS, G.: Real-Time Systems: Management and Design, McGraw-Hill, New York 1977

[2.3-VA] VAVILOV, A. A. (Herausgeber): Modellierung und Simulation von Produktionsprozessen, VEB Verlag Technik, Berlin 1983, Verlag Машиностроене, Москва 1983

[2.4-DÜ] DÜCK, W.; KÖRTH, H.; RUNGE, W.; WUNDERLICH, L.: Mathematik für Ökonomen, VEB Verlag Die Wirtschaft, Berlin 1979

[2.4-LA] LANGE, O.: Ganzheit und Entwicklung in kybernetischer Sicht, Akademie-Verlag, Berlin 1966

[2.4-GO] [1.3-GO]

[3.2-BA] BANDEMER, H.; BELLMANN, A.; JUNG, W.; RICHTER, K.: Optimale Versuchsplanung, Akademie-Verlag, Berlin 1976

[3.2-LE] LEVIN, M. J.: Estimation of the charakteristics of linear Systems in the presence of noise, Diss. Columbia Univ., New York 1959

[3.2-MA] MAHMOUD, M. S.; SINGH, M. G.: Large Scale Systems Modelling, Pergamon Press, Oxford 1981

[3.2-MÜ] [2.1-MÜ]

[3.2-RA] RAJBMAN, N. S.; CADEEV, V. M.: Identifikation, Modellierung industrieller Prozesse, VEB Verlag Technik, Berlin 1980

[3.2-SO] SORENSON, H.: Parameter Estimation, Marcel Dekker, New York 1980

[3.2-ST] [1.2-ST]

[3.2-VO] VOIGT, G.; GEBHARDT, H.; GEILER, J.; BRÄUTIGAM, W.: Anwendung von Identifikations- und Suchverfahren bei der adaptiven Regelung von Fertigungsprozessen, msr, **22** (1979) 11

[4.1-FI 1] FINDEISEN, W.: A Survey of Problems in Hierarchical Control, Proceedings „WORKSHOP DISCUSSION ON MULTILEVEL CONTROL", Warschau 1975

[4.1-FI 2] FINDEISEN, W.: Hierarchische Steuerungssysteme, VEB Verlag Technik, Berlin 1977

[4.1-GO] [1.3-GO]

[4.1-HÖ] HÖRZ, H.: Philosophische Probleme der Modellierung, msr, 9/1977 und 12/1977

[4.1-KI] Кику, А. Т., Косток, В. И. и. др.: Адаптивные системы идентификации, Киев 1975

[4.1-LE] LEFKOWITZ, I.: Views on the Subject of Multilevel Control, Proc. „WORKSHOP DISCUSSION ON MULTILEVEL CONTROL", Warschau 1975

[4.1-ME] MESAROVIĆ, U. D.; MACKO, V. D.; TAKAHARA, Y.: Theory of Hierarchical Multilevel Systems, Academic Press, New York, London 1970

[4.1-RE 1] REINISCH, K.: Kybernetische Grundlagen und Beschreibung kontinuierlicher Systeme, VEB Verlag Technik, Berlin 1974

[4.1-RE 2] REINISCH, K.: Analyse und Synthese kontinuierlicher Steuerungssysteme, VEB Verlag Technik, Berlin 1979

[4.1-CHI] Живялядов, В. П., Медведев: Непараметрические алгоритмы, Фрунзе 1976

[4.1-TI] TIMOFEJEW, B. B.; KOSLIK, G. A.; KULAKOW, A. F.; MARTJANOW, A. Y.: Algorithmierung in automatisierten Leitungssystemen, Akademie-Verlag, Berlin 1976

[4.1-VO 1] [1.2-VO 1]

[4.1-VO 2] [1.2-VO 2]

[4.1-VO 3] [1.2-VO 3]

[4.1-VO 4] [1.2-VO 4]

[4.1-VO 5] VOIGT, G.; LIPPOLD, J.: Zu einigen Problemen der rechnergestützten Planung, Überwachung und Steuerung der Produktion im elektronischen Gerätebau, Wiss. Arbeiten, Ingenieurhochschule Mittweida 1/1983

[4.1-VO 6] [1.1-VO]

[4.1-VA] [2.3-VA]

[4.4-AU] siehe z. B. Beiheft 4/1978 rechentechnik, datenverarbeitung, Mensch-Maschine-Dialog, rd 4/78

[4.4-BA] [1.1-BA]

[4.4-BL] [2.3-BL]

[4.4-BR] BRÄUTIGAM, W.: Suchverfahren zur statischen Optimierung, Diplomarbeit, Ingenieurhochschule Mittweida 1977

[4.4-DE] DERMAN, C.: Finite State Markovian Decision Processes, Academic Press, New York, London 1970

[4.4-DÜ] DÜCK, W. u a.: Operationsforschung — Mathematische Grundlagen, Methoden und Modelle, Bd. 3, VEB Deutscher Verlag der Wissenschaften, Berlin 1973

[4.4-FA] [2.3-FA]

[4.4-GI] GIRLICH, H. I.: Diskrete stochastische Entscheidungsprozesse, BSB B. G. Teubner Leipzig 1973

[4.4-HO] HOWARD, R. A.: Dynamic Programming on Markovian Processes, New York 1960

[4.4-KU] KUSHNER, H. J.: Computational Procedures for Optimal Stopping Problems for Markov Chains, Journal of Mathematical Analysis and Applications, **25** (1969)

[4.4-KR] KRAUSE, H. u. a.: Mathematische Standardmodelle der Operationsforschung, VEB Verlag Die Wirtschaft, Berlin 1971

[4.4-MÜ] [2.1-MÜ]

[4.4-NI] [2.3-NI]

[4.4-PY] [2.3-PY]

[4.4-ST] [1.2-ST]

[4.4-SW] [2.2-SW]

[4.4-TE] [2.3-TE]

[4.4-VO] VOIGT, G.: Ein kybernetisches Grundgesetz der Leitung dynamischer Systeme und aus ihm ableitbare Schlußfolgerungen für die Gestaltung und Leitung ökonomischer Systeme, Wiss. Zeitschrift der Hochschule für Ökonomie, Berlin 1/1969

[4.4-WE] WEBER, W.: Adaptive Regelungssysteme, Bd. 1, Bd. 2, Akademie-Verlag, Berlin 1971

[5-CHE] Жеребин, В. М.: Инструментальное беспечение АСУ. М., „Наука“ 1975

[5-CHI] Жимерин,, Д. Г., Масников, В. А.: Автоматизированные и автоматические системы управления, И. „Энергия“, 1975

[5-FI] [4.1-FI 1]

[5-FI 2] [4.1-FI 2]

[5-GO] [1.3-GO]

[5-GV] [1.3-GV]

[5-LA] [1.3-LA]

[5-LE] [4.1-LE]

[5-ME] [4.1-ME]

[5-PE 1] PESCHEL, M.: Multiobjektive decision making in systems analysis, Systems Analysis and Simulation 1980, Proc. of Int. Symposium held at Berlin (GDR), Sept. 1—5 1980, Akademie-Verlag, Berlin 1980

[5-PE 2] [1.3-PE]

[5-RE] REINISCH, K.; WERNSTEDT, J.; BECKER, A.: Combination in methods of systems analysis and control engineering for designing and controlling large-scale systems and their application to operating water resources, Systems Analysis and Simulation 1980, Proc. of Int. Symposium held at Berlin (GDR), Sept. 1—5, 1980, Akademie-Verlag, Berlin 1980

[5-SA] SAELZER, G.; SAUER, W.: Analyse und Simulation von Fertigungsprozessen, VEB Verlag Technik, Berlin 1979

[5-TR] TROCH, I.: Optimization and other nonclassical concept in system modelling, Systems Analysis and Simulation 1980, Proc. of Int. Symposium held at Berlin (GDR), Sept. 1 – 5 1980, Akademie-Verlag, Berlin 1980

[5-VA] [2.3-VA]

[5-VO 1] [1.2-VO 3]

[5-VO 2] [1.2-VO 4]

[5-VO 3] [1.1-VO]

[6.1-CR] CRAMER, S.: Entwicklungstendenzen der Informationsverarbeitungstechnik aus gegenwärtiger Sicht, Schriftenreihe der Ingenieurhochschule (IH) Dresden, Heft 5, 1975

[6.1-FR] FRITZSCH, W.: Aspekte der Steuerungstechnik in der automatisierten bedienarmen Produktion, Zeitschrift msr **27** (1984), Heft 2

[6.1-RE] REMBOLD, U.: Prozeß- und Mikrorechnersysteme (Planung und Implementierung), R. Oldenbourg Verlag, München, Wien 1979

[6.2-BE] BERGHOFF, W. u. a.: Automatisierung und Prozeßrechner, VEB Deutscher Verlag für Grundstoffindustrie, Leipzig 1974

[6.2-CR] CRAMER, S.: Aufgaben und Einsatzvorbereitung von Systemen der Echtzeitsteuerung und -überwachung mit Prozeßrechenanlagen. 1. Lehrbrief zum Lehrgebiet „Automatisierte Systeme der Informationsverarbeitung in der Prozeß- und Fertigungssteuerung". Lehrbriefe für das Hochschulfernstudium, herausgegeben von der Zentralstelle für das Hochschulfernstudium des Ministeriums für Hoch- und Fachschulwesen, 1980

[6.2-IBM] Computer und Prozeßrechner steuern die neue IBM-Fabrik in Böblingen, Zeitschrift Funk-Technik, **34** (1979), Nr. 9

[6.2-KE] KESSNER, H.: Beitrag zur Systematik und Gestaltung diagnostisierbarer DNC-Systeme, Dissertation A, IH Dresden, Sektion Informationsverarbeitung, 1983

[6.2-PE] PETERMANN, J. u. a.: Tendenzen der modularen Gestaltung von Systemen der Prozeßautomatisierung, IKM, Leipzig 1982

[6.2-SP] SPECK, M. u. a.: Entwicklungstendenzen und Erfahrungen in der Metallverarbeitung in der Klein- und Mittelserienfertigung, Internat. Kongreß Metallbearbeitung, Leipzig 1982

[6.2-ST] STREMPEL, H. u. UHLIG, W.: Möglichkeiten und Tendenzen der Anwendung der Rechentechnik zur Rationalisierung der technologischen Produktionsvorbereitung und Fertigungssteuerung, Wissenschaftliche Beiträge der IH Dresden, Heft 4, 1977

[6.2-UM] UHLMANN, W. u. a.: Die Mechanisierung und Automatisierung der Teilefertigung durch integrierte Fertigungsabschnitte, IKM, Leipzig 1982

[6.3-FR] FRITZSCH, W.: Prozeßrechentechnik, VEB Verlag Technik, Berlin 1978

[6.3-JU] JUGEL, A.: Mikroprozessorsysteme, VEB Verlag Technik, Berlin 1978

[6.3-LAU] LAUBNER, R.: Prozeßautomatisierung I, Springer-Verlag Berlin, Heidelberg, New-York 1976

[6.4-BIE] BIEWALD, J., GÖHNER, P., LAUBER, R. u. SCHELLING, H.: Das Softwarewerkzeug EPOS zur Unterstützung der Ingenieurtätigkeit beim Entwurf und bei der Wartung von Prozeßautomatisierungssystemen, Zeitschrift Regelungstechnik **28** (1980) 1

[6.4-DET] DETERING, R., HERRLICH, O. u. STANTSCHEW, W.: Untersuchungen zur Spezifikation und zum Entwurf von Steuerungssoftware, Tagungsbericht INFO '84, Dresden 1984

[6.4-HA] HARTLEIB, H. u. PETERMANN, J.: Prozeßrechner zur Steuerung von Fertigungsprozessen des Maschinenbaus, Reihe Automatisierungstechnik, Bd. 179, VEB Verlag Technik, Berlin 1977

[6.4-HO] HOMMEL, G.: Systematisches Vorgehen bei der Entwicklung von Automatisierungssystemen — Schritte, Werkzeuge, Entwurfsprozesse, Tagungsbericht PRAT 1982, VDI-Bericht 451, VDI-Verlag GmbH, Düsseldorf 1982

[6.4-LA] Prozeßrechner Aussprachetag (PRAT 1982), Tagung in Lahnstein 1982 (Tagungsbericht), VDI-Bericht 451, VDI-Verlag GmbH, 1982

[6.4-NAU] NIEDEREICHHOLZ (Hrsg.): Datenbanktechnologie (Tagungsbericht), Tagung in Bad Nauheim 1979, Verlag Teubner, Stuttgart 1979

[6.4-ROB] Methodik für die Einsatzvorbereitung von Prozeßrechnern, VEB Robotron ZTF, 1977

[6.4-TÖ 1] TÖPFER, H., FUCHS, H. u. WILLEM, H.: Moderne gerätetechnische Mittel und ihre Konsequenzen für neue Automatisierungskonzepte, Zeitschrift msr **23** (1980), 1

[6.4-TÖ 2] TÖPFER, H. u. KRIESEL, W.: Automatisierungstechnik, Gegenwart und Zukunft, Reihe Automatisierungstechnik, Band 200, VEB Verlag Technik, Berlin 1982

[6.4-WE] WELLER, W.: Anwendung der Mikroelektronik in der Prozeßautomatisierung, Reihe Automatisierungstechnik, Band 187, VEB Verlag Technik, Berlin 1979

[7.1-BA] [1.1-BA]

[7.1-BO] [1.3-BO]

[7.1-CHE] [5-CHE]

[7.1-CHI] [5-CHI]

[7.1-HE] HENNING, D.; TROPNITZ, V.; WOITHE, G.: Stand und Entwicklungstendenzen der Fertigungsstrukturbildung im Maschinenbau, Fertigungstechnik und Betrieb **33** (1983) 8

[7.1-IN] INABA, S.: Robot — Today and tomorrow, Int. Kongr. Metallbearbeitung, Leipzig 1982

[7.1-JU] [1.1-JU]

[7.1-KN] [1.3-KN]

[7.1-KÜ] [1.3-KÜ]

[7.1-LA] [1.3-LA]

[7.1-LI] [1.3-LI]

[7.1-ME] MEHLHORN, H.; SCHREIBER, A.; STÖBEL, W.; WIESNER, P.: Entwicklungstendenzen in der Fertigung der Gerätetechnik in den 80er Jahren, 28. IWK, THI, Ilmenau 1983

[7.1-OE] OELSNER, S.; RESCHKE, W.: Probleme der Steuerung der Produktion in Maschinenbaubetrieben, rd/dv 3/83

[7.1-RU] RUDOLPH, K.; STANEK, W.: Simulation von Steuerungsprozessen in automatisierten Produktionsabschnitten, rd, Beiheft 1/1981

[7.1-RUS] RUSSIG, A.; PIEGERT, R.; WILLE, H.: Erfahrungen und Wege zur bediener- und überwachungsarmen Fertigung, Int. Kongr. Metallbearbeitung, Leipzig 1982

[7.1-SCHR 1] SCHREIBER, A.; PRÜGER, B.: Die Erstellung realer Maschinenbelegungspläne mittels Simulation, 22. IWK, THI, Ilmenau 1977

[7.1-SCHR 2] SCHREIBER, A.; PRÜGER, B.: Probleme und Ergebnisse der Optimierung des Fertigungsablaufs in Werkstätten durch Anwendung einer neu entwickelten PKLA, 25. IWK, THI, Ilmenau 1980

[7.1-SO] [5-SO]

[7.1-SP] SPECK, M.; HICKMANN, W.; PÄSSLER, E.; RUSSIG, A.; SCHMALZ, W.; THUM, R.; UHLMANN, W.; KESSLER, G.; WILLEM, H.; WEBER, H.: Entwicklungstendenzen und Erfahrungen bei der Metallbearbeitung in der Klein- und Mittelserienfertigung, Int. Konf. Metallbearbeitung, Leipzig 1982

[7.1-VA] [2.3-VA]

[7.1-VO] [4.1-VO 5]

[7.1-WA] WARNECKE, H.; MUSSBACH-WINTER, U.; VETTIN, G.: Projektierung automatisierter flexibler Fertigungsanlagen mit Hilfe der Simulation, Int. Konf. Metallbearbeitung, Leipzig 1982

[7.1-WI] [1.1-WI]

[7.1-ZE] [1.3-ZE]

[7.2-MÜ] MÜLLER, G.; REUTER, H.-K.; ELSSNER, W.; HELBIG, K.; HOEPNER, K.: Technologische Planung, VEB Verlag Technik, Berlin 1981

[7.2-PE 1] [1.3-PE 1]

[7.2-PE 2] [1.3-PE 2]

[7.2-VA] [2.3-VA]

[7.2-LI] [1.3-LI]

Anhang

[A-BY] [1.3-BY]

[A-DA] DAVENPORT, W. B.: Probability and Random Processes: An Intro for Applied Scientists and Engineers, McGraw-Hill. New York usw. 1970

[A-DR] DREYER, H.; SAUER, W.: Prozeßanalyse, VEB Verlag Technik, Berlin 1982

[A-FI] FISZ, M.: Wahrscheinlichkeitsrechnung und mathematische Statistik, Akademie-Verlag, Berlin 1970

[A-GE] GELLERT, W.; KÄSTNER, H.; NEUBER, S.: Lexikon der Mathematik, VEB Bibliographisches Institut, Leipzig 1981

[A-MA] MASSEY, L. D.: Probability and Statistics, McGraw-Hill, New York 1970

[A-MO] MORGENSTERN, D.: Einführung in die Wahrscheinlichkeitsrechnung und mathematische Statistik, Springer-Verlag, Berlin, Heidelberg, New York 1968

[A-MÜ] [2.1-MÜ]

[A-WO] WOODROOFE, M.: Probability with Applications, McGraw-Hill, New York 1975

[A-WU] WUNSCH, G.; SCHREIBER, H.: Systemanalyse, Bd. 2; Statistische Systemanalyse, VEB Verlag Technik, Berlin 1970

11. Autorenverzeichnis

12. Symbolverzeichnis

Sonderzeichen

$\emptyset$ leere Menge
$\cap$ Durchschnittsoperator für Mengen
$\cup$ Vereinigungsoperator für Mengen
$\setminus$ Differenzoperator für Mengen
$\in$ Elementoperator („ist Element von")
$:=$ Definitionszeichen (Zuordnungszeichen)
$\{\ \}$ Klammern zur Mengenbezeichnung
$\subset$ echte Teilmenge
$\subseteq$ echte oder unechte Teilmenge
$\forall$ Universalquantifikator („für alle")

Symbole

a, A ... nichtzufällige Skalare
$\mathbf{a}$ ... nichtzufällige Vektoren
$\mathbf{A}$ ... nichtzufällige Matrizen
X, Y ... zufällige skalare Veränderliche
$\boldsymbol{X}, \boldsymbol{Y}$ ... zufällige Vektoren
ξ, v, ζ, ... skalare Merkmalswerte, Buchstaben abstrakter Alphabete
$\boldsymbol{\xi}, \boldsymbol{v}\ \boldsymbol{\zeta}$, ... Vektoren aus Merkmalswerten, vektorielle Buchstaben abstrakter Alphabete
$\tilde{x} = x(1), \ldots, x(N)$ ... Folgen von skalaren Größen, Zeitreihen, Wörte raus Buchstaben abstrakter Alphabete
$\tilde{\mathbf{x}} = \mathbf{x}(1), \ldots, \mathbf{x}(N)$ ... Folgen von skalaren Größen, Wörter aus vektoriellen Buchstaben abstrakter Alphabete
$\tilde{X} = X(1), \ldots, X(N)$ ... zufällige Folgen, zufällige Wörter
$\boldsymbol{X} = \boldsymbol{X}(1), \ldots, \boldsymbol{X}(N)$ zufällige Folgen von Vektoren, zufällige Wörter aus vektoriellen Buchstaben abstrakter Alphabete

$$\mathbf{u}(N) = \begin{pmatrix} u_1(1) & \ldots & u_M(1) \\ \vdots & \ldots & \vdots \\ u_1(N) & \ldots & u_M(N) \end{pmatrix} \ldots \text{Meßwertmatrizen}$$

A, $\mathbf{A}$, f, $\mathbf{f}$ ... Mengen, Operatoren, Funktionen, Struktureinheiten
$\mathfrak{A}$ ... Algebren
$\mathcal{A}$ ... abstrakte Alphabete, Automaten
$\mathsf{P}(X = \xi)$ ... Wahrscheinlichkeit dafür, daß $X = \xi$ gilt

$$\mathbf{P}(\boldsymbol{X} = \boldsymbol{\xi}) = \begin{pmatrix} \mathsf{P}(\boldsymbol{X} = \xi^1) \\ \vdots \\ \mathsf{P}(\boldsymbol{Y} = \xi^X) \end{pmatrix} \text{Verteilungsvektor von Einzelwahrscheinlichkeiten}$$

$\Pi(\boldsymbol{X} = \xi^i \in \mathcal{X})$ Grad der Zugehörigkeit von ξ^i zu der unscharfen Menge $\mathcal{X}$
$\mathsf{E}(X)$ Erwartungswert von X
$\mathbf{E}(\boldsymbol{X})$ Erwartungsvektor von $\boldsymbol{X}$
$\hat{a}$ Schätzwert von a

13. Sachwortverzeichnis

FSC
www.fsc.org
MIX
Papier | Fördert gute Waldnutzung
FSC® C083411

Zeitfracht Medien GmbH
Ferdinand-Jühlke-Straße 7
99095 Erfurt, Deutschland
produktsicherheit@kolibri360.de